深圳职业技术大学“十四五”规划教材

高等职业教育智能制造系列新形态教材

智能生产线PLC集成控制技术

——基于西门子S7-1200/1500

主　编　黎良田

副主编　宋志刚　丁文翔　杨　敏

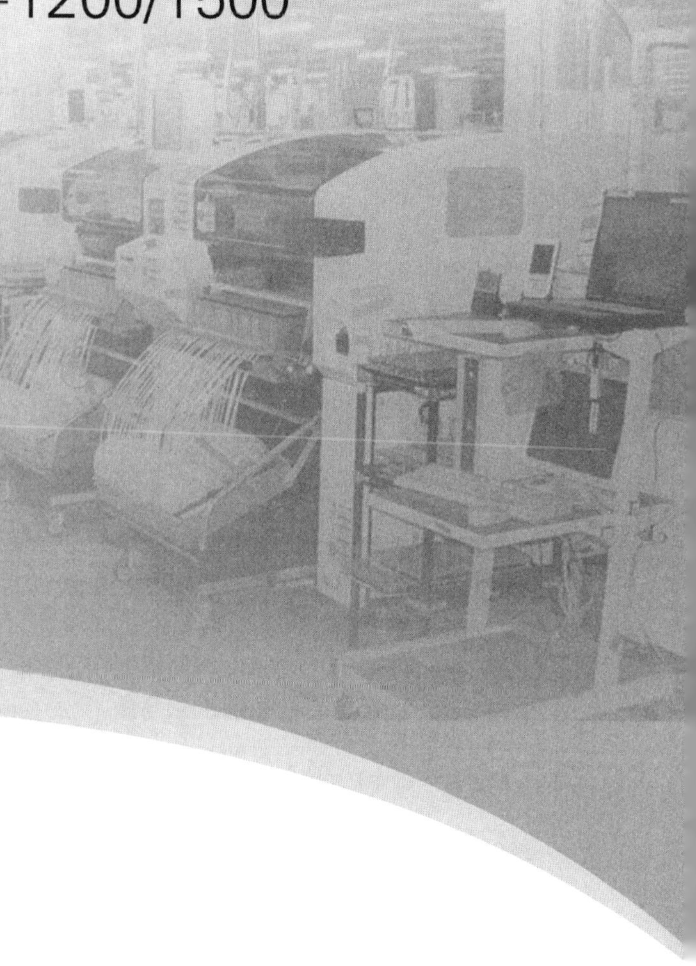

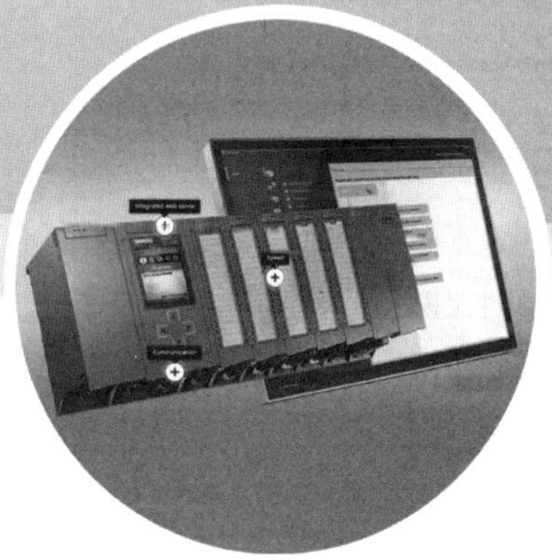

同济大学出版社
TONGJI UNIVERSITY PRESS
·上海·

内容提要

本书融合了企业实际工程案例，以项目化教学形式，按“基础理论篇”和“集成应用篇”两大篇章，系统化、层次化地构建PLC控制技术学习体系。本书通过典型教学案例，由浅入深，进阶式地向不同层次、不同需求的读者提供PLC系统集成控制技术数字化学习资源。本书内容涵盖了PLC硬件基础，TIA Portal软件功能，PLC基本工作原理，I/O接口与数据存储，程序指令功能，函数块与数据块，HMI触摸屏，数字量、模拟量信号处理，变频器，伺服控制，工业机器人编程应用以及PLC与工业机器人的系统集成等技术。

本书可作为高等职业院校机电一体化技术、电气自动化技术、智能控制技术等智能制造相关专业PLC技术课程的教材，也适合机电控制相关领域技术培训人员及在职技术人员学习使用。

图书在版编目(CIP)数据

智能生产线PLC集成控制技术：基于西门子S7-1200/1500 / 黎良田主编. -- 上海：同济大学出版社，2023.7

ISBN 978-7-5765-0851-2

Ⅰ.①智… Ⅱ.①黎… Ⅲ.①PLC技术 Ⅳ.①TM571.61

中国国家版本馆CIP数据核字(2023)第106705号

智能生产线PLC集成控制技术

——基于西门子S7-1200/1500

主编 黎良田　**副主编** 宋志刚　丁文翔　杨　敏

责任编辑 任学敏　**助理编辑** 竺奕辰　**责任校对** 徐春莲　**封面设计** 陈益平

出版发行 同济大学出版社　www.tongjipress.com.cn

(地址：上海市四平路1239号　邮编：200092　电话：021-65985622)

经　销 全国各地新华书店

制　作 南京月叶图文制作有限公司

印　刷 常熟市大宏印刷有限公司

开　本 787 mm×1092 mm　1/16

印　张 19

字　数 474 000

版　次 2023年7月第1版

印　次 2023年7月第1次印刷

书　号 ISBN 978-7-5765-0851-2

定　价 68.00元

前　言

PREFACE

党的二十大报告提出“推进新型工业化，加快建设制造强国、质量强国、航天强国、交通强国、网络强国、数字中国”是国家的重大战略发展方向。在技术应用领域，需要通过加强对技能人才的培养，造就更多适应智能制造新时代要求的“卓越工程师、大国工匠、高技能人才”。

智能制造是工业生产中的一个大系统，需要不同的子系统和不同的设备间进行大量的信息交互以实现计算优化、智能控制。这样的系统庞大而复杂，对技术人员提出了非常高的要求。过去只专于单一技能的技术人员已经无法满足智能制造的生产要求了。智能制造工业生产越来越需要掌握多种技能、跨学科的高技能人才，能够在互联网、自动化控制、机器人、加工制造等领域有良好的综合技能，并具有诊断、维护复杂系统的能力。因此，技术人员要能够进行智能制造单元系统的集成以及智能制造生产线设备的集成与调试，才能满足智能制造时代的技术要求。

可编程逻辑控制器（Programmable Logic Controller，PLC）控制技术在工业现场集成控制中具有非常重要的作用，是实现设备间逻辑控制、数据交互的关键。本书着重介绍 PLC 在智能制造生产线系统集成中的应用，将企业实际案例提炼成教学与实训项目，融入新技术、新工艺、新规范；本书还提供了数字化学习资源，帮助学生掌握 PLC 自动化集成控制技术，同时，培养学生的职业素养和工匠精神。

本书以项目化教学形式，按“基础理论篇”和“集成应用篇”两大篇章，系统化、层次化地构建 PLC 集成控制技术学习体系。本书的内容由浅入深，基础理论篇中的模块 1～6 为 PLC 基础理论知识内容，通过典型案例介绍西门子 PLC 的硬件、软件和基础编程指令。集成应用篇中的模块 7～13 将来自企业的实际案例提炼成智能制造生产线集成控制项目，介绍 PLC 在智能制造工作站和生产线系统集成中的应用，让学生进一步学习 PLC 与工业机器人、机器视觉等智能装备的集成与交互，工业机器人的操作与编程和智能制造生产线的自动化控制集成开发。

本书各模块配备对应的课件、教学视频等数字化资源，学生可以扫描二维码获得相关资源。

通过本书，学生能够学习到以下技能：

1. 能规划和设计智能制造工作站的集成方案；

2. 能利用 PLC 进行基本逻辑控制和运动控制程序的开发；

3. 能完成 PLC 与工业机器人、机器视觉等领域的智能装备的系统集成和数据交互处理；

4. 能进行智能生产线的维护与调试；

5. 能完成智能制造场景下的生产线系统集成开发与编程。

限于编者的学识和水平，本书难免存在不足和疏漏，恳请有关专家、教师、工程师和广大读者批评指正。

编者

2023 年 6 月

目 录

CONTENTS

集成应用篇

基础理论篇

模块 1
智能制造单元系统集成

1.1 智能制造单元系统集成的概念

21 世纪以来，随着先进制造技术、网络技术、大数据技术和人工智能技术的快速发展，制造业从自动化发展到数字化、智能化，智能制造产业汇聚了人类无限的智慧与创造力，不断加速前行，越来越多的无人工厂、“黑灯工厂”在智能化生产线中得到了普遍的应用。

中华人民共和国工业和信息化部发布的《智能制造发展规划（2016—2020 年）》中提到：“智能制造是基于新一代信息通信技术与先进制造技术深度融合，贯穿于设计、生产、管理、服务等制造活动的各个环节，具有自感知、自学习、自决策、自执行、自适应等功能的新型生产方式。”它实际上是传统和新一代信息技术（大数据、物联网、云计算、人工智能等）在制造全生命周期中的应用。世界各国对“智能制造”的理解都不再局限于生产过程或单体智能，而是扩展到产业价值链，包括产品、生产、管理和服务的各个环节；也不再单方面强调数字智能技术本身的应用价值，而是更加重视数字智能技术与先进制造领域的深度融合。

制造生产的智能化、集成化是智能制造系统智能化的基本保证，智能制造系统智能化包括制造载体智能化和制造过程智能化两个层面。制造载体智能化指单机智能化，即单机设备互联而形成智能制造单元、智能生产线、智能车间、智能工厂等；制造过程智能化，则是通过数字技术和先进制造技术的融合应用，使得制造过程中所涉及的各个流程、生产要素实现网络化协同和柔性化生产。在这个层面，设备间的运行控制、数据的采集和交互、自动化控制与协同是整个智能制造系统的运作基础，通常需要通过智能装备的“集成”来实现自动化、智能化。

所谓“集成”，指的是通过某种方式将一些孤立的事物或元素由原有的分散状态集中在一起，产生联系，从而构成一个有机整体的过程。在工业现场中，智能化生产线、无人工厂要实现高度自动化运行，需要将不同品牌、不同接口的各种智能化装备集成到一个系统中。既实现单个设备的运行控制，又实现设备间的逻辑控制、数据交互、数据计算和运行指挥，这个过程就是设备集成。这涉及机械与传动、传感器技术、电机与驱动、自动化控制、工业网络等多学科、多工种的复杂技术集成与应用。

1.2 智能制造单元硬件的组成与连接

一个工作站或者一条自动化生产线中通常会包括各种类型的数控机床、工业机器人、机器视觉系统、传送带、仓库、工装夹具等装备，将这些设备集成在一起的时候，通常需要根据设备的接口建立合理的拓扑连接关系，确定设备间交互与数据交换的方式。例如，图 1-1 所示的工作站中含有两台数控机床、一个机器人、一个立体仓库、一条传送带、一个工业相机，还有 PLC 等其他的一些装备。如果数控机床、机器人、PLC 和机器视觉系统都带有能兼容的网络接口，它们就可以通过网络通信的方式来实现设备间的交互。其中，通常将 PLC 作为系统的逻辑总控，数控机床与 PLC 之间通过对象连接与嵌入过程控制的统一架构［OLE（Object Linking and Embedding）for Process Control Unified Architecture，OPC UA］协议通信，机器人与 PLC 通过以太网（PROFINET）协议进行通信，机器人和机器视觉系统则通过传输控制协议/互联协议（Transmission Control Protocol/Internet Protocol，TCP/IP）进行套接字（Socket）通信，仓库和传送带由 PLC 的输入/输出（Input/Output，I/O）进行控制。设备间的交互信息最终经过 PLC 进行总控协调，所有的信息都需要通过 PLC 进行逻辑控制。现场的数据可以通过生产执行系统（Manufacturing Execution System，MES）等进行管理，并通过互联网发送到远程进行在线监控。

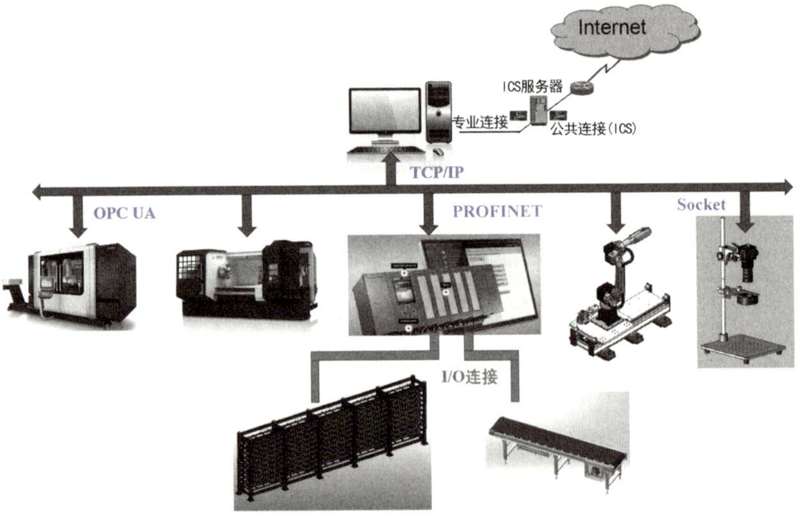

图 1-1　工作站拓扑连接方式一

智能制造单元硬件还可以采用图 1-2 所示的连接方式。若 PLC 与机器人间没有网络接口，则 PLC 与机器人也可以通过 I/O 直连通信的方式来进行数据交互。I/O 直连通信需要根据 I/O 连接资源的数量和交互信息的多少来考虑是否采用组信号的方式来定义 I/O 信号功能，制定 I/O 信号表。另外，机器人与数控机床之间的交互也需要 PLC 作为中间总控来协调。

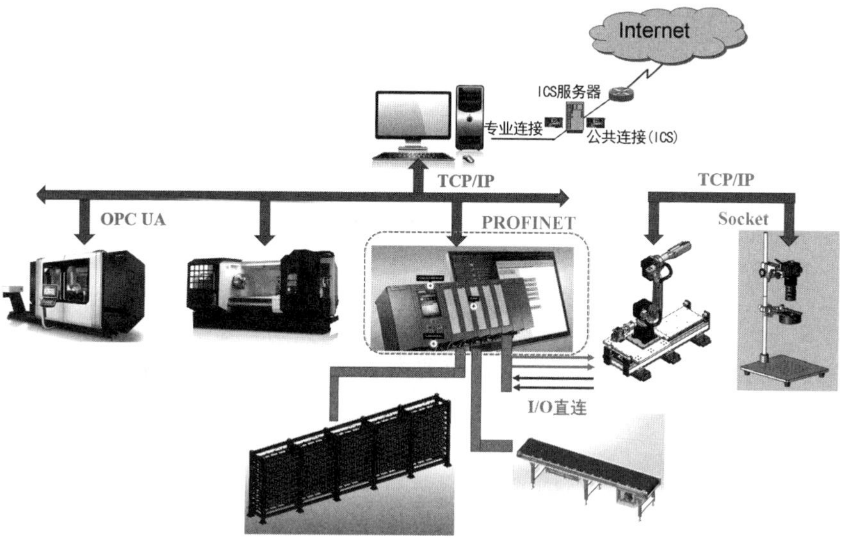

图 1-2 工作站拓扑连接方式二

不管采用什么方式连接，PLC 在系统集成以及工业现场控制中的角色和作用都是难以取代的。PLC 在现场自动化控制中主要起到以下三方面的重要作用：

（1）作为现场总控，主要处理逻辑关系，实现顺序控制，包括设备间的交互与逻辑控制、数字量传感器信号的处理、按钮开关信号的处理及输出信号的控制处理等。

（2）对机构部件的运动进行控制，包括调速控制，位置控制（直线轴、旋转轴），比例、积分和微分（Proportional Integral Derivative，PID）控制和其他模拟量控制。

（3）作为工业现场的数据中心，与 MES 等系统进行通信与数据处理。

模块 2
西门子 PLC 基础概要

2.1 西门子 PLC 硬件概述

西门子 PLC
硬件概述

PLC 是广泛应用于工业现场的一种重要的自动化控制设备，可实现对自动化生产线和智能装备的逻辑控制、运动控制、PID 控制，通信，高速计数，追踪，仿真以及 Web 服务等功能，是工业自动化领域中应用十分广泛的产品之一。

2.1.1 SIMATIC S7-1200 PLC

西门子（SIEMENS）的 PLC 产品包括 SIMATIC S7-200、S7-300、S7-400、S7-1200和 S7-1500 等，已经在市场上被广泛应用于制造业的各个领域。目前 SIMATIC S7-1200、S7-1500 系列产品应用较为广泛。西门子系列 PLC 产品的概况如图 2-1 所示。

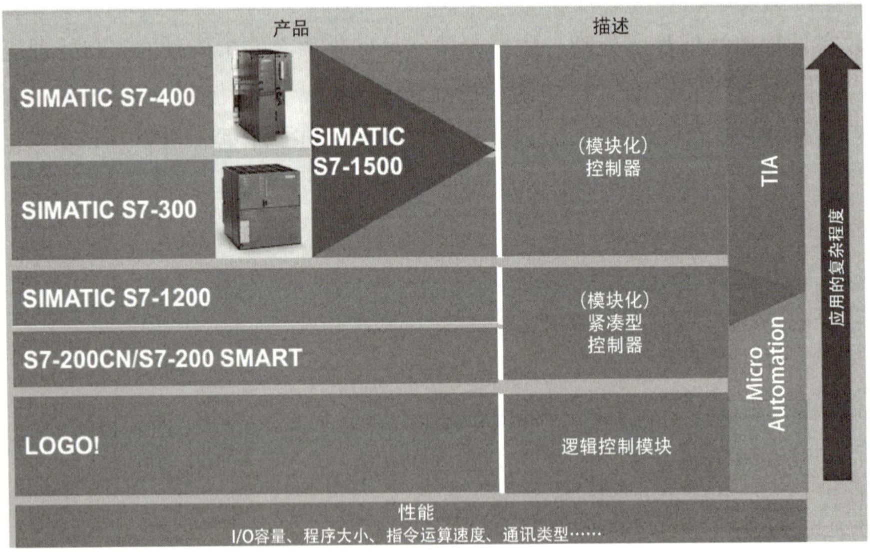

图 2-1 西门子系列 PLC 产品的概况

2.1.2 S7-1200 PLC 的优点

S7-1200 PLC 具有结构简单、紧凑，性能稳定、可靠，编程灵活、易懂，功能强大，易操作等优点。它集成的 PROFINET 接口，以及可灵活扩展的模块化结构，为各种控制工艺任务提供了丰富的通信协议和可行的解决方案，能满足不同的自动化应用需求。

2.1.3　S7-1200 PLC 的组成结构

S7-1200 PLC 包括中央处理器（Central Processing Unit，CPU）模块、I/O 模块、电源模块、存储器模块和通信模块等。如图 2-2 所示，②为包含 CPU 模块、电源模块、存储器模块、通信模块和 I/O 接口的 PLC 主单元。其中，电源模块为 PLC 供电；CPU 模块是控制中心，主要完成计算与控制的任务；I/O 接口是 PLC 与外界进行交互的模块，通过输入接口采集输入信号，经程序处理后，将输出信号通过输出接口输出；存储器模块可存储从软件中下载到 PLC 上的程序与数据；通信模块可实现 PLC 与其他设备的网络连接与通信，实现数据交换、显示和通信。①和③分别为拓展的通信模块和 I/O 模块，提供更多的通信类型和接口。

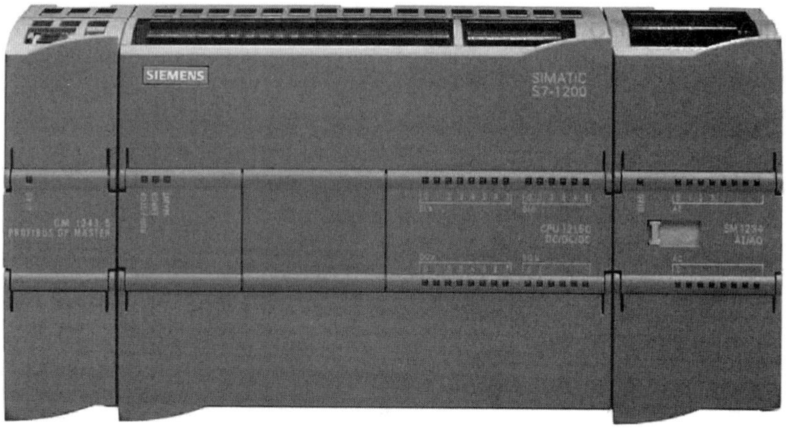

①　　　　②　　　　③

图 2-2　S7-1200 PLC 的组成

西门子的 1200 系列 PLC 有多种型号的 CPU，它们的具体技术参数见表 2-1。不同型号的 PLC 在存储容量、I/O 类型和接口数量、通信接口，以及可拓展的模块数量等方面有所区别，但其基本功能是一样的。

表 2-1　西门子 1200 系列 PLC 的 CPU 型号参数列表

型号	CPU 1211C	CPU 1212C	CPU 1214C	CPU 1215C	CPU 1217C
外观				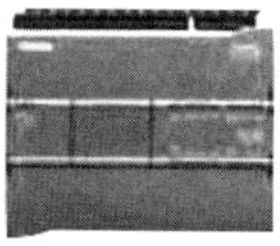	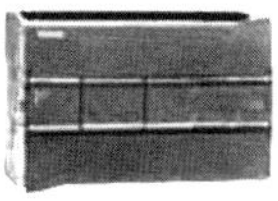

（续表）

型号	CPU 1211C	CPU 1212C	CPU 1214C	CPU 1215C	CPU 1217C
3 CPUs	DC/DC/DC，AC/DC/RLY，DC/DC/RLY				DC/DC/DC
用户存储器 ● 工作存储器 ● 装载存储器 ● 保持性存储器	● 50 KB ● 1 MB ● 10 KB	● 75 KB ● 1 MB ● 10 KB	● 100 KB ● 4 MB ● 10 KB	● 125 KB ● 4 MB ● 10 KB	● 150 KB ● 4 MB ● 10 KB
本体集成 I/O ● 数字量 ● 模拟量	● 6 点输入/4 点输出 ● 2 路输入	● 8 点输入/6 点输出 ● 2 路输入	● 14 点输入/10 点输出 ● 2 路输入	● 14 点输入/10 点输出 ● 2 路输入/2 路输出	
过程映像大小	1 024 个字节输入（I）和 1 024 个字节输出（Q）				
位存储器（M）	4 096 个字节		8 192 个字节		
信号模块扩展	无	2	8		
信号板	1				
最大本地 I/O 数字量	14	82	284		
最大本地 I/O 模拟量	3	19	67	69	
通信模块	3（左侧扩展）				
高速计数器 ● 单相 ● 正交相位	3 路 ● 3 个，100 kHz ● 3 个，80 kHz	5 路 ● 3 个，100 kHz 1 个，30 kHz ● 3 个，80 kHz 1 个，20 kHz	6 路 ● 3 个，100 kHz 3 个，30 kHz ● 3 个，80 kHz 3 个，20 kHz	6 路 ● 3 个，100 kHz 3 个，30 kHz ● 3 个，80 kHz 3 个，20 kHz	6 路 ● 4 个，1 MHz 2 个，100 kHz ● 3 个，1 MHz 3 个，100 kHz
脉冲输出	最多 4 路，CPU 本体 100 kHz，通过信号板可输出 200 kHz（CPU1217 最多支持 1 MHz）				
存储卡	SIMATIC 存储卡（选件）				
实时时钟保持时间	通常为 20 天，40℃时最少 12 天				
PROFINET	1 个以太网通信端口，支持 PROFINET 通信			2 个以太网通信端口，支持 PROFINET 通信	
实数数学运算执行速度	2.3 μs/指令				
布尔运算执行速度	0.08 μs/指令				

每个型号的 CPU 可能有 3 种不同的硬件版本，以 PLC 1215C DC/DC/RLY 为例，“XX/XX/XX” 分别代表 “电源电压/DI 输入接口电压/DO 输出接口电压”。电源电压：

DC 代表直流电压，AC 代表交流电压；输出接口：DC 代表晶体管输出，可提供高速脉冲输出；RLY 代表继电器输出。具体的 CPU 硬件版本的电压参数见表 2-2。

表 2-2　CPU 硬件版本的电压参数

版本	电源电压	DI 输入电压	DO 输出电压	DO 输出电流
DC/DC/DC	DC 24 V	DC 24 V	DC 24 V	0.5 A，MOSFET
DC/DC/RLY	DC 24 V	DC 24 V	DC 5～30 V AC 5～250 V	2 A，DC30 W/ AC200 W
AC/DC/RLY	AC 85～264 V	DC 24 V	DC 5～30 V AC 5～250 V	2 A，DC30 W/ AC200 W

PLC 的基本硬件接线如图 2-3 所示，分别有 24 V 直流电源接口、数字量输入接口、数字量输出接口、模拟量输入接口、板载 I/O 的 LED 状态显示灯，以及 PROFINET 网络接口。

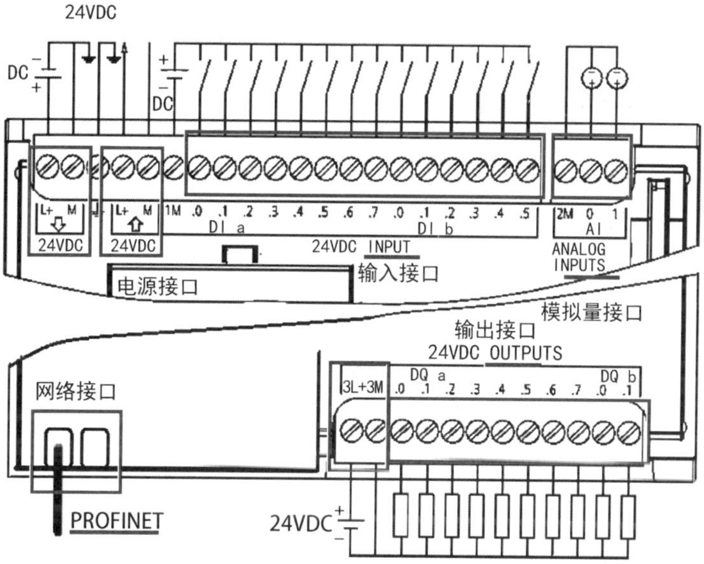

图 2-3　PLC 的基本硬件接线

2.2　西门子 PLC TIA Portal 软件概述

西门子 PLC 系列产品的组态、编程软件平台为全集成自动化博途软件（Totally Integrated Automation Portal，TIA Portal）。它是一款集工程组态、软件编程和项目环境配置于一体的全集成自动化软件，几乎涵盖了所有自动化控制编程任务。借助该全新的工程技术软件平台，用户可在同一开发环境中组态西门子所有的 PLC、人机交互界面（Human-Machine Interface，HMI）和驱动装置，实现统一的数据和通信管理，能够快速、直观地开发和调试自动化控制系统。

2.2.1 TIA Portal 软件的组成

TIA Portal 软件主要包含 STEP7、WinCC 和 StartDrive 三个软件，它们分别用于 PLC 硬件组态与程序开发、面板组态和数据采集与监视控制系统（Supervisory Control And Data Acquisition，SCADA）应用及驱动调试三个方面。TIA Portal 软件的组成如图 2-4 所示。其中，STEP7 为主要的 PLC 程序开发软件，利用 STEP7 可进行硬件组态、PLC 程序编写、变量定义与数据存储、HMI 触摸屏的组态与界面开发以及通信程序开发等。PLC 程序可下载到实体硬件 PLC 中进行调试，也可以通过 PLCSIM 仿真软件进行虚拟仿真。WinCC 软件主要用于在计算机上开发 HMI 界面，其功能与触摸屏中的 HMI 界面开发相似。StartDrive 软件则是专门用于调试及优化的软件，可对 G120 等驱动器的参数进行优化调试。

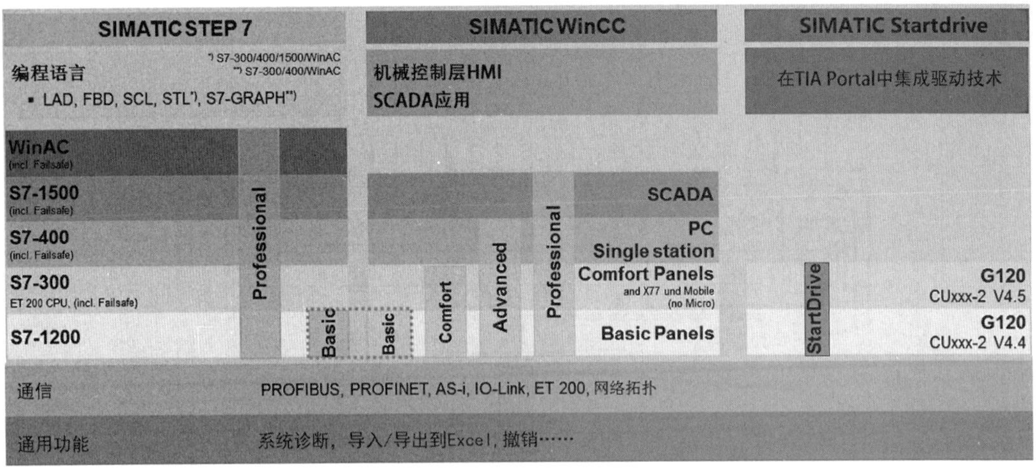

图 2-4 TIA Portal 软件的组成

2.2.2 TIA Portal STEP7 软件的操作界面

TIA Portal 软件提供了两种优化的视图，即 Portal 视图和项目视图。Portal 视图是面向任务的视图，项目视图是项目各组件、相关工作区和编辑器的视图。

1. Portal 视图

Portal 视图是一种向导式的视图，初学者可以按照向导流程快速学习并使用，进行具体的任务选择。如图 2-5 所示，Portal 视图界面功能如下：

① 任务选项：为各个任务区提供基本功能，Portal 视图提供的任务选项取决于所安装的产品。

② 所选任务选项对应的操作：选择任务选项后，在该区域可以选择相对应的操作。例如，选择“启动”选项后，可以进行“打开现有项目”“创建新项目”“移植项目”等操作。

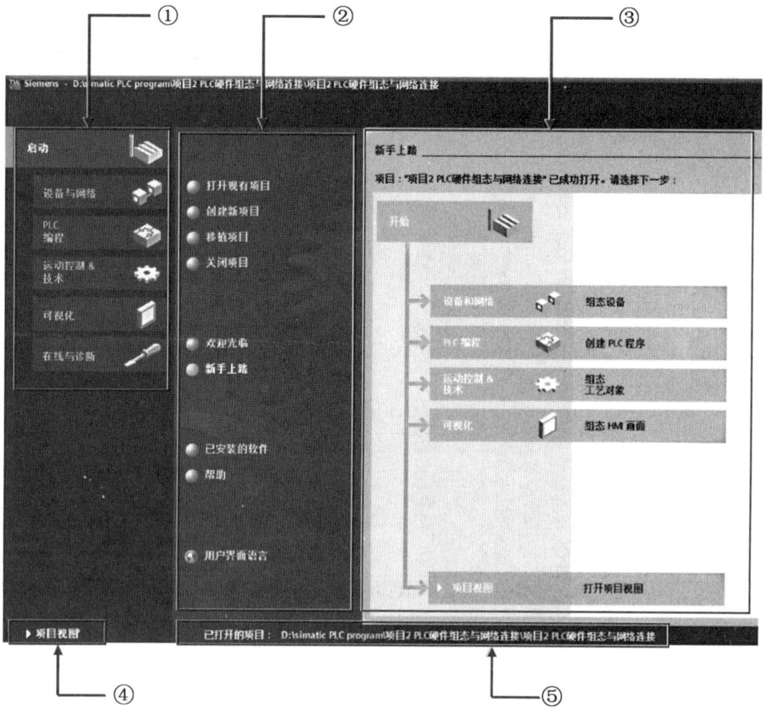

图 2-5　Portal 视图

③ 所选操作的选择面板：面板的内容与所选的操作相匹配，如“打开现有项目”面板显示的是最近使用的任务，可以从中打开任意一项任务。

④“项目视图”切换按钮：可以点击此按钮在项目视图和 Portal 视图之间进行切换。

⑤ 当前项目的打开路径：可查看当前项目的打开路径。

2. 项目视图

项目视图是一种经典的结构化视图，如图 2-6 所示，用户可以在项目视图中调出和访问各种编辑器、参数及数据，并在工作区完成组态、编程等任务。

项目视图界面功能如下：

① 标题栏：显示当前项目的名称。

② 菜单栏：软件所有功能的命令菜单。

③ 工具栏：包括允许用户自定义设置的常用命令或工具的快捷按钮，如新建、打开项目、编译、上传和下载等。

④ 项目树：通过项目树可以访问所有设备和项目数据，也可以在项目树中执行任务，如添加新设备，编辑已存在的组件，添加程序函数块、数据块，查看 PLC 变量表，查看在线访问设备等。

⑤ 详细视图：用于显示项目树中已选择的单元所包含的详细数据。

⑥ 工作区：在工作区中可以打开不同的编辑器，并对项目数据进行处理，如编程、

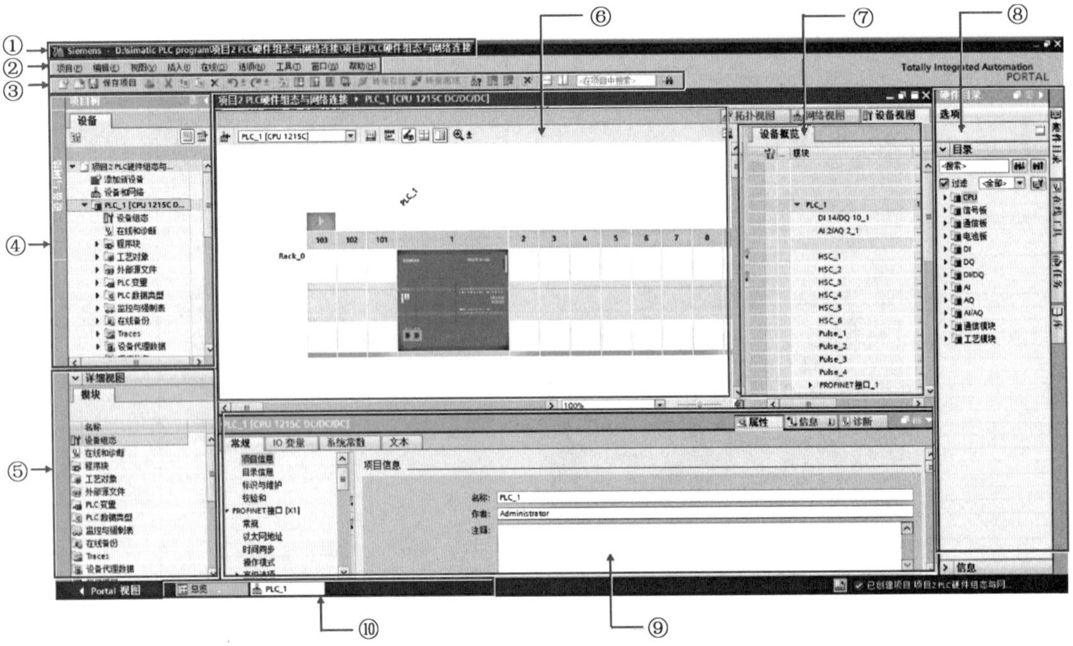

图 2-6　项目视图

定义数据等。

⑦ 设备概览区：在设备概览区可以查看和修改 PLC 的硬件信息及 I/O 地址等信息。

⑧ 任务卡：根据已编辑或已选择的对象，在编辑器中可以得到一些任务卡并执行一些附加操作。如从库中或硬件目录中选择对象，添加硬件对象并完成组态等。

⑨ 巡视窗格：用来显示工作区中已选择对象或已执行操作的附加信息。“属性”选项卡用于显示已选择的属性，并可对属性进行设置；“信息”选项卡用于显示已选择的附加信息及操作过程中的报警信息等；“诊断”选项卡提供了系统诊断事件和已配置的报警事件。

⑩ 编辑器栏：显示所有打开的编辑器，帮助用户更快速和高效地工作。要在打开的编辑器之间进行切换，只需点击不同的编辑器即可。编辑器栏相当于各编辑窗口的最小化显示。

2.2.3　TIA Portal 软件的编程语言

TIA Portal 软件提供了梯形图（Ladder Diagram，LAD）、功能模块图（Function Block Diagram，FBD）、结构化控制语言（Structured Control Language，SCL）、语句列表（Statement List，STL）和顺序控制程序（GRAPH）五种编程语言，可以根据编程需要切换使用不同的语言进行编程。在新建函数或函数块的时候，可以指定该程序块默认的编程语言类型，如图 2-7 所示。

图 2-7　PLC 编程语言选择

1. LAD 编程语言

LAD 是一种图形编程语言。它采用基于电路图的表示法，通常被称为梯形图。程序以一个或多个程序段表示，程序段在梯级源位置的左侧包含一条电源线（左母线），二进制信号以触点的形式排列在梯级上。元素在梯级上的顺序排列构成串联，在并行分支上的排列构成并联，复杂函数用函数块表示（图 2-8）。

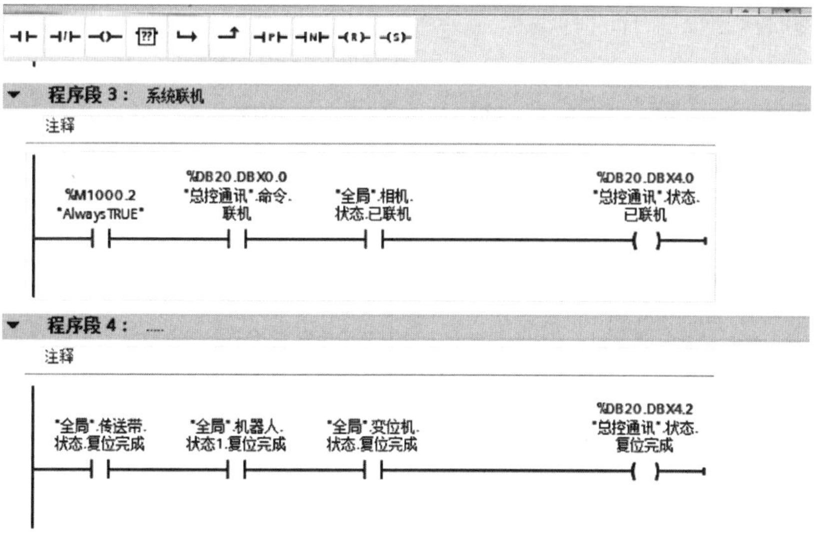

图 2-8　LAD 编程语言

2. FBD 编程语言

FBD 是一种图形编程语言。它采用基于电路系统的表示法。程序以一个或多个程序段表示。程序段包含一个或多个逻辑运算路径，其中二进制信号用函数框连接，逻辑表示以布尔代数中使用的逻辑符号为基础。

3. SCL 编程语言

SCL 是一种基于帕斯卡（PASCAL）语言的高级编程语言。这种语言遵循《可编程控制器第 3 部分：程序设计语言》(DIN EN 61131-3)（国际标准为 IEC 1131-3）。该标准对用于 PLC 的编程语言进行标准化定义。SCL 编程语言实现了该标准中定义的结构化文本（Structured Text，ST）语言的 PLCopen 初级水平（图 2-9）。

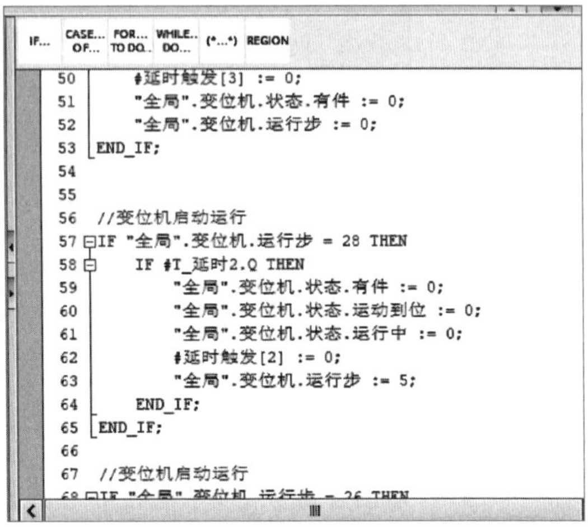

图 2-9　SCL 编程语言

4. STL 编程语言

STL 是一种基于文本的编程语言，用于编写逻辑块。STL 程序通常分为若干个程序段，每个程序段中包含一行或多行，每个程序段中的行编号从 1 开始，每出现一个新行编号便递增。各 STL 指令都在程序段的行中进行编写，每行只能指定一条 STL 指令。每条语句都代表一条 CPU 指令，CPU 将自上而下执行指令。

5. GRAPH 编程语言

GRAPH 是创建顺序控制系统的图形编程语言。使用顺序控制程序，可以更为快速、便捷和直观地对顺序进行编程。GRAPH 语言将过程分解为多步，而且每步都有明确的功能范围，然后再将这些步合并组织到顺序控制程序中；在各个步中定义待执行的动作以及步之间的转换条件，这些转换条件包括切换到下一步的条件。

2.3　I/O 分配与变量的定义

I/O 分配与变量定义

I/O 是 PLC 与外部的人、机实现交互的重要接口。由外部发给 PLC 的信号属于输入信号（I），由 PLC 发给外部的信号属于输出信号（O）。I/O 的类型包括：数字量 I/O，即 Digital Input/Digital Output（DI/DO）；模拟量 I/O，即 Analog Input/Analog Output（AI/AO）。西门子 PLC 分别用标识符 I 和 Q 来代表输入信号 I 和输出信号 O。

2.3.1　数字量 I/O（DI/DO）

数字量信号只有两种状态：1 和 0。PLC 通常通过开关电源给 I/O 接口提供直流

24 V供电，接口电压为 24 V 时为高电平，电压为 0 V 时为低电平。在源型输入或输出 PNP（Source Input/Output PNP）方式下，高电平代表状态 1，低电平代表状态 0（图 2-10）。

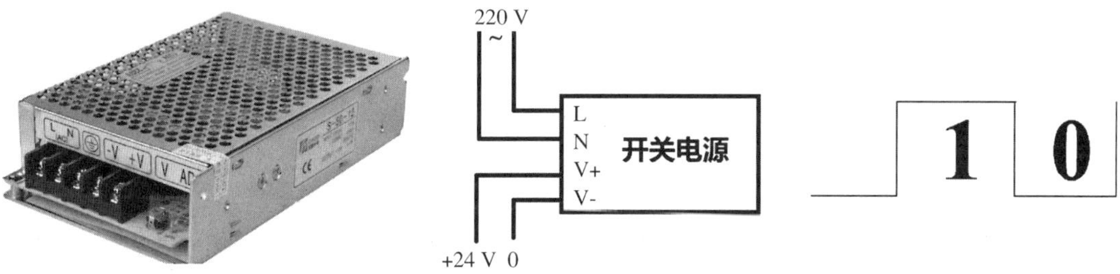

图 2-10　开关电源与数字量信号

由于数字量 I/O 只有 1、0 两种状态，所以可以用二进制的 1 个位来存储一个数字量 I/O。由于 1 个字节有 8 位，因此 DI 表达为 In. 0～In. 7，如 I0. 0、I0. 1、I2. 7；DO 表达为 Qn. 0～Qn. 7，如 Q0. 1、Q3. 7。其中，n 为字节地址序号，从 0 开始编排，一直到 1 024 均可用。如图 2-11 所示，每个字节最右边一位为最低位，最左边一位为最高位，最低位叫第 0 位，最高位叫第 7 位，一个字节 8 位分配完后，就接着到下一个字节的第 0 位。二进制中第 N 位值为 1，则换算成十进制时，十进制值为 2^N。

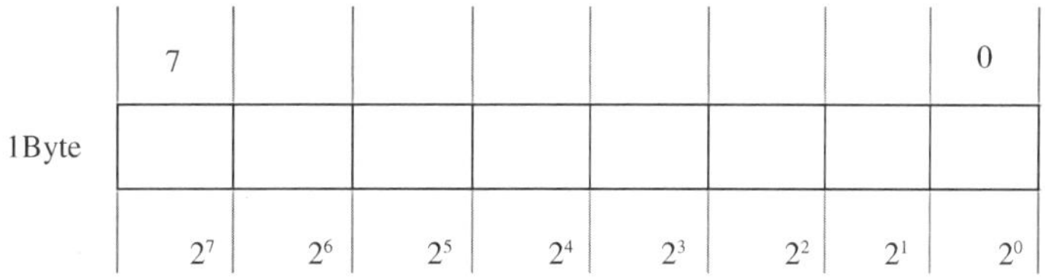

图 2-11　字节中的二进制位

2. 3. 2　模拟量 I/O（AI/AO）

模拟量指的是在一定范围内随时间连续变化的量，它的值是有一定量化范围的。模拟量 I/O 是一种输入与输出接口，加在接口上的电压在一定范围内（例如 0～10 V，－5～5 V 等）可连续变化。由于它是一定范围内的量化电压，模拟量 I/O 可以用于量化有一定数值范围的物理量，如速度、压力、流量等。

西门子 PLC 软件对硬件接口的电压最大值有一个标准的量化规定，即不管模拟量接口采用哪种电压量程，在软件中都需要对应一个标准的转换量程：x～27 648。其中 27 648 是模拟量接口量程的最大值。AI/AO 接口的电压范围与 x～27 648 对应：当模拟量接口电压信号为 0～10 V 或 0～5 V 时，对应的 PLC 程序中转换量程均为 0～27 648；当模拟量接口电压信号为－10～10 V 或－5～5 V 时，对应的 PLC 程序中转换量程则为－27 648～27 648。

因此，在 PLC 的硬件接口电压、软件量化数值、物理量应用数值三者之间会形成如下的对应关系：接口电压范围之比（硬件）=量化数值范围之比（软件）=具体物理量范围之比（速度、流量、压力等）。

例如，PLC 的模拟量输出接口的电压范围为 0～10 V，用于控制电机的调速范围为 0～3 000 r/min。它们的对应转换关系为：

$$\frac{10}{u}=\frac{27\,648}{x}=\frac{3\,000}{r}$$

其中，u 为硬件接口输出电压值；x 为 PLC 对应模拟量量化数值；r 为电机对应转速。

若要让电机速度调至 1 500 r/min，需要在程序中将该模拟量输出接口的变量赋值为（1 500/3 000）×27 648=13 824。此时，用万用表测量该模拟量输出接口的电压值应该为 5 V。

模拟量接口的数值在−27 648～27 648 范围内，因此，1 个模拟量 I/O 需要用 2 个字节长度的 Word 类型（或 Int 类型）数据来存储。模拟量 I/O 的地址描述通常为“IW+字节号”（输入）和“QW+字节号”（输出），如 IW32、IW34、QW32。其中 IW32 包含了 IB32 和 IB33 两个字节；下一个接口地址应该是 IW34，而不能是 IW33。QW32 也包含两个字节，即 QB32 和 QB33。

2.3.3 I/O 地址分配

西门子 PLC 允许用户来自定义每个 I/O 模块的地址范围。输入、输出地址分开编排，以地址符 I、Q 作为区分；最小可以从第 0 号字节开始编排，同一类地址（同是输入，或同是输出）不能重复出现。

可以在 TIA Portal 软件中选择相应的 I/O 模块，然后在“属性”选项中的“I/O 地址”处对 I/O 地址进行修改。修改地址只需要给出起始地址的字节号即可，系统会根据该 I/O 模块的接口数量给出相应的地址范围，如图 2-12 所示。同时，还可以通过“设备视图”右边折叠页中的“设备概览”找到各 I/O 模块，并在 I 地址和 Q 地址栏修改地址，如图 2-13 所示。

2.3.4 PLC 变量定义

PLC 的 I/O 接口地址对应的变量定义称为 PLC 变量定义，可以在项目树下的“PLC 变量”中找到变量表，进行变量名称的定义。如图 2-14 所示，I/O 变量名称由用户自定义，命名应尽量与具体的功能相关，以增加程序的可读性，如数字量 I/O 的数据类型为 Bool，绝对地址的格式为“%+地址符+位地址”。

如图 2-15 所示，PLC 变量表可以导入与导出。可以将 PLC 变量表导出为一个独立的文件，也可以根据 Excel 表模板（图 2-16）导入事先定义好的 PLC 变量表，如图 2-15 所示。

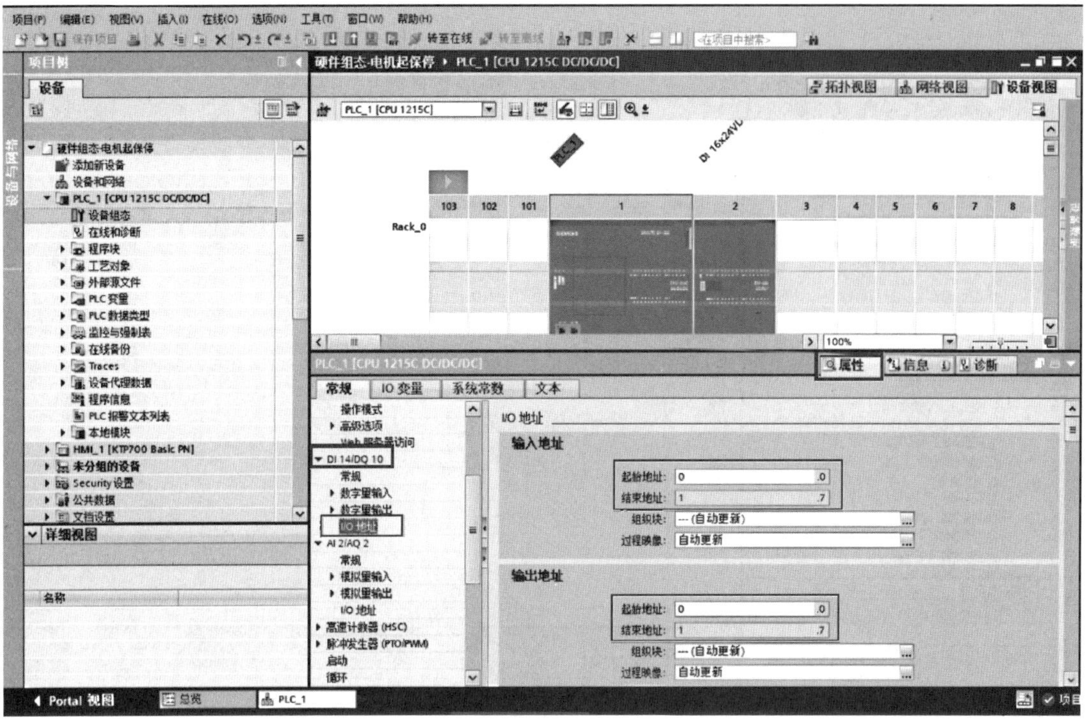

图 2-12　I/O 地址分配

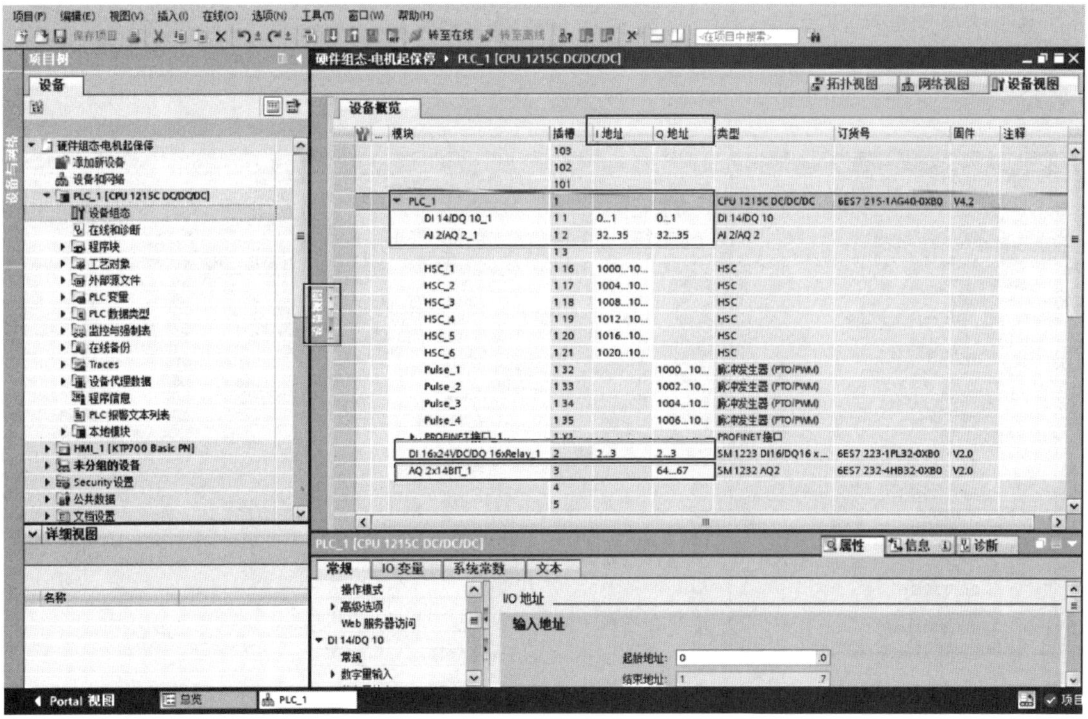

图 2-13　在“设备概览”中修改 I/O 地址

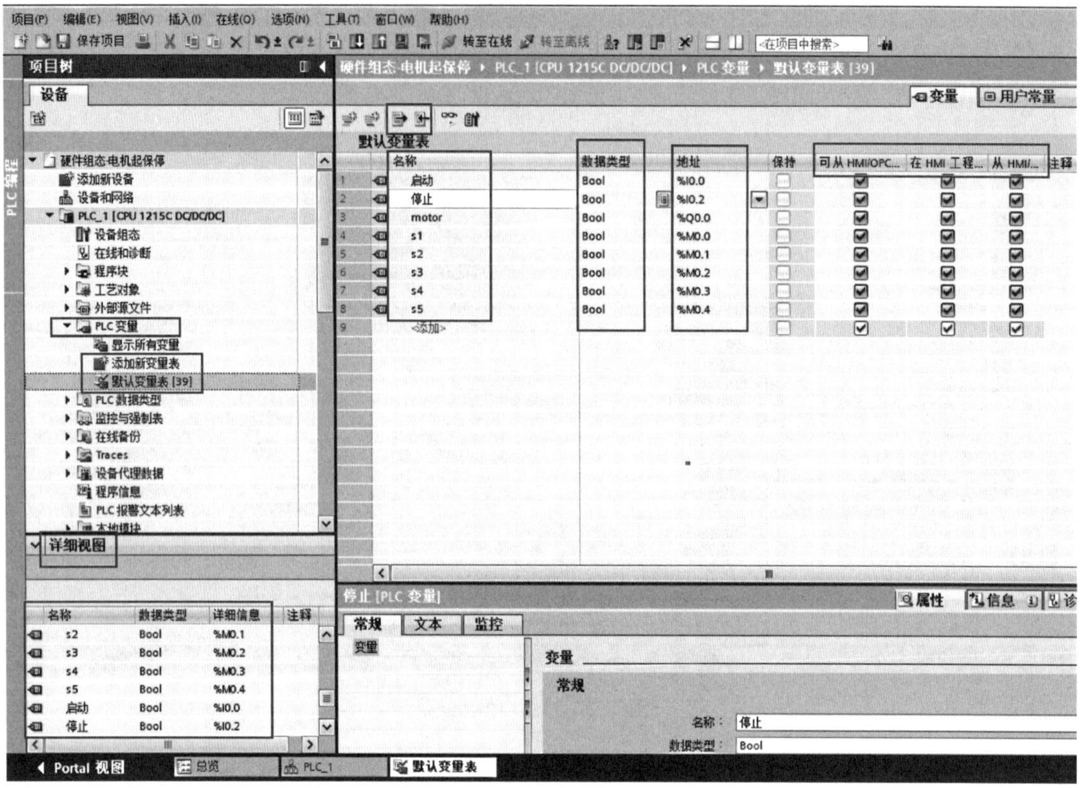

图 2-14　PLC 变量定义

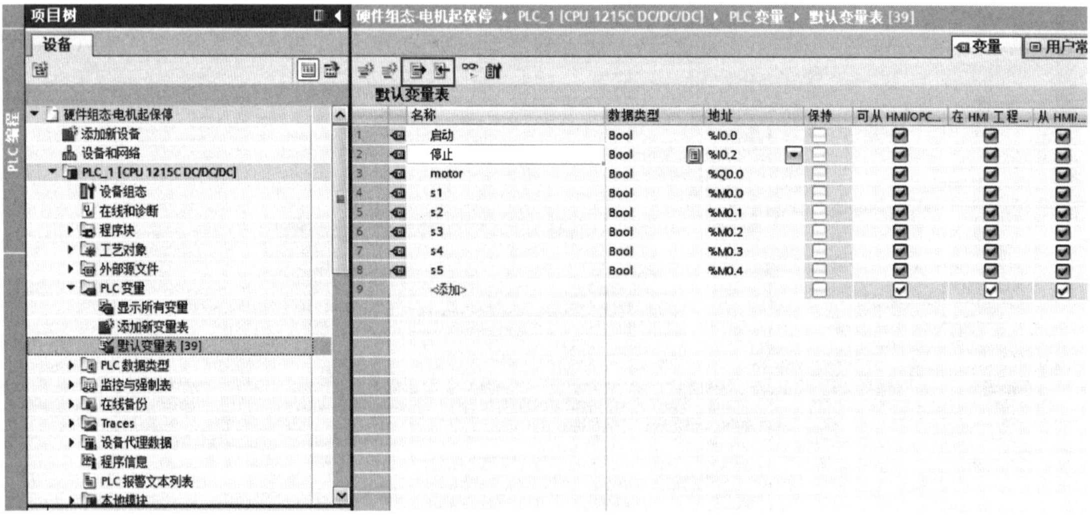

图 2-15　PLC 变量表的导入与导出

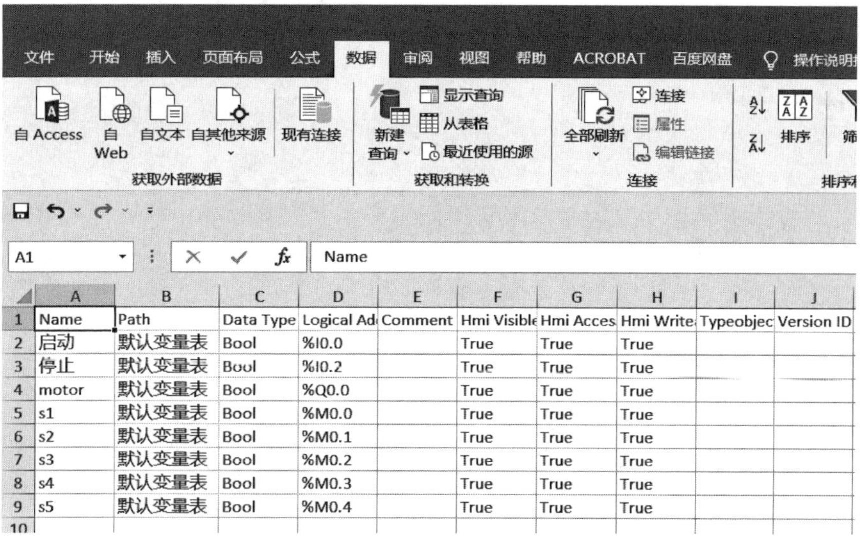

	A	B	C	D	E	F	G	H	I	J
1	Name	Path	Data Type	Logical Ad	Comment	Hmi Visible	Hmi Acces	Hmi Write	Typeobjec	Version ID
2	启动	默认变量表	Bool	%I0.0		True	True	True		
3	停止	默认变量表	Bool	%I0.2		True	True	True		
4	motor	默认变量表	Bool	%Q0.0		True	True	True		
5	s1	默认变量表	Bool	%M0.0		True	True	True		
6	s2	默认变量表	Bool	%M0.1		True	True	True		
7	s3	默认变量表	Bool	%M0.2		True	True	True		
8	s4	默认变量表	Bool	%M0.3		True	True	True		
9	s5	默认变量表	Bool	%M0.4		True	True	True		
10										

图 2-16　PLC 变量表

2.4　西门子 PLC 的硬件组态与连接

PLC 的硬件组态指的是在西门子 TIA Portal 软件中建立起跟实体硬件完全一致的设备模型系统，并通过配置网络信息和 I/O 信息等，使软件中的模型设备与实体硬件的设备信息保持一致，从而建立起正确的连接。

PLC 硬件组态与连接

2.4.1　离线组态方式

离线组态方式是最通用的方式，无论对恢复了出厂设置的 PLC，还是对配置好后投入使用的 PLC 都是适用的。采用离线组态方式，需要知道 PLC 的具体型号、订货号，以及所有拓展模块硬件的型号、订货号。然后从 TIA Portal 软件的库里找到相应型号的模型，进行组态。如果是第三方设备，需要安装该设备的通用站描述（General Station Description，GSD）文件，将其先导入 TIA Portal 软件的设备库中，才能从库中将其组态。PLC 硬件的型号通常在设备的正面有标识，如图 2-17（a）所示，其具体的订货号通常在设备侧面的标牌上，如图 2-17（b）所示。

如图 2-17 所示 PLC 的 CPU 是 S7-1200 系列的，型号为 CPU 1215C DC/DC/DC，订货号为 6ES7 215-1AG40-0XB0；DI/DO 扩展 I/O 模块的型号为 DI 16×24VDC/DQ 16×RLY，订货号为 6ES7 223-1PL32-0XB0。HMI 触摸屏的型号为 KTP700 Basic，订货号为 6AV2 123-2GB03-0AX0。

以图 2-17 所示 PLC 硬件为例，在 TIA Portal STEP7 软件中创建一个工程项目（图 2-18），在该项目下完成硬件组态、I/O 分配，以及后续的程序开发。具体步骤如下。

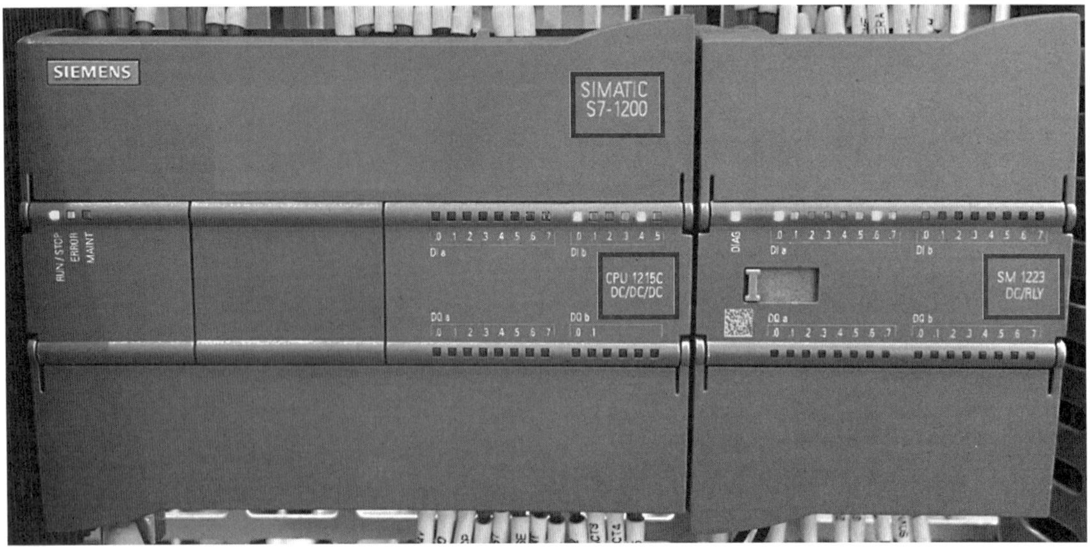

(a) S7－1200PLC 与拓展模块正面

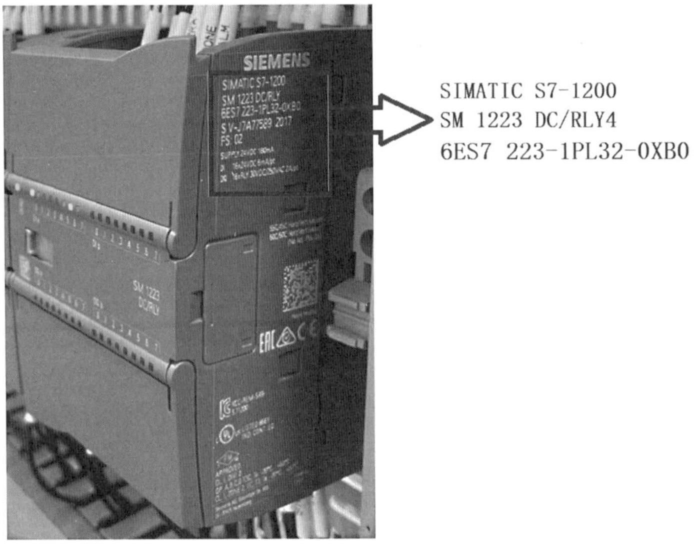

(b) 拓展模块侧面

图 2-17　PLC 硬件实体

第一步，PLC 硬件选型组态。

在项目视图中，点击“添加设备”，选择“控制器”，选择相应系列的 CPU 1215C DC/DC/DC，找到硬件对应的订货号，即 6ES7 215-1AG40-0XB0。除了订货号以外，还需要正确选择 PLC 的固件版本，不同版本的 TIA Portal 软件能提供的硬件固件版本号是不同的，默认选择的是最新的版本，但在实际组态时需要选择与硬件兼容的固件版本（图 2-19）。

根据具体的硬件情况，在“硬件目录”中找到所有扩展 I/O 模块，并按顺序将其添加到 PLC 的 2～9 架子上。如图 2-20 所示，此 PLC 中带有一个拓展数字量 I/O 模块，型号为 DI 16×24VDC/DQ 16×RLY，对应的订货号是 6ES7 223-1PL32-0XB0。

如果实体硬件还有其他的模块，也要相应地在硬件目录中找到对应模块的订货号，并添加进来。

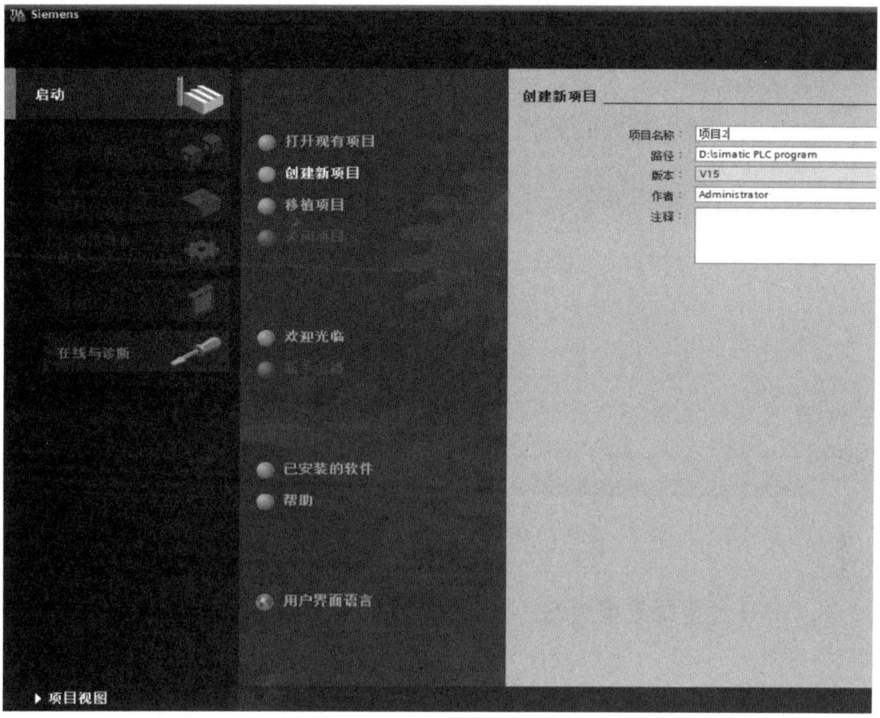

图 2-18　创建 PLC 工程项目

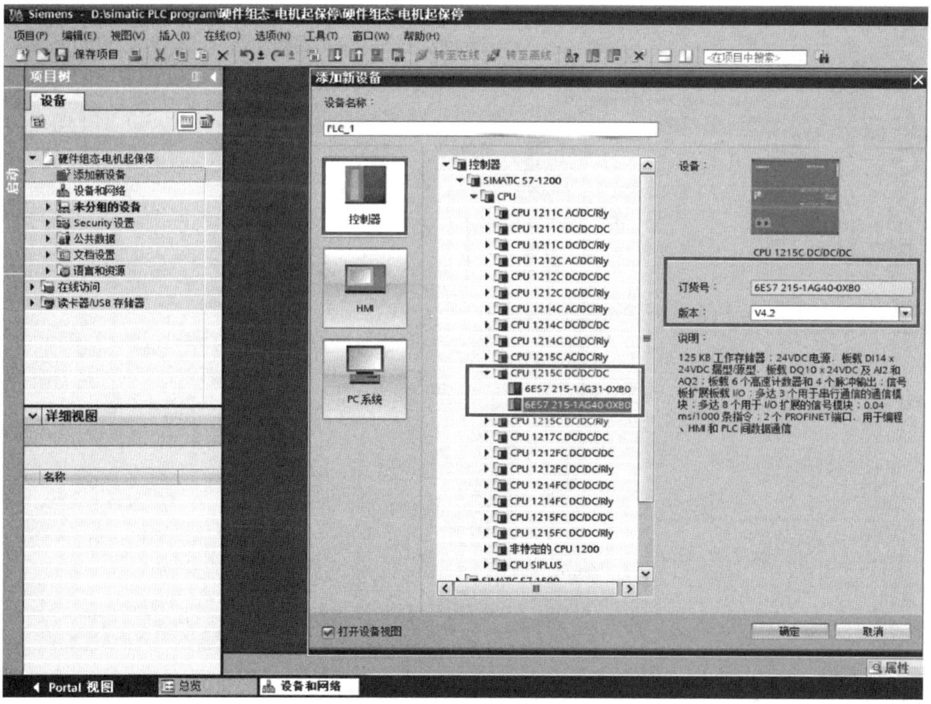

图 2-19　添加 PLC 硬件设备

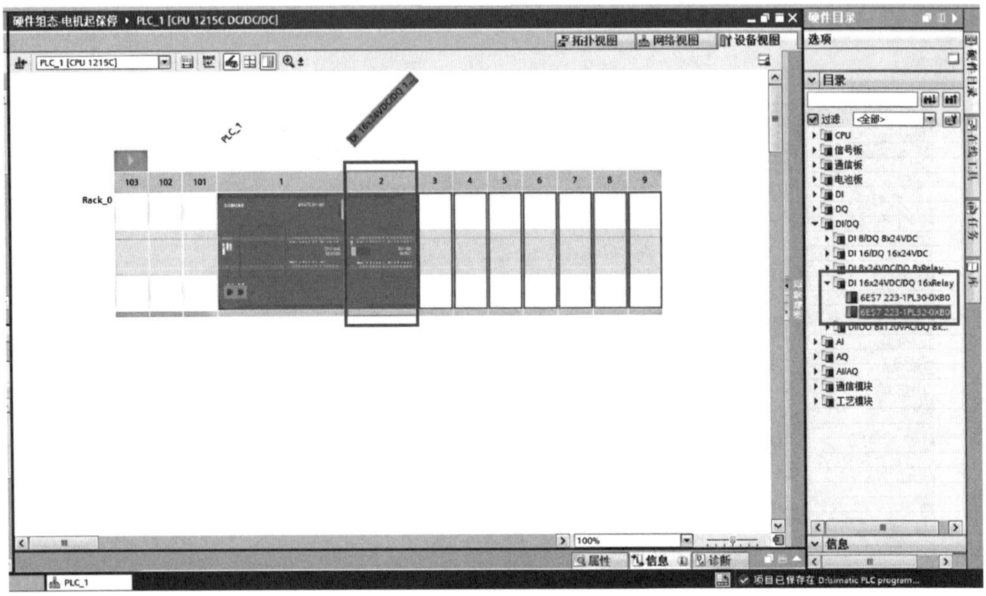

图 2-20　添加拓展 I/O 模块

第二步，HMI 触摸屏选型组态。

在项目视图中，点击“添加设备”，选择“HMI”，选择相应系列的触摸屏 KTP700 Basic，找到硬件对应的订货号 6AV2 123-2GB03-0AX0。此处选择的固件版本也必须要选择与硬件兼容的版本（图 2-21）。

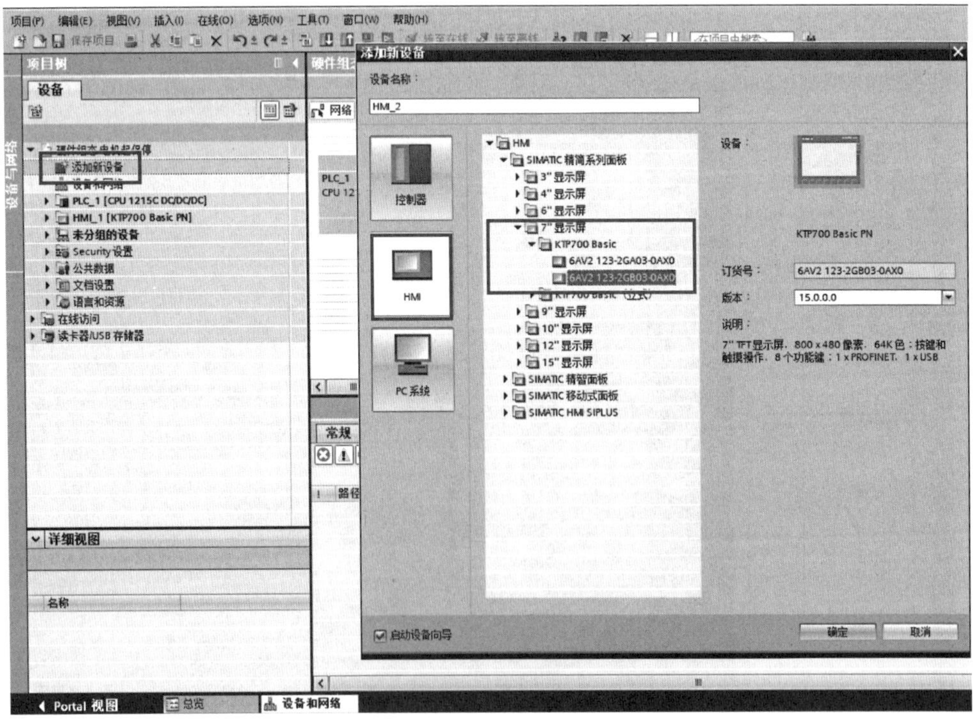

图 2-21　添加 HMI 触摸屏硬件设备

第三步，设置计算机、PLC 和 HMI 触摸屏的 IP 地址。

PLC 与 HMI 触摸屏通常采用 PROFINET 连接。计算机、PLC 和 HMI 触摸屏三个互联设备应连接在同一个局域网内，它们的 IP 地址必须要配置在同一个网段中。同一个网段指的是 IP 地址前三组数相同，第四组数不同（IP 地址本身不能重复，以免导致冲突），同时，子网掩码要相同。如电脑端网络参数配置：IP 地址为 192.168.0.112，子网掩码为 255.255.255.0；PLC 端网络参数配置：IP 地址为 192.168.0.10，子网掩码为 255.255.255.0；HMI 触摸屏端网络参数配置：IP 地址为 192.168.0.11，子网掩码为 255.255.255.0。

图 2-22 为电脑端 IP 地址的配置方法。打开“网络和共享中心”，选择与 PLC 相连的网络适配器对应的“网络”，通过查看“详细信息”可以查看电脑的 IP 地址；通过“属性”—“TCP/IPv4”可以手动配置电脑端的 IP 地址。

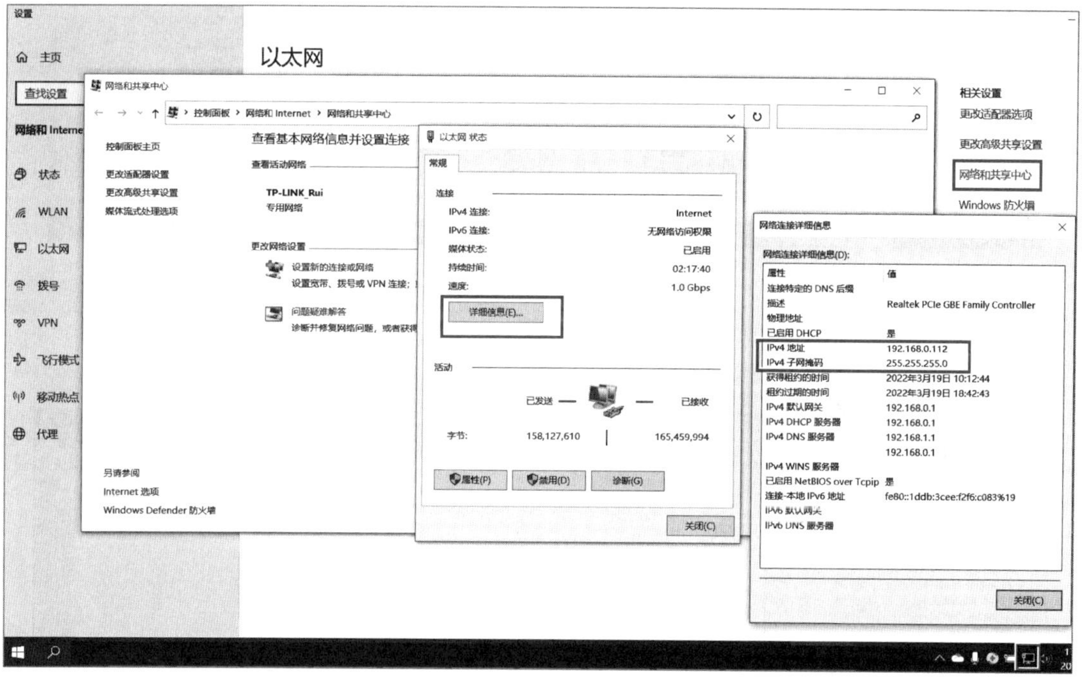

图 2-22　电脑端 IP 地址的配置方法

图 2-23 为 PLC 端 IP 地址的配置方法。双击“设备组态”，双击组态好的 PLC，在“属性”中的“常规”选项卡里选择“以太网地址”，配置 PLC 的 IP 地址和子网掩码，并为该子网添加一个局域网“PN/IE_1”。

图 2-24 为 HMI 触摸屏端 IP 地址的配置方法，双击“设备组态”，双击组态好的 HMI，在“属性”中的“常规”选项卡里选择“以太网地址”，配置 HMI 的 IP 地址和子网掩码，并在子网下拉菜单中选择已经添加好的局域网“PN/IE_1”；或者在“网络视图”中将 PLC 与 HMI 触摸屏的网络接口连在一起即可，如图 2-25 所示。

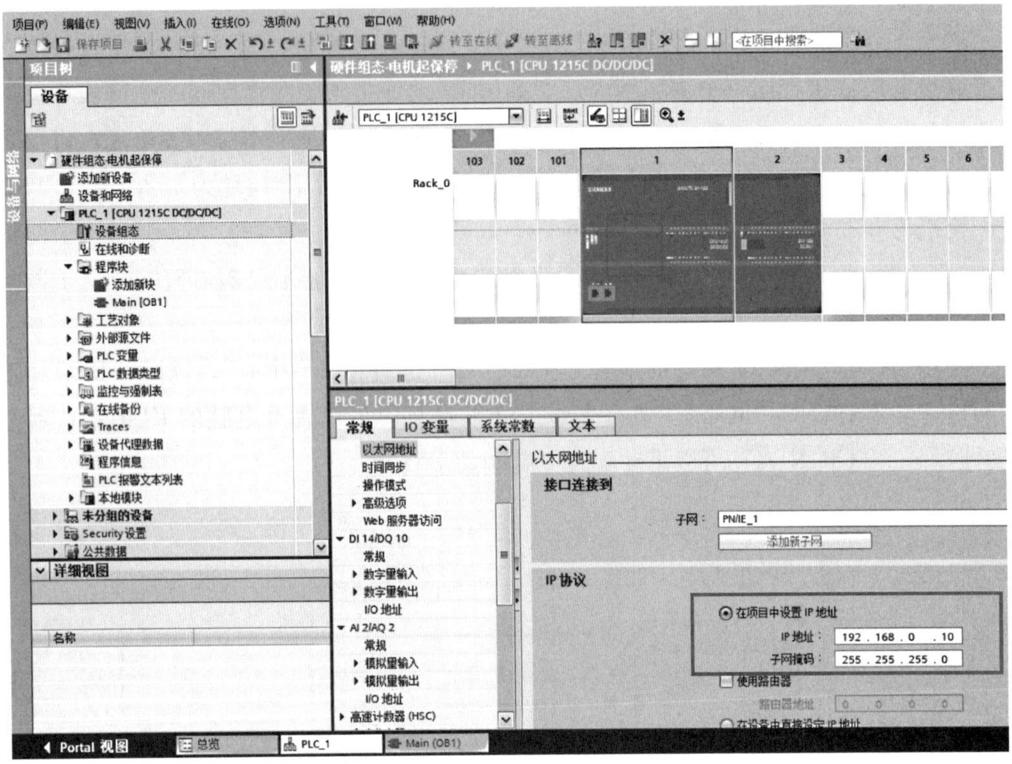

图 2-23 PLC 端 IP 地址的配置方法

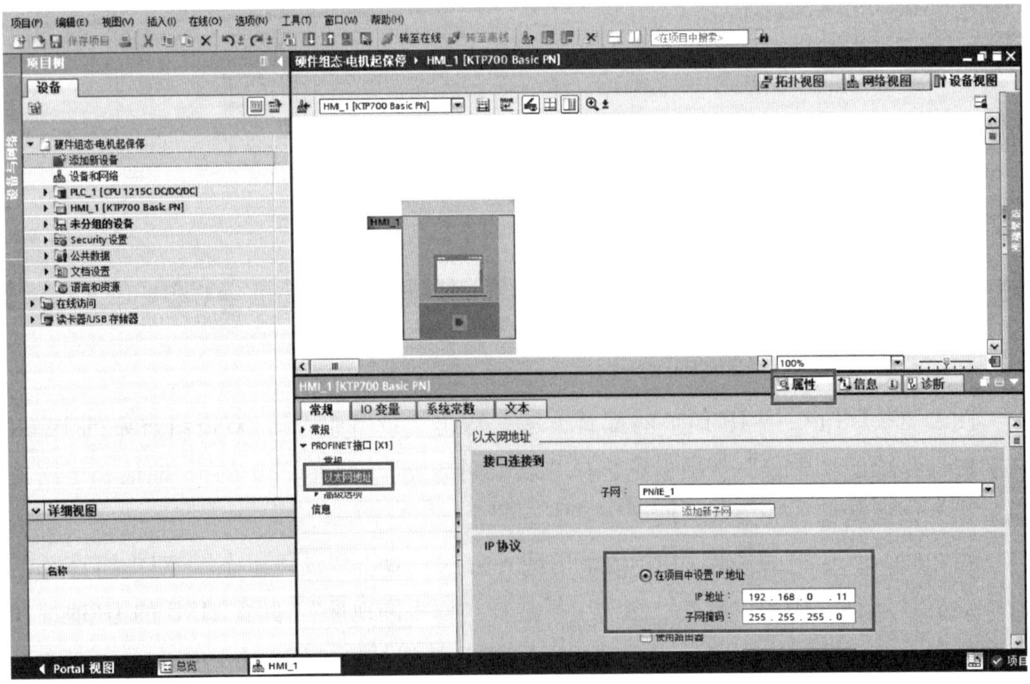

图 2-24 HMI 触摸屏端 IP 地址的配置方法

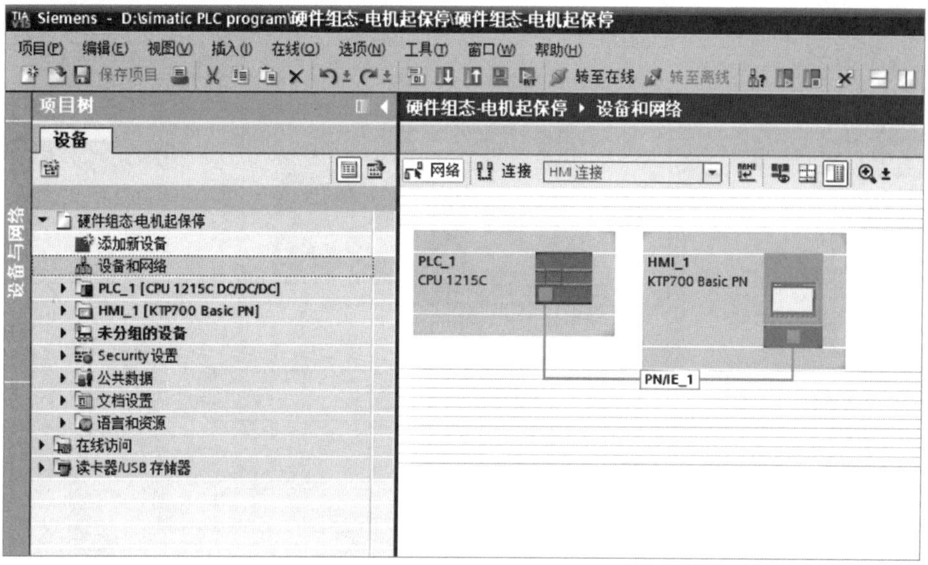

图 2-25　“网络视图”中的接口连接

第四步，I/O 地址分配。

PLC 的 I/O 地址可以由用户来自定义分配，按字节定义。1 个字节由 8 位二进制数组成，数字量以每个接口对应 1 个位地址的方式存储，模拟量以每个接口对应 2 个字节地址的方式来存储。

PLC 地址的数字量 I/O 分配可以在“属性”选项中的“DI/DQ”—“I/O 地址”中修改；模拟量 I/O 分配可以在“属性”选项中的“AI/AQ”—“I/O 地址”中修改。地址的修改只需要给出起始地址的字节序号即可，如图 2-26、图 2-27 所示。

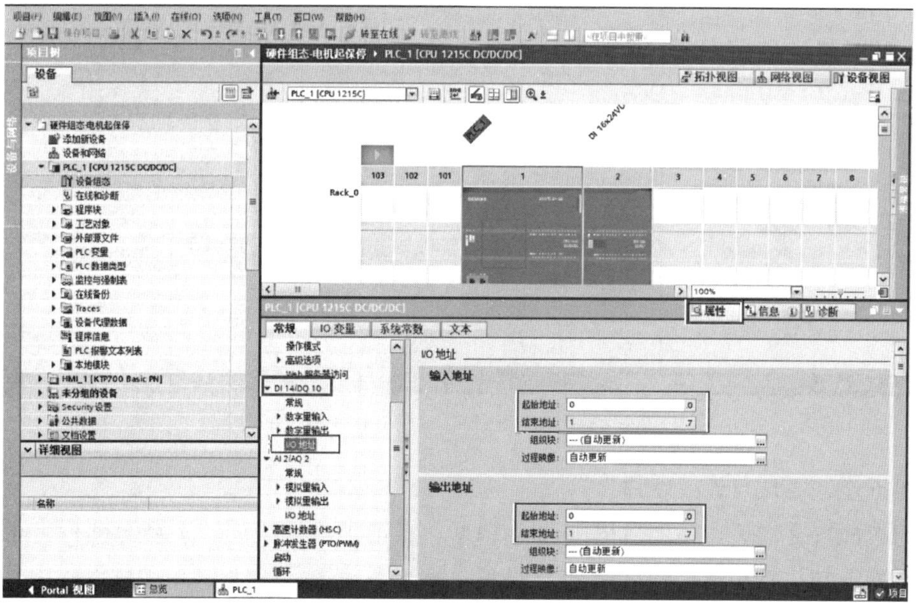

图 2-26　数字量 I/O 地址的分配

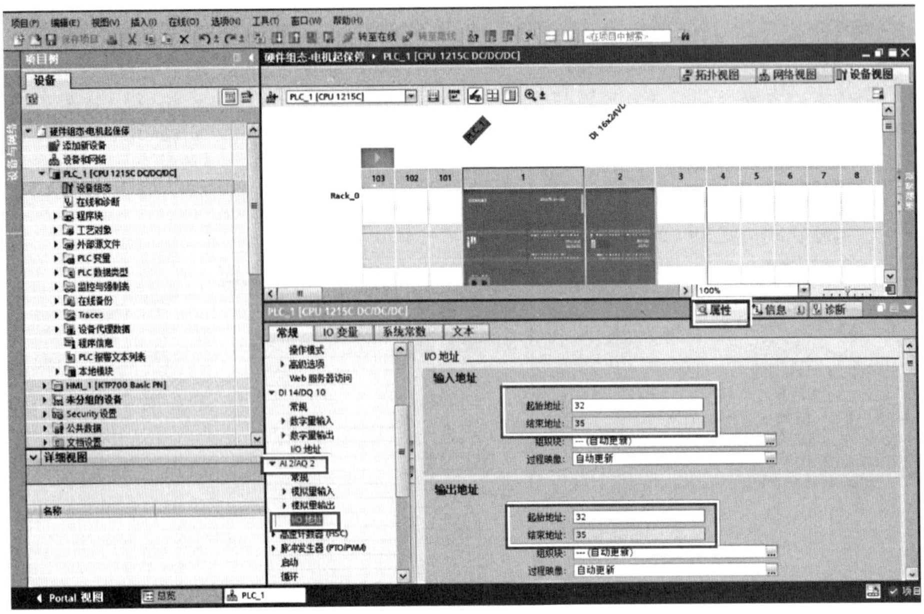

图 2-27 模拟量 I/O 地址的分配

除此以外，也可以通过“设备视图”右边折叠页中的“设备概览”找到各 I/O 模块，并在 I 地址和 Q 地址栏修改地址，完成 I/O 地址的分配，如图 2-28 所示。

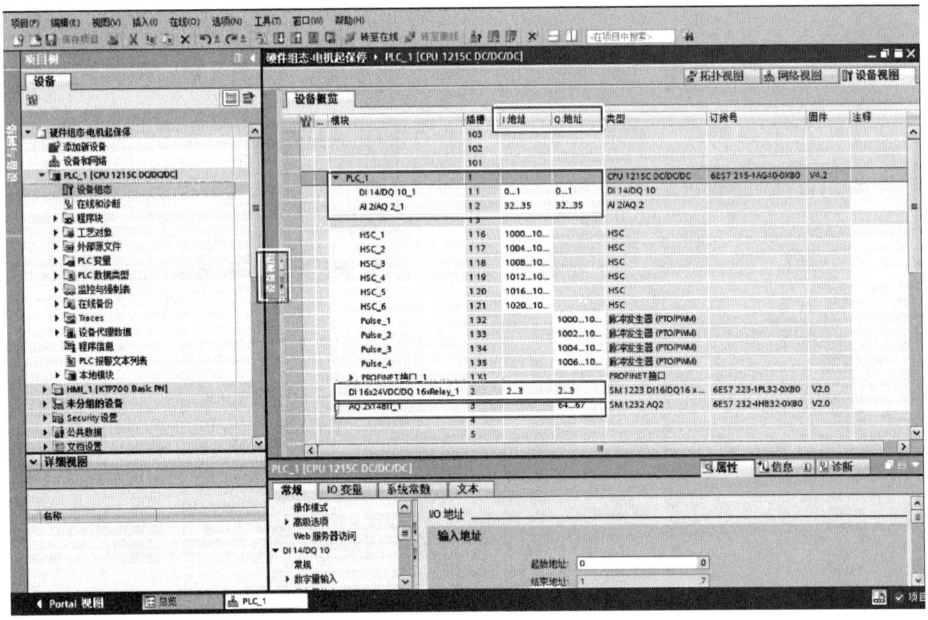

图 2-28 通过“设备概览”完成 I/O 地址的分配

第五步，下载与连接硬件。

组态配置完成后，在项目树中选择 PLC，点击工具栏中的“下载”图标，正确选择电脑网卡和与之相连接的目标 PLC 设备，将组态信息下载到 PLC 硬件设备中，如图 2-29 所示。

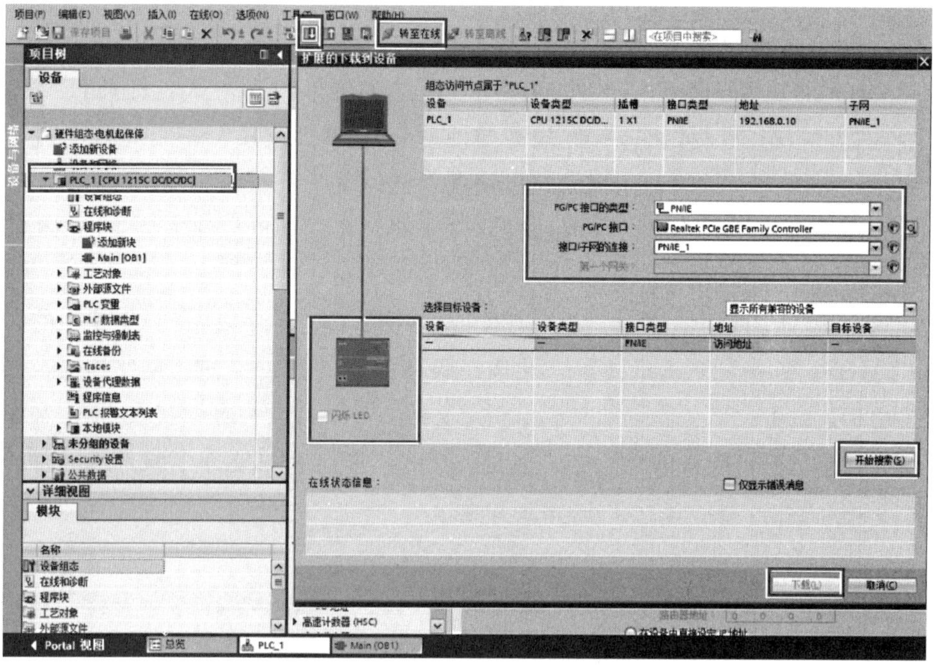

图 2-29　将组态信息下载到 PLC 硬件设备中

下载成功后，在工具栏点击“转至在线”图标，对 PLC 进行在线监控。如图 2-30 所示，软件中的所有设备显示灯显示绿色，实体硬件中的“RUN”运行指示灯显示绿色，“ERROR”错误指示灯未显示红色，则代表成功完成了组态与连接。

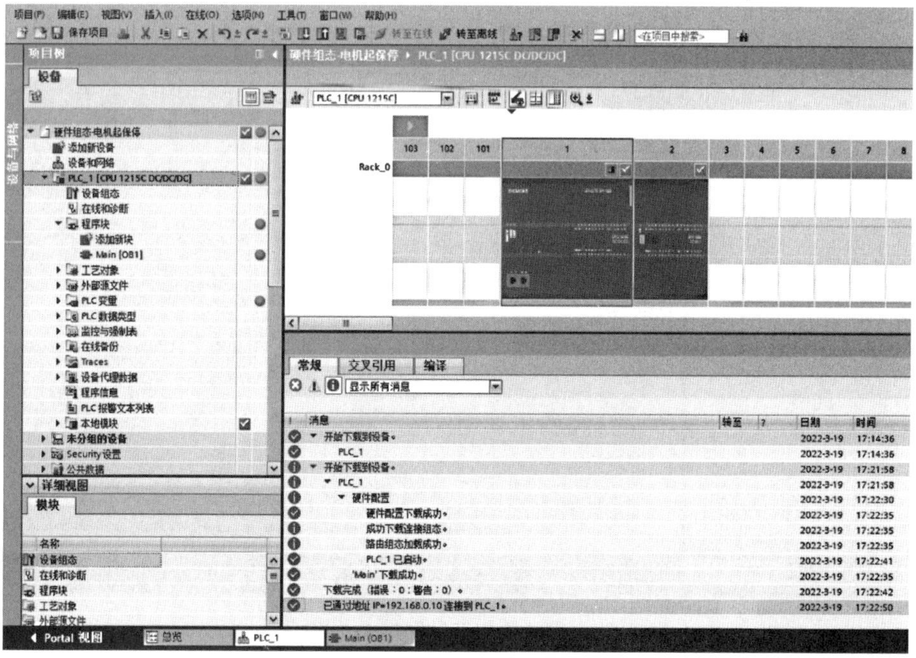

图 2-30　在线监控

2.4.2 在线获取组态方式

TIA Portal 软件还提供了另外一种比较便捷的硬件组态方式，即通过“在线获取”的方式直接组态设备。这种方式需要使电脑和 PLC 连接在一个局域网内，并且 PLC 本身已经被组态过，有完整的配置信息，已恢复出厂设置的 PLC 不适合采用这种方式。在使用这种方式前，可以通过软件中的“在线访问”来查看在线 PLC 的相关信息。

如图 2-31 至图 2-34 所示，在组态硬件设备时，选择 1200 系列 CPU 中的“非特定的 CPU1200”；然后点击未被指定的 PLC 设备中的“获取”，进行网络连接，通过获取网络中相连设备的组态信息来完成组态。这样的方式可以一次性获取 CPU 和拓展模块等所有硬件信息，完成硬件组态。但是，这有可能会获取硬件中原来所配置的一些与本项目不兼容的内容，导致一些错误发生。

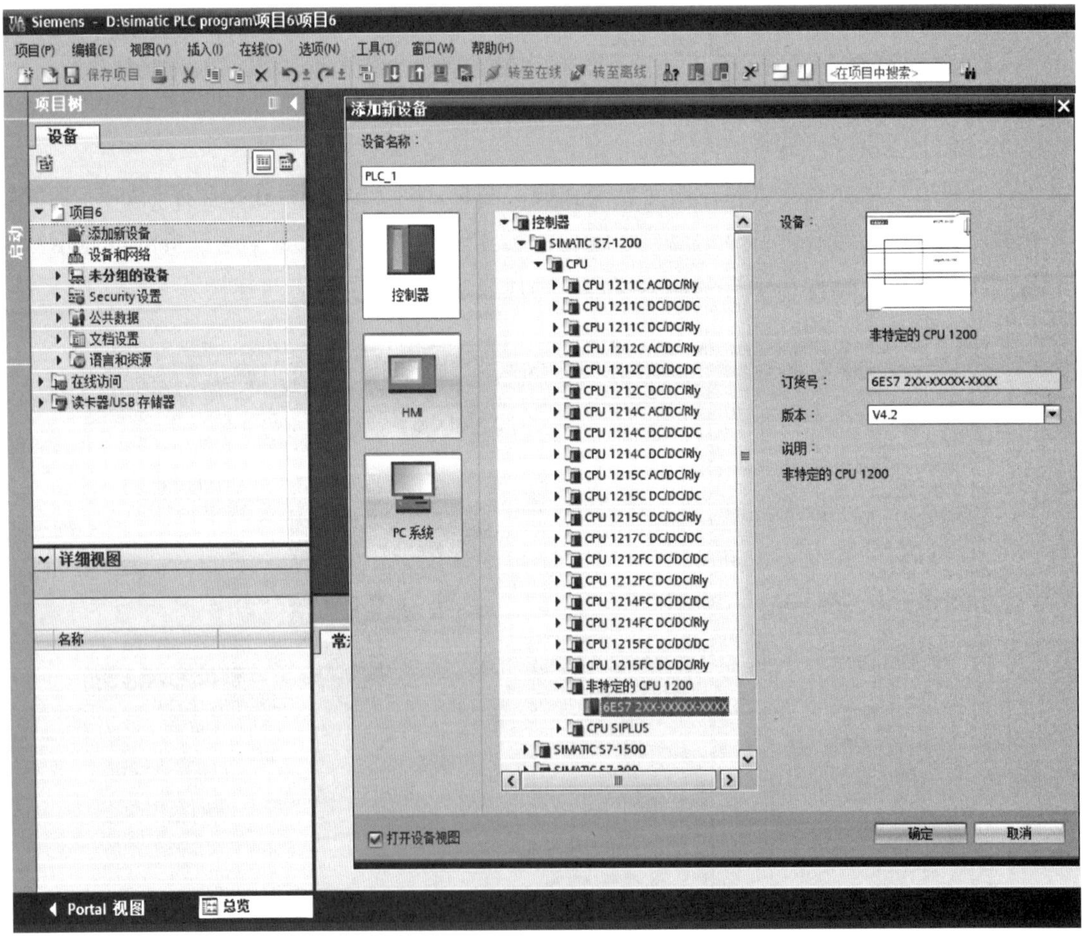

图 2-31 添加非特定的 PLC 设备

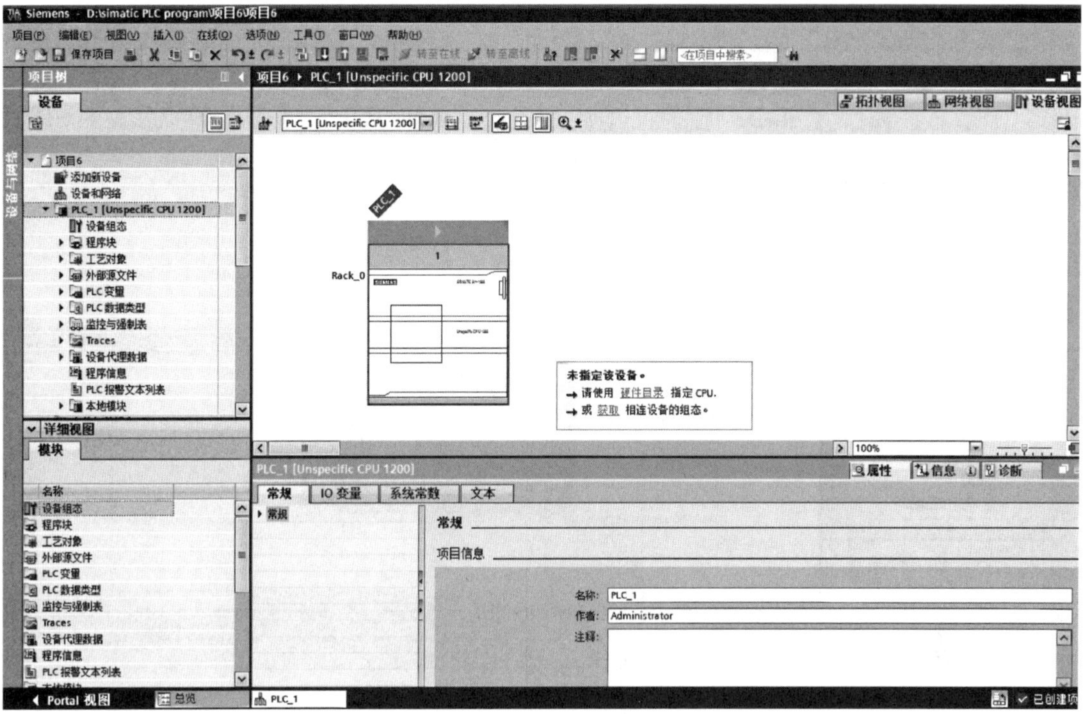

图 2-32　通过“获取”的方式直接组态设备

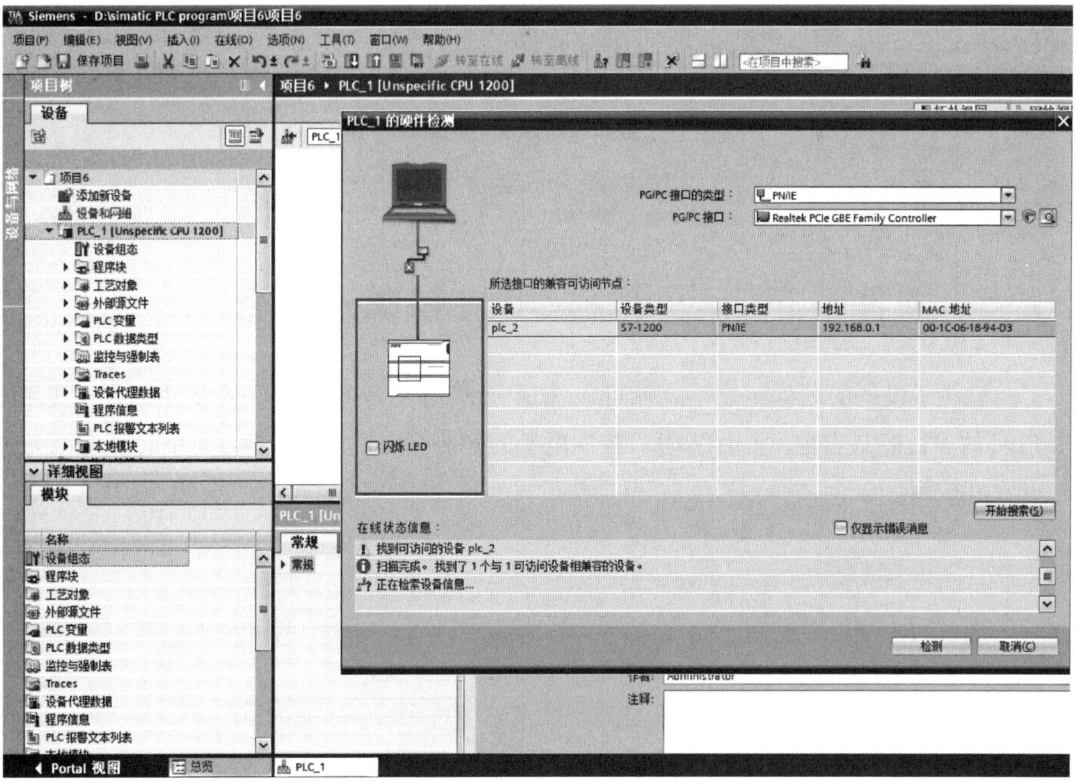

图 2-33　连接 PLC

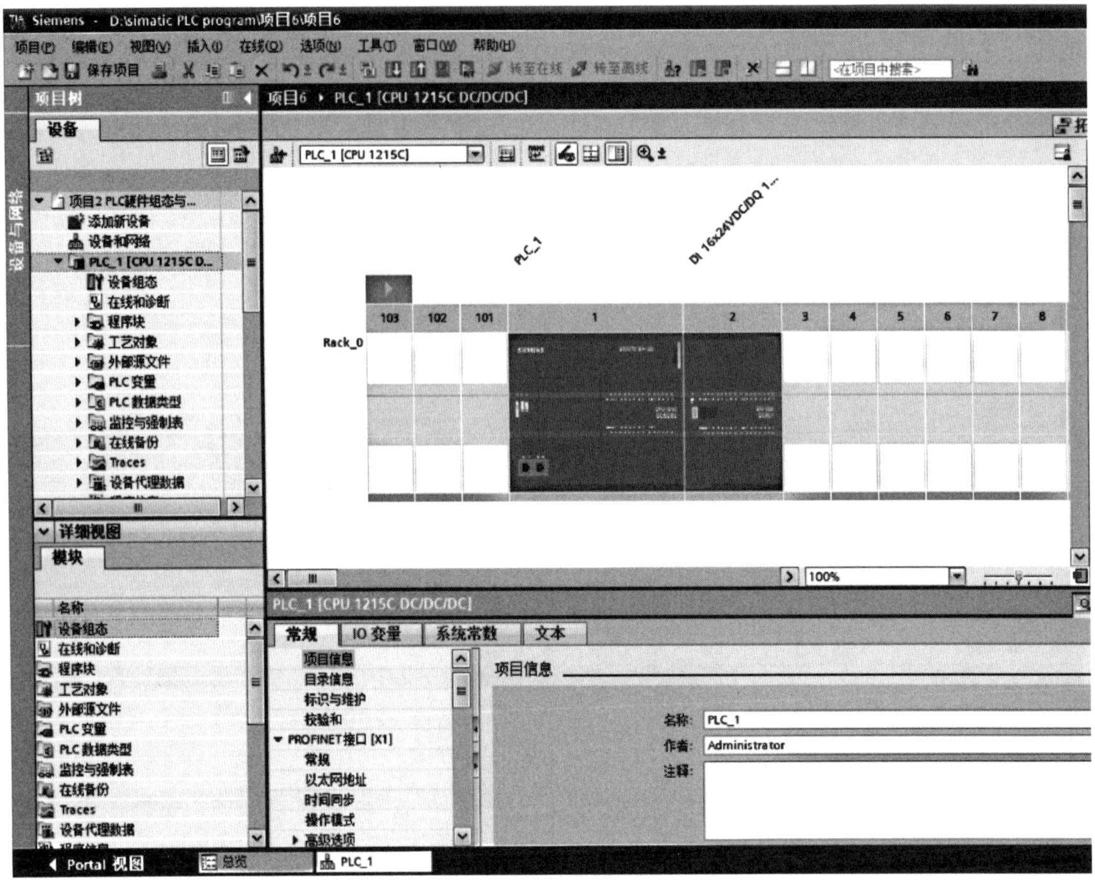

图 2-34　直接获取在线 PLC 的硬件信息

2.5　硬件组态的应用——电机起保停控制

完成了设备的硬件组态后，就可以编写 PLC 程序，完成 I/O 的硬件接线，实现 PLC 的项目控制功能。下面以 PLC 控制电机的起保停项目为例，学习简单的 PLC 程序开发和控制。

2.5.1　项目任务

通过两个按钮来控制三相交流异步电动机的启动、保持、停止运行。项目中需要用到一个启动按钮和一个停止按钮。

2.5.2　项目要求

（1）控制要求：按一下启动按钮并松开，电机启动并保持转动，直到按一下停止按钮，电机才停止转动。

（2）电气接线要求：完成三相电机主回路和控制回路电气接线，完成 PLC 的 I/O 接线。

2.5.3　项目实施

1. 主回路与控制回路电气接线

主回路采用三相 380 V 电压，电机端采用星形接法。控制回路通过一个继电器 KA1 的常开触点来控制接触器 KM1 线圈的通断，从而实现控制主回路的通断，如图 2-35 所示。

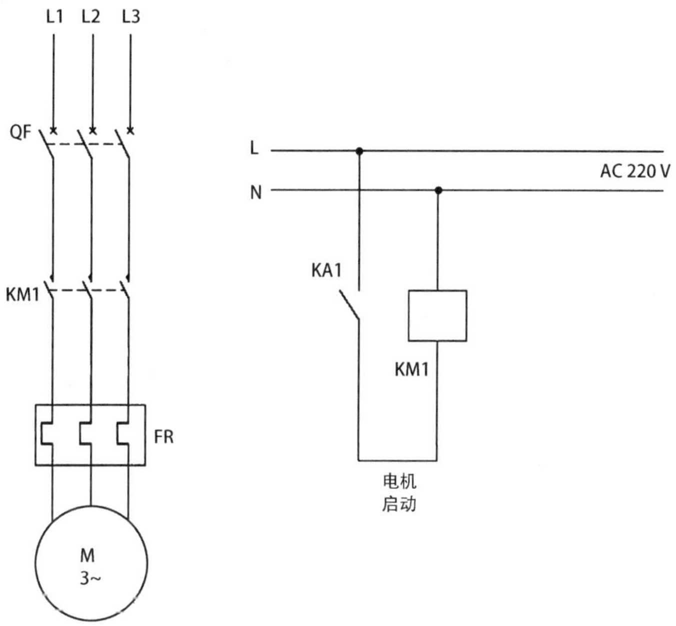

图 2-35　电机起保停控制电路

2. I/O 硬件接线

如图 2-36 所示，两个输入按钮分别接到 PLC 的两个数字量输入接口，按钮的公共端接 24 V。一个数字量输出接口连接继电器 KA1 的线圈，线圈的公共端接回 0 V。

3. PLC 变量定义

在项目树—“PLC 变量”—“默认变量表”里进行名称定义，两个输入接口接的是第 1、2 个数字量输入接口，因此地址对应为 I0.0 和 I0.1，分别定义其功能名称为“启动按钮”和“停止按钮”。输出继电器接的是第 1 个数字量输出接口，地址对应为 Q0.0，它是用于控制电机启停的，因此定义其功能名称为“motor”（图 2-37）。

4. PLC 程序编写

在主程序中编写 LAD，通过常开触点、置位与复位指令来编写电机启动、保持、停止程序，实现对电机的起保停控制（图 2-38）。

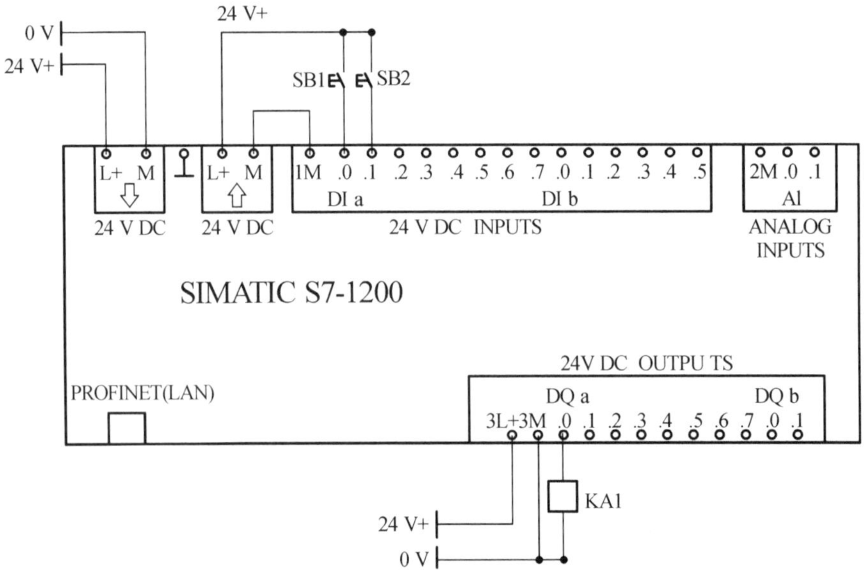

图 2-36　I/O 接线图

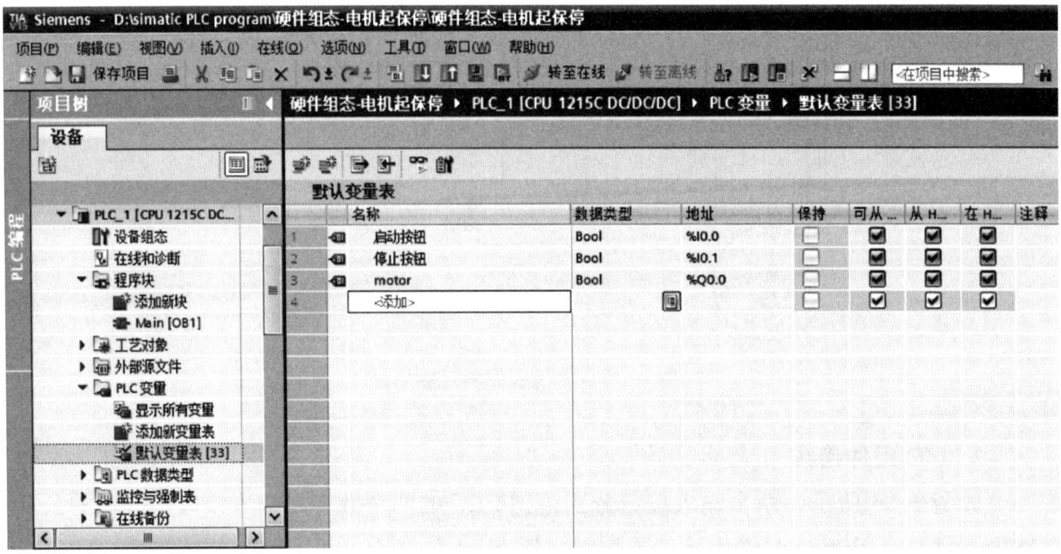

图 2-37　PLC 变量定义

5. 程序下载

每一个程序和数据的改动都要更新并下载到 PLC 中才能够被有效执行。选择项目树中的“PLC_1”，点击工具栏中的“下载”图标 ，在弹出的对话框中正确选择 PG/PC 的接口。当程序和数据下载到实体 PLC 中时，PG/PC 接口应选择电脑的网卡；如果是下载到虚拟仿真的 PLC 中，则 PG/PC 接口应选择“PLCSIM”（图 2-39）。

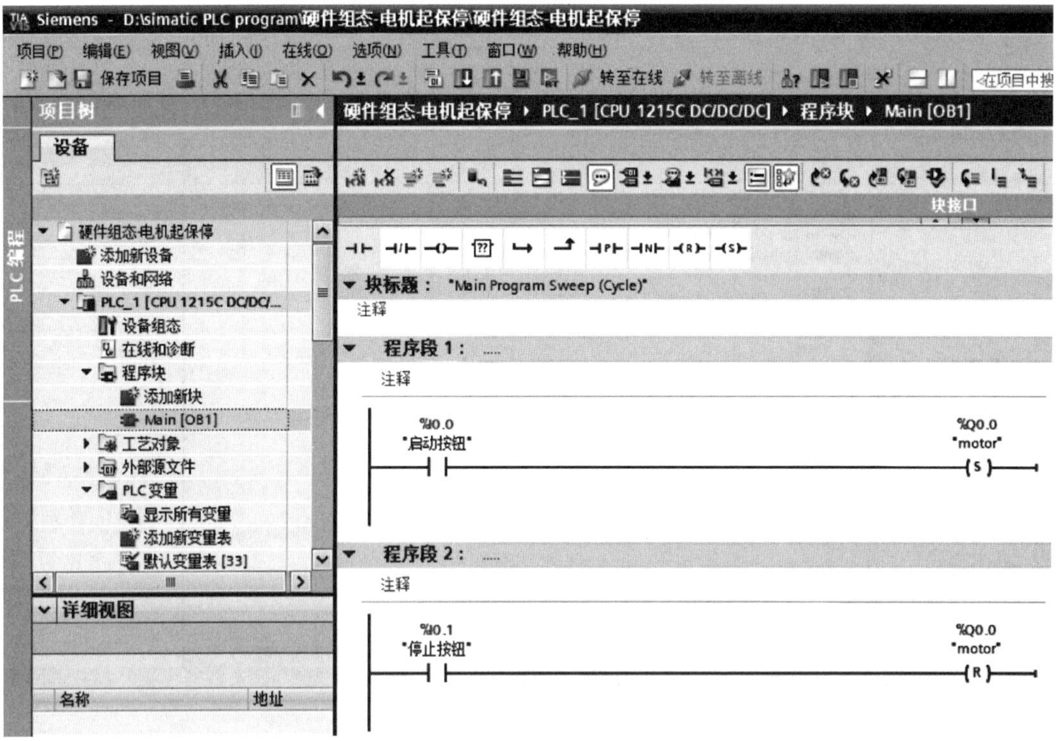

图 2-38　PLC 程序编写

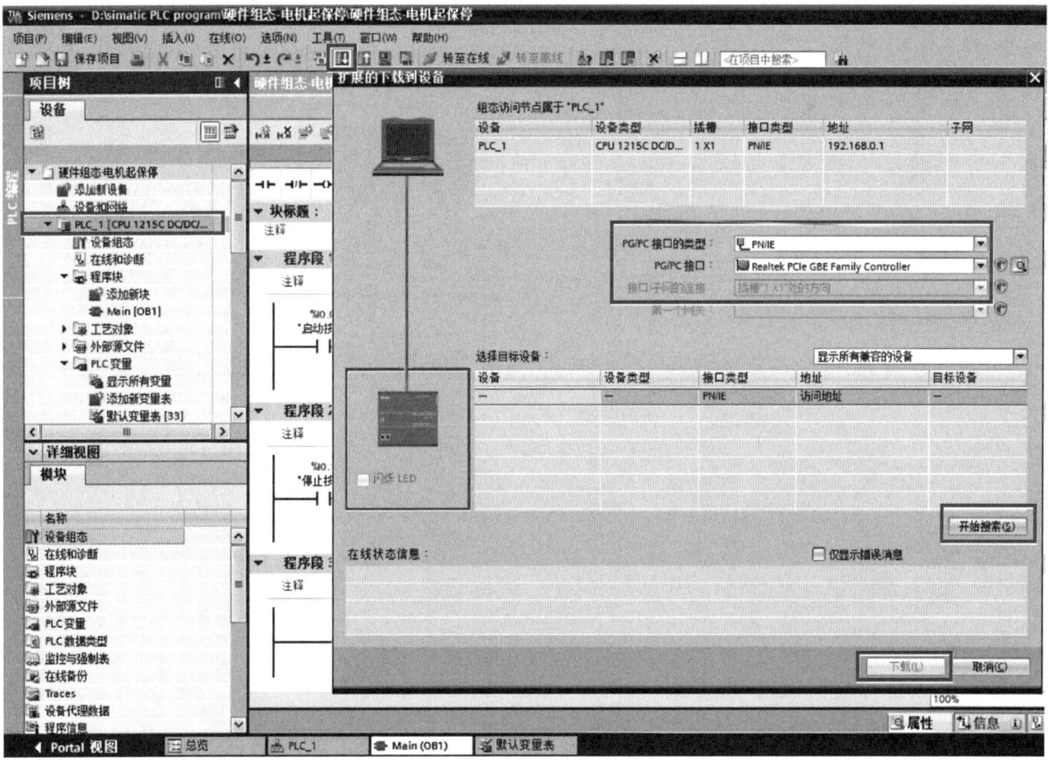

图 2-39　PLC 程序下载

运行 PLC，点击工具栏中的“监控”图标，监控 PLC 的实时状态（图 2-40）。

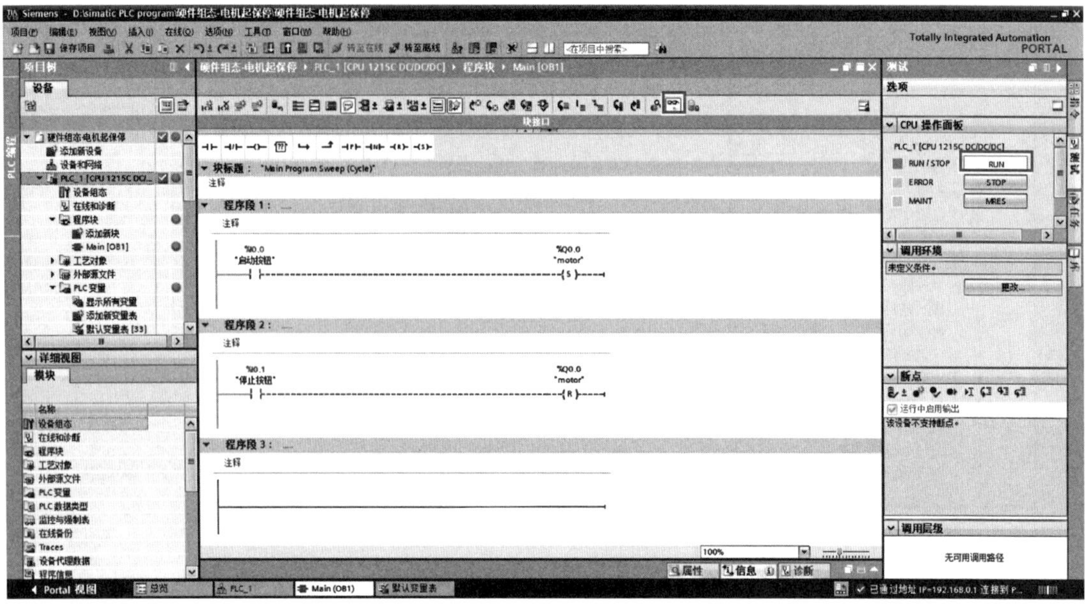

图 2-40　PLC 程序监控

模块 3

PLC 位逻辑指令及应用

PLC 的逻辑控制主要通过程序来实现，西门子 PLC 的编程语言有很多种，其中最常用的是 LAD 编程语言与 SCL 编程语言。LAD 与 SCL 编程语言在定时、计数、数据处理等方面各有各的优势，编程时应根据任务来灵活选择编程语言，两种语言也可以相互切换使用。本章主要学习 PLC LAD 编程语言中的常用位逻辑指令及应用。

3.1 PLC 数据存储

3.1.1 数据类型

PLC 数据存储

PLC 常用的基本数据类型见表 3-1，可以在数据块（Data Blocks，DB）中定义不同数据类型的数据变量。

表 3-1 常用数据类型

数据类型	长度/位	数值范围	常数示例	地址示例
Bool	1	0 或 1	1	Tag _ name
Byte	8	2#0 到 2#1111 _ 1111	2#0001 _ 0001	IB2，MB10，DB1.DBB4，Tag _ name
Word	16	2#1111 _ 1111 _ 1111 _ 1111	110	MW10，DB1.DBW2，Tag _ name
USInt	8	0 到 255	78，2#01001110	MBO，DB1.DBB4，Tag _ name
SInt	8	−128 到 127	+50，16#50	MBO，DB1.DBB4，Tag _ name
UInt	16	0 到 65 535	65 295，0	MW2，DB1.DBW2，Tag _ name
Int	16	−32 768 到 32 767	−30 000，+30 000	MW2，DB1.DBW2，Tag _ name
UDInt	32	0 到 4 294 967 295	4 042 322 160	MD6，DB1.DBD8，Tag _ name

（续表）

数据类型	长度/位	数值范围	常数示例	地址示例
DInt	32	−2 147 483 647 到 2 147 483 647	−2 131 754 992	MD6，DB1.DBD8，Tag_name
Real	32	−1.175 495e-38 到+3.402 823e+38	10.23，−3.4，1.0e−5	MD100，DB1.DBD8，Tag_name
Time	32	T#-24d_20h_31m_23s_648ms 到 T#24d_20h_31m_23s_647ms	T#5m_30s TIME#10d20h30m20s630ms	MD100，DB1.DBD8，Tag_name
Date	16	D#1990-1-1 到 D#2168-12-31	DATE#2009-12-31 2009-12-31	MW100，DB1.DBD8，Tag_name
Char	8	16#00 到 16#FF	'b'，'%'	MB10，DB1.DBB4，Tag_name
WChar	16	16#0000 到 16#FFFF	'A'，'@'	MW2，DB1.DBW2，Tag_name

3.1.2 存储区

西门子 PLC 提供了装载存储器、工作存储器和保持性存储器三种类型的存储器，用于存储用户数据及程序。

装载存储器是一个非易失性存储器，用于存储代码块、DB、工艺对象和硬件配置等。这些对象被下载到 PLC 中后，首先存储在装载存储器中，然后被复制到工作存储器中运行。

工作存储器是一个易失性存储器，用于存储与运行相关的用户程序代码和数据，在执行用户程序时，PLC 会将用户程序的一些内容从装载存储器复制到工作存储器中。如果工作存储器断电，那么数据将丢失。

保持性存储器是一个非易失性存储器，当发生电源故障或者断电时，它可以保存有限数量的数据，如整个 DB 中的部分数据，位存储区、定时器和计数器中的数据等。要存储这些数据必须预先定义其有保持功能。

3.1.3 地址区

西门子 PLC 地址区主要包括过程映像输入区（I）、过程映像输出区（Q）、中间寄存器区（M）和数据块区（DB）等区域。I 区和 Q 区分别用于存储 I/O 接口的状态数据，跟硬件接口的电压状态有直接的关联。M 区是软件中为了便于用户编程时实现程序逻辑和存储而提供的具有全局性的中间过程存储区，它跟 DB 一样，只存在于软件中，跟硬件接口没有直接关系。例如 M 位寄存器也叫辅助继电器，它可以在程序中作为虚拟继电器，具有类似中间继电器的功能。DB 区则是专门用于定义更多类型程序数据的存储区域，PLC 中能用的所有类型的数据都可以通过建立 DB 区来定义和存储。

上述地址区的说明见表 3-2。

表 3-2　PLC 地址区的说明

地址区	可以访问的地址单位	符号	说明
过程映像输入区（I）	输入位	I	CPU 在每次循环开始时从硬件输入接口读取输入值并将这些值保存在过程映像输入区中
	输入字节	IB	
	输入字	IW	
	输入双字	ID	
过程映像输出区（Q）	输出位	Q	CPU 在每次循环结束时将过程映像输出区中的值写入硬件输出模块
	输出字节	QB	
	输出字	QW	
	输出双字	QD	
中间寄存器区（M）	存储区位	M	此区域用于帮助用户实现一些程序逻辑，存储程序中计算出的中间结果
	存储区字节	MB	
	存储区字	MW	
	存储区双字	MD	
数据块区（DB）	数据位	DBX	DB 存储程序信息。可以对 DB 进行定义，以便所有代码块都可以对其进行访问，也可将其分配给特定的函数块（Function Blocks，FB）
	数据字节	DBB	
	数据字	DBW	
	数据双字	DBD	

用户程序访问 PLC 的 I/O 接口时，通常不是直接读取 I/O 模块的接口信号，而是先由位于 PLC 的一个存储区域对 I/O 模块接口的状态值进行存储，PLC 会在每个扫描周期访问一次这个存储区域的 I/O，这个存储区域就是过程映像区。过程映像区分为 I 区和 Q 区。

通过过程映像区采集 I/O 信号可以让 PLC 用户程序在一个扫描周期中所读取的输入信号和所发出的输出信号始终保持一致。在一个扫描周期中，如果输入模块的信号状态发生变化，那么过程映像区中的信号状态在当前扫描周期将保持不变，直到下一个 PLC 扫描周期过程映像区才更新，这样就保证了 PLC 在执行用户程序的过程中，过程映像区数据的一致性。

S7-1200 PLC 的数字量模块和模拟量模块的过程映像区的访问方式相同，输入地址表达格式为“ “%I” +地址”（%表示绝对地址寻址）：

（1）如果是位数据（Bit），地址为位地址格式“x. x”，如“%I0. 1”；

（2）如果是字节数据（Byte），地址为 B+字节地址“Bx”，如“%IB8”；

（3）如果是字数据（Word），地址为 W+字节地址“Wx”，如“%IW32”；

（4）如果是双字数据（DWord），地址为 D+字节地址“Dx”，如“%ID36”。

输出地址表达格式为“%Q”＋地址”，格式规则跟输入地址一致，如：“%Q0.5”“%QB8”“%QW64”。

3.1.4 PLC 寻址

1. 寻址规则

每个存储单元都有唯一的地址，用户程序可利用这些地址访问存储单元中的信息。绝对地址由以下元素组成：

（1）地址区标识符：如 I（输入）、Q（输出）、M（辅助继电器）和 DB（数据块）；

（2）要访问数据的单位：B 代表 Byte（字节），W 代表 Word（字），D 代表 DWord（双字）；

（3）字节地址序号：数字 0，1，2，3 等。

字节单位间的关系如下：1Byte＝8Bit；1Word＝2Byte；1DWord＝2Word＝4Byte＝32Bit。当访问位地址（Bit）时，不需要输入要访问数据的单位，仅需输入数据的地址区助记符、字节序号和位置（1 个字节 8 位，从第 0 位到第 7 位），如 I0.0、Q0.1 或 M3.4。

例如，QB1 表示整个字节 1 的存储地址区域（包含了 Q1.0～Q1.7 共 8 位）；QW2 表示字节 2 和 3 这两个字节所组成的字存储地址区域（包含了 Q2.0～Q2.7，Q3.0～Q3.7 共 16 位）；QD5 表示字节 5 到字节 8 这 4 个字节共同组成的双字存储地址区域；而 Q1.6 表示 1 个位输出信号，它的地址位于字节 1 的第 6 位，它的寻址方式如图 3-1 所示。

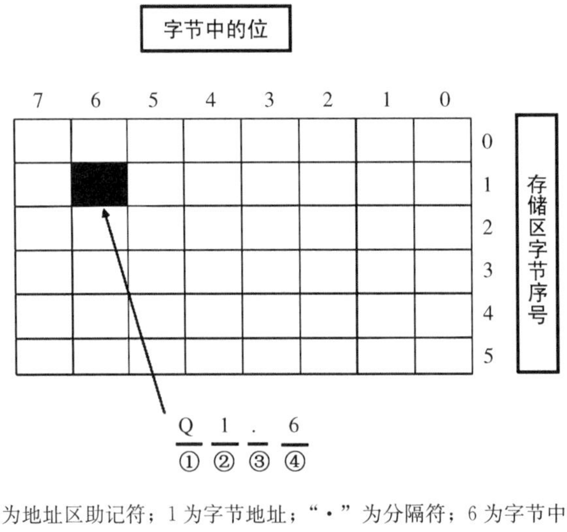

图 3-1 存储地址寻址表达形式

2. I 区寻址

CPU 仅在每个扫描周期的循环组织块（Organization Blocks，OB）执行之前对硬件输入接口进行采样，并将这些输入接口的值写入 I 区。可以按位、字节、字或双字访问 I 区。I 区通常为只读状态。I 区寻址方法见表 3-3。

表 3-3　I 区寻址方法

数据大小	表示方法	示例
位	I［字节地址］.［位地址］	I0.1
字节、字或双字	I［单位］［起始字节地址］	IB4，IW5，ID0

3. Q 区寻址

CPU 将存储在 Q 区中的值复制到硬件物理输出接口。可以按位、字节、字或双字访问 Q 区。Q 区允许读和写。Q 区寻址方法见表 3-4。

表 3-4　Q 区寻址方法

数据大小	表示方法	示例
位	Q［字节地址］.［位地址］	Q0.1
字节、字或双字	Q［单位］［起始字节地址］	QB4，QW5，QD12

4. M 区寻址

M 区用于存储操作的中间状态或其他控制信息。可以按位、字节、字或双字访问 M 区。M 区允许读和写。M 区寻址方法见表 3-5。

表 3-5　M 区寻址方法

数据大小	表示方法	示例
位	M［字节地址］.［位地址］	M0.1
字节、字或双字	M［单位］［起始字节地址］	MB4，MW5，MD0

5. DB 区寻址

DB 区用于存储各种类型的数据，其中包括操作的中间状态或 FB 的背景信息参数等。可以按布尔量、整数、实数等各种数据类型定义变量，访问 DB 区。DB 区一般允许读和写。DB 区寻址方法见表 3-6。

表 3-6　DB 区寻址方法

数据大小	表示方法	示例
布尔量	DBX［DB 名称］.［Bool 变量］	DB1.xxx
其他数据类型变量	DB［DB 名称］.［某数据类型变量名］	DB1.xxx

3.2 PLC 基本工作原理

PLC 基本工作原理

当 PLC 投入运行后，其工作过程一般分为三个阶段，即输入采样、用户程序执行和输出刷新。上述三个阶段称作一个程序扫描周期。在整个运行期间，PLC 的 CPU 以一定的扫描速度重复执行上述三个阶段，只要 PLC 处于运行状态，上述阶段就会周而复始地执行。在程序扫描期间，若有中断请求发生，那么 PLC 将调用中断 OB。

3.2.1 输入采样

在输入采样阶段，PLC 以扫描的方式依次读入所有输入接口的状态和数据，并将它们存入 I 区中 I 地址的相应存储单元内。输入采样结束后，转入用户程序执行和输出刷新阶段。在一个扫描周期内，即使这两个阶段中输入的状态和数据发生变化，I 区中相应地址的状态和数据也不会改变。因此，如果输入脉冲信号，则该脉冲信号的宽度必须大于一个扫描周期，才能保证在任何情况下，该输入均能被读入。

3.2.2 用户程序执行

在用户程序执行阶段，如图 3-2 所示，PLC 按由上而下的顺序逐条地扫描用户程

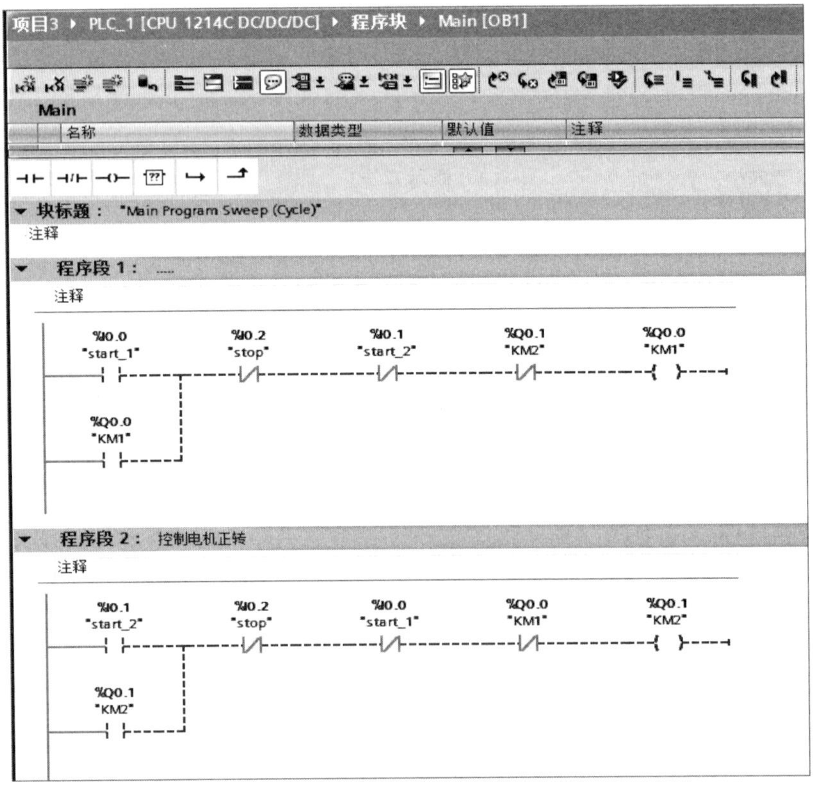

图 3-2　PLC 程序扫描原理

序（LAD）。在扫描每一条LAD程序时，PLC先扫描LAD左边由各触点构成的控制线路，并按先左后右、从上到下的顺序对由触点构成的控制线路进行逻辑运算，然后根据逻辑运算的结果，刷新该输出线圈在系统随机存取存储区（Random Access Memory，RAM）中对应位的状态，或者刷新该输出线圈在Q区中对应位的状态，或者确定是否要执行该LAD所规定的特殊功能指令。

在用户程序执行过程中，同一个周期内只有输入点在I/O映象区内的状态和数据不会发生变化，而其他输出点和软设备在Q区或系统RAM内的状态和数据都有可能发生变化，而且排在上面的LAD，其执行结果的变化会对下面用到之前的逻辑线圈或数据的LAD起作用；相反，排在下面的LAD，其被刷新的逻辑线圈的状态或数据只能到下一个扫描周期才能对排在其上面的LAD起作用。

3.2.3 输出刷新

当扫描用户程序结束后，PLC就进入输出刷新阶段。在此期间，CPU按照Q区对应地址的状态和数据刷新所有的输出锁存电路，再经硬件输出电路驱动相应的外设。这时，PLC才完成了真正的输出。

3.3 PLC基本位逻辑编程指令

PLC程序的编写在项目树下的“程序块”中完成。其中Main（OB1）为周期性循环扫描的主程序块；FB为自带背景数据块的子函数块；FC（函数，Function）为不带背景数据块的子函数；FB与FC都可以视为子程序，需要在Main（OB1）中被调用才能被执行。程序指令可以直接写在Main程序中，也可以按照功能模块添加FB或者FC，将指令写在子程序中，然后在Main程序中调用FB或FC，这种方式称为模块化编程，是比较好的一种编程方法。

西门子PLC的指令包括基本指令、扩展指令、工艺指令和通信指令等，如图3-3所示，这些指令可以在编程界面的右侧“指令”选项卡③中选择和添加。可以把常用的指令添加到收藏夹④中，让指令图标在编程工作区②上方的快捷工具栏中显示，这样就可以形成指令的快捷方式，方便使用。用户需要在项目树下的“程序块”—“Main（OB1）”①中，添加新的FB、FC，然后在这些程序块中添加指令，编写程序。

表3-7列出了LAD编程语言中常用的基本位逻辑指令。这部分指令可以在“基本指令”下的“位逻辑运算”中找到，主要是处理数字量位信号和布尔量数据的基本指令，也是PLC逻辑控制最常用的一些基本指令。

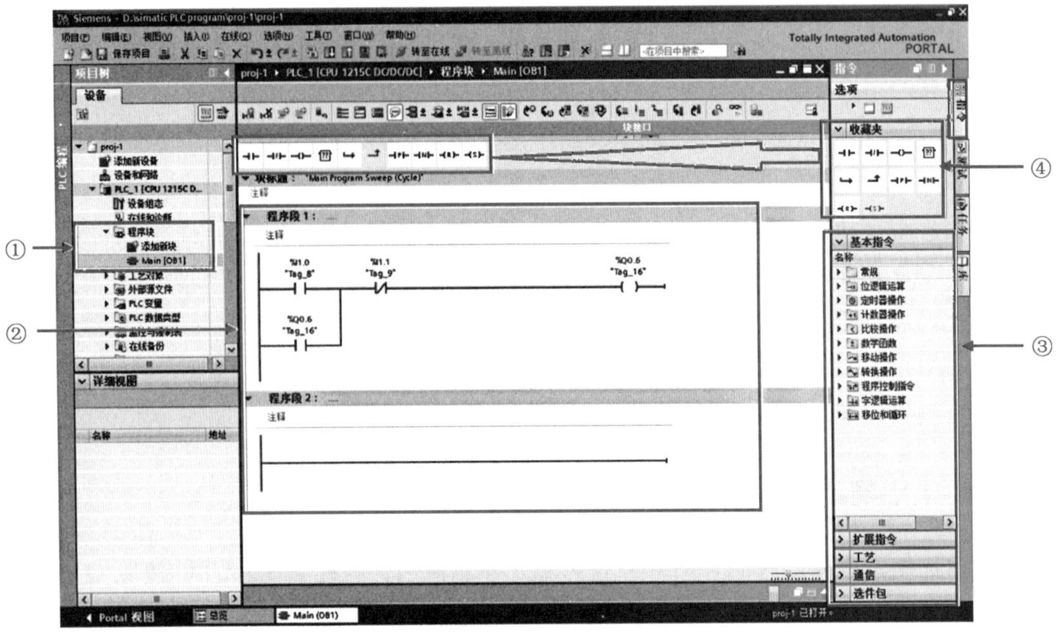

图 3-3　程序编辑界面

表 3-7　基本位逻辑指令

指令	描述	指令	描述
─┤├─	动合触点	RS	复位/置位触发器
─┤/├─	动断触点	SR	置位/复位触发器
─┤NOT├─	取反 RLO	─┤P├─	扫描线性数的信号上升沿
─( )─	线圈	─┤N├─	扫描线性数的信号下降沿
─(/)─	取反线圈	─(P)─	在信号上升沿置位操作数
─(S)─	置位输出	─(N)─	在信号下降沿置位操作数
─(R)─	复位输出	P _ TRIG	扫描 RLO 的信号上升沿
─(SET_BF)─	置位位域	N _ TRIG	扫描 RLO 的信号下降沿
─(RSESET_BF)─	复位位域	R _ TRIG	检测信号上升沿
		F _ TRIG	检测信号下降沿

注：RLO 即逻辑运算结果，全称为 result of logic operation。

一个基本位逻辑指令通常由三个部分组成：指令符号、操作数、输入和输出端。有些指令只有一个操作数，有些指令可能有多个操作数或接口参数。程序流从左侧输入端进来，经过指令处理后从右侧输出端流出。如图 3-4 所示，其中操作数②中“%I1.0”是操作数地址，“Tag _ 8”是用户定义的操作数名称。①为指令符号，不同指令符号的功能见表 3-7。③和④分别为输入端与输出端。

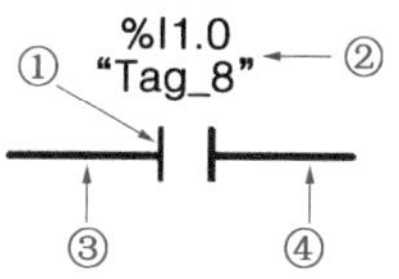

图 3-4　位逻辑指令格式

3.3.1　触点、线圈指令

1. 触点指令

触点指令的符号、功能和对应的操作数见表 3-8。

触点、线圈指令功能

表 3-8　基本位逻辑指令——触点指令

指令名称	指令符号	指令功能	操作数数据类型	操作数例子
常开触点	“IN” —| |—	当操作数的值为“1”时，常开触点将接通，输出的信号状态为“1”； 当操作数的值为“0”时，常开触点将断开，输出的信号状态为“0”	Bool	I0.0 M1.0 Q0.1
常闭触点	“IN” —|/|—	当操作数的值为“1”时，常闭触点将断开，输出的信号状态为“0”； 当操作数的值为“0”时，常闭触点将接通，输出的信号状态为“1”	Bool	I0.0 M1.0 Q0.1
取反触点	—|NOT|—	当触点左边输入的信号状态为“1”时，右边输出的信号状态为“0”；当触点左边输入的信号状态为“0”时，右边输出的信号状态为“1”	无	无

对于常开触点和常闭触点，它们的通断取决于该指令的操作数的值，基本规律的口诀是：常开触点，“1”通“0”断；常闭触点，“0”通“1”断。也就是说，对于程序中的常开触点，当该指令操作数的值为“1”时，该程序指令接通，当操作数的值为“0”时，该程序指令断开；对于程序中的常闭触点，当该指令操作数的值为“0”时，该程序指令接通，当操作数的值为“1”时，该程序指令断开。

可以用作常开、常闭触点操作数的有数字量 I、M、Q 的位地址变量，如 I1.0，M20.1，Q1.0，以及 Bool 型变量（DB 中定义的变量）。同一操作数的常开/常闭触点在程序中可以无限次出现。

2. 线圈指令

线圈指令的符号、功能和对应的操作数见表 3-9。

表 3-9　基本位逻辑指令——线圈指令

指令名称	指令符号	指令功能	操作数数据类型	操作数例子
线圈	“OUT” —(　)—	当线圈的输入信号状态为“1”时，线圈操作数值为“1”，即接通； 当线圈的输入信号状态为“0”时，线圈操作数值为“0”，即断开	Bool	Q1.0，M1.5 Bool 变量

线圈指令通常放在 LAD 支路的右边，作为输出；对于纯线圈指令，线圈所在支路左边全通，则线圈接通，输出为“1”，否则线圈无法接通，输出为“0”；线圈状态取决于所在支路的实时通断状态。

可以作为线圈操作数的有数字量 Q、M 的位地址变量线圈和 Bool 型变量线圈。输入 I 信号不能作为线圈指令的操作数。一个输出操作数的纯线圈指令在程序中通常只能出现一个，不能重复出现，否则会造成“双线圈”，但同一个线圈操作数作为触点指令可以在程序中出现无限个。

例如下面的两个程序段，采用如图 3-5 所示的两种不同的外部输入接线方式，产生的结果将有很大的不同。

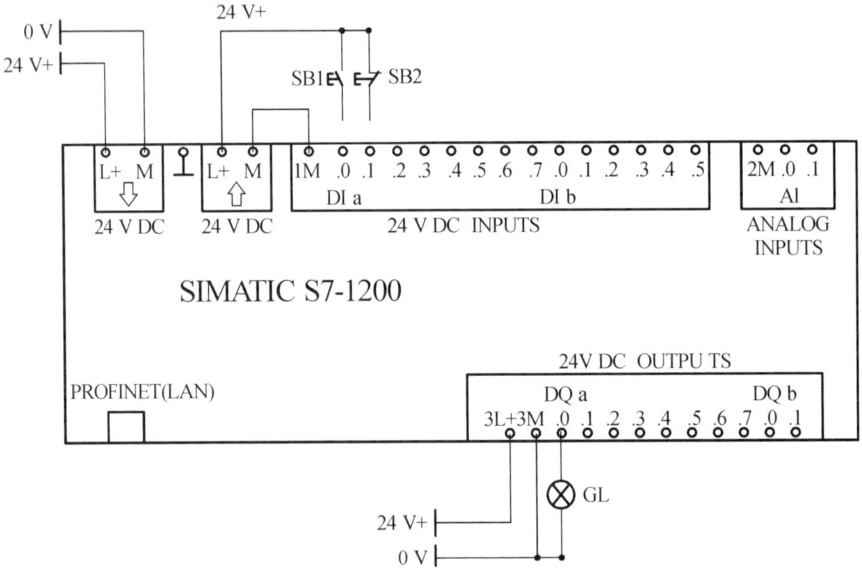

图 3-5 两种不同的 PLC I/O 接线方式

如果执行程序段 1 中的程序（图 3-6），具体情况如下：

图 3-6 执行程序段 1

（1）当输入接口 I0.0 外部接线采用 SB1 按钮（常开按钮）时，按下按钮 SB1，I0.0 值为“1”，根据“常开触点，‘1’通‘0’断”，程序段 1 中的常开触点接通，输出线圈接通，Q0.0 值为“1”，GL 灯亮；当按钮 SB1 松开时，I0.0 值为“0”，程序中的常开触点断开，输出线圈未接通，Q0.0 值为“0”，GL 灯灭。

（2）当输入接口 I0.0 外部接线采用 SB2 按钮（常闭按钮）时，按下按钮 SB1 时，I0.0 值为“0”，根据“常开触点，‘1’通‘0’断”，程序中的常开触点断开，输出线圈 Q0.0 未接通，GL 灯灭；当未按按钮 SB1 时，I0.0 值为“1”，程序中的常开触点接通，输出线圈 Q0.0 接通，GL 灯亮。

若执行程序段 2 所示的程序（图 3-7），则结果刚好相反。

图 3-7 执行程序段 2

（1）当输入接口 I0.1 外部接线采用 SB1 按钮（常开按钮）时，按下按钮 SB1，I0.1 值为“1”，根据“常闭触点，‘0’通‘1’断”，程序中的常闭触点断开，输出线圈 Q0.0 未接通，GL 灯灭；当按钮 SB1 松开或未按下时，I0.1 值为“0”，程序中的常闭触点接通，输出线圈 Q0.0 接通，GL 灯亮。

（2）当输入接口 I0.1 外部接线采用 SB2 按钮（常闭按钮）时，按下按钮 SB1，I0.1 值为“0”，根据“常闭触点，‘0’通‘1’断”，程序中的常闭触点接通，输出线圈 Q0.0 接通，GL 灯亮；当按钮 SB1 松开或未按下时，I0.1 值为“1”，程序中的常闭触点断开，输出线圈 Q0.0 断开，GL 灯灭。

3.3.2 置位、复位指令

置位、复位指令的符号、功能和对应的操作数见表 3-10。

表 3-10 基本位逻辑指令——置位、复位指令

指令名称	指令符号	指令功能	操作数数据类型	操作数例子
置位线圈	“OUT” —(S)—	若输入信号由“0”变“1”触发，则置位线圈操作数的信号值为“1”且保持“1”状态不变，直到复位线圈指令才能将操作数值变为“0”	Bool	Q0.0 M1.0
复位线圈	“OUT” —(R)—	若输入信号由“0”变“1”触发，则复位线圈操作数的信号值为“0”且保持“0”状态不变，直到置位线圈指令才能将操作数值变为“1”	Bool	Q0.0 M1.0

（续表）

指令名称	指令符号	指令功能	操作数数据类型	操作数例子
置位位域	"OUT" ——(SET_BF)—┤ n	若输入信号由"0"变"1"触发，则将以操作数为最低位的连续 n 个位信号值置为"1"且保持"1"状态不变，直到复位位域指令才能将该段位域的信号值变为"0"	Bool	Q0.0 M1.0
复位位域	"OUT" ——(RSESET_BF)—┤ n	若输入信号由"0"变"1"触发，则将以操作数为最低位的连续 n 个位信号值复位为"0"且保持"0"状态不变，直到置位线圈指令才能将操作数值变为"1"	Bool	Q0.0 M1.0

置位和复位线圈是对输出信号状态控制的指令，这两个指令可以在程序中重复出现。置位指令和复位指令都是通过输入端的上升沿触发（输入端值由"0"变成"1"的瞬间），置位或复位后将保持状态不变。如图 3-8 所示，当输入信号 I0.0 由"0"变"1"时，输出信号 Q0.0 值置为"1"，并保持"1"不变，之后 I0.0 状态的变化并不能影响 Q0.0 的值，直到程序段 2 中 I0.1 由"0"变"1"时触发了复位指令，将 Q0.0 值复位为"0"，Q0.0 的值才能变为"0"并保持。

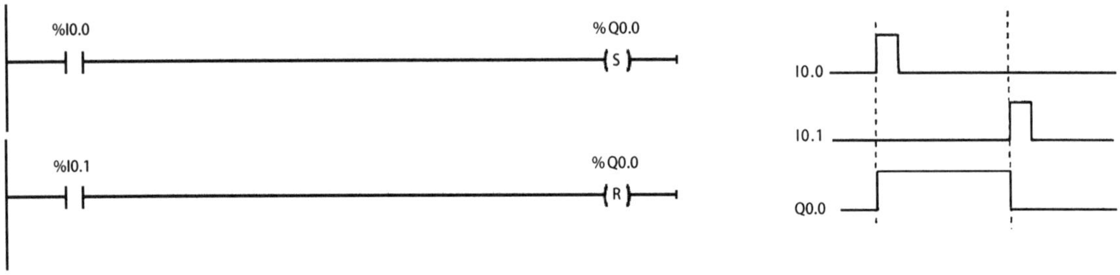

图 3-8　置位、复位线圈指令时序图

需要特别注意的是，置位、复位线圈指令和纯线圈指令不能同时出现在程序运行过程中，否则会导致信号的错乱。程序里若采用置位、复位线圈指令处理某个输出信号，就不应该在程序中再采用纯线圈指令处理同一个输出信号。相反，程序里若采用纯线圈指令处理某个输出信号，就不应该在程序中再采用置位、复位指令处理同一个输出信号。

置位位域和复位位域指令是对连续的 n 个位输出信号区域置位和复位。其基本功能与置位、复位线圈指令基本相同。如图 3-9 所示，当输入信号 I0.0 由"0"变"1"时，将输出信号 Q0.0～Q0.3 这 4 个输出信号的值置为"1"，并保持"1"不变，之后

I0.0 状态的变化并不能影响这 4 个输出信号的值，直到程序段 2 中 I0.1 由“0”变“1”时，触发了复位位域指令，将 Q0.0～Q0.3 这 4 个输出信号的值复位为“0”并保持。

图 3-9　置位、复位位域指令

3.3.3　脉冲指令

脉冲指令是用来处理所指定操作数的信号从“0”变为“1”，或从“1”变为“0”那瞬间的触发状态的指令。先将上一次扫描的信号状态保存在指令下方操作数 M 位存储器变量中，然后将脉冲指令操作数（上方操作数“IN”）的当前信号状态与下方操作数 M 位存储器变量的状态进行比较，如果状态值从“0”变为“1”，就是产生了一个上升沿，如果状态值从“1”变为“0”，就是产生了一个下降沿。脉冲指令的符号、功能和对应的操作数见表 3-11。

表 3-11　基本位逻辑指令——脉冲指令

指令名称	指令符号	指令功能	操作数数据类型	操作数例子
上升沿触点	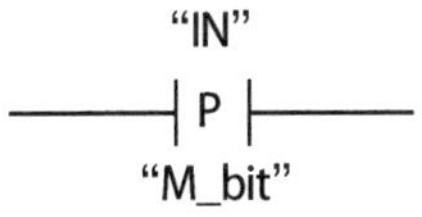	当操作数“IN”检测到从“0”变为“1”的上升沿时，触点接通一个扫描周期	Bool，M _ bit	I2.0、Q1.0、Bool 变量；M400.0
下降沿触点	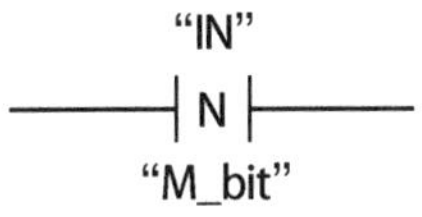	当操作数“IN”检测到从“1”变为“0”的下降沿时，触点接通一个扫描周期	Bool，M _ bit	I2.0、Q1.0、Bool 变量；M400.0
上升沿线圈	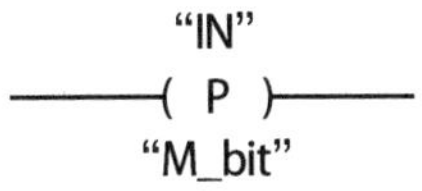	当在能流输入端检测到信号上升沿时，立即将线圈操作数“OUT”置一个扫描周期；在其他情况下，线圈的信号状态均为“0”	Bool，M _ bit	Q1.0、Bool 变量；M400.0

（续表）

指令名称	指令符号	指令功能	操作数数据类型	操作数例子
下降沿线圈	"IN" —(N)— "M_bit"	当在能流输入端检测到信号下降沿时，立即将线圈操作数"OUT"置一个扫描周期；在其他情况下，线圈的信号状态均为 0	Bool，M _ bit	Q1. 0、Bool 变量；M400. 0
上升沿功能块	P_TRIG CLK Q "M_BIT"	当在能流时钟信号（Clock，CLK）端检测到前面支路信号上升沿时，立即将该功能块置一个扫描周期；在其他情况下，线圈的信号状态均为"0"	M _ bit 暂存支路信号状态	M400. 0
下降沿功能块	N_TRIG CLK Q "M_BIT"	当在能流 CLK 端检测到前面支路信号下降沿时，立即将该功能块置一个扫描周期；在其他情况下，线圈的信号状态均为"0"	M _ bit 暂存支路信号状态	M400. 0

如图 3-10 所示的程序中，在按下 I0. 0 输入点按钮的那一刻，上升沿触点指令产生了一个由"0"变"1"的上升沿触发信号，上升沿触点指令将接通一个周期，因而输出线圈 Q1. 0 产生了一个扫描周期的"1"接通信号；在松开 I0. 0 输入点按钮的那一刻，下降沿触点指令产生了一个由"1"变"0"的下降沿触发信号，下降沿触点指令将接通一个周期，因而输出线圈 Q1. 1 产生了一个扫描周期的"1"接通信号。

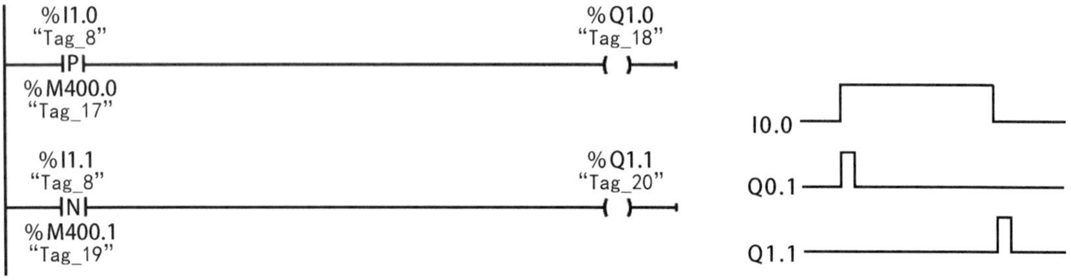

图 3-10 脉冲指令时序图

3. 4 触点、线圈指令应用案例——电机正反转控制

3. 4. 1 项目任务

三相交流异步电机正反转控制需用到一个正转启动控制按钮、一个反转启动控制按钮、一个停止按钮。另外，控制正反转的交流接触器有两个，其中一个控制电动机

接通正转电源，另一个接通反转电源，注意两个接触器不能同时动作，否则会造成电源短路。

3.4.2　项目要求

（1）由 PLC 控制实现电机正反转。

（2）实现三相交流异步电动机的自锁保持、互锁、停止功能。

（3）画出主电路接线图、控制电路接线图以及 PLC 的 I/O 接线图。

3.4.3　项目实施

1. 电气接线图

PLC 主电路及控制电路接线如图 3-11 所示。

主回路采用三相 380 V 电压，电机端采用星形接法。三相电机任意调换两相即可由正转变为反转，因此可以通过两个接触器 KM1 和 KM2 的主触点来控制正转、反转两个主回路的通断。控制回路通过两个继电器 KA1 和 KA2 的常开触点来分别控制两个接触器线圈的通断，从而控制主回路的通断。

电机正反转控制项目

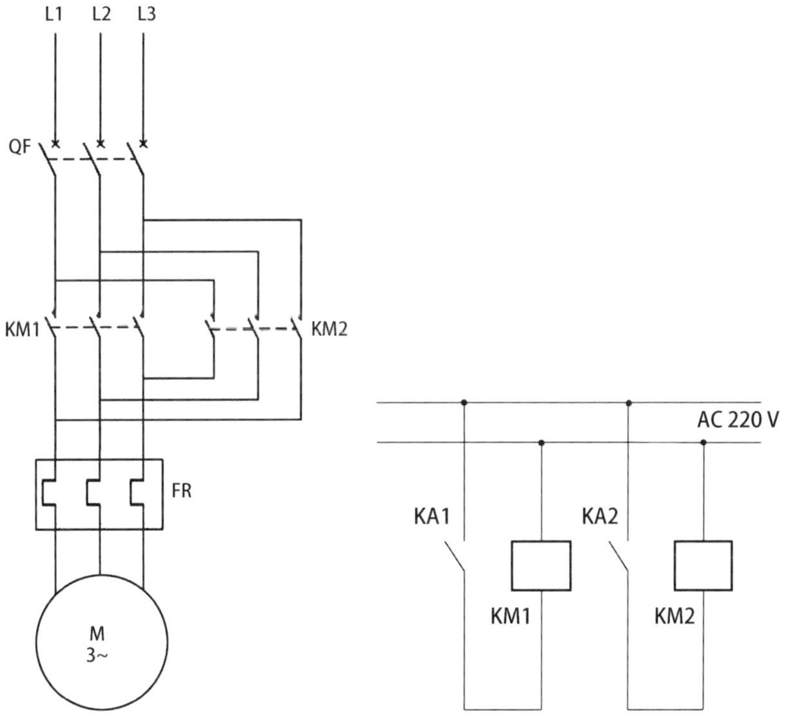

（a）主回路　　（b）控制回路

图 3-11　电动机正反转电路图

PLC I/O 接线图如图 3-12 所示。

三个输入按钮分别接到 PLC 的三个数字量输入接口，分别作为正转、反转、停止控制按钮，按钮的公共端接 24 V。两个数字量输出接口连接两个继电器的线圈，线圈的公共端接回 0 V。

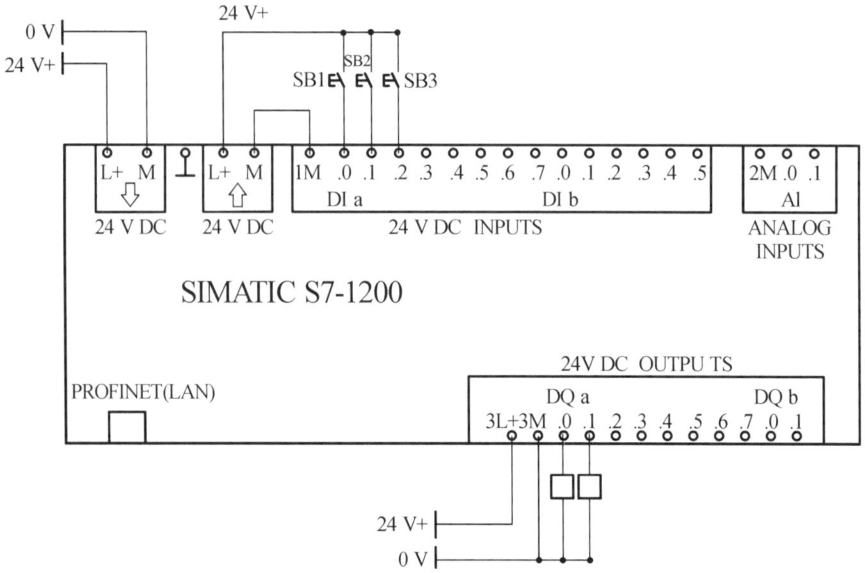

图 3-12　电动机正反转 I/O 接线图

2. PLC 变量定义

在项目树下“PLC 变量”中的“默认变量表”里进行名称定义，三个输入接口接的是第 1～3 数字量输入接口，因此地址对应为 I0.0～I0.2，分别定义其功能名称为“正转按钮”“反转按钮”和“停止按钮”。输出继电器接的是第 1、2 个数字量接口，地址对应为 Q0.0 和 Q0.1，它是用于控制电机正转和反转的，因此定义其功能名称为“电机正转 KA1”“电机反转 KA2”（图 3-13）。

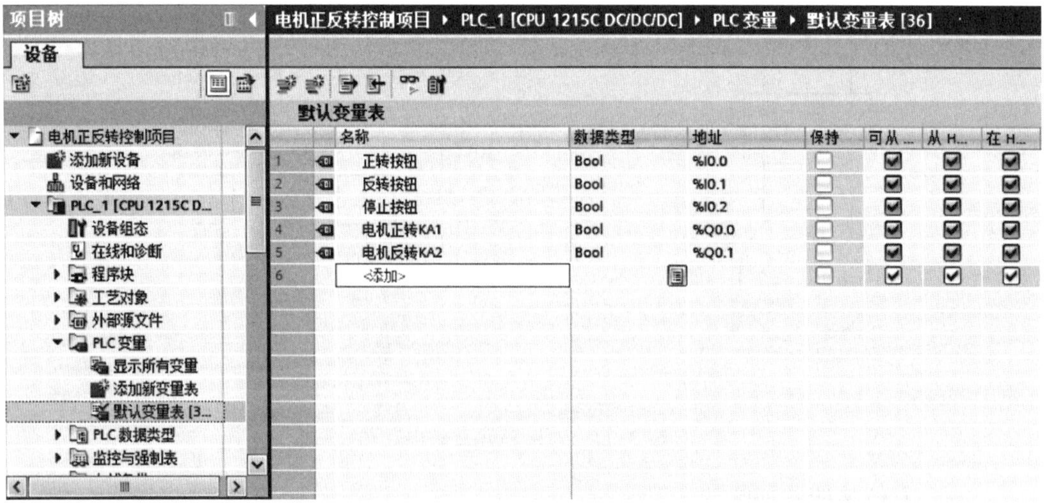

图 3-13　PLC 变量定义

3. PLC 程序开发

第一步，添加 FB。

在程序块中添加新块，选择添加一个 FB 作为正反转控制的子程序（图 3-14）。

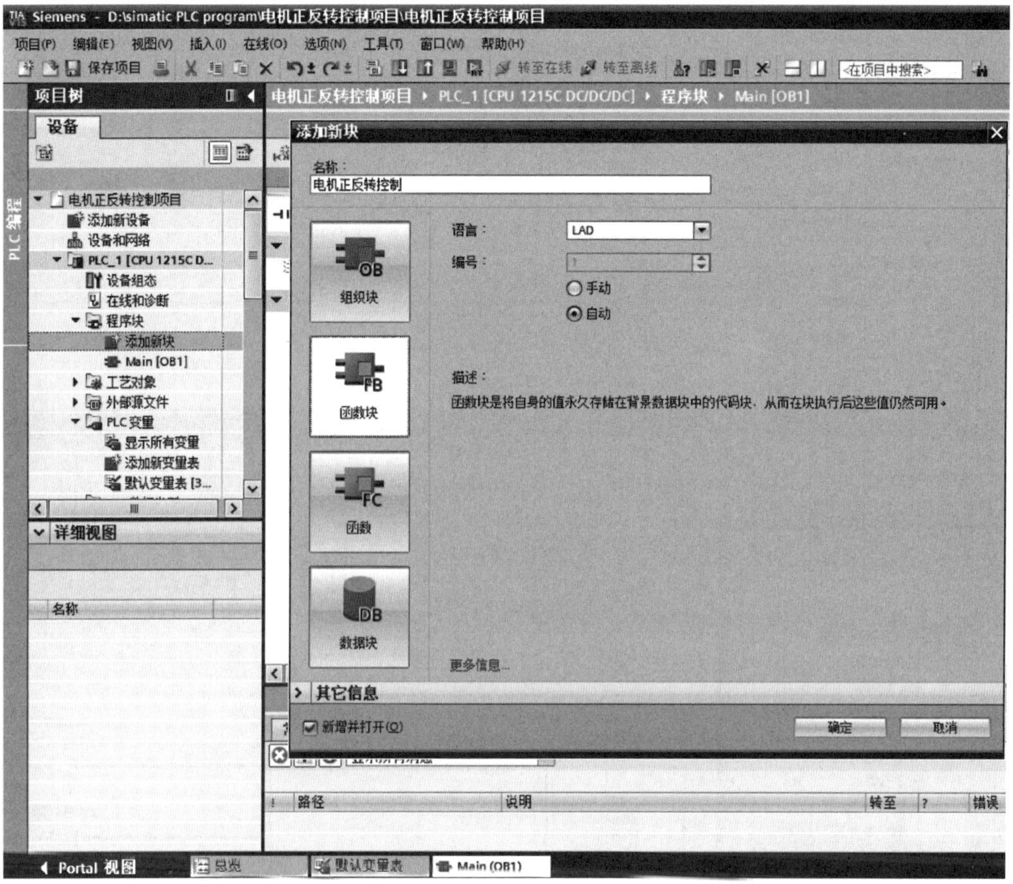

图 3-14　添加 FB

第二步，在新建的 FB 中定义接口参数。

在 FB 接口中的“Input”下建立“输入接口参数”（定义参数名称及数据类型），作为该 FB 被调用时与外部对接的输入接口；在 FB 接口中的“Output”下建立“输出接口参数”（定义参数名称及数据类型），作为该 FB 被调用时与外部对接的输出接口（图 3-15）。

第三步，在 FB 中编写程序。

在新添加的 FB“电机正反转控制”中编写程序。如图 3-16 所示，通过输出线圈 Q0.0 和 Q0.1 的常开、常闭触点在程序中实现自锁保持和互锁保护的控制。FB 中设置了接口参数的变量，可作为该子程序里指令的操作数。而一些逻辑指令需要用到的变量可采用 M 变量或者在 FB 的接口参数 Static 下定义的变量。Static 下定义的变量为局部变量，只在该 FB 内有效；M 变量为全局变量，在所有 FB 中均有效。

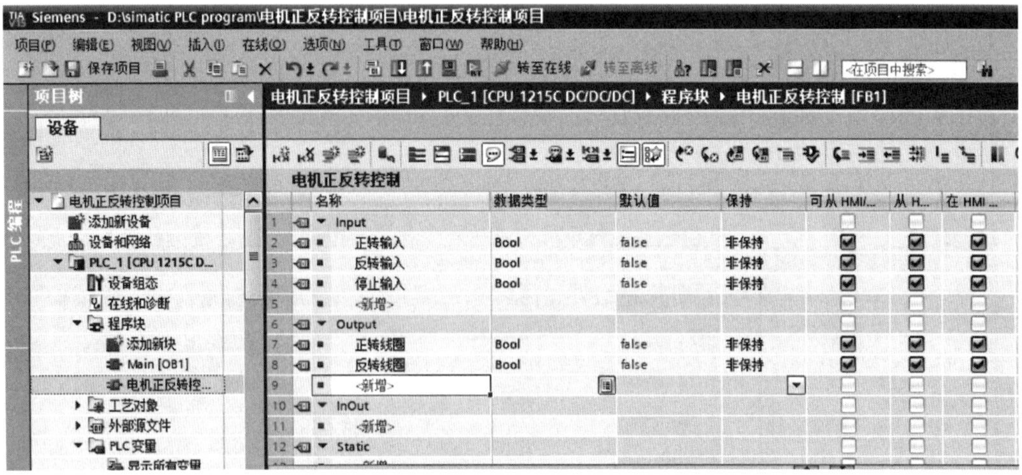

图 3-15　设置 FB 的输入/输出接口参数

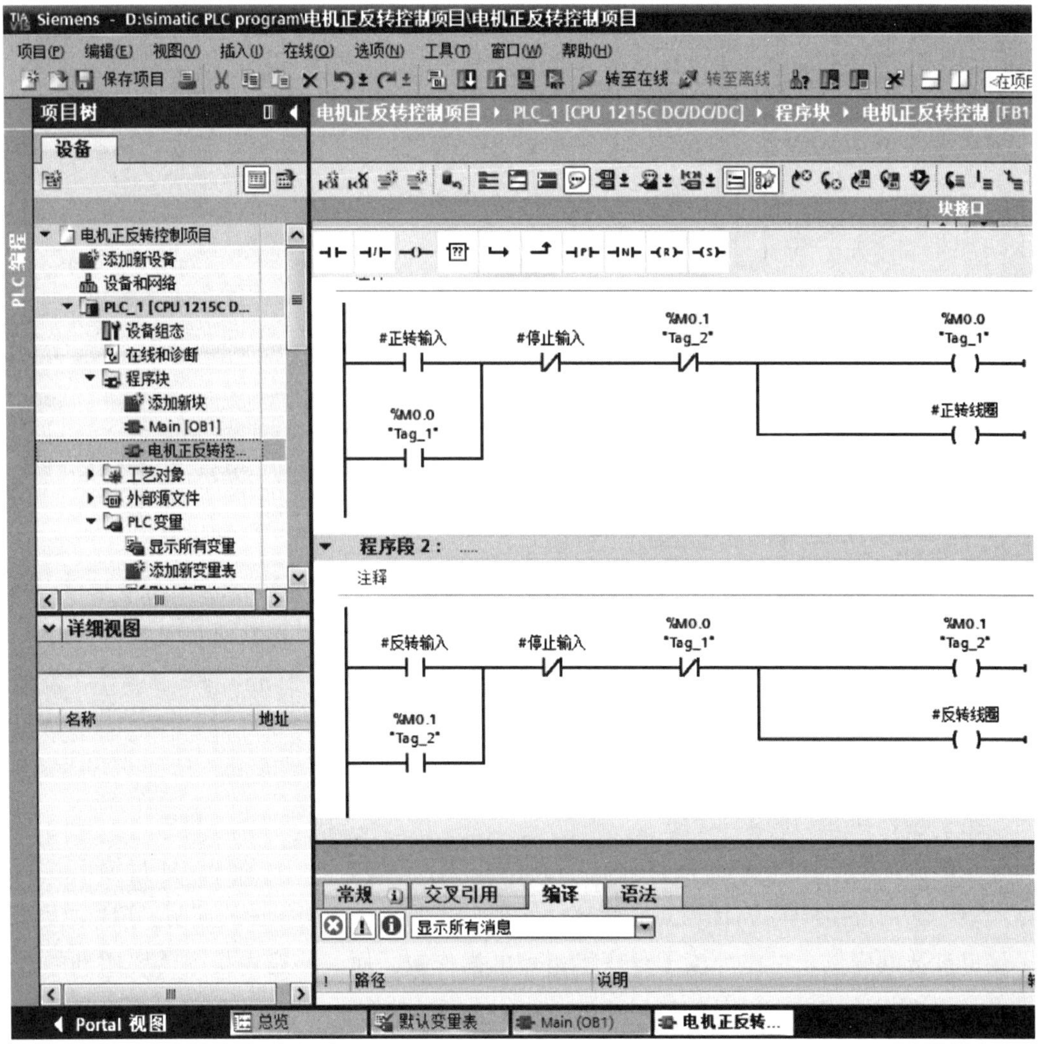

图 3-16　PLC 程序编写

第四步，在主程序中调用 FB。

FB 需要在主程序中被调用才能被执行。若是 FB，每调用一次都会同时生成一个背景 DB “xxx _ DB”，如图 3-17 所示，用于存储该 FB 中的一些接口数据；若是 FC，则不会生成自己的背景 DB，需要自行添加全局 DB 用于存储相关的变量数据，并在 FC 中使用。

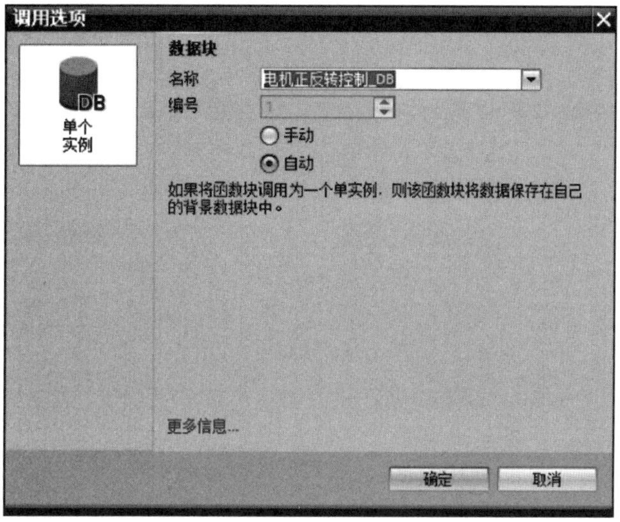

图 3-17　调用 FB 后生成的背景 DB

在主程序中调用子程序（FB 或 FC）时，可以根据 PLC 实际硬件接线，将输入、输出地址（此参数称为实际参数）相应地赋值给 FB 的输入、输出接口参数（此参数称为形式参数），此时 FB 将以实参值作为实际的计算值。例如，本例根据 I/O 接线定义，分别将 I0.0、I0.1、I0.2 赋值给“正转”“反转”和“停止”的形参输入，将形参输出“正转线圈”“反转线圈”赋值给 Q0.0、Q0.1 输出接口（图 3-18）。

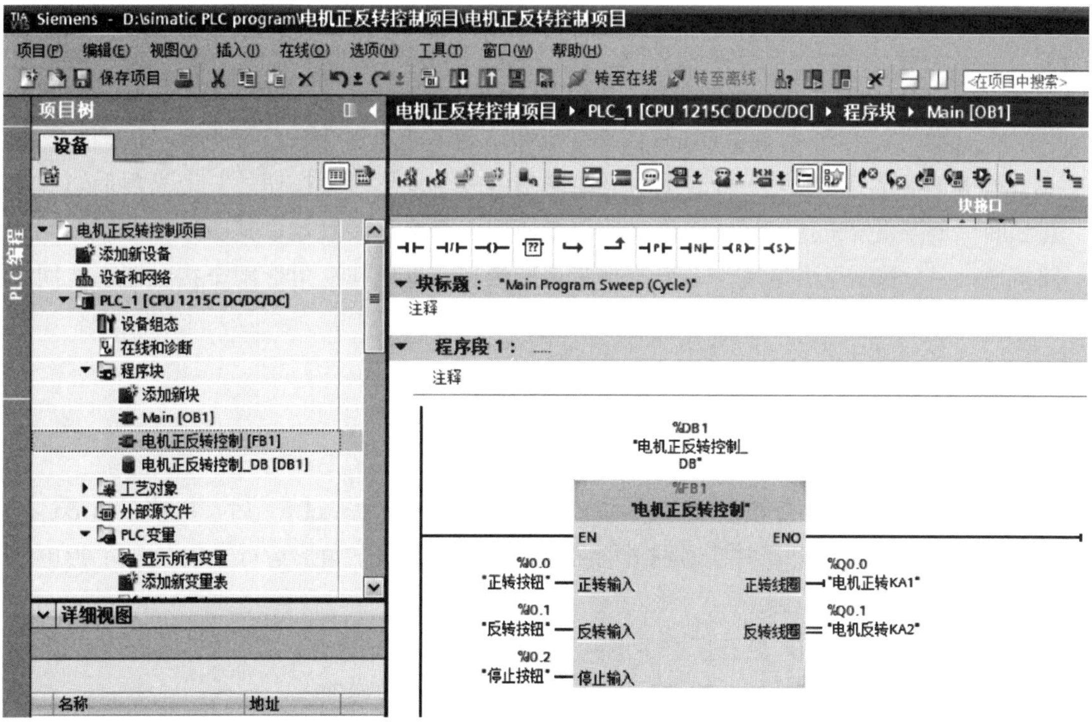

图 3-18　在主程序中调用 FB

第五步，下载调试。

将 PLC 程序下载到 PLC 中，启动监控，并在实体设备中完成调试（图 3-19）。

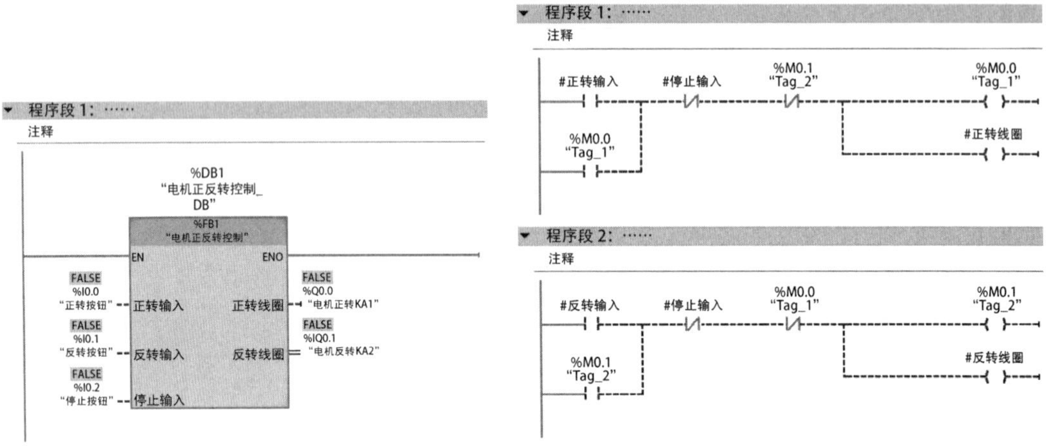

(a) 主程序调用监控　　(b) FB 的程序执行监控

图 3-19　程序执行监控

3.5　置位、复位指令应用案例——电机星三角启动控制

3.5.1　项目任务

三相交流异步电机星三角的手动启动需用到一个星形启动按钮、一个三角形切换按钮和一个停止按钮。控制星三角启动需要使用三个交流接触器，其中一个控制主回路接通，一个控制星形接法，一个控制三角形接法，星形和三角形两个接触器不能同时接通，否则会造成电源短路。

3.5.2　项目要求

(1) 通过 PLC 手动控制 Y-△切换运行。

(2) 必须先按启动按钮接通 Y 形主电路，实现星形启动；过 5 s 后，再按三角形运行按钮将 Y 形电路断开，并接通△形电路，将电路切换至三角形运行。未断开 Y 形电路，不能运行三角形电路。

(3) 按下停止按钮，断开所有主电路接触器，电机停止运行。

(4) 画出主电路、控制电路接线图以及 PLC 的 I/O 接线图。

3.5.3　项目实施

三相异步电机的工作电压是 380 V，但用此电压启动大功率电机时，会产生比较大的启动电流，对电网与电机都有损害。为减小启动电流，防止对电网产生冲击，需要降压启动。启动完成后，再将电机的电压恢复到 380 V 的工作电压以使电机正常运行。

电机星三角启动控制项目

如图 3-20 所示，电机若采用星形接法，则加在三相线圈的电压为 220 V；电机若采用三角形接法，则加在三相线圈的电压为 380 V。

星三角降压启动是指用星形接法启动，三角形接法运转。在启动时，采用星形接法，加载在线圈两端的电压是 220 V；启动完成后经过一定的延时，当切换成三角形接法运转时，加载在线圈两端的电压恢复到 380 V，所以叫降压启动。

1. 电气接线图

主回路采用三相 380 V 电压，通过接触器 KM0 主触点来控制主干路的通断，电机端通过接触器 KM1 主触点来控制星形接法，通过 KM2 主触点来控制三角形接法。控制回路通过三个继电器 KA0、KA1 和 KA2 的常开触点来分别控制三个接触器线圈的通断，从而控制主回路的通断，如图 3-21 所示。

PLC 的 I/O 接线如图 3-22 所示，三个输入按钮分别接到 PLC 的三个数字量输入接口，分别作为星形启动、三角形转换和停止按钮，按钮的公共端接 24 V。三个数字量输出接口连接三个继电器的线圈，线圈的公共端接回 0 V。

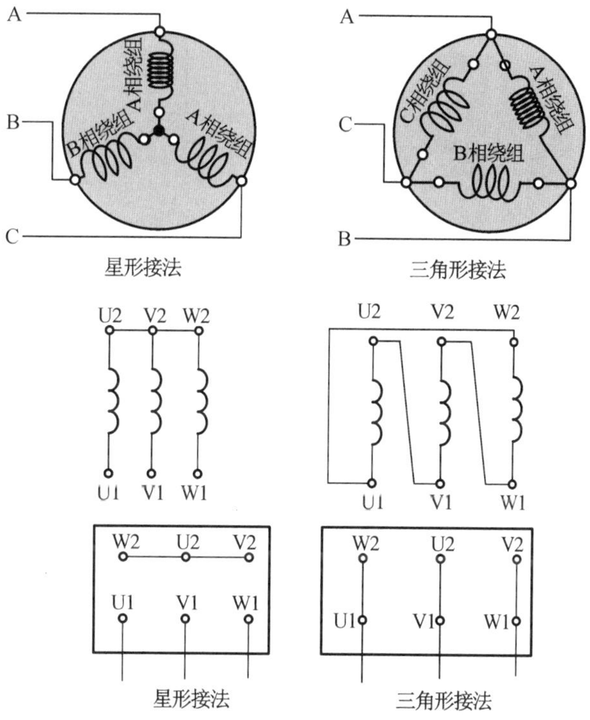

图 3-20　Y-△接法

2. PLC 变量定义

在项目树下“PLC 变量”中的“默认变量表”里进行名称定义，三个输入接口接的是第 1～3 数字量输入接口，因此地址对应为 I0.0～I0.2，分别定义其功能名称为“星形启动”“三角形切换”和“停止运行”。输出继电器接的是第 1～3 个数字量输出接口，地址对应为 Q0.0～Q0.2，它是用于控制三个继电器线圈的，因此定义其功能名称为“KA0 主电路”“KA1 星形连接”“KA2 三角形连接”（图 3-23）。

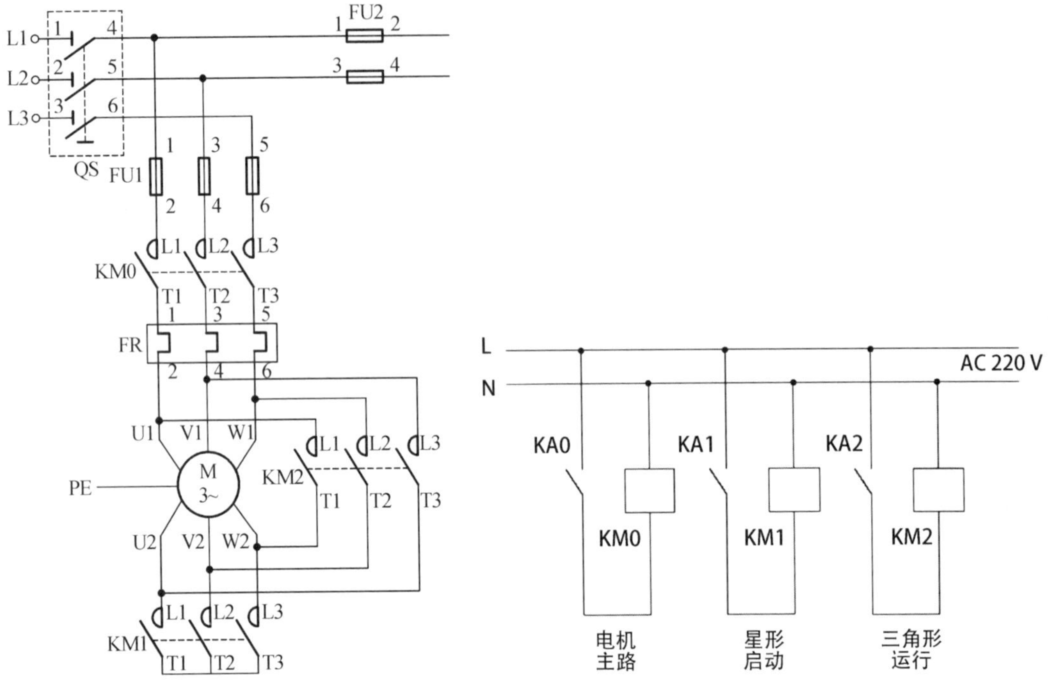

（a）主回路　　（b）控制回路

图 3-21　Y -△启动电路图

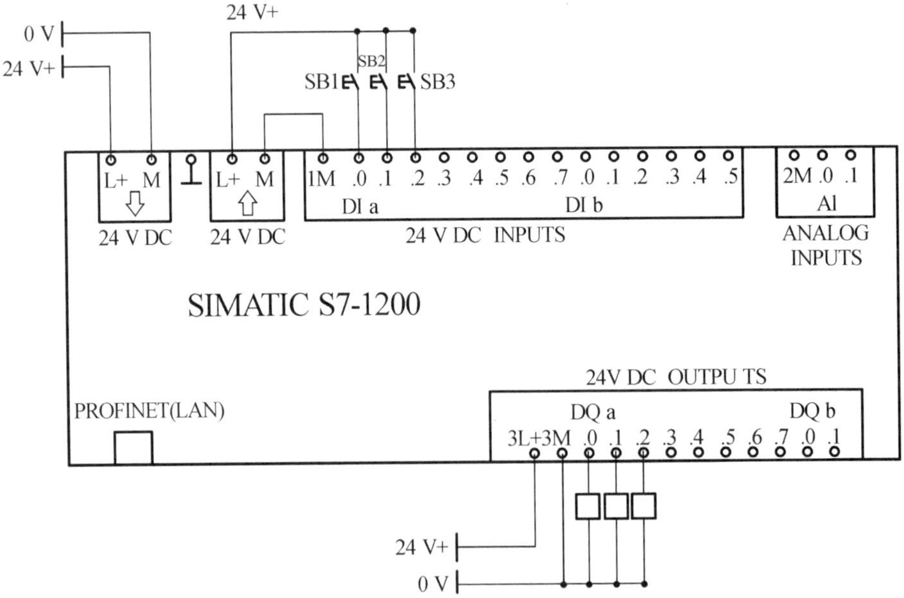

图 3-22　手动 Y -△控制 I/O 接线图

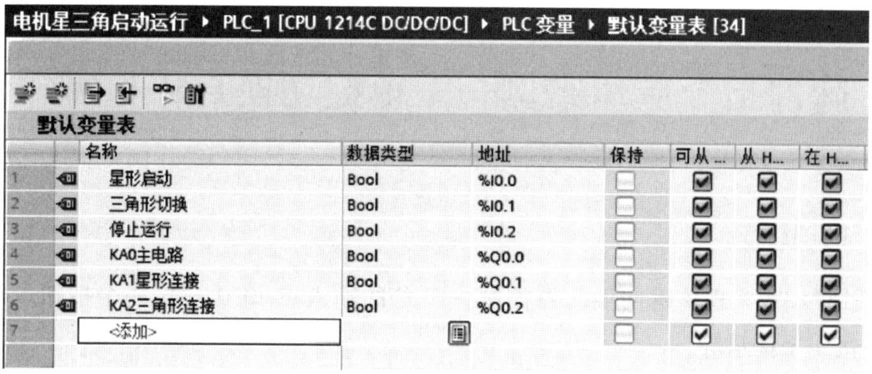

电机星三角启动运行 ▸ PLC_1 [CPU 1214C DC/DC/DC] ▸ PLC 变量 ▸ 默认变量表 [34]

默认变量表

	名称	数据类型	地址	保持	可从 ...	从 H...	在 H...
1	星形启动	Bool	%I0.0	☐	☑	☑	☑
2	三角形切换	Bool	%I0.1	☐	☑	☑	☑
3	停止运行	Bool	%I0.2	☐	☑	☑	☑
4	KA0主电路	Bool	%Q0.0	☐	☑	☑	☑
5	KA1星形连接	Bool	%Q0.1	☐	☑	☑	☑
6	KA2三角形连接	Bool	%Q0.2	☐	☑	☑	☑
7	<添加>			☐	☑	☑	☑

图 3-23　PLC 变量定义

3. PLC 程序开发

在主程序中编写如图 3-24 所示代码。程序段 1 为星形启动控制，按下星形启动按钮，将 KA0 和 KA1 置位，并且 KA1 和 KA2 形成互锁，两种连接方式不能同时接通。程序段 2 是三角形切换控制，按下三角形切换按钮，在 Q0.0 接通的情况下，先把 KA1 复位，再将 KA2 置位。程序段 3 为停止控制，按下停止按钮，所有输出复位。

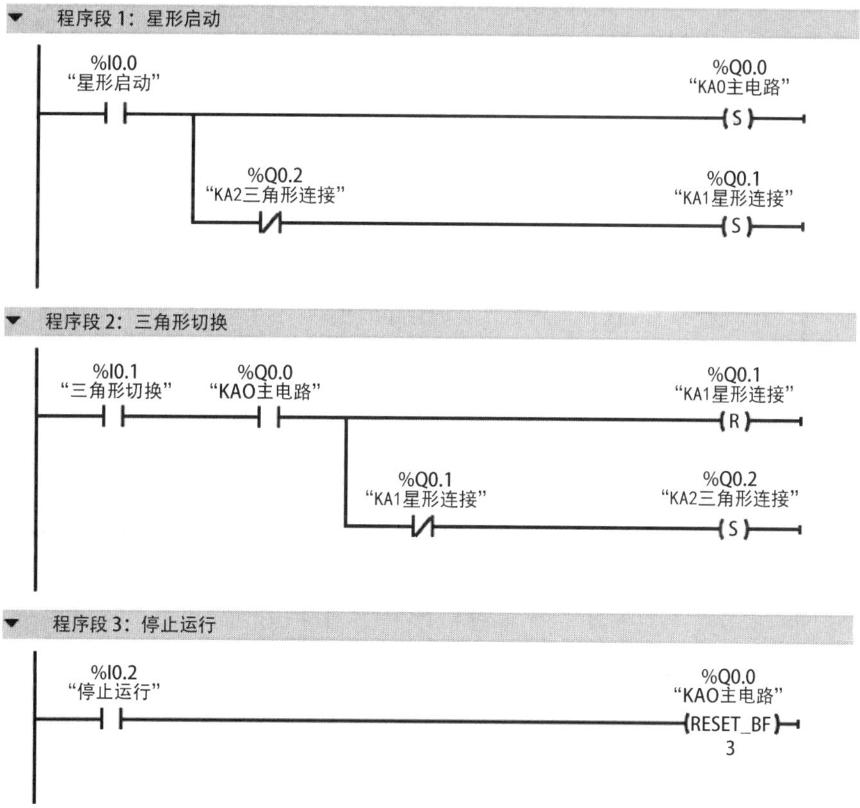

图 3-24　手动 Y-△控制 PLC 程序

3.6 脉冲指令应用案例——单键切换启停控制

上升沿下降沿指令应用

3.6.1 项目任务

用 PLC 编程实现单键切换启停控制。PLC 的输入点 I0.0 外接一个按钮，输出点 Q0.0 外接一个指示灯。

3.6.2 项目要求

当第一次按下按钮时，指示灯亮；第二次按下按钮时，指示灯灭；再按一下按钮，指示灯亮，如此反复。

3.6.3 项目实施

1. PLC 的 I/O 接线图

如图 3-25 所示，将一个按钮 SB1 接到数字量输入接口 I0.0，按钮的公共端接 24 V。一个数字量输出接口 Q0.0 连接一个 LED 灯 GL，线圈的公共端接回 0 V。

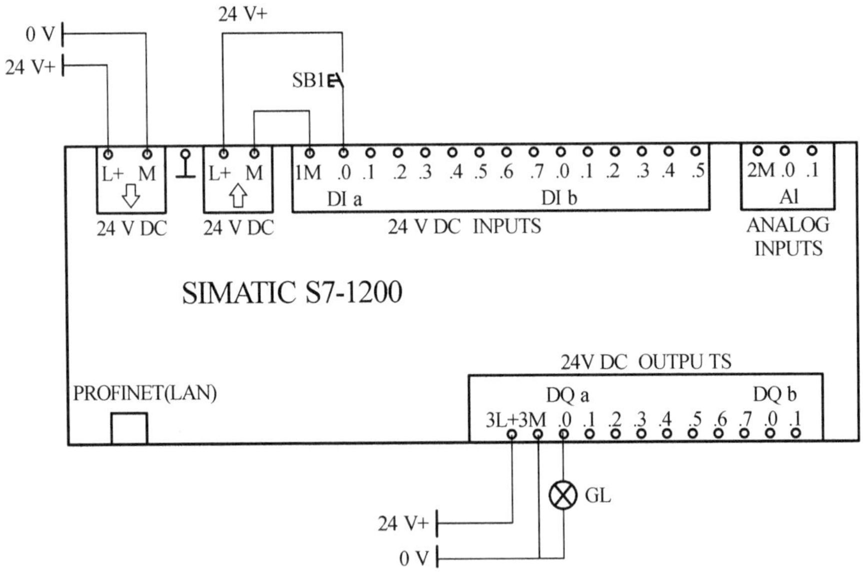

图 3-25 PLC 的 I/O 接线图

2. PLC 程序编写

如图 3-26 所示，程序段 1 的作用是每次按下按钮，产生一个只在第一个扫描周期接通的脉冲信号，即 M0.1 只在按下按钮的第一个扫描周期为“1”，其余时刻均为

“0”。

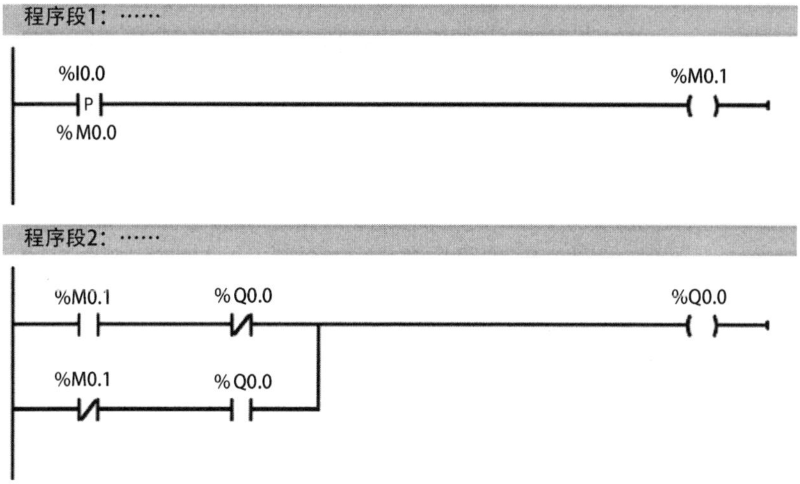

图 3-26　单键开关 PLC 程序示例 1

程序段 2 的作用是每按一次输入按钮 I0.0，让输出线圈 Q0.0 交替亮/灭，过程如下：

(1) 当第一次按下按钮时，在第一个周期内程序段 2 各指令信号的状态如图 3-27 所示。I0.0 产生上升沿脉冲输出，M0.1 在第一个周期内值为“1”，按照“从上往下，从左往右”扫描的原则，由于能流未到达 Q0.0 线圈前，其值为“0”，因此第一支路中 Q0.0 常闭触点为接通状态，第一支路接通后使得 Q0.0 线圈接通为“ON”；到第二个周期及之后，Q0.0 的常开触点接通，常闭触点断开。M0.1 值为“0”，程序段 2 的各元件状态如图 3-28 所示，能流经最后一个程序支路接通，并始终保持 Q0.0 线圈状态为“ON”；松开按钮后，由于 M0.1 的值仍然为“0”，各支路程序指令的接通状态不变，Q0.0 仍然保持为“ON”。

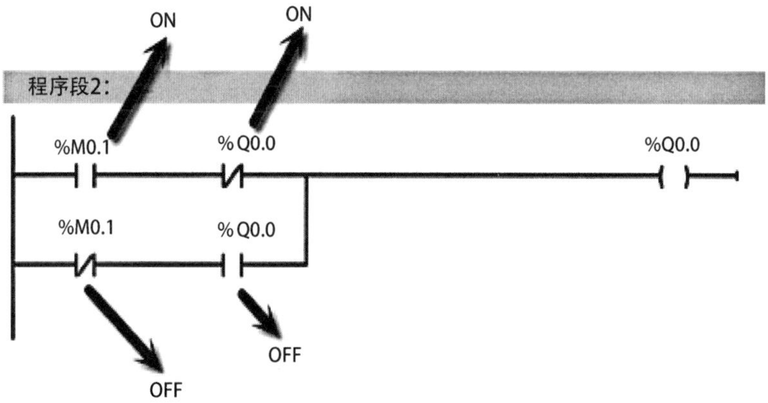

图 3-27　第一次按下按钮的第一个扫描周期工作状态

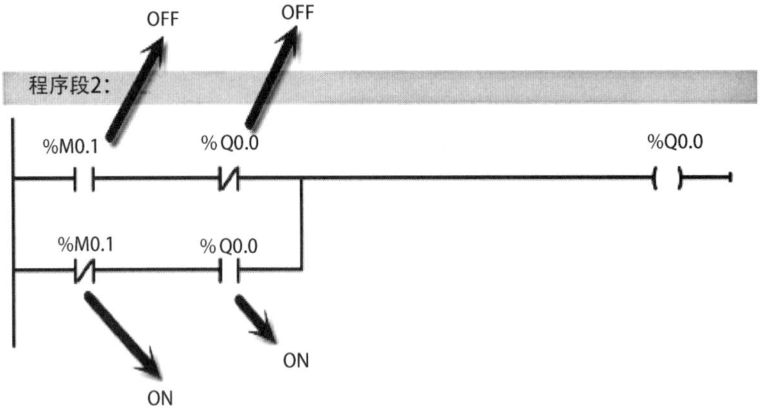

图 3-28　第一次按下按钮的第二个扫描周期及松开按钮后的工作状态

(2) 当第二次按下按钮时，在第一个周期内程序段 2 各元件的状态如图 3-29 所示。I0.0 产生上升沿脉冲输出，M0.1 在第一个周期内值为“1”，按照“从上往下，从左往右”扫描的原则，由于能流未到达 Q0.0 线圈前，其值为“1”，因此第一支路中 Q0.0 常闭触点为断开状态，而第二支路由于 M0.1 在该周期内值为“1”，因此它的常闭触点也是断开状态，两个支路都处于断开状态，使得 Q0.0 线圈断开为“OFF”；到第二个周期及之后，Q0.0 的常开触点断开，常闭触点接通。M0.1 值为“0”，程序段 2 的各元件状态如图 3-30 所示，程序段 2 的两个支路都处于断开状态，并始终保持 Q0.0 线圈状态为“OFF”；松开按钮后，由于 M0.1 的值仍然为“0”，因此各支路原件的接通状态不变，Q0.0 仍然保持为“OFF”，整个程序段 2 又回到最初始的状态，为下一次按下按钮实现接通做好准备。

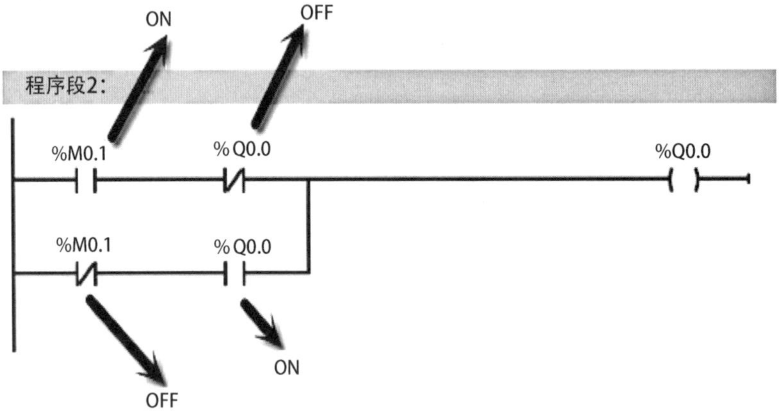

图 3-29　第二次按下按钮的第一个扫描周期工作状态

除此以外，还可以通过图 3-31 中的程序来实现以上功能。该程序中前面两个程序段实际所起的作用就是让 M0.0 产生一个只在按下按钮的第一个扫描周期接通的脉冲信号，与图 3-26 中的程序段 1 所起的作用是相同的。

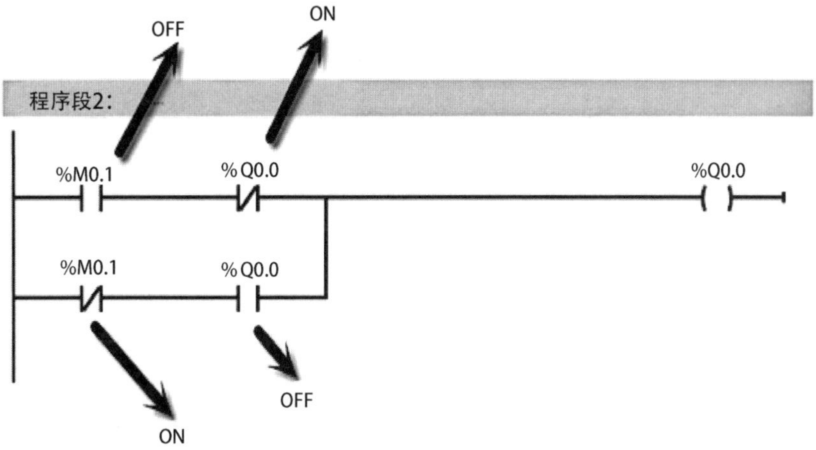

图 3-30　第二次按下按钮的第二个扫描周期及松开按钮后的工作状态

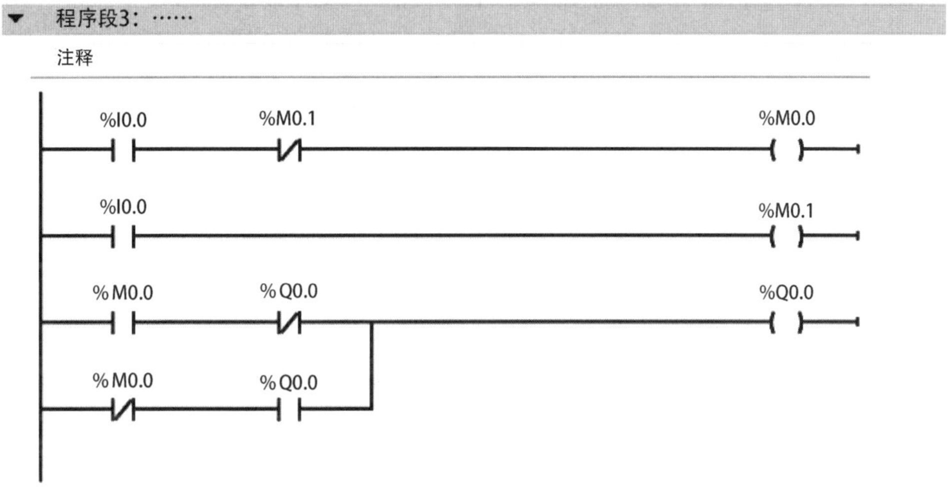

图 3-31　单键开关 PLC 程序示例 2

模块 4
定时器、计数器指令及应用

4.1　定时器指令

定时器指令具有延时的功能，所有 IEC 定时器均使用 4 字节“IEC _ TIMER”数据类型的 DB 块结构来存储指令的操作数，其数据类型为 IEC _ TIMER。常用的定时器有四种：脉冲定时器（Timer Pulse，TP）、通电延时定时器（ON-Delay Timer，TON）、断电延时定时器（OFF-Delay Timer，TOF），以及时间累加器（Timer Accumulator，TONR）。四种定时器都分别有功能框定时器和线圈定时器两种形式。

定时器指令与功能（1）

4.1.1　功能框定时器

对于功能框形式的 IEC 定时器，如图 4-1 所示，添加指令时会自动生成一个定时器的背景 DB“%DBx”，在“系统块”下的“程序资源”中可以找到相应的背景 DB，用于存储该定时器的参数数据（图 4-2）。

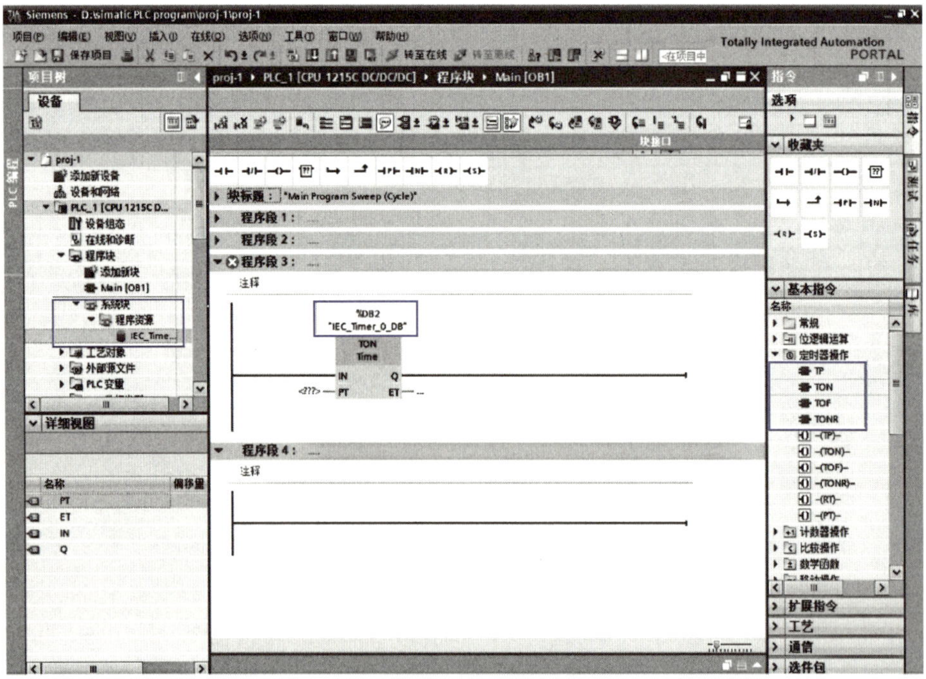

图 4-1　IEC 定时器

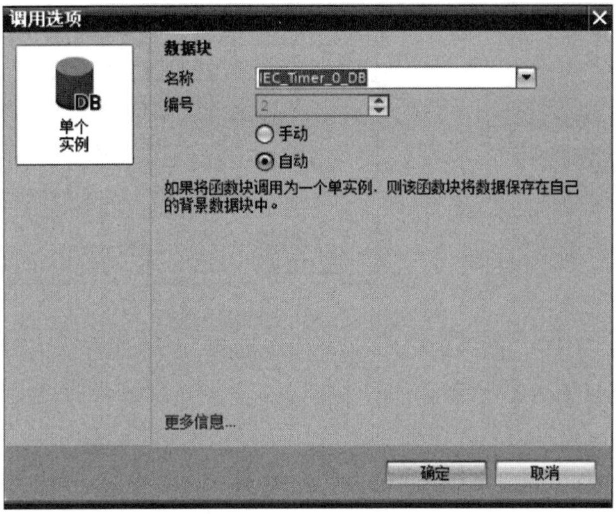

图 4-2　IEC 定时器背景 DB

定时器名称由用户自定义，定时器类型有 TP、TON、TOF 和 TONR 四种，输入端上升沿触发运行定时器，指令格式如图 4-3 所示。PT（Predetermined Time）为预先设定好的定时时间，它的数据类型为 32 位的 Time 数据，默认单位为 ms，可以按“t#＋数字＋时间单位”的格式设定定时时间，如：t#24D_20H_31M_23S_647MS（D——天，H——时，M——分，S——秒，MS——毫秒）。ET（Elapsed Time）为定时器开始运行后的计时时间，即当前时间，通常通过 Time 类型变量或 DWord 类型的 M 寄存器变量来存储，如 MD500，MD505。

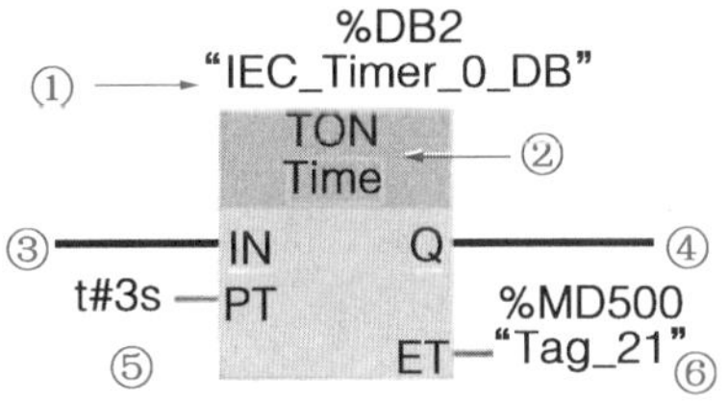

注：①—定时器名；②—定时器类型；③—输入端；④—输出端；⑤—预设定时时间；⑥—计时实时时间。

图 4-3　IEC 定时器的基本格式

1. 脉冲定时器（TP）

当输入信号 IN 的上升沿触发时启动该定时器，输出状态 Q 立即变为“1”，定时开始。ET 从“0”开始计时，当 ET<PT 时，输出状态 Q 保持为“1”；当 ET=PT 时，输出状态 Q 变为“0”。

TP 的工作时序如图 4-4 所示，开始运行定时器后，输入端的状态将无法影响定时器的运行，直至定时时间到，定时器输出才变为“0”。再启动定时器需要输入端有新的上升沿触发。

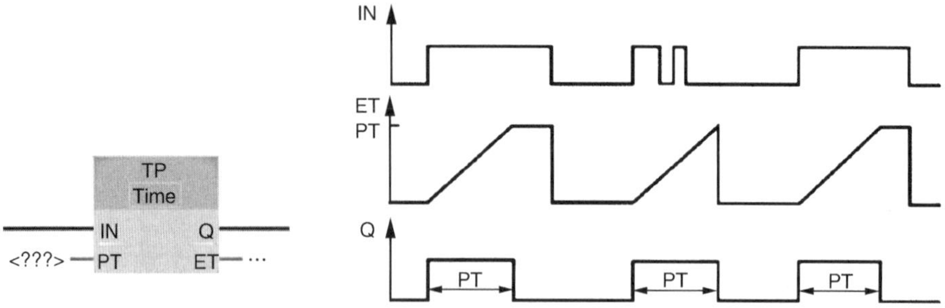

图 4-4　TP 的工作时序图

TP 的应用实例如图 4-5 所示，按下按钮后，启动风机，3 小时 30 分钟后风机自动停止运行。

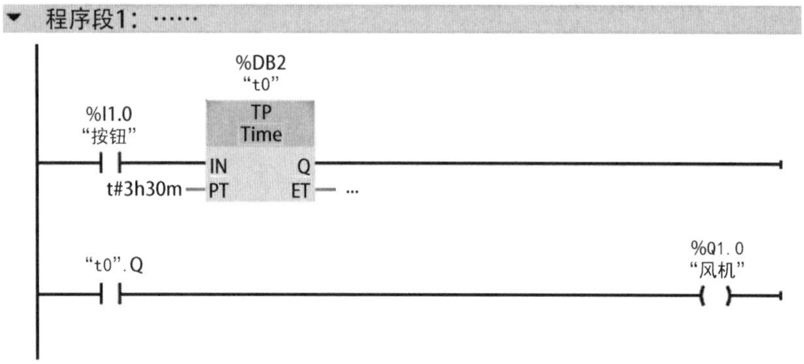

图 4-5　风机启停程序

2. 通电延时定时器（TON）

定时器指令与功能（2）

当输入信号 IN 的上升沿触发时启动该定时器，输出状态 Q 为“0”，定时开始。ET 从“0”开始计时，当 ET<PT 时，输出状态 Q 保持为“0”，在此过程中，输入端 IN 需始终保持为“1”，即接通状态；当 ET=PT 时，输出状态 Q 变为“1”并保持，直到输入端信号变为“0”时，输出状态 Q 才变为“0”。

TON 的工作时序如图 4-6 所示，开始运行定时器后，若在 ET<PT 的过程中，输入端的状态变为“0”，定时器的运行将会终止，再启动需要输入端有新的上升沿触发。

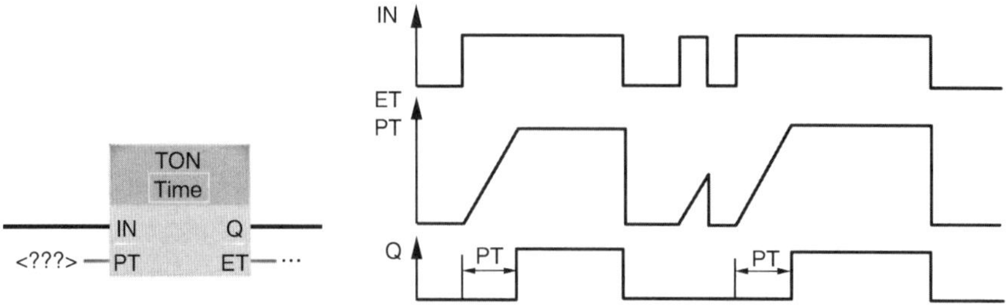

图 4-6　TON 的工作时序图

利用 TON 定时器可以设计一个脉冲发生器，产生有一定脉冲宽度、一定占空比的周期性脉冲信号，如 1 秒通、2 秒断的脉冲信号。如图 4-7 所示程序，可以通过两个 TON 定时器来实现以上功能。定时器 T1 设定的时间决定了脉冲发生器低电平的时间宽度，定时器 T2 设定的时间决定了脉冲发生器高电平的时间宽度，在这个过程中定时器 T2 的输出只在每个周期中产生一个瞬间的脉冲，用于初始化两个定时器。从而实现了指示灯亮 1 秒、灭 2 秒的效果。

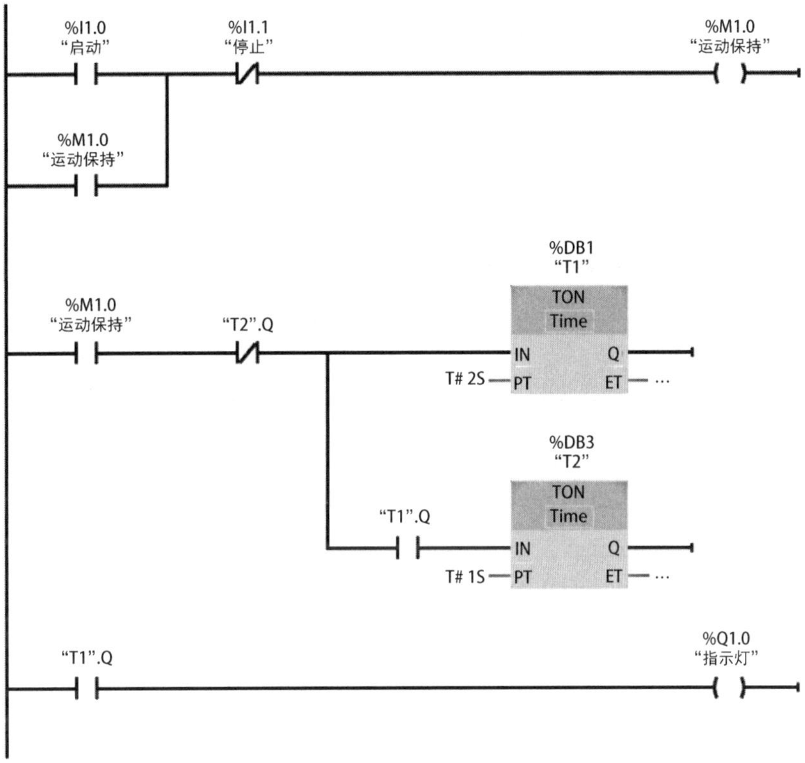

图 4-7　脉冲发生器程序

又如上一模块中的三相交流异步电机 Y-△启动控制案例，如果要将手动切换改为延时后自动切换，则可以修改 3.5 中启动运行电机 Y-△的 PLC 程序，如图 4-8 所示。

3. 断电延时定时器（TOF）

当输入信号 IN 的上升沿触发时，输出状态 Q 为“1”，保持至输入信号 IN 出现下降沿触发时，此时定时才开始。ET 从“0”开始计时，当 ET<PT 时，输出状态 Q 保持为“1”；若此过程中，输入端 IN 始终未有新的上升沿产生，则当 ET=PT 时，输出状态 Q 变为“0”并保持，直到输入端产生新的上升沿触发。

TOF 的工作时序如图 4-9 所示，开始运行定时器后，在 ET<PT 的过程中，输入端又产生了新的上升沿，当次定时运行将会终止，直到下一次下降沿的产生，ET 计时再次启动。

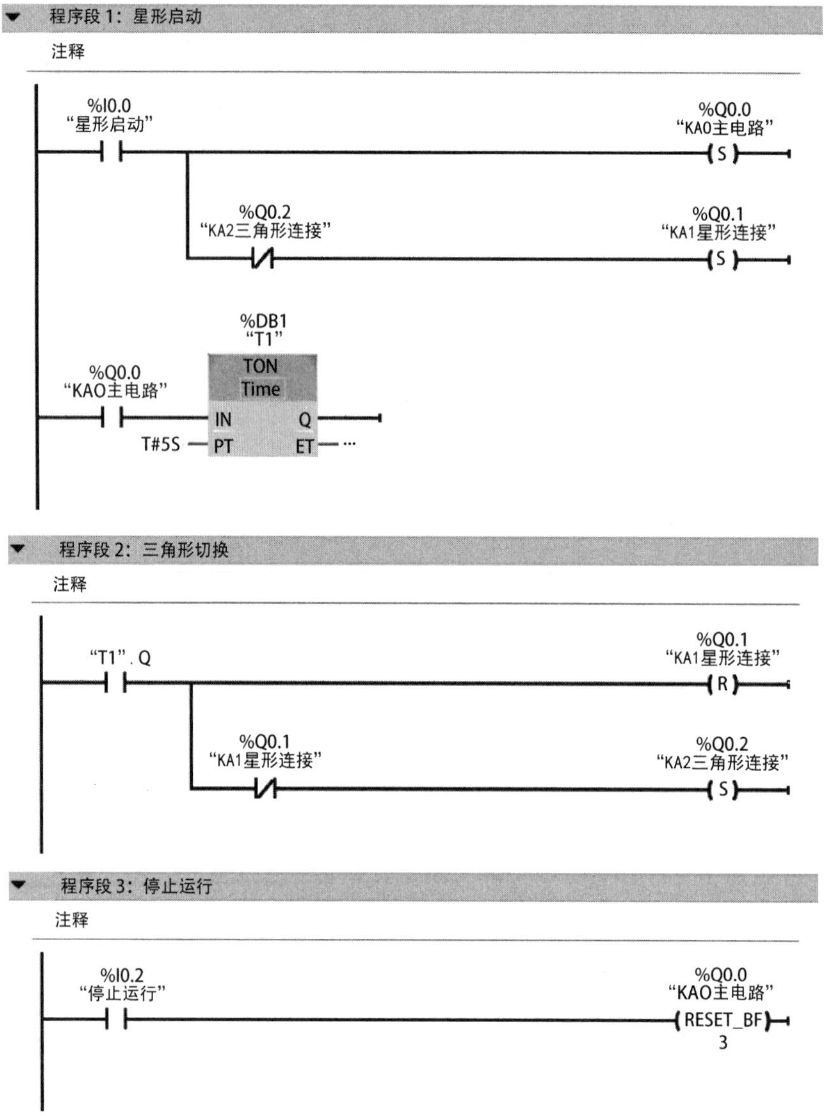

图 4-8　启动运行电机 Y-△的 PLC 程序

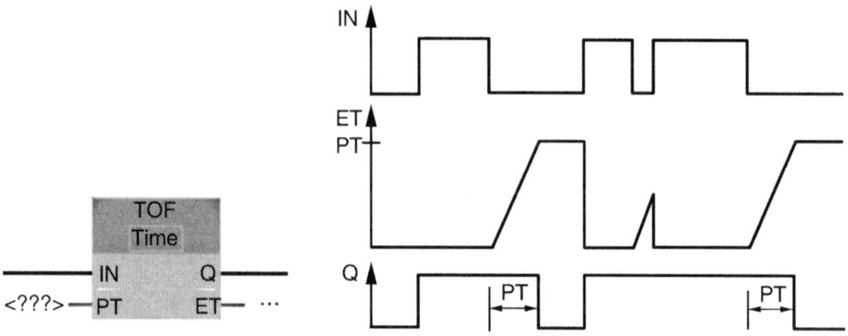

图 4-9　TOF 的工作时序图

TOF 的应用实例如下：设备断电后通常需要让冷却风扇继续工作一分钟再停止运行，这可以采用如图 4-10 所示的程序来实现。

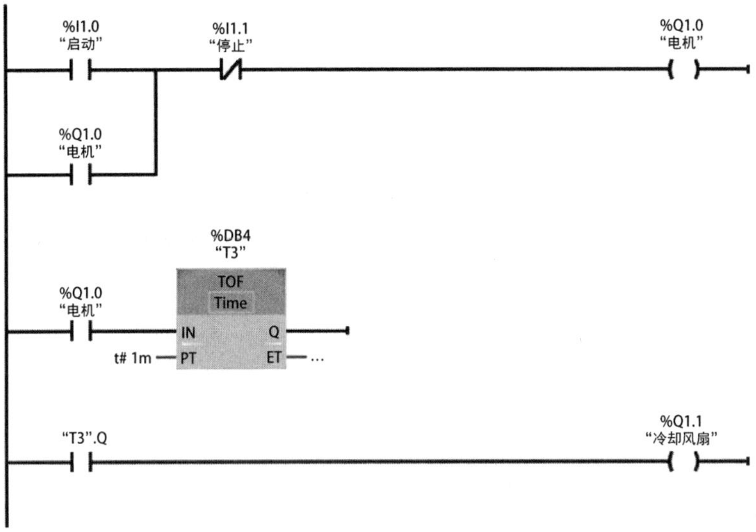

图 4-10　冷却风扇延时断开程序

4. 时间累加器（TONR）

当输入信号 IN 的上升沿触发时启动该定时器，输出状态 Q 为“0”。定时开始，ET 从“0”开始计时，当输入信号 IN 的下降沿触发时，ET 暂停计时；当输入信号 IN 上升沿触发时，ET 继续累加计时。当 ET<PT 时，输出状态 Q 保持为“0”；当 ET=PT 时，输出状态 Q 变为“1”并保持，直到复位信号 R 由“0”变为“1”时，输出状态 Q 才变为“0”。

TONR 的工作时序如图 4-11 所示。开始运行定时器后，若在 ET<PT 的过程中，输入端的状态变为“0”，定时器的运行将会暂停，而不会终止；当输入端状态变为“1”时，定时器继续累加计时，直到预设定时时间。当接口 R 端有上升沿触发，则定时器会马上终止并重启。

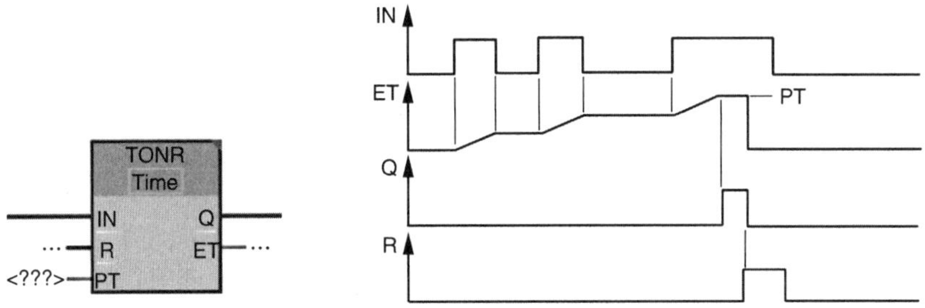

图 4-11　TONR 的工作时序图

4.1.2　线圈定时器

线圈形式的 IEC 定时器，也同样有 TP、TON、TOF 和 TONR 四种类型，其基本功能和功能框定时器是一样的，但是指令格式和定义方式不一样。功能框定时器在使用时会产生自己的背景 DB 来存储数据，而线圈定时器不会生成背景 DB。线圈定时器需要在 DB 中先定义好“IEC _ TIMER”数据类型的定时器变量，如图 4-12 所示，然后在编写线圈定时器指令时使用定义过的定时器变量作为线圈定时器的操作数，如图 4-13所示。

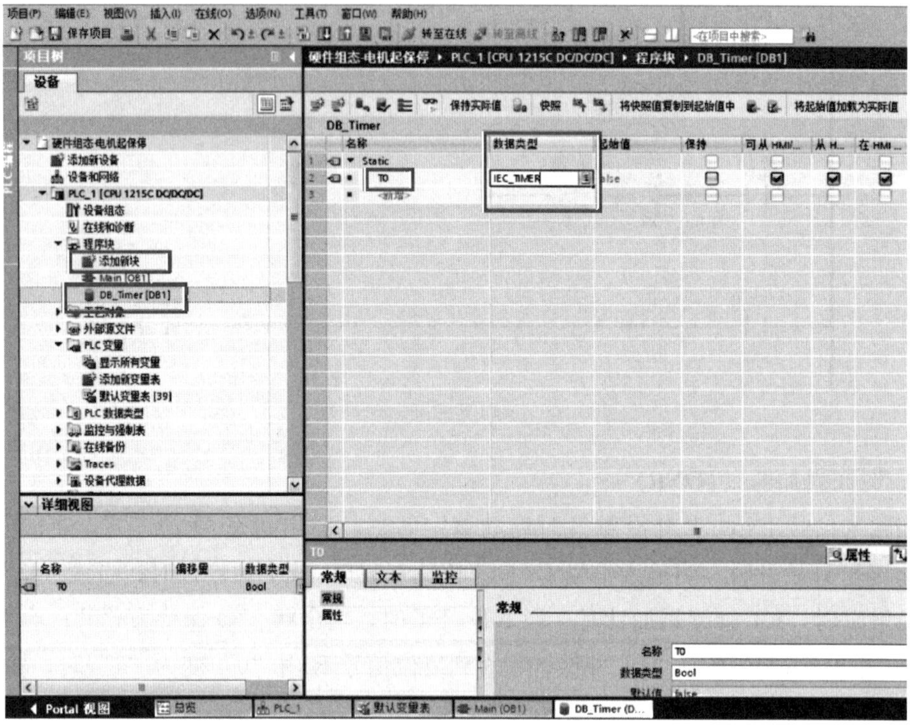

图 4-12　定义定时器变量

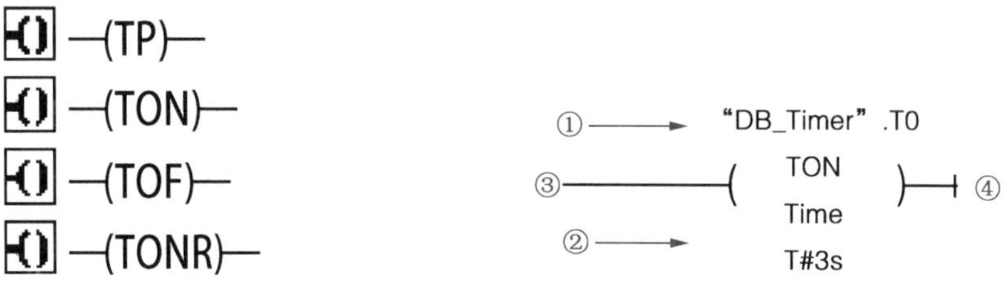

注：①—IEC _ TIMER 类型的变量；②—预设定时时间；③—输入端；④—输出端。

图 4-13　线圈定时器指令格式

4.2　计数器指令

计数器指令与功能

计数器指令具有对事件进行计数的功能，计数器均使用 2 字节“IEC _ Counter”

数据类型的 DB 结构来存储指令的操作数。如图 4-14 所示，添加指令时会自动生成一个计数器的背景 DB “%DBx”，在“系统块”下的“程序资源”中可以找到相应的背景 DB，用于保存该计数器的参数数据（图 4-15）。

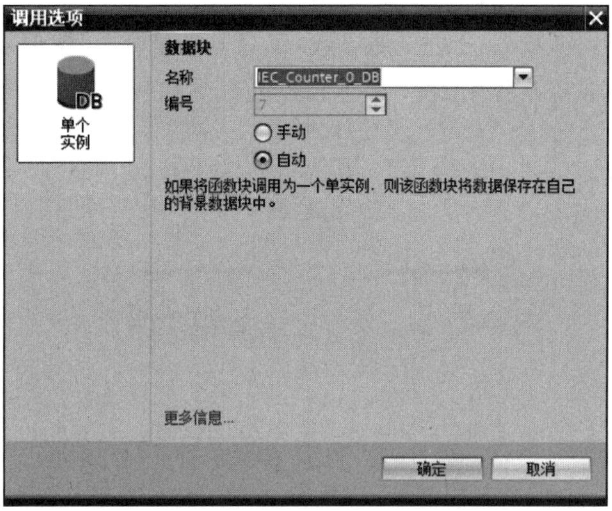

图 4-14　使用计数器生成背景 DB

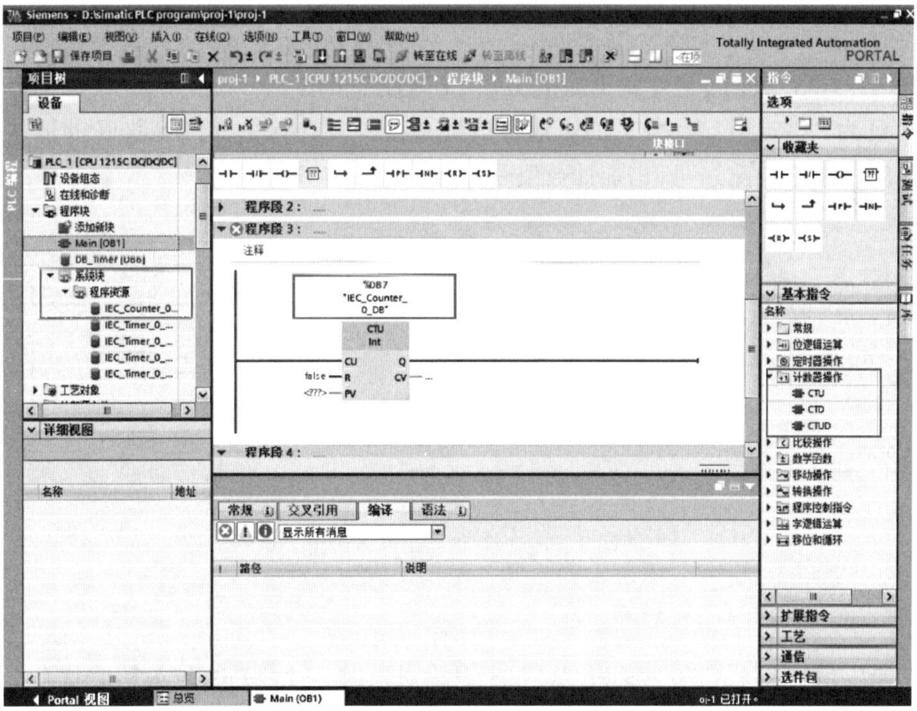

图 4-15　计数器及其背景 DB

S7-1200/1500PLC 有三种 IEC 计数器：加计数器（Count Up，CTU）、减计数器（Count Down，CTD）和加减计数器（Count Up/Count Down，CTUD）。

计数器指令的格式如图 4-16 所示，计数器名称及其背景 DB 可以自定义，计数器指令类型有三种。CV（Current Value）为当前计数参数，PV（Process Value）为设定计数参数。通过计数器输入端来启动计数器，计数器输入端能流脉冲的上升沿触发计数，每一个脉冲上升沿计数一次，计数值存于 CV 参数中，该参数可用 2 字节 Word 类型的数据存储，如 MW510。当前计数参数 CV 达到预设参数 PV 时，输出状态 Q 变为“1”，直至复位接口 R 有上升沿触发，将计数器复位，CV 清零，输出状态 Q 恢复为“0”。

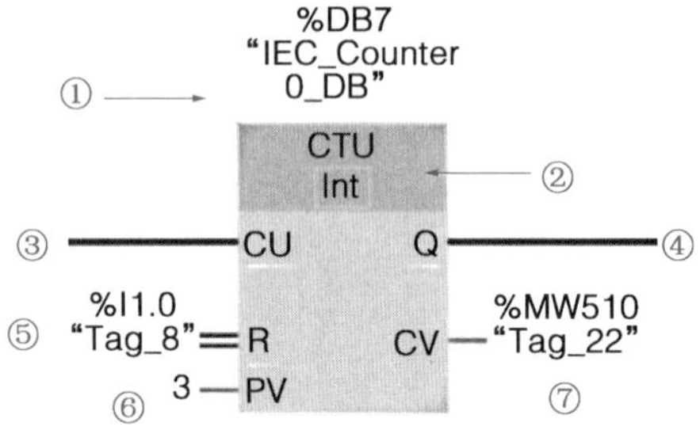

注：①—计数器名；②—计数器类型；③—输入端；④—输出端；⑤—计数器复位接口；⑥—设定计数参数；⑦—当前计数参数。

图 4-16　计数器指令格式说明

4.2.1　加计数器（CTU）

当前计数参数 CV 的初始状态值为“0”，当参数 CU 的值从“0”变为“1”，上升沿触发时，CTU 会使 CV 计数值加 1，每一个脉冲上升沿 CV 加 1。当 CV<PV 时，输出信号 Q 为“0”；当 CV≥PV 时，输出信号 Q 为“1”。如果复位参数 R 的值从“0”变为“1”，上升沿触发，则当前计数值重置为“0”（图 4-17）。

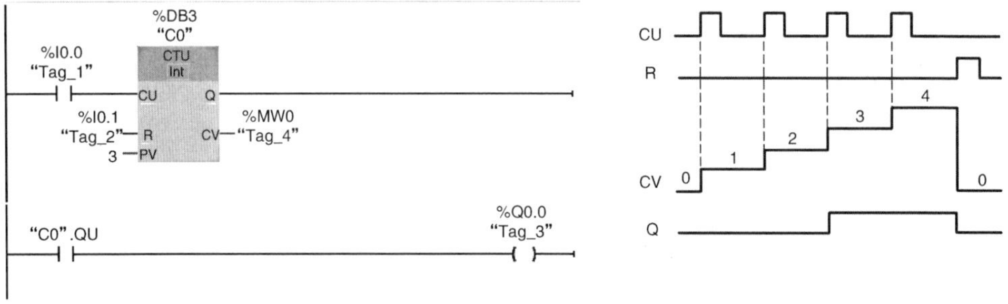

图 4-17　加计数器工作原理图

4.2.2　减计数器（CTD）

当复位信号 LD 从“0”变为“1”，上升沿触发时，计数器复位为初始状态，同时将 PV 里的预设计数值赋给 CV，令 CV=PV；当复位信号 LD 变为“0”，开始启动计数，CD 输入端每一个脉冲上升沿的 CV 计数值减 1。当 CV>0 时，输出信号 Q 为“0”；当 CV=0 时，输出信号 Q 为“1”。当复位信号 LD 上升沿触发时，计数器重新被复位（图 4-18）。

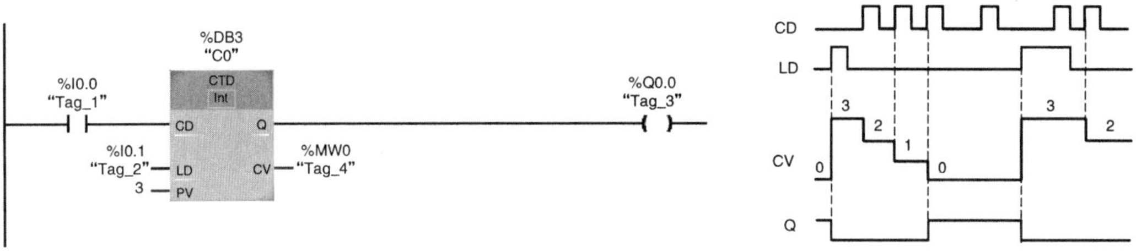

图 4-18　减计数器工作原理图

4.2.3　加减计数器（CTUD）

CTUD 是把 CTU 和 CTD 合二为一，当加计数（CU）输入或减计数（CD）输入从“0”转换为“1”（上升沿触发）时，CTUD 的 CV 将相应地加 1 或减 1。CU、QU、R 分别为 CTU 的输入、输出和复位参数，CD、QD、LD 分别为 CTD 的输入、输出和复位参数（图 4-19）。

当加复位信号 R 为“1”时，CV=0，输出信号 QU 为“0”，QD 为“1”；当 R 变为“0”时，CTU 才能开始计数。

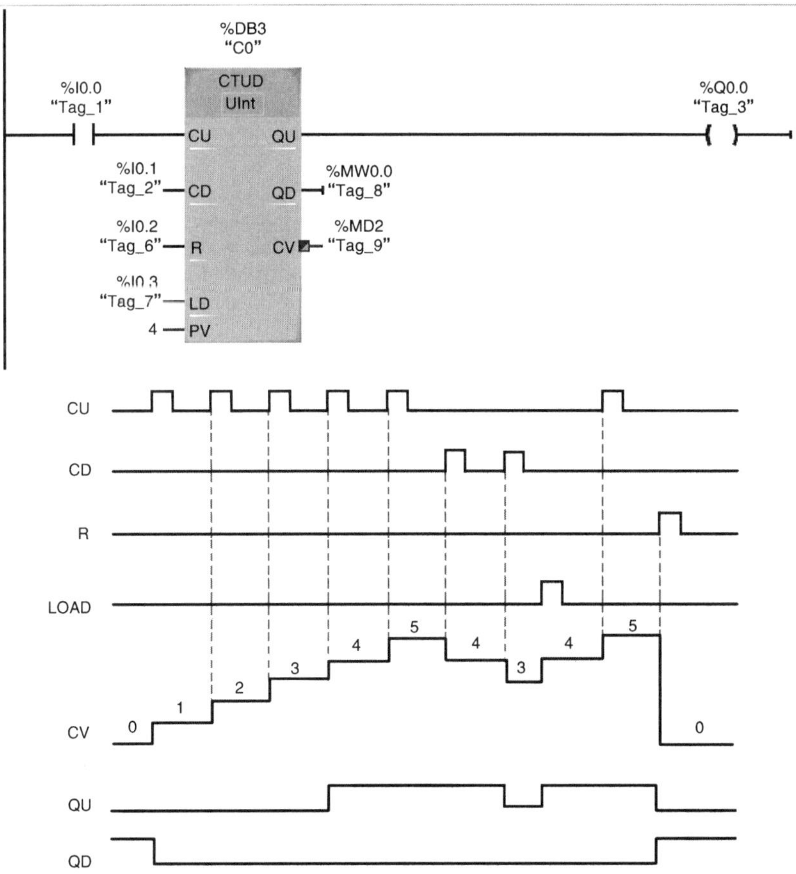

图 4-19　加减计数器工作原理图

当减复位信号 LD 为“1”时，CV＝PV，输出信号 QU 为“1”，QD 为“0”；当 LD 变为“0”时，减计数器才能开始计数。

当 CV＜PV 时，输出信号 QU 为“0”；

当 CV≥PV 时，输出信号 QU 为“1”；

当 CV＞0 时，输出信号 QD 为“0”；

当 CV＝0 时，输出信号 QD 为“1”。

4.3 定时器指令应用案例——十字路口交通灯控制

4.3.1 项目任务

控制十字路口交通灯。输入信号为一个启动按钮 SB1 和一个停止按钮 SB2，输出信号为南北方向的红灯、绿灯、黄灯，东西方向的红灯、绿灯、黄灯。

4.3.2 项目要求

按下启动按钮后，信号灯开始工作，南北向红灯、东西向绿灯同时亮，按以下规则循环，直至按下停止按钮，停止工作。

① 东西向绿灯亮 27 秒后，闪烁 3 次（亮 0.5 秒，停 0.5 秒），共 3 秒，接着东西向黄灯亮 3 秒，3 秒后东西向红灯亮，33 s 后东西向绿灯又亮……如此不断循环。

② 南北向红灯亮 33 s 后，南北向绿灯亮，27 秒后南北向绿灯闪烁 3 次（亮 0.5 秒，停 0.5 秒），共 3 秒，接着南北向黄灯亮 3 秒，3 秒后南北向红灯又亮……如此不断循环。

4.3.3 项目实施

十字路口
交通灯控制

1. PLC I/O 接线图

信号灯的 I/O 接线图如图 4-20 所示。

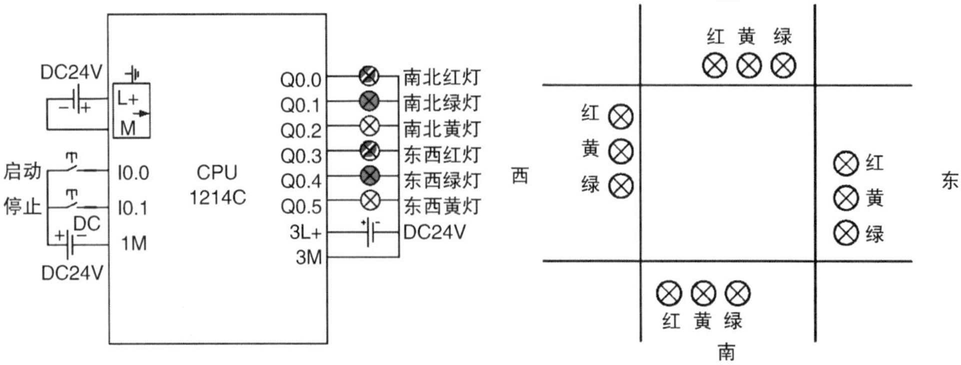

图 4-20 信号灯 I/O 接线图

2. 时序图分析

按时间顺序列出数字量输出信号各时刻的状态值，并在时间轴上标出状态有变化的时刻点，画出一张以输出信号状态值为纵坐标，以时间为横坐标的时序图，如图 4-21 所示。

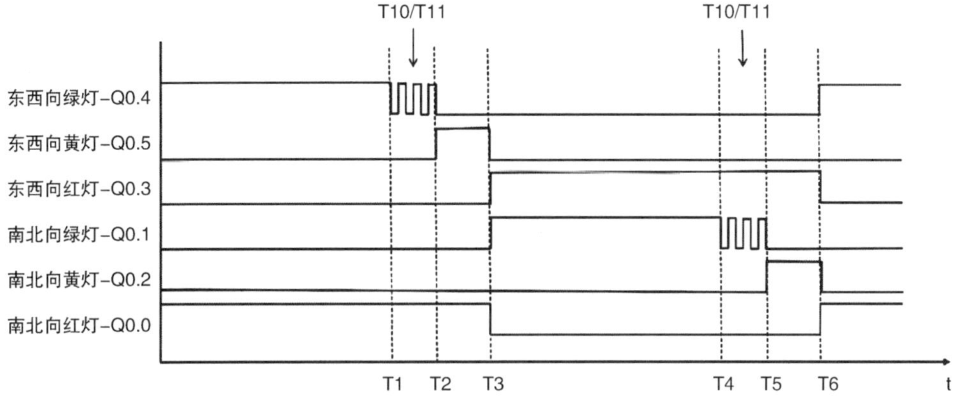

图 4-21　信号灯时序图

3. PLC 程序开发

第一步：设备组态与 I/O 分配。

根据 PLC 设备的型号与订货号，添加 PLC（型号为 CPU 1214C DC/DC/DC，订货号为 6ES7 214—1AG40-0XB0），如图 4-22 所示。然后在设备“属性”菜单中分配 I/O 地址，如图 4-23 所示。

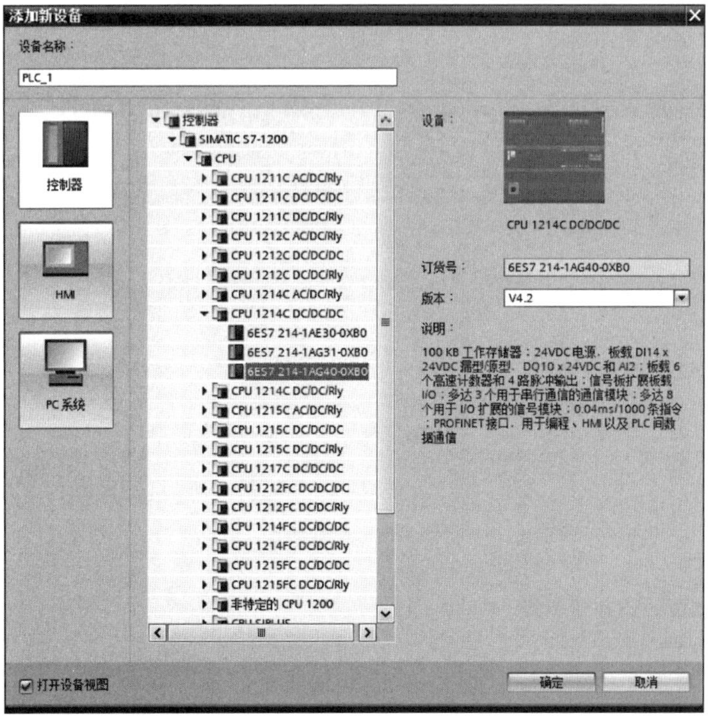

图 4-22　设备组态

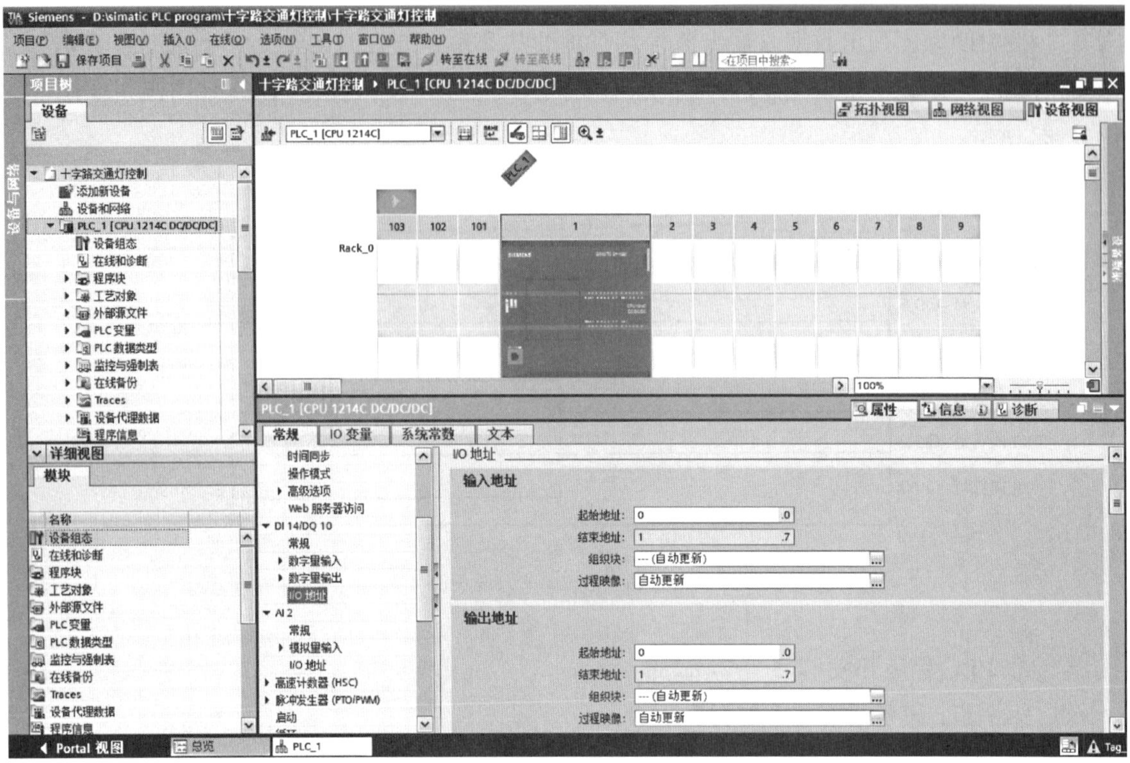

图 4-23　I/O 地址分配

第二步：PLC 变量定义。

在 PLC 变量表中定义 I/O 接口的信号名称，如图 4-24 所示。

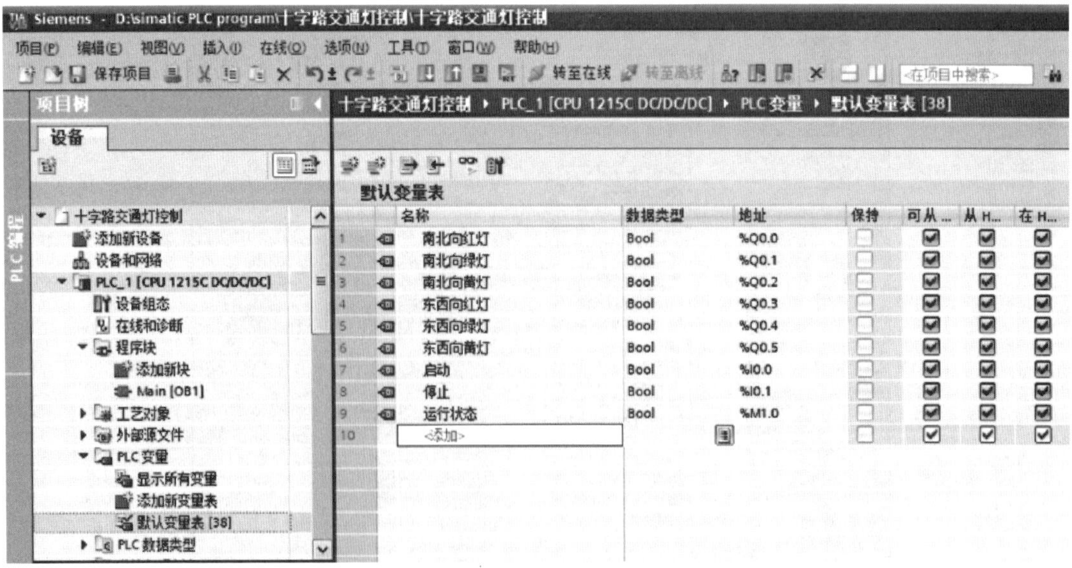

图 4-24　PLC 变量定义

第三步：创建定时器。

在项目树的“程序块”下，添加一个全局 DB（图 4-25），用于定义和存储定时器等全局数据（图 4-26）。定时器的数据类型是 IEC _ TIMER（4 字节）。

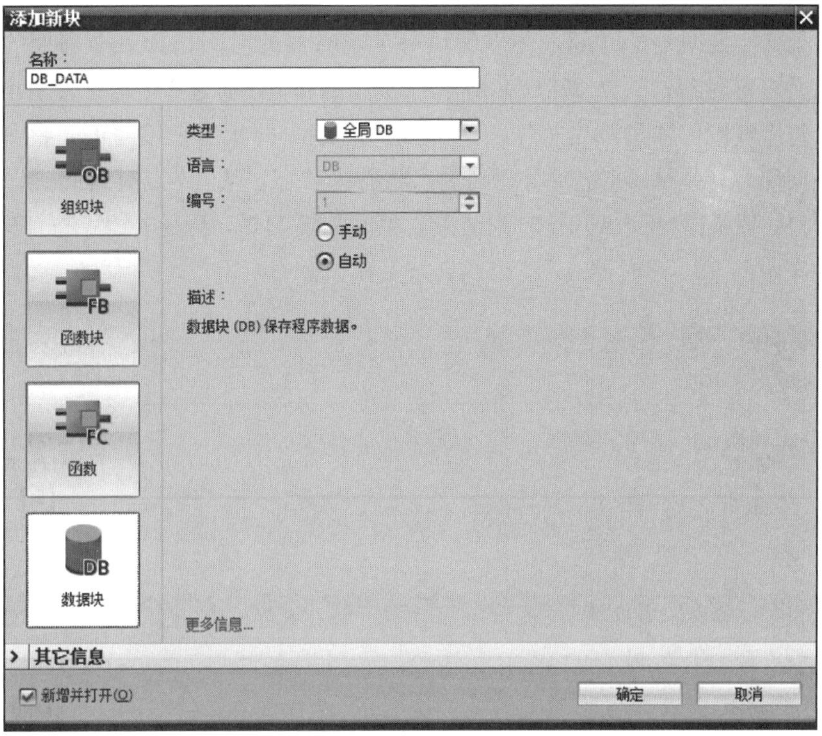

图 4-25　添加全局 DB

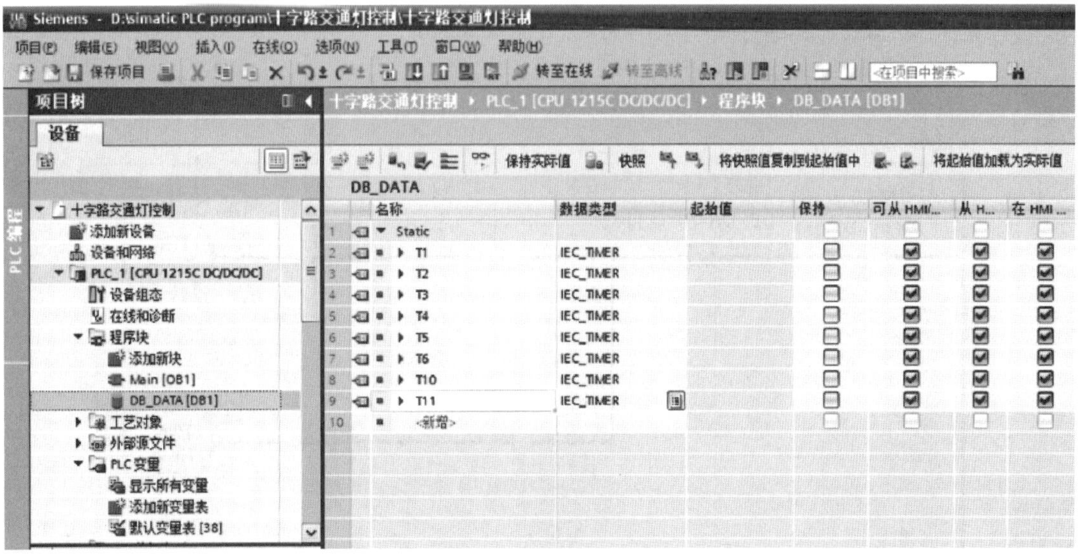

图 4-26　定义和存储 IEC 定时器数据

第四步：编写程序。

利用图 4-21 所示的时序图，可以比较结构化地完成 6 个信号灯的 PLC 程序编写。图 4-27（a）所示的程序段 1 和 2 分别为启动信号灯和停止信号灯程序；图 4-27（b）所示的程序段 3 设计了 0.5 秒通、0.5 秒断的周期性脉冲信号；图 4-27（c）所示程序段 4 设定了 6 个定时器的时间，并以最后一个定时器的时间作为一个周期的结束，重新初始化所有定时器；图 4-27（d）所示程序段 5～10 分别为 6 个信号灯输出线圈的控制程序，每个线圈的输出都是根据一个周期内时序图的状态来编写的，例如程序段 6 中的南北向绿灯，是从 T3 定时时间到输出状态为“1”，从 T4 定时时间到输出状态为“0”。同时从 T4 时刻开始到 T5 时刻结束，中间需要闪烁，因此在 T4 与 T5 之间加入了闪烁程序中的 T10 定时器。

(a) 启动、停止信号灯程序

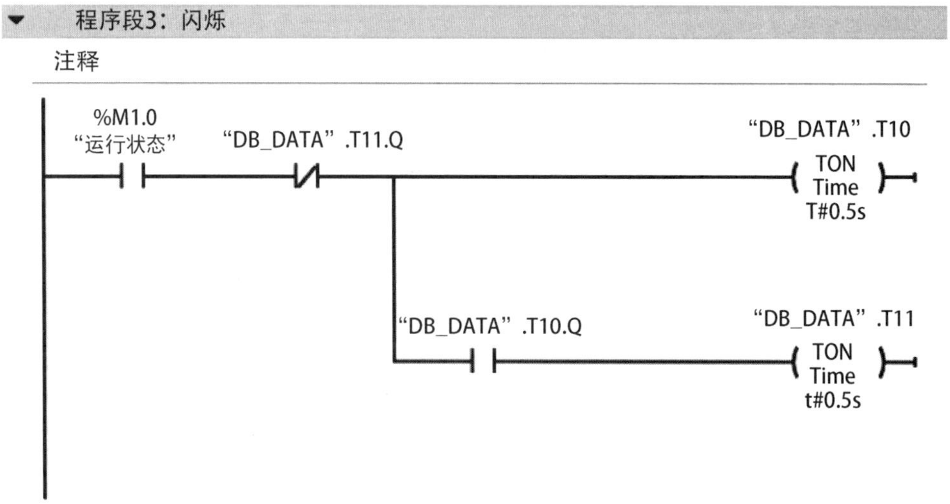

(b) 周期性闪烁程序

▼ 程序段4：定时器

注释

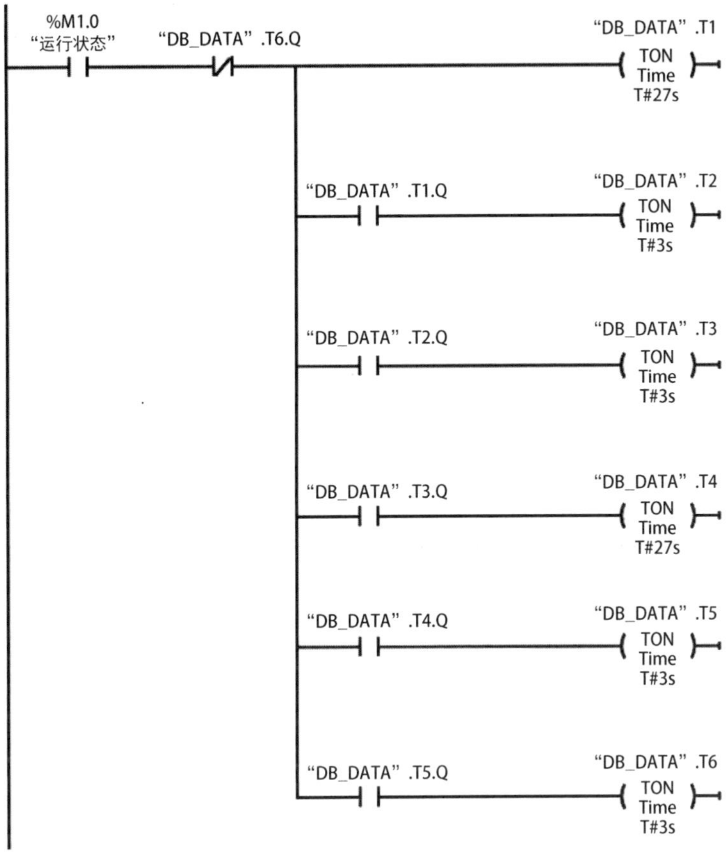

(c) 设定定时器时间

▼ 程序段 5：南北向红灯

注释

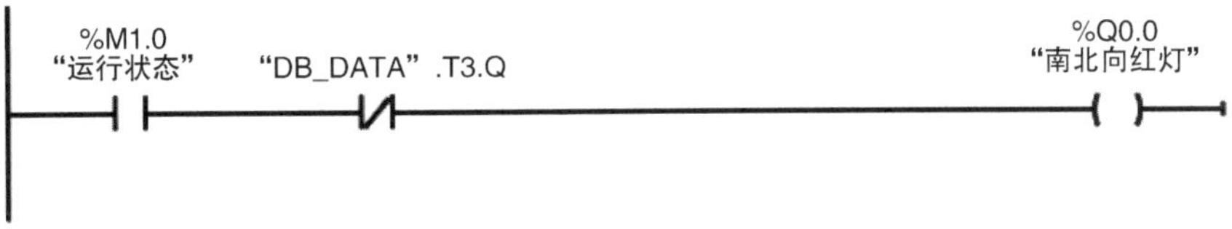

▼ 程序段 6：南北向绿灯

注释

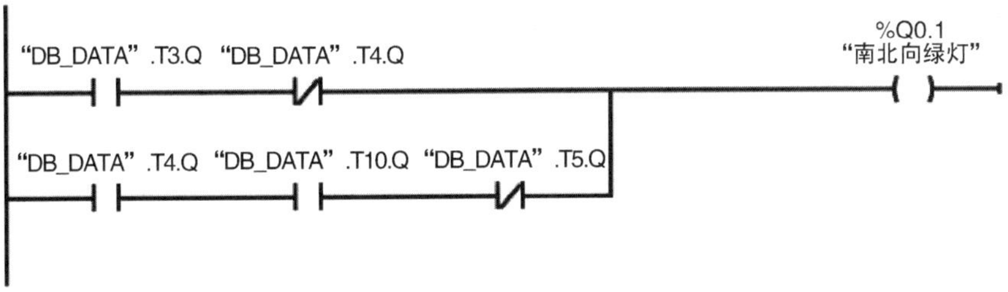

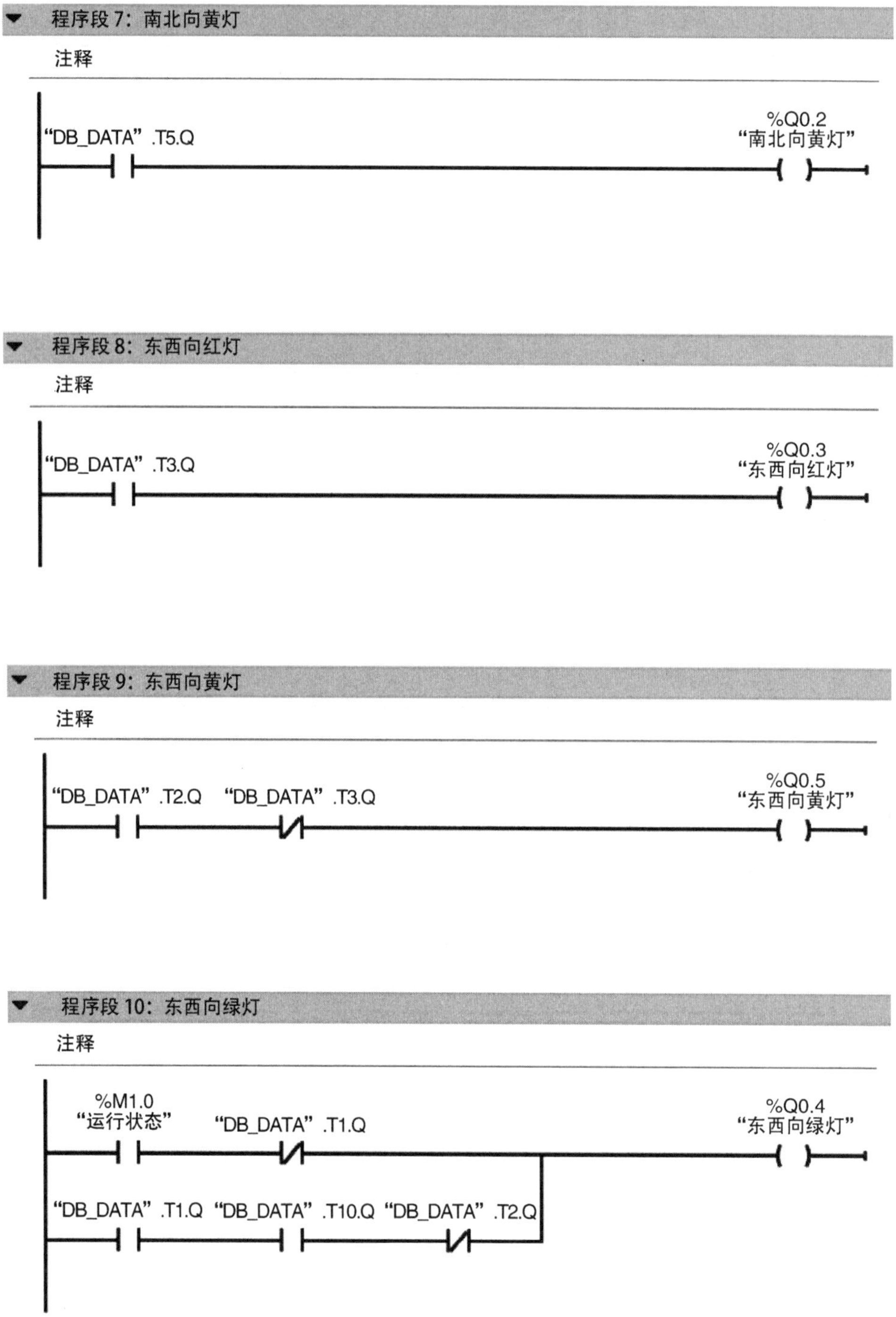

（d）输出线圈的程序控制

图 4-27 信号灯控制的 PLC 程序

第五步：下载与调试。

将编写好的 PLC 程序下载到实体 PLC 中，启动在线监控，完成调试（图 4-28）。

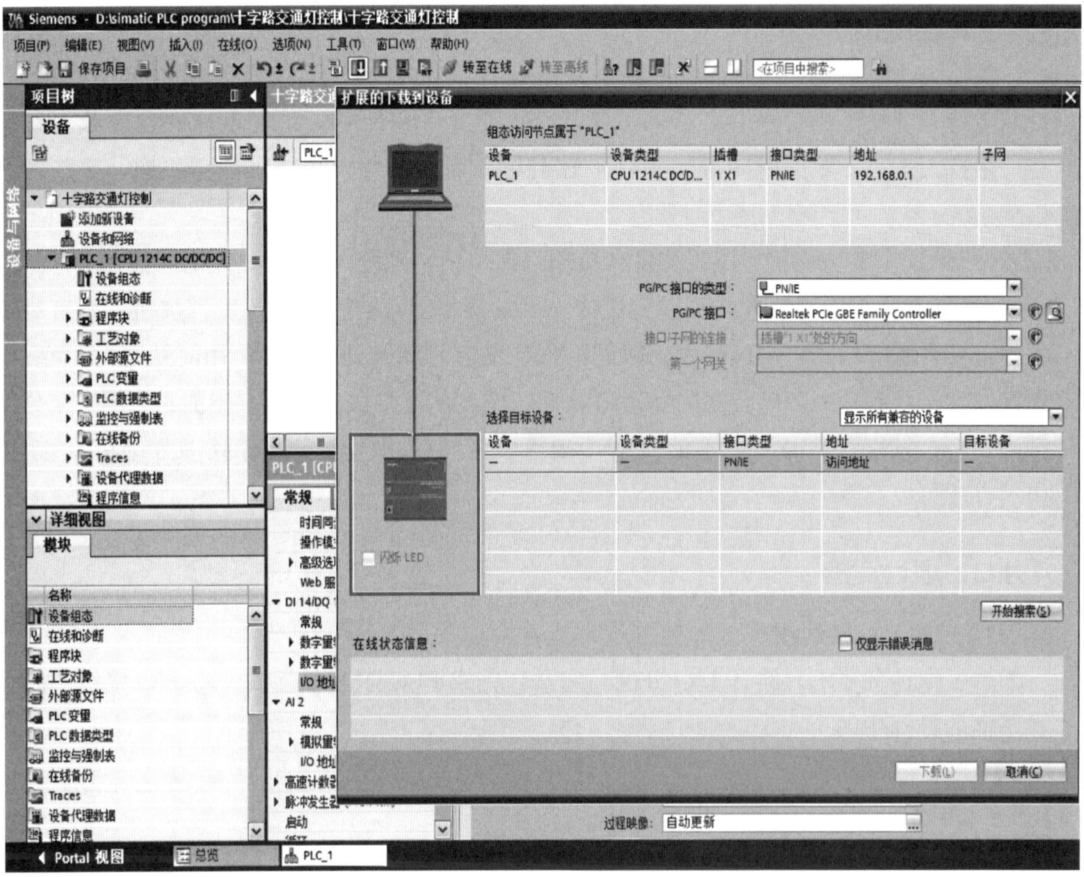

图 4-28　程序下载

4.4　定时器指令应用案例——辩论陈述控制系统设计

4.4.1　项目任务

辩论赛角色包含三方，分别为主持人、A——正方、B——反方。本辩论环节 A、B 方分别有累计 1 分钟的发言时间，双方轮流发言，在 1 分钟以内的发言时长可自行控制，累计时间达到 1 分钟的一方不能再发言。

4.4.2 项目要求

(1) 主持人桌面：设置有启动按钮、暂停按钮、结束清零按钮、主持人发言状态灯、系统运行中状态灯。

主持人按下启动按钮后启动系统，系统运行中状态灯亮起，A、B 双方开始发言；中间主持人若按下暂停按钮，A、B 双方均暂停发言和计时，此时主持人发言状态灯亮，主持人发言；双方时间都用完，本环节结束后，主持人按结束清零按钮，重新初始化系统。

(2) A 方、B 方桌面：设置有发言按钮（保持型）、发言状态灯、用时状态灯。

A、B 双方发言时需先按下发言按钮，再发言，发言结束需关掉发言按钮。发言过程中，发言状态灯亮，同时计发言时间，累计发言时间未到 1 分钟，用时状态灯不亮；累计发言时间到达 1 分钟，用时状态灯亮起，发言状态灯关闭，该方不能再发言。1 分钟内，一方发言时，另一方不能发言，按下发言按钮也无效，要等到一方结束发言，另一方才可以发言。

4.4.3 项目实施

1. PLC I/O 接线图

请根据任务要求，结合 I/O 分配与定义，完成 PLC 的 I/O 接线，将 I/O 接线图画在下面的方框中。

2. PLC 程序开发

第一步：添加 FB“辩论陈述控制”（图 4-29）。

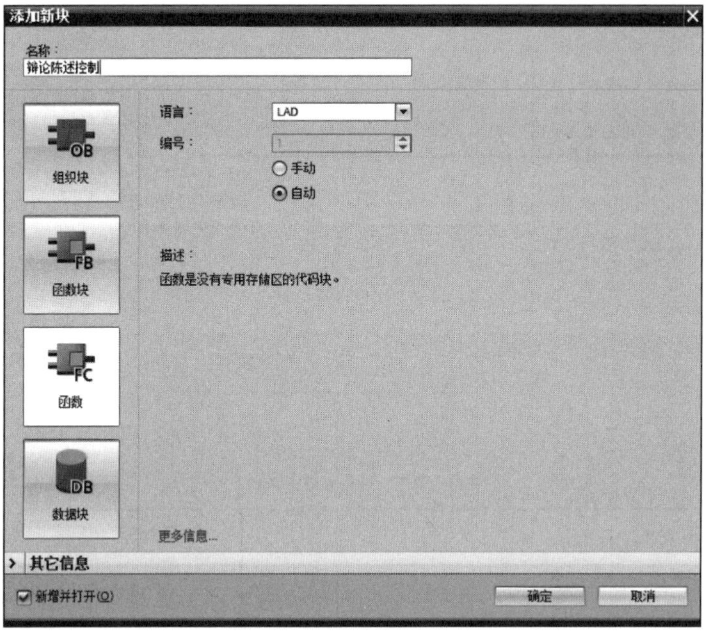

图 4-29　添加 FB

第二步：在 FB 接口参数中定义输入和输出接口变量（图 4-30）。

图 4-30　FB 接口参数定义

第三步：在 FB 中编写 PLC 程序（图 4-31）。

程序段 1 为主持人对辩论赛系统的启动与结束控制，此处 M10.0 作为系统运行保持的标志位。程序段 2 和程序段 3 分别为正反两方的发言控制，其中 M0.1 和 M0.2 分别为正反方发言中的状态标志，两者通过各自的常闭触点指令形成互锁。通过 TONR 进行各自的辩论时间计时。程序段 4 为主持人的暂停控制。

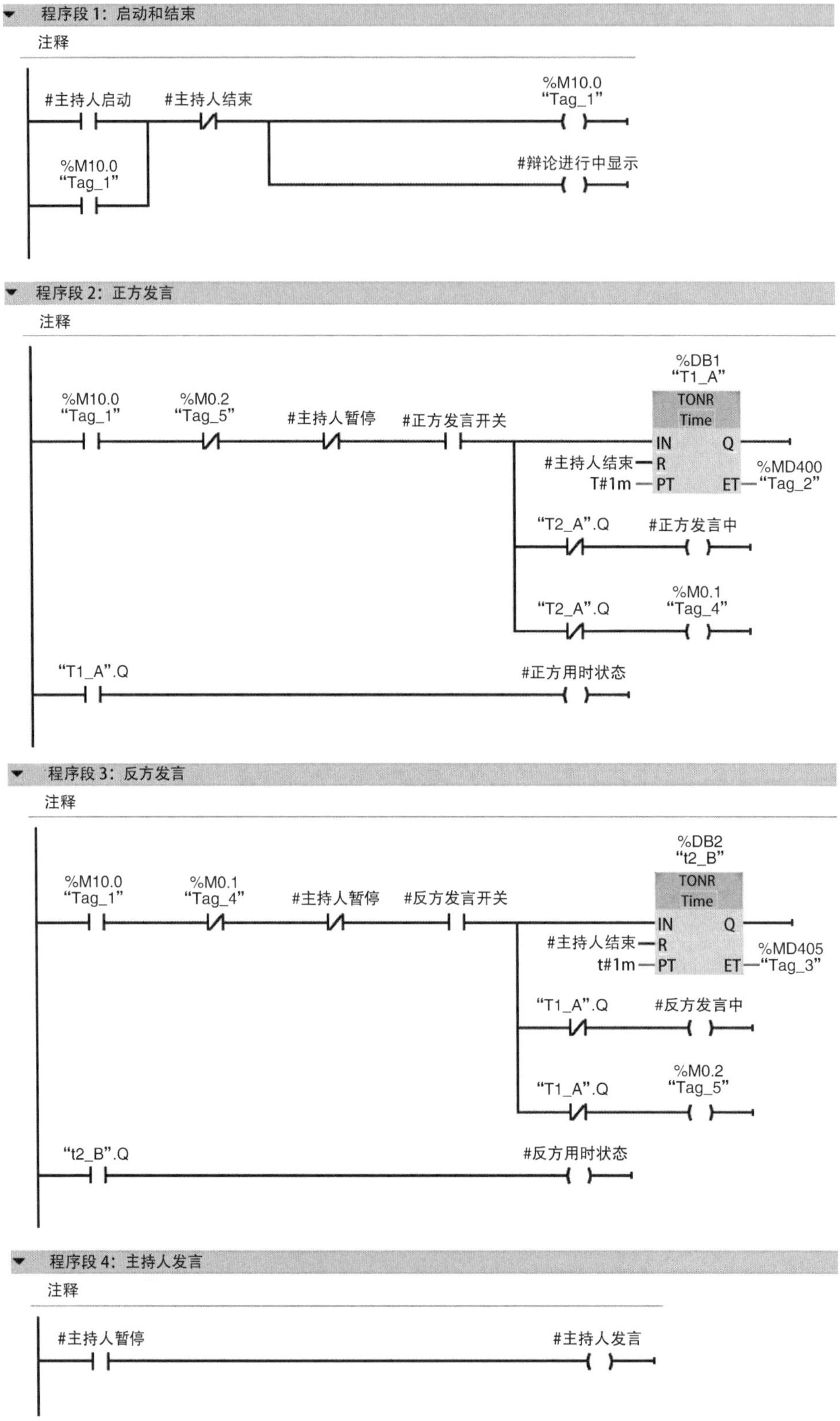

图 4-31　辩论陈述控制系统的 PLC 程序

第四步：主程序调用 FB（图 4-32）。

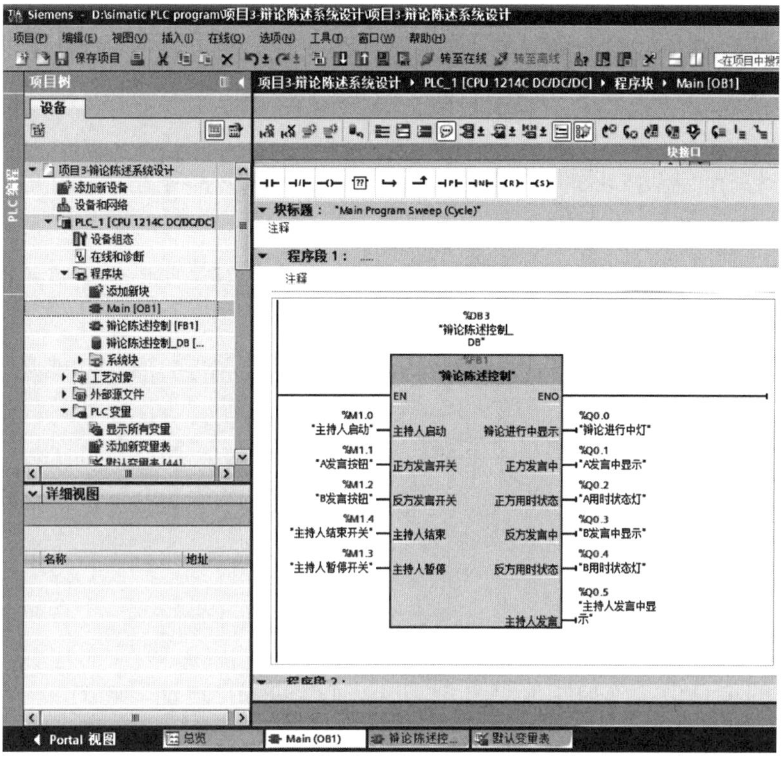

图 4-32　主程序调用 FB

4.5　计数器指令应用案例——物料入库统计系统设计

4.5.1　项目任务

如图 4-33 所示，在传送带前端逐个放入物料，经过传送带传送至末端包装盒，在传送带末端通过光电传感器 S2 进行工件计数，每经过一个工件计数器加 1，每十个工件为一盒，满十个工件换一个包装盒子。传送带前端光电传感器 S1 若超过 1 分钟未检测到物料进入，则传送带暂停运行，有新的物料进入时，再启动传送带。

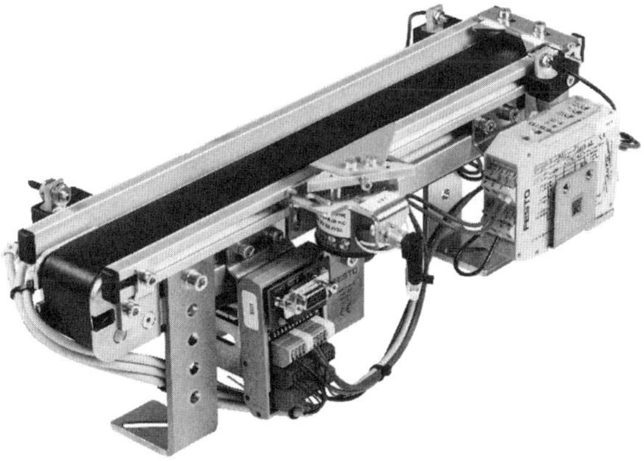
图 4-33　物料入库统计系统

4.5.2 项目要求

外部设置两个输入按钮，地址分别为 I0.0 和 I0.1，用于启动、停止系统；设置一个输出接口 Q0.0，用于控制传送带电机启动和停止。设计一个 HMI 触摸屏，应具备以下功能：

（1）设计一个启动按钮、一个停止按钮，用于在触摸屏中手动启动和停止计数系统的运行，包括传送带的运行；

（2）设计三个计数显示框，分别用于显示实时的包装盒数量、每个盒子的实时物料数量，以及总的物料数；

（3）设计一个统计清零按钮，用于将所有统计的数据清零，这个功能必须在系统停止的状态下才生效；

（4）设计两个状态显示灯，一个是系统运行显示灯（系统运行中显示绿灯，否则显示红灯），一个是传送带运行显示灯（传送带运转中显示绿灯，暂停或者停止显示红灯）。

4.5.3 项目实施

物料入库统计系统项目

1. 设备组态与 I/O 地址分配

在新建的项目中，添加相应型号的 PLC，设置好 IP 地址，如图 4-34 所示。在“设备概览”中分配 I/O 地址，如图 4-35 所示。

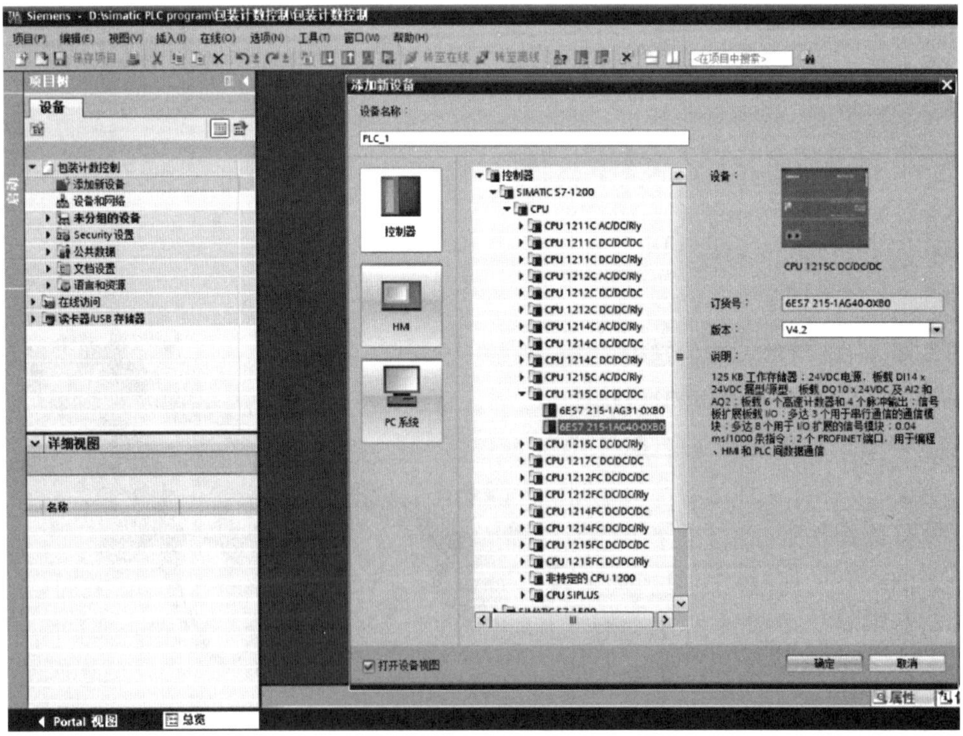

图 4-34　PLC 设备组态

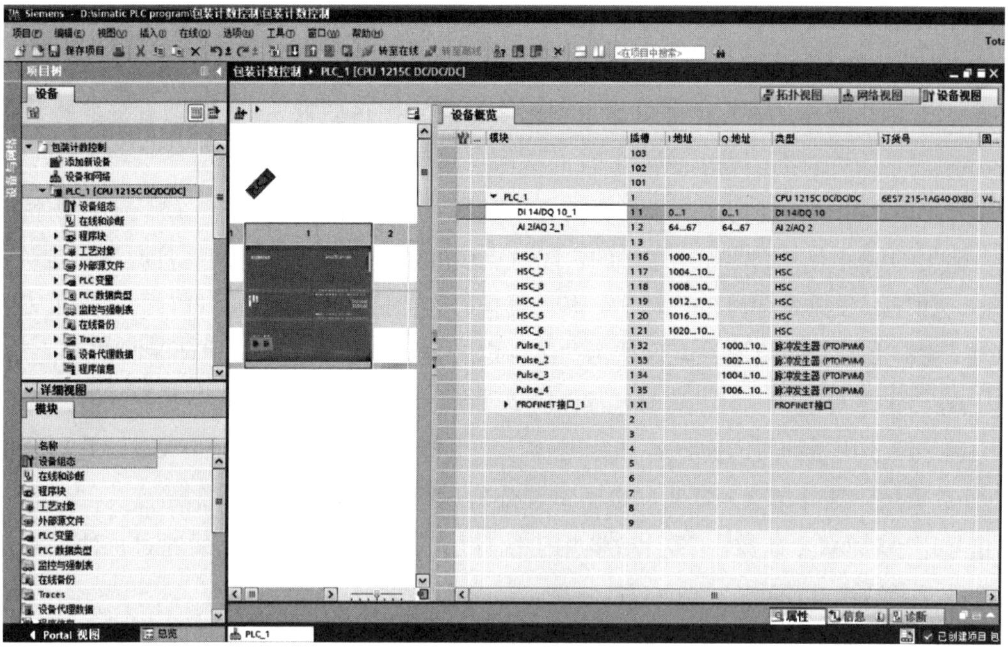

图 4-35　I/O 地址分配

2. PLC 变量定义

在 PLC 变量表中定义 I/O 接口的信号名称，如图 4-36 所示。

图 4-36　PLC 变量定义

3. PLC 程序编写

包装计数的 PLC 程序如图 4-37 所示。

程序段 1 用于实现系统启动、停止和运行保持。其中，M0.0 和 M0.1 是触摸屏上的启动和停止按钮关联信号，I0.0 和 I0.1 是实体的启动和停止按钮信号，M1.0 是系统运行状态保持标志位。

程序段 2 用于实现传送带电机的运转、暂停和恢复。当程序段 3 中的定时器 T1 输出为“1”时，程序段 2 支路断开，电机停止运转；当传感器 S1 检测到有新的物料进入，重新接通该支路，传送带恢复运行。

程序段 3 用于实现传送带 1 分钟无物料的计时。当前端传感器 S1 检测不到物料经过，输出的信号为“0”，该程序段的常闭触点接通，定时器启动计时。计时器设定为 1 分钟，如果 1 分钟内有物料进入，S1 传感器信号为“1”，定时器会中断计时；如果 1 分钟内无物料进入，S1 信号一直保持为“0”，定时器正常计时。1 分钟计时时间到之后，T1 的输出状态 Q 变为“1”，这时候程序段 2 就会将传送带运行切断，传送带暂停运转。

程序段 4 用于物料入库计数和数据统计。由传感器 S2 信号来触发 C1 计数，其中 C1 计数器用于统计单盒入库物料数，每计数到 10 个 C1 计数器输出信号变为“1”，这个信号用于触发 C2 计数，C2 计数器用于统计已入库盒子数量。然后通过加法、乘法两个数学函数来计算物料入库总数。

程序段 5 用于处理 C1 计数器的复位信号。每次计数值到达 10 的时候，复位线圈变为“1”，C1 的复位接口 R 就会有一个上升沿的触发，让计数器清零，重新开始计数。

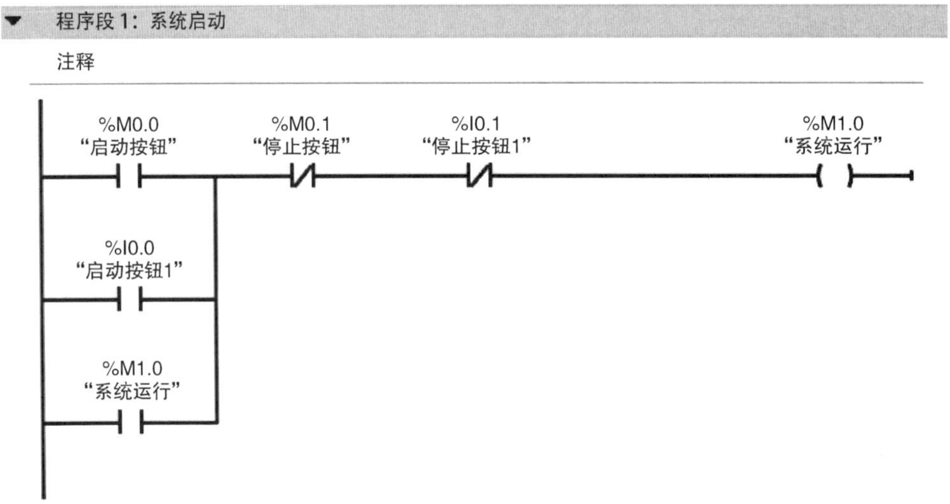

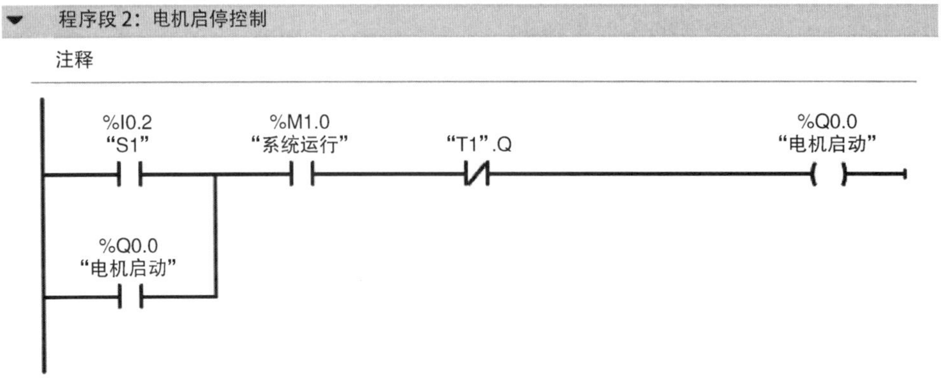

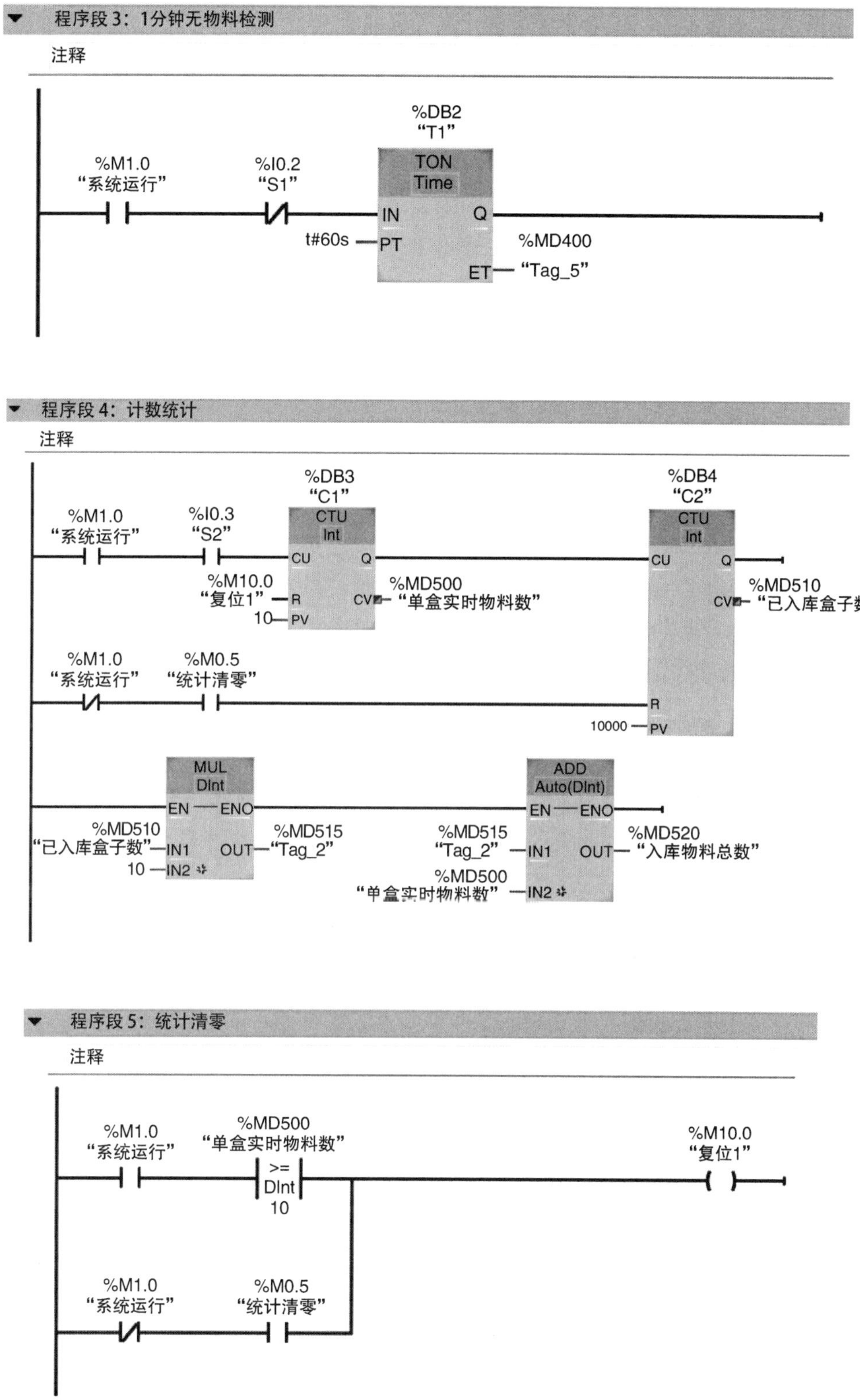

图 4-37　包装计数 PLC 程序

4. HMI 触摸屏的组态与设计

HMI 触摸屏是进行人机交互的重要载体。开发者可以根据设备的功能及操作的需要设计触摸屏界面，并将触摸屏中的控件与 PLC 程序数据关联起来。设备操作者可以通过设计好的用户界面来操作和控制设备，具体的程序代码被封装在 PLC 中，操作者不需要处理程序代码，只需要操作触摸屏界面控件即可。触摸屏已经被广泛应用于工业控制现场，与 PLC 配套使用。触摸屏的主要功能包括：

（1）过程可视化。在触摸屏画面上动态显示过程数据。

（2）操作者对设备的控制。操作者通过图形界面控制设备。例如，操作员可以通过触摸屏来设定和修改参数或控制电机等。

（3）显示报警。设备的故障状态会自动触发报警并显示报警信息。

（4）记录功能。记录过程值和报警信息。

（5）配方管理。将设备的参数存储在配方中，可以将这些参数下载到 PLC 中。

HMI 触摸屏的组态与设计步骤如下。

1）触摸屏选型组态

如图 4-38 所示，在项目树中添加新设备，选择“HMI”设备，选择的 HMI 应与实体硬件的尺寸、型号和订货号对应。在“版本”的下拉菜单中选择与 HMI 兼容的固件版本，如果版本不兼容，是无法连接上的。

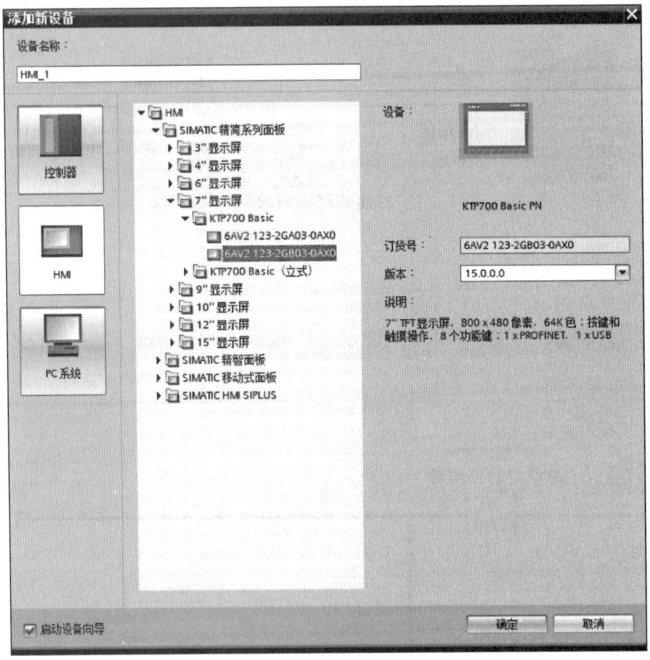

图 4-38　HMI 触摸屏的硬件组态

将 PLC、HMI 与电脑 IP 地址设置在同一个局域网网段中，如都在“192.168.0.xx”这个网段中（图 4-39）。

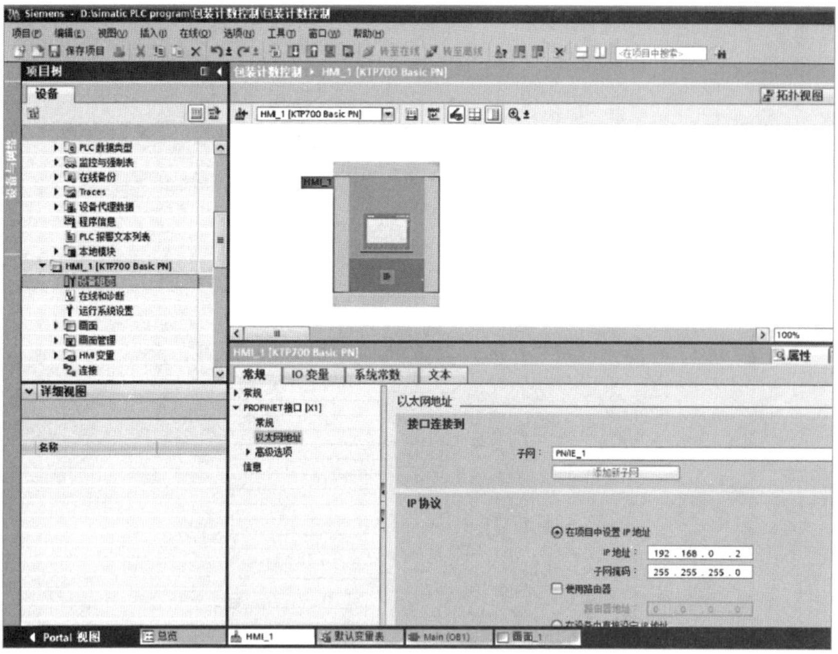

图 4-39　设置触摸屏端 IP 地址

建立 HMI 连接，在“设备组态”—“网络视图”中，点击“连接”，选择“HMI 连接”，然后拖动鼠标，将 PLC 与 HMI 之间的线连起来，可以看到如图 4-40 所示的虚线，完成 HMI 连接后，HMI 控件才能与 PLC 变量建立关联。

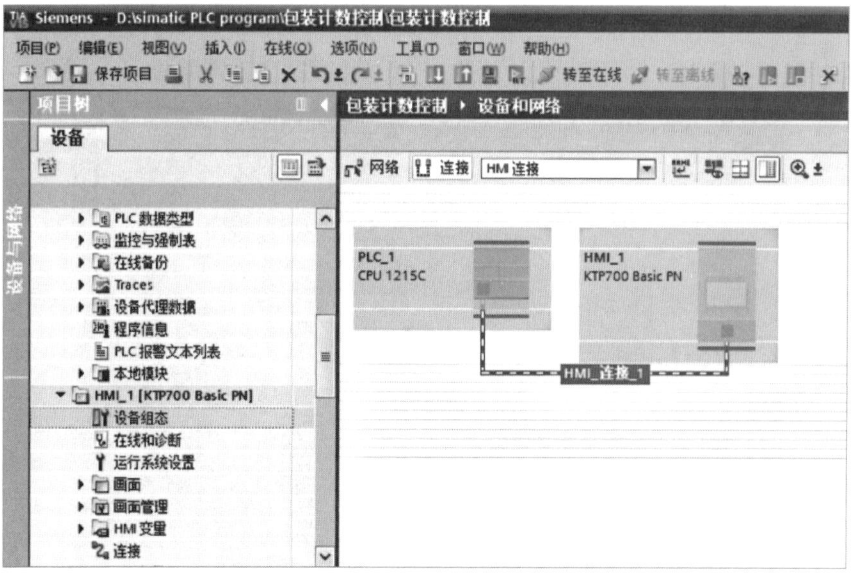

图 4-40　建立 HMI 连接

2）触摸屏界面设计

如图 4-41 所示，在 HMI 项目树下，找到“画面”，在带有绿色小三角的主画面中设计 HMI 界面。TIA Portal 软件提供了一些常用的系统控件，通过软件右侧的“工具箱”可找到相关控件，也可以导入一些特殊的自定义控件丰富 HMI 界面的功能。

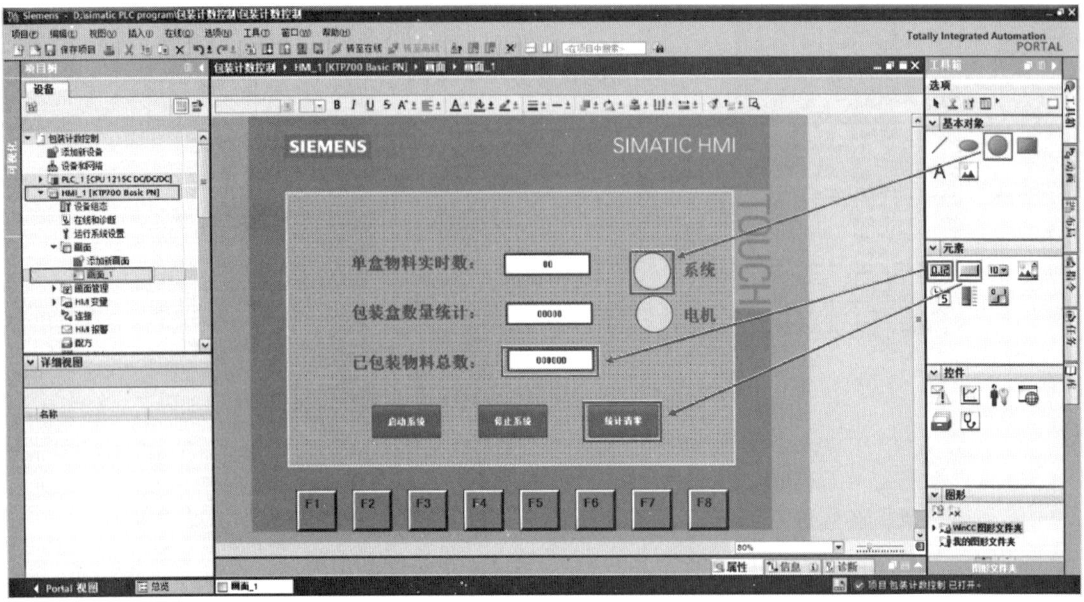

图 4-41　HMI 触摸屏的设计界面

本案例利用按钮控件，设计启动按钮、停止按钮和清零按钮；利用 I/O 域控件 0.12，设计统计数据显示框；利用圆形图案控件，设计系统运行显示灯和传送带（电机）运行显示灯。最后设计出如图 4-42 所示的 HMI 界面。

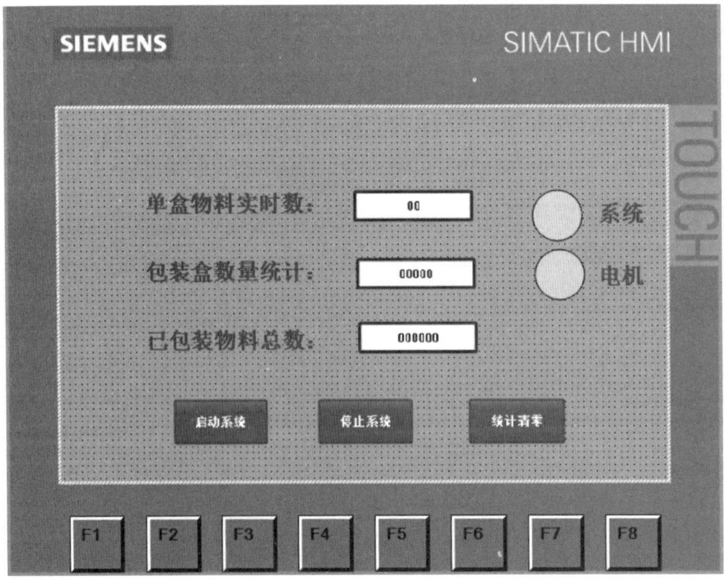

图 4-42　物料入库统计系统 HMI 界面

3）触摸屏控件变量关联设置

在各个控件的“属性”中关联 PLC 变量，设置事件函数或动画。

（1）按钮控件：在“属性”选项卡中点击“事件”，设置按钮的事件函数，给“按下”动作添加“置位位”函数，并将该按钮的 HMI 变量关联到 PLC 程序中的启动按钮变量（图 4-43）；给“释放”动作添加“复位位”函数，并将该按钮的 HMI 变量关联到 PLC 程序中的启动按钮变量（图 4-44）。用户按下启动按钮时，该关联变量值为“1”；松开按钮，变量值为“0”。

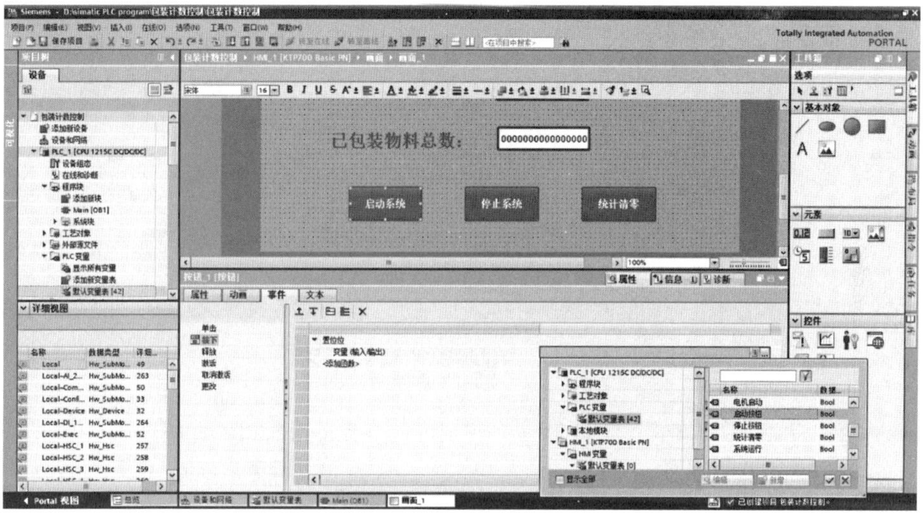

图 4-43　按钮控件的“按下”事件函数设置

图 4-44　按钮控件的“释放”事件函数设置

（2）I/O 域控件：在“属性”选项卡中点击“常规”，将该控件的过程变量关联到 PLC 程序中的相应变量。例如设置“单盒实时物料数”，在“类型”—“模式”下选择“输出”，仅供显示用。同时设置好文本的显示格式等属性，如图 4-45 所示。

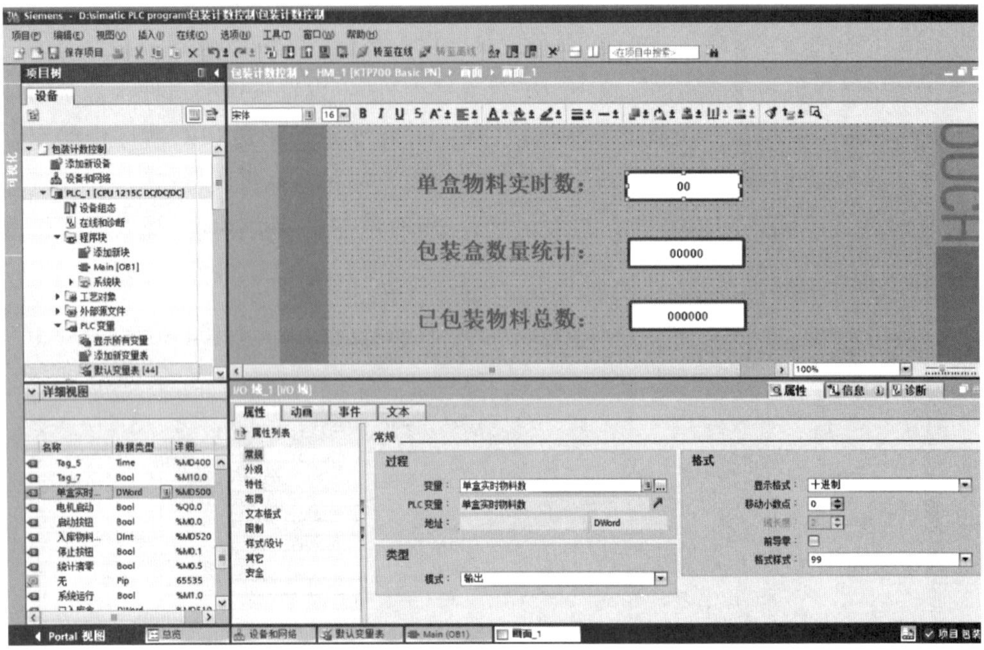

图 4-45　I/O 域控件的变量关联

(3) 图形显示控件：在“属性”选项卡中点击“动画”，添加新动画，将该控件的变量关联到 PLC 程序中的变量。将系统运行状态显示控件关联变量“系统运行” M1.0；将传送带运行状态显示控件关联变量“电机启动” Q0.0。在变量取值范围内设置值为“1”时，显示绿色，设置值为“0”时，显示红色（图 4-46）。

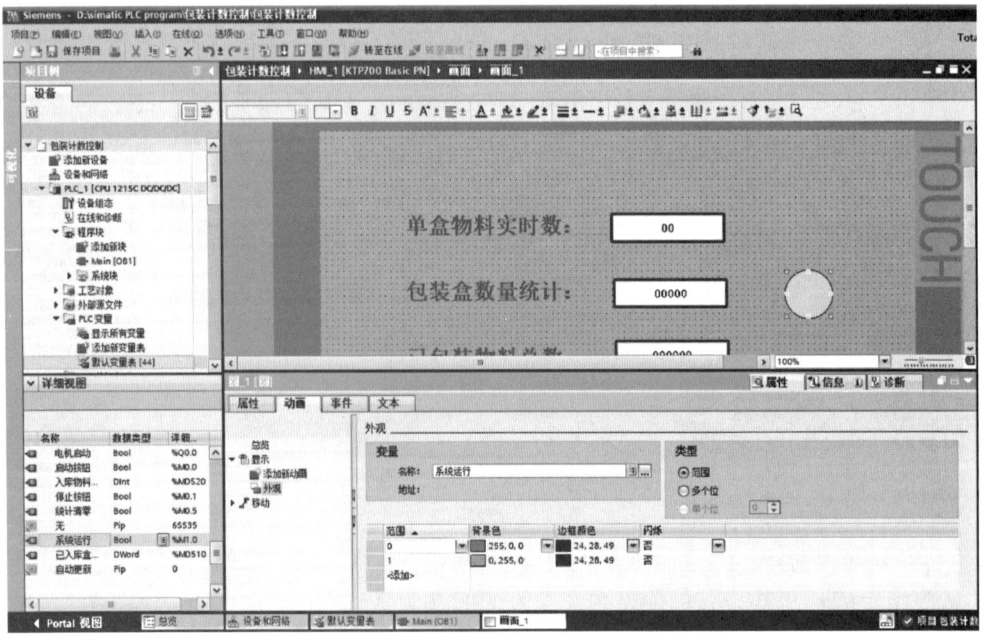

图 4-46　图形控件的动画显示设置

4）下载运行

分别将项目树中的 PLC、HMI 下载到设备中（图 4-47），并进行运行和调试，查看效果（图 4-48）。

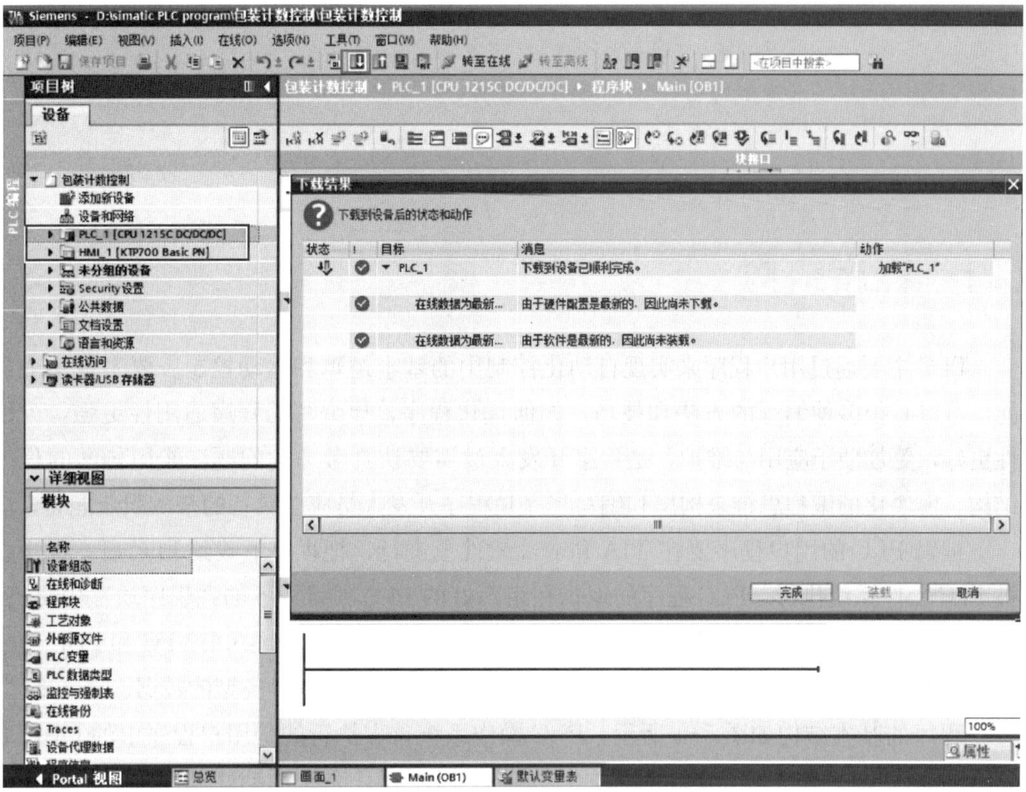

图 4-47　HMI 编译下载

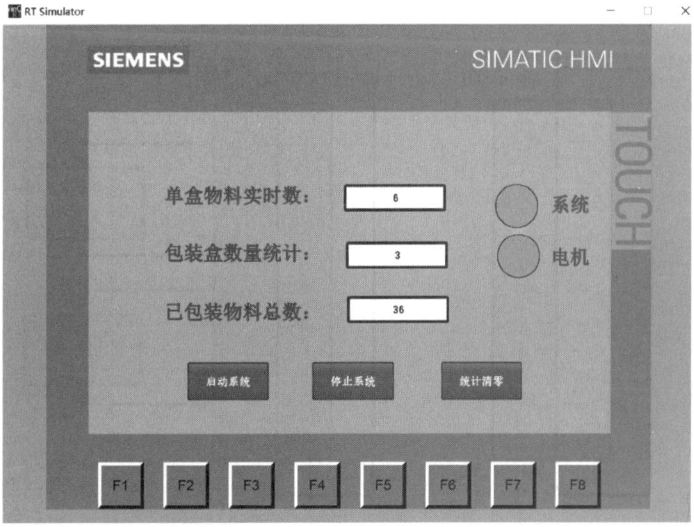

图 4-48　HMI 运行效果

模块 5

数据块、程序块及应用

5.1 程序结构

PLC 主要通过用户程序来实现自动化控制中的基本逻辑和运动控制。要实现某个功能，可以有很多种编程的方法和技巧，如何优化程序，让编写的程序通用性更强，可读性更好，更加便于应用与维护，是程序开发人员需要认真考虑的问题。能用科学的程序结构，模块化的编程思维来构思和编写程序是程序开发人员应该具备的基本职业能力。

编辑 PLC 的用户程序要在 TIA Portal 软件上进行，把程序下载到 PLC 后，程序会被 PLC 操作系统执行。PLC 程序的编辑在组态好的 PLC 项目树下的“程序块”中进行，程序包含用户程序块和数据块（DB）。其中，用户程序有三种类型：OB、FC 和 FB，用于编辑和存储程序指令；DB 则是用于定义和存储程序中用到的各种类型的数据、变量等。

程序的基本结构如图 5-1 所示，PLC 操作系统首先执行的是用户程序中的 OB，通常 Main（OB1）作为默认的主程序，首先会被 PLC 操作系统周期性循环执行，如果编写了中断 OB，也会被操作系统执行。其他类型的 FC 和 FB 需要在主程序中被调用，才会被操作系统执行。

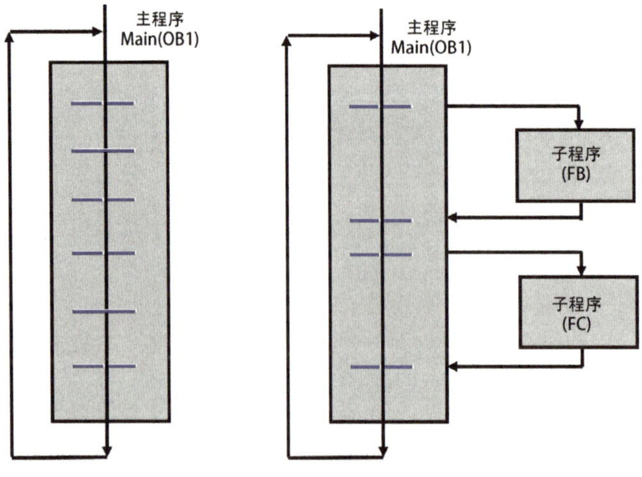

(a) 线性化程序结构　　(b) 模块化程序结构

图 5-1　PLC 程序结构

5.1.1　线性化程序结构

线性化程序结构指的是将大部分的程序指令在主程序中按从上往下的顺序编写，如图 5-1（a）所示。这种线性结构的编程适用于功能任务比较简单、控制对象比较单一、程序量比较小的应用开发。这种结构的好处是全部指令代码都在主程序中完成编写和执行，全部程序在主程序中一目了然，但这种结构只适用于简单程序的编写。

5.1.2　模块化程序结构

模块化程序结构指的是将程序按功能或任务进行模块化分割，每一部分相对完整的功能或任务分别用一个子程序模块来编写，然后在主程序中按“什么条件下调用哪个子程序模块”的结构来组织程序，如图 5-1（b）所示。模块化的编程思路实际上是将复杂自动化任务分割成与过程工艺相对应或者可重复使用的更小的子任务，并把它封装起来，通过 I/O 接口参数与主程序或其他子程序进行交互调用，这样更易于对这些复杂自动化任务进行处理和管理。这些子任务在用户程序中用 FC 或 FB 来编写，每个程序块都是相对独立的部分，可读性高，方便编辑和重复调用。

5.2　数据块（DB）

PLC 提供了多种类型的数据存储区域，除了 I 区、Q 区和 M 区外，还提供了专门的 DB 区域来存储程序数据。DB 与位存储区的主要区别如下：

（1）DB 可以设置优化的块访问，通过符号访问 DB，不需要绝对地址，而位存储区一定会分配绝对地址。

（2）DB 是由用户定义的，而位存储区是已经在 CPU 中定义好的。

（3）DB 中可以创建基于系统数据类型和 PLC 数据类型的数据，而位存储区不可以创建基于系统数据类型和 PLC 数据类型的数据。

程序中需要用到的各种数据类型常量、变量都可以在 DB 中进行定义和存储。DB 有全局 DB 和背景 DB 两种类型。

5.2.1　全局 DB

全局 DB 存储所有程序块都可以使用的数据，DB 的大小因 CPU 的不同而各异。用户可以自定义全局 DB 的结构，每个 DB、FC 或者 FB 都可以从全局 DB 中读取数据或向其写入数据。

在 PLC 项目树下的“程序块”中双击“添加新块”选项，选择“数据块（DB）”选项，并自定义命名 DB，如“DB_全局数据块_1”，类型选择“全局 DB”，如图 5-2

所示。

用户可以在全局 DB 的“Static”静态变量中定义程序数据，如图 5-3 所示，每一个数据变量或者数组都需要选择合适的数据类型，使其与程序指令要求的数据类型相匹配。大部分的数据类型在下拉菜单中都可以找到。如要使用全局 DB 中定义的数据，输入的格式为“数据块名称．数据名称”，如“DB _ 全局数据块 _ 1．启动”和“DB _ 全局数据块 _ 1．停止”。

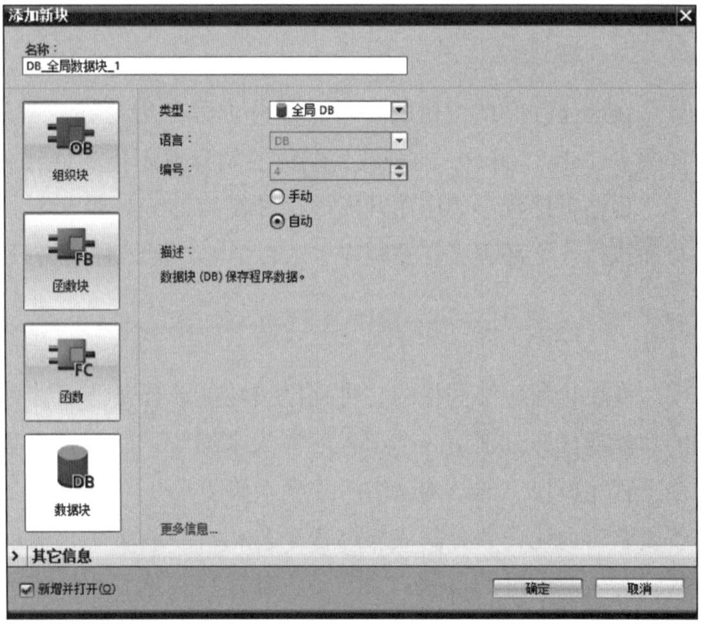

图 5-2　添加全局 DB

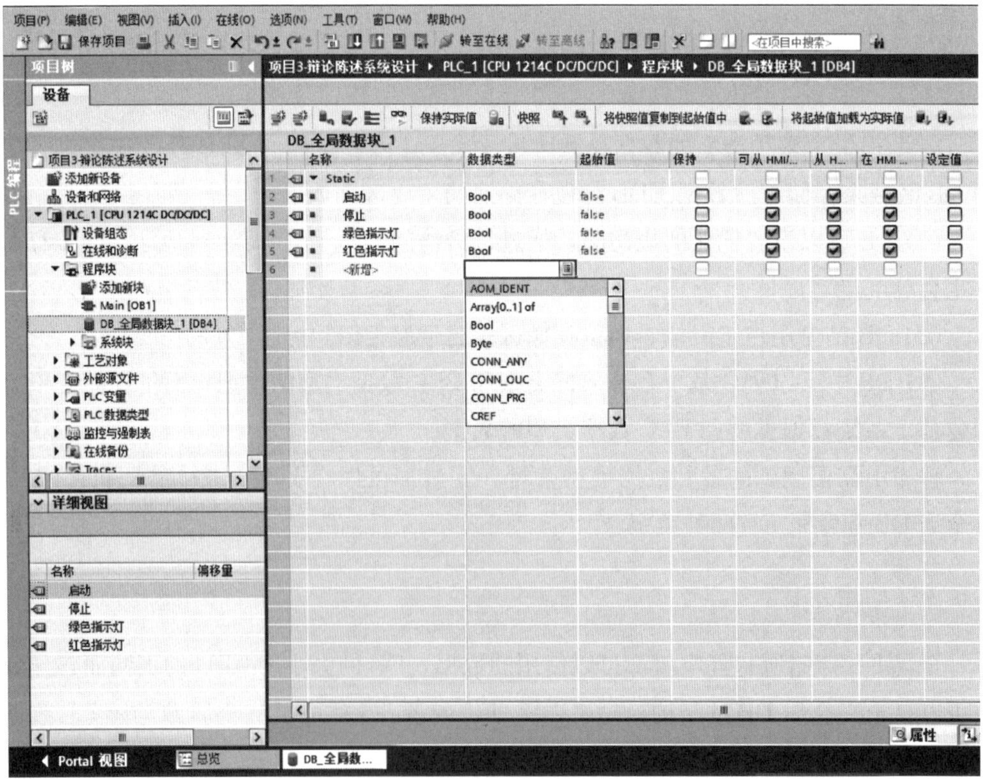

图 5-3　数据变量定义

5.2.2　背景 DB

背景 DB 通常直接被分配给 FB，是在主程序调用 FB（图 5-4）时自动生成的 FB 自身的 DB，名称默认是 FB 名称加上“ _ DB”。背景 DB 的结构取决于 FB 的接口声明，若其与 FB 的接口参数声明中的结构相同，则不能任意定义，只能在 FB 声明中更改。背景 DB 是用于存储 FB 中接口参数的数值的，每调用一次 FB，就要生成一个背景 DB，调用几次就生成几个背景 DB（图 5-5）。

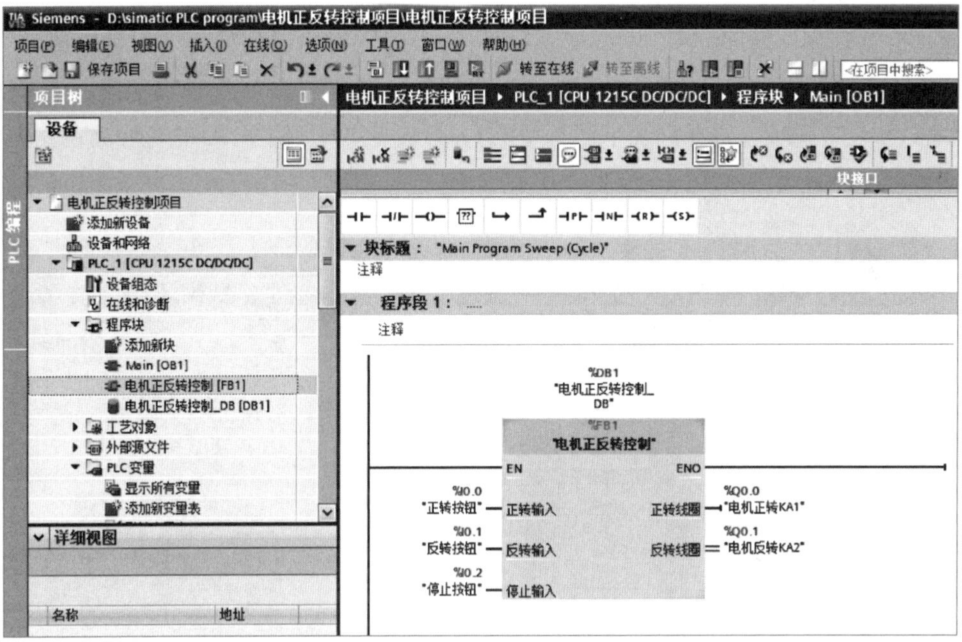

图 5-4　主程序调用 FB

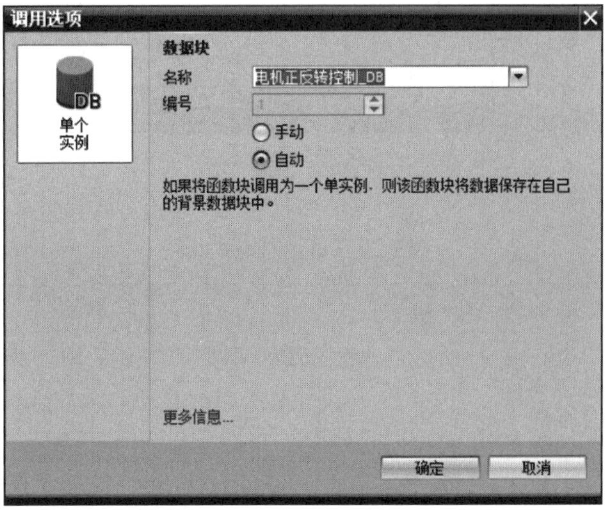

图 5-5　调用 FB 生成的背景 DB

5.3 程序块

程序块包括 OB、FC 和 FB 三种类型。

5.3.1 组织块（OB）

OB 是操作系统和用户程序之间的接口，由操作系统直接调用执行。OB 的主要功能包括启动程序、循环程序和中断程序的执行，以及对错误的处理，每种功能都由对应的 OB 来执行。在 PLC 项目树下的“程序块”中双击“添加新块”选项，选择“组织块（OB）”选项，选择添加不同类型的 OB（图 5-6）。不同 OB 的功能见表 5-1。主程序是程序循环类型（Program cycle）的 OB。

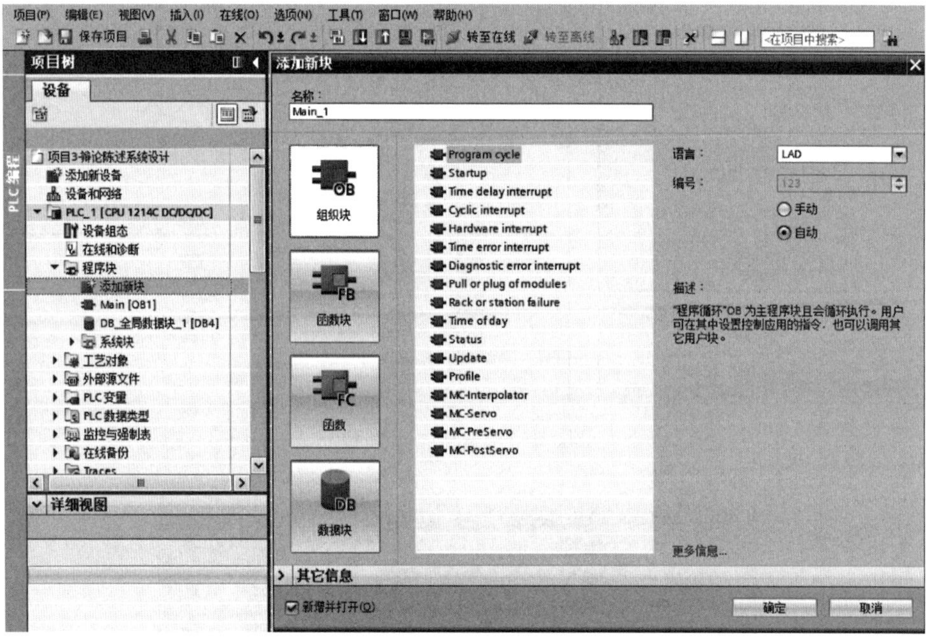

图 5-6　添加 OB

表 5-1　OB 的分类与功能

OB 名称	数量（个）	OB 编号	功能说明
程序循环 OB	≥1	1	程序循环 OB 在 CPU 处于 RUN 模式时循环执行
启动 OB	≥1	100	启动 OB 在 CPU 从 STOP 模式切换到 RUN 模式时执行一次
延时中断 OB	≤4	20～23	延时中断 OB 在组态的时延后执行
循环中断 OB	≤4	30～38	循环中断 OB 以指定的时间间隔执行

（续表）

OB 名称	数量（个）	OB 编号	功能说明
硬件中断 OB	≤50	40～47	硬件中断 OB 在发生相关硬件事件时执行
诊断错误 OB	1	82	当 CPU 检测到诊断错误，或者具有诊断功能的模块发现错误且启用了诊断错误中断时，将执行诊断错误 OB
时间错误 OB	1	80	当扫描周期超过最大周期时间或发生错误事件时，将执行时间错误 OB
拔出或插入模块 OB	1	83	当已组态和非禁用分布式 I/O 模块或子模块（PROFIBUS、PROFINET、AS-i）生成拔出或插入模块相关事件时，系统将执行拔出或插入模块 OB
机架或站故障 OB	1	86	当 CPU 检测到分布式机架或站出现故障或发生通信丢失时，将执行机架或站故障 OB

5.3.2　函数（FC）与函数块（FB）

函数与函数块

FC 与 FB 都可以作为模块化子程序来执行模块化的子功能任务，把子功能任务的程序指令封装在 FB 中，通过 FB 的 I/O 接口参数与主程序或其他子程序进行交互调用。FB 接口参数中的 I/O 参数称为“形参”，调用 FB 时赋给接口参数不同值的具体变量称为“实参”，其他程序调用 FB 时给予不同的实参值不会改变 FB 内部程序的运行过程。

这种带接口参数的模块化编程思维在各类软件开发中都被广泛应用。例如，我们在手机上开发一个用于评价我们身体质量指数（Body Mass Index，BMI）的 App 软件，我们可以根据 BMI 的计算方法设计两个输入接口参数（形参）：身高和体重，以及一个输出接口参数：BMI。BMI 是通过身高和体重等参数计算出来的，这部分的算法程序在 App 的封装程序中编写，用户使用这个 App 的时候不需要接触具体的程序，只需要通过输入接口将具体的身高和体重的数值（实参值）赋值给形参，即“身高”“体重”变量，App 通过内部程序计算后输出给用户具体的 BMI（实参值）。不同的人使用这个 App 时会给出不同的身高、体重数值，但并不会改变程序内部的数据结构和指令，也不会影响程序的执行过程，App 根据不同的实参值计算出不同的 BMI 结果。同理，PLC 程序中的 FC 与 FB 也是通过这样的模块化思维来编写程序的。

1. 函数（FC）

FC 是不带存储器的代码块。由于没有可以存储块参数值的数据存储器，所以在调用 FC 时，必须给所有形参分配实参。FC 有以下两种常用的用途。

(1) FC 可作为子程序。

将相互独立的控制功能、流程或者设备控制任务分成不同的 FC 进行编写，并统一由 OB 调用，实现程序的结构化设计，程序易读性强，便于调试和维护。

（2）FC 可作为标准功能块。

FC 中通常带有形参，通过多次调用，赋给形参不同的实参，可实现对相同功能设备的统一编程和控制。同时 FC 的形参只能用符号名寻址，不能用绝对地址寻址。

2. 函数块（FB）

与 FC 相比，在调用 FB 时必须为其分配背景 DB。FB 的输入参数、输出参数和静态变量均存储在背景 DB 中，在执行完 FB 后，这些值仍然有效。具体要求如下：

（1）当调用 FB 时，必须为其分配一个背景 DB，背景 DB 不能被重复使用，否则会产生数据冲突。

（2）当调用 FB 时，可以不对形参赋值，而直接对背景 DB 赋值。

（3）当多次调用 FB 时，可以使用多重背景 DB，生成一个总的背景 DB，避免生成多个独立的 DB，影响 DB 资源的使用。

下面通过一个简单的实例来说明 FC 与 FB 在使用中的区别和需要注意的地方。

编写一个程序，通过一个启动按钮、一个停止按钮来控制指示灯的亮和灭。

首先在程序块中分别添加一个 FC 和一个 FB，如图 5-7 所示。然后分别在 FC 和 FB 的接口参数中添加一样的输入、输出接口参数，并在 FC 和 FB 中分别编写一个一样的子程序，如图 5-8 所示。在主程序中调用 FC 和 FB（图 5-9），如图 5-10 所示运行调试结果，调用 FB 的运行结果是正常的，按下“启动”，指示灯亮，释放“启动”后指示灯仍保持亮，按下“停止”，指示灯灭；而调用 FC 的运行结果却是不正常的，如图 5-11 所示，按下“启动”，指示灯亮，但释放“启动”后指示灯未保持亮。如图 5-12所示，程序指令本身都是一样的，但 FC 程序中的置位线圈指令未正常执行置位并保持输出给实参。

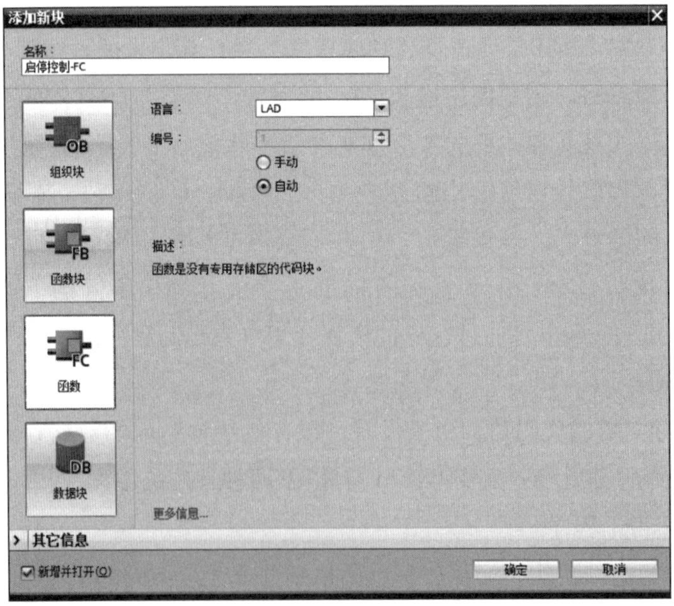

图 5-7　添加 FC 和 FB

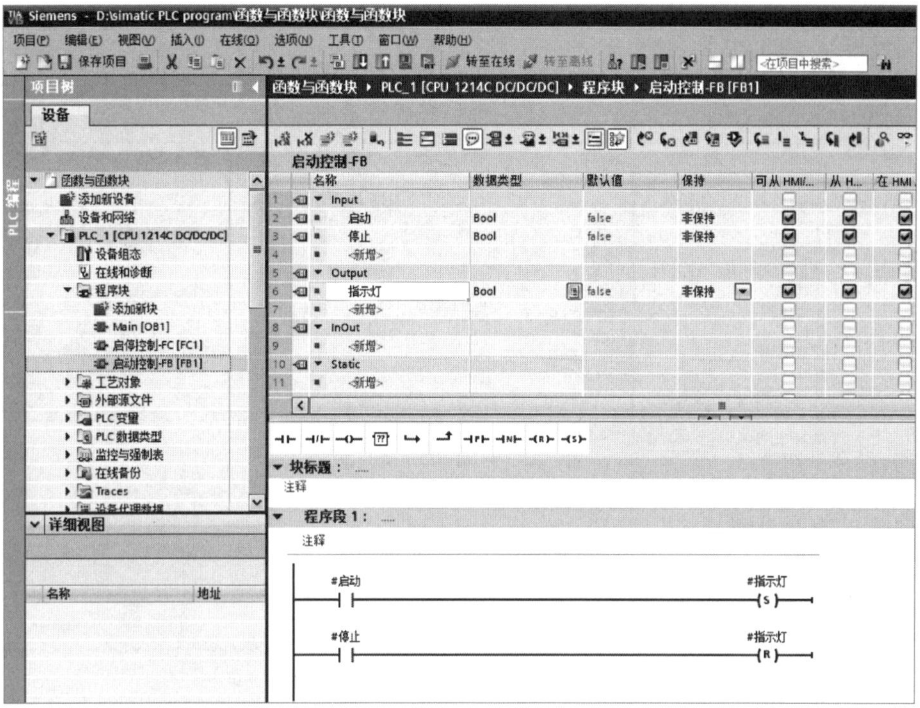

图 5-8　定义接口参数，编写子程序

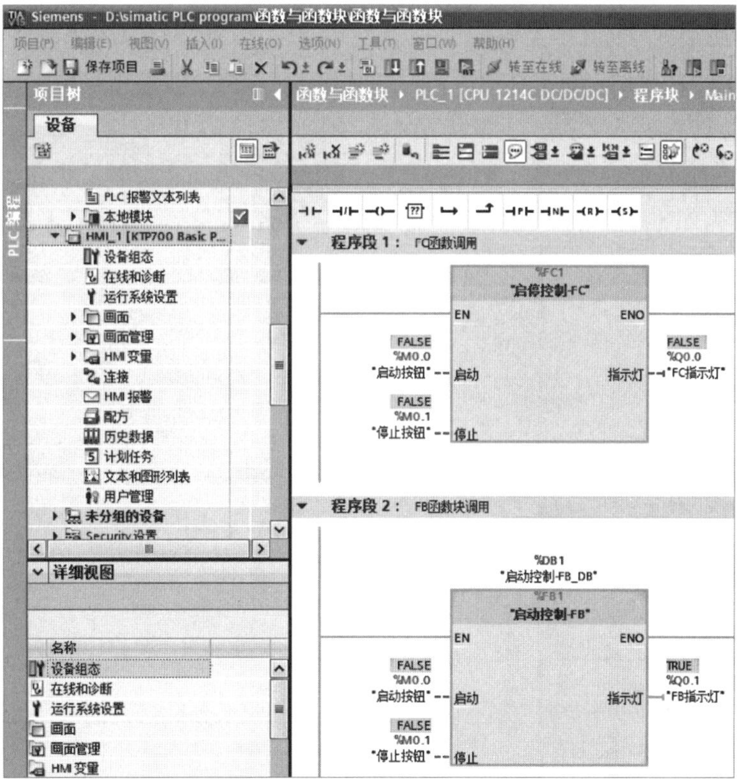

图 5-9　在主程序中调用 FC、FB

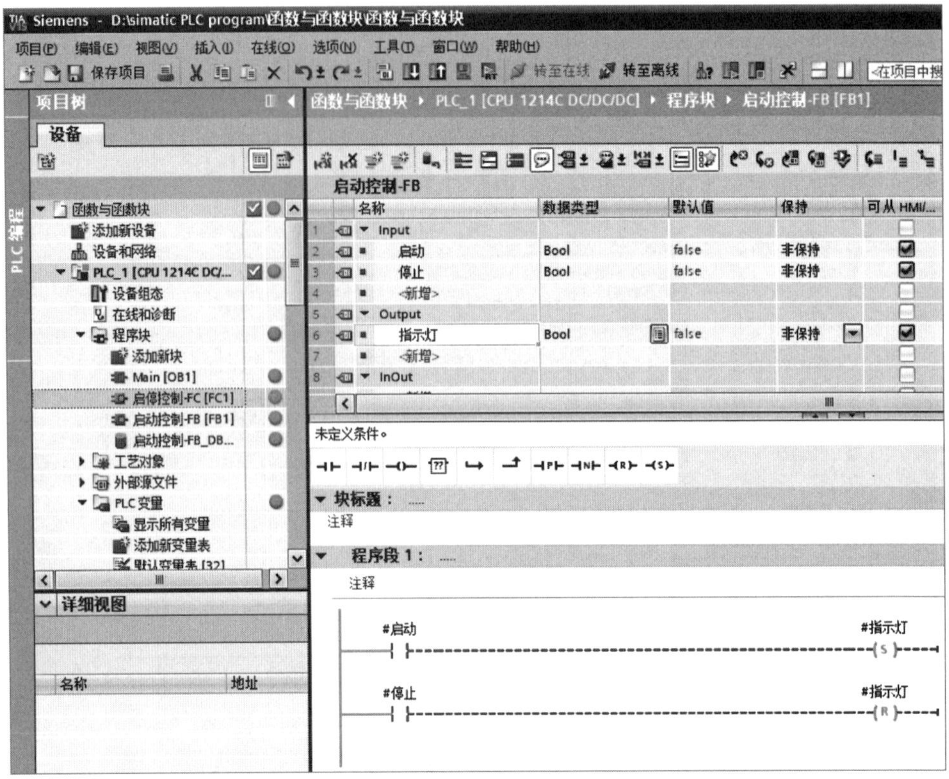

图 5-10　调用 FB 的执行效果

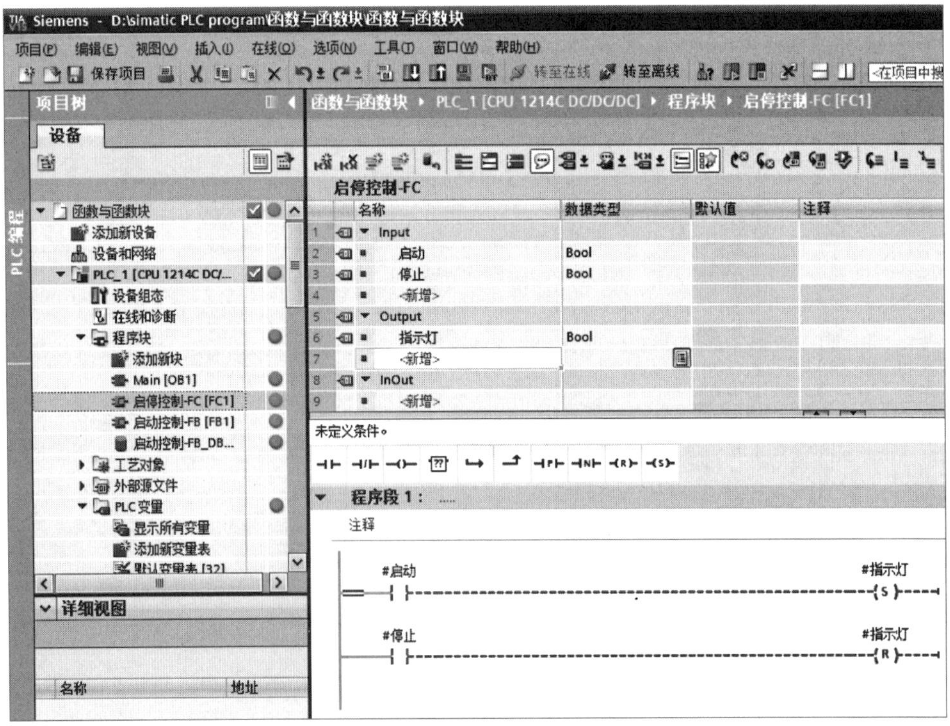

图 5-11　调用 FC 的执行效果

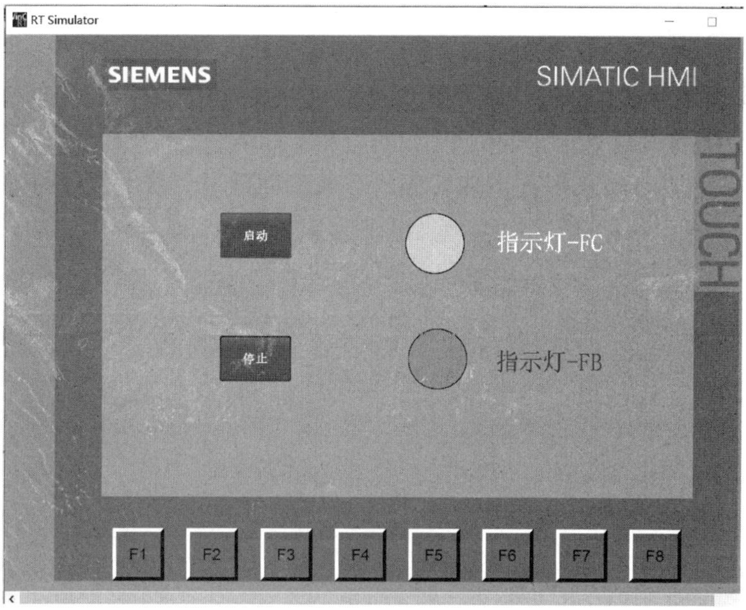

图 5-12　FC、FB 执行效果对比

造成这个结果的原因就是 FC 是不带存储器的函数，它没有背景 DB 来存储接口参数的数值，从而导致非正常运行。因此，在使用 FC 作为子程序的时候要注意数据存储的问题，避免出现程序的非正常执行。调用 FB 时，由于会自动给 FB 生成一个背景 DB 来存储它在接口参数中定义的相关数据，因此在运行中不会出现类似的错误。

5.4　FB 应用案例——数码管循环显示控制

5.4.1　项目任务

用于显示数字的电子数码管通常是由七段数码管指示灯组成，如图 5-13 所示。每一个数码管由一个输出信号来连接和控制。不同的数码管组合点亮就会呈现出 0～9 的数字。通过控制输出信号的通断来实现数字的显示。本项目需要完成单位数和双位数的数码管显示控制。

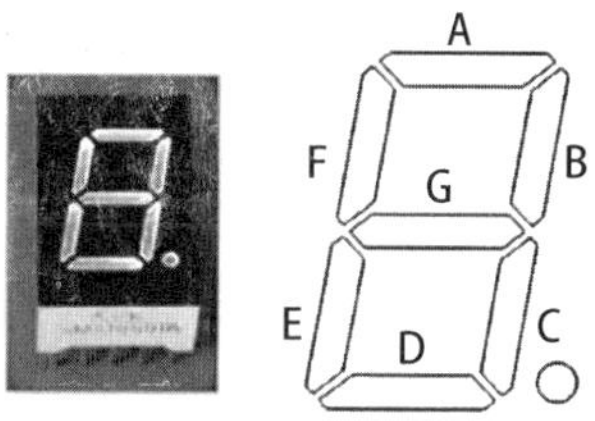

图 5-13　七段数码管

5.4.2　项目要求

（1）单数码管显示：每隔 1 秒变一个数字，从 0～9 按顺序循环显示。

（2）双数码管显示：两个数码管，一个作为十位，一个作为个位；从 0 开始，每隔 1 秒显示数字增加 1，一直显示到 60 为止。

（3）设置一个启动按钮，一个停止按钮，完成两个数码管的 I/O 接线。

5.4.3 项目实施

1. 七段数码管输出信号时序状态表

通过 PLC 中七个数字量信号的通断可实现对七段数码管指示灯的亮灭控制。因此，可以通过数码管输出信号的时序图或时序状态表来分析每个输出信号的时序状态，作为程序编写的基础。根据数字的显示编制七段数码管指示灯信号的状态表，见表 5-2。

表 5-2 数码管输出信号状态表

线圈/数字	0	1	2	3	4	5	6	7	8	9
a-Q0.0	1	0	1	1	0	1	1	1	1	1
b-Q0.1	1	1	1	1	1	0	0	1	1	1
c-Q0.2	1	1	0	1	1	1	1	1	1	1
d-Q0.3	1	0	1	1	0	1	1	0	1	1
e-Q0.4	1	0	1	0	0	0	1	0	1	0
f-Q0.5	1	0	0	0	1	1	1	0	1	1
g-Q0.6	0	0	1	1	1	1	1	0	1	1

2. PLC I/O 接线图

输入信号连接两个开关按钮，SB1 用于启动，SB2 用于停止。输出信号 Q0.0～Q0.6 分别连接个位数码管中的七段数码管 a—g，Q2.0～Q2.6 分别连接十位数码管中的七段数码管 a—g，如图 5-14 所示。

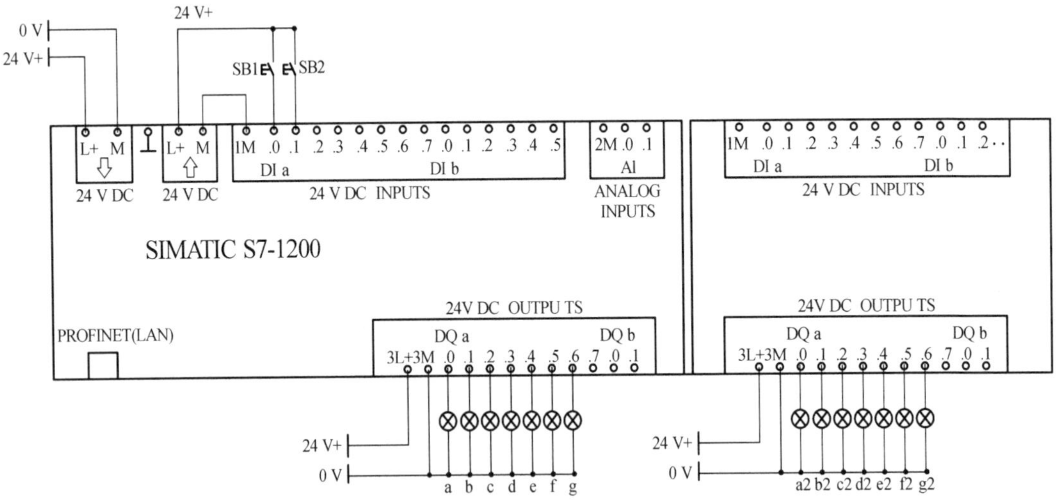

图 5-14 PLC I/O 接线图

3. 单数码管显示程序开发

第一步：新建 FB。

在“程序块”下添加 FB“单数码管显示”（图 5-15），在 FB 中定义 I/O 接口参数，输入参数为“start”和“stop”；输出参数为七段数码管——“a”“b”“c”“d”“e”“f”“g”（图 5-16）。

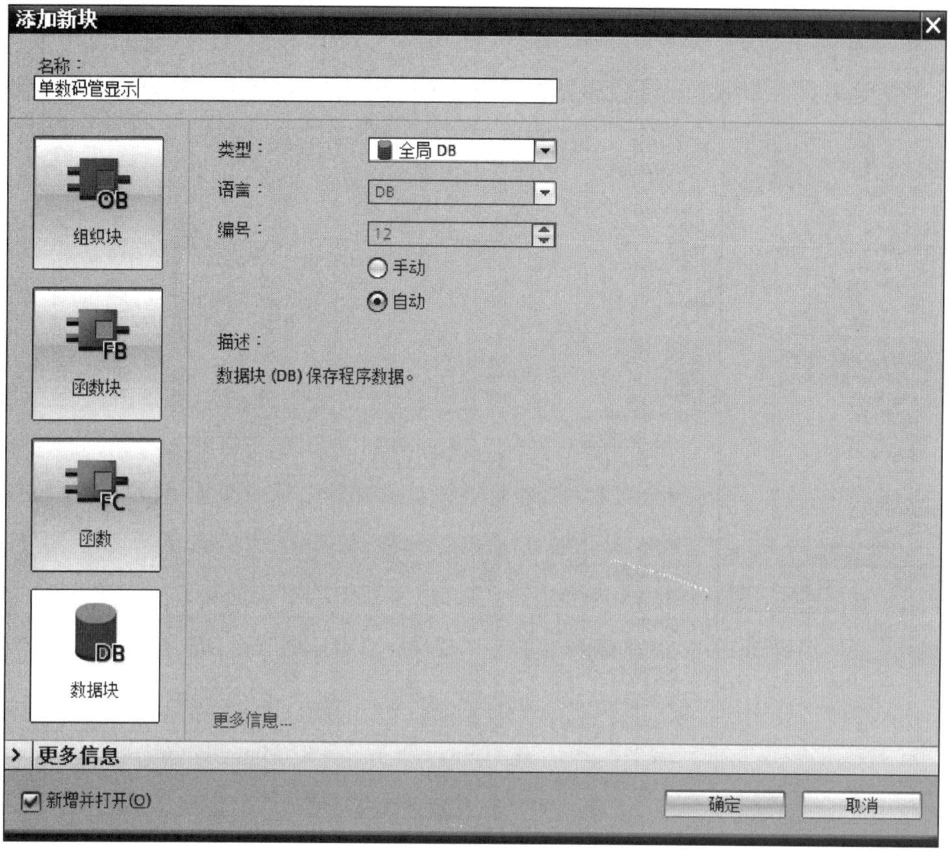

图 5-15　添加 FB

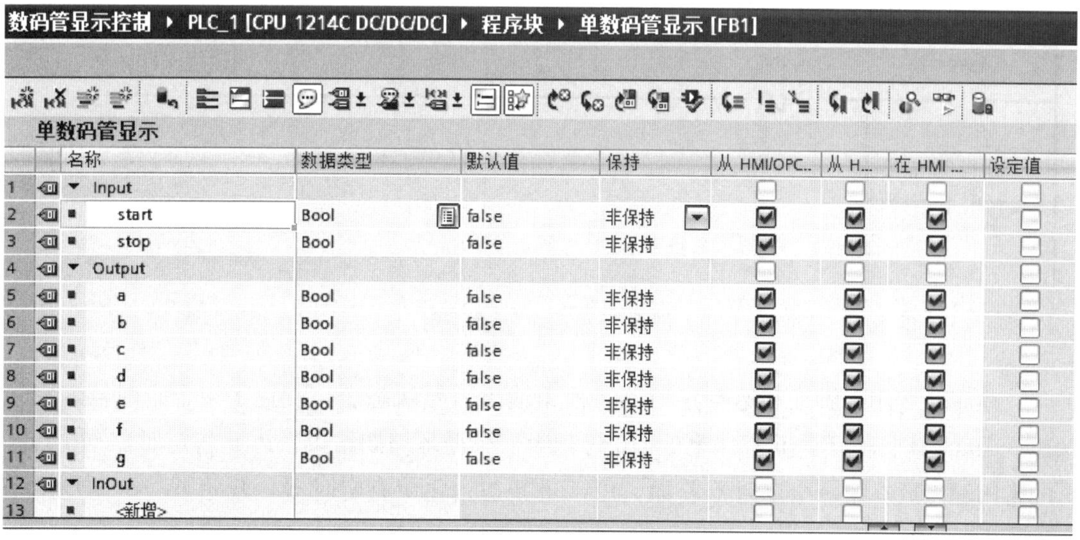

图 5-16　定义 FB 接口参数

第二步：编写 FB 子程序。

在 FB“单数码管显示”中编写 PLC 程序，程序总览如图 5-17 所示。

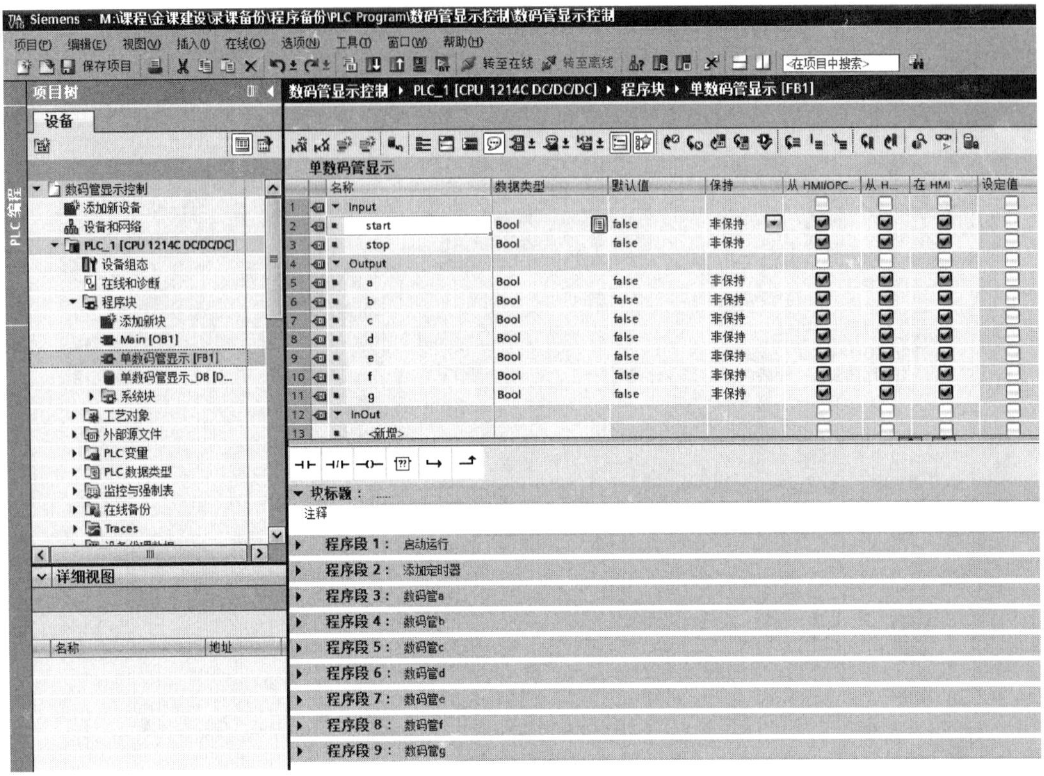

图 5-17　FB 子程序总览

程序段 1 用于启动和停止数码管（图 5-18）。

图 5-18　启动/停止功能

程序段 2 用于添加和运行定时器，根据输出信号状态表，设置了十个定时器，完成 0～9 的一个显示循环需 10 秒。t10 时刻为一个循环周期结束，因此将定时器 t10. Q 的常闭触点放在第一个定时器前面，用于重新初始化所有定时器，开始下一个循环周期（图 5-19）。

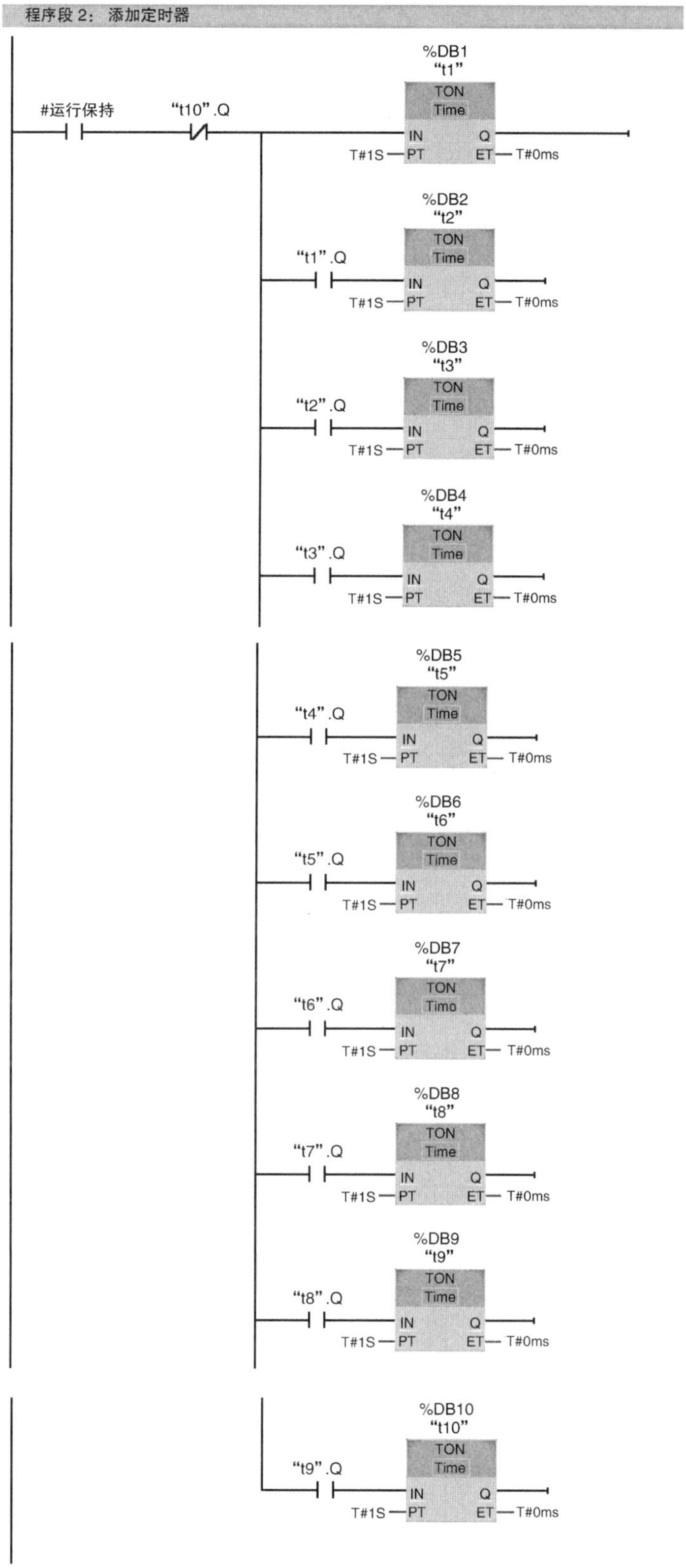
程序段 2：添加定时器
#运行保持
"t10".Q
%DB1
"t1"
TON
Time
IN
Q
PT
ET
T#1S
T#0ms
"t1".Q
%DB2
"t2"
"t2".Q
%DB3
"t3"
"t3".Q
%DB4
"t4"
"t4".Q
%DB5
"t5"
"t5".Q
%DB6
"t6"
"t6".Q
%DB7
"t7"
"t7".Q
%DB8
"t8"
"t8".Q
%DB9
"t9"
"t9".Q
%DB10
"t10"

图 5-19　定时器功能

程序段 3 至程序段 9 用于控制七段数码管指示灯 a～g 对应的输出信号状态，这部分根据输出信号状态表 5-2 来编写，程序结构均为：每段输出状态为“1”的时刻“常开”，到输出状态为“0”的时刻“常闭”，下一段从“1”到“0”，通过并联支路输入，共同控制数码管线圈。由于 t10 时刻为一个显示周期的结束，t10 时刻到，所有定时器将清零，因此 t10 时刻的常闭触点在这个结构中可以省略（图 5-20）。

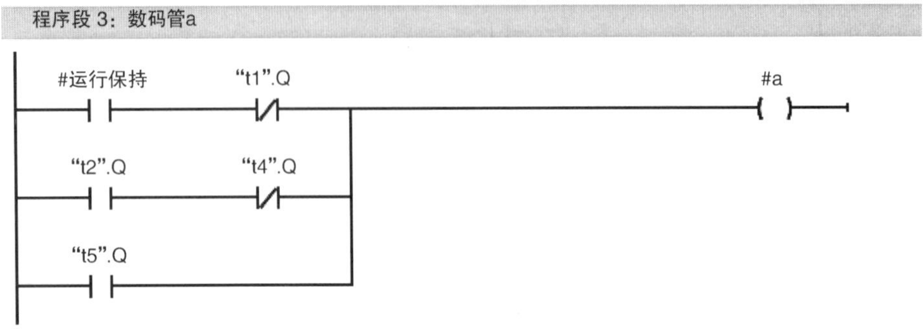

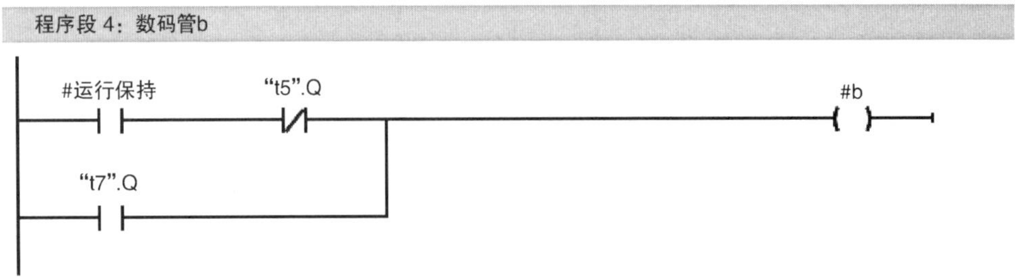

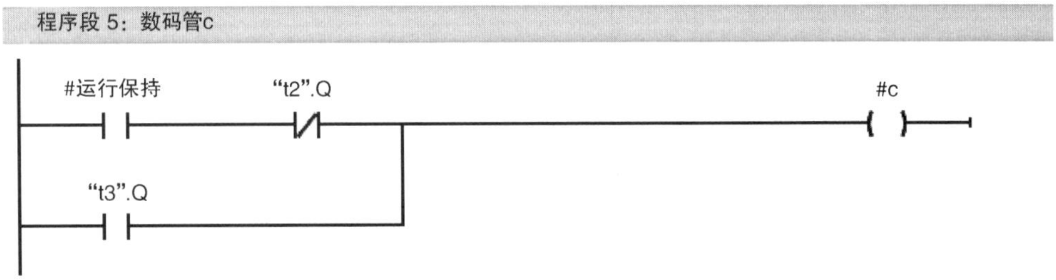

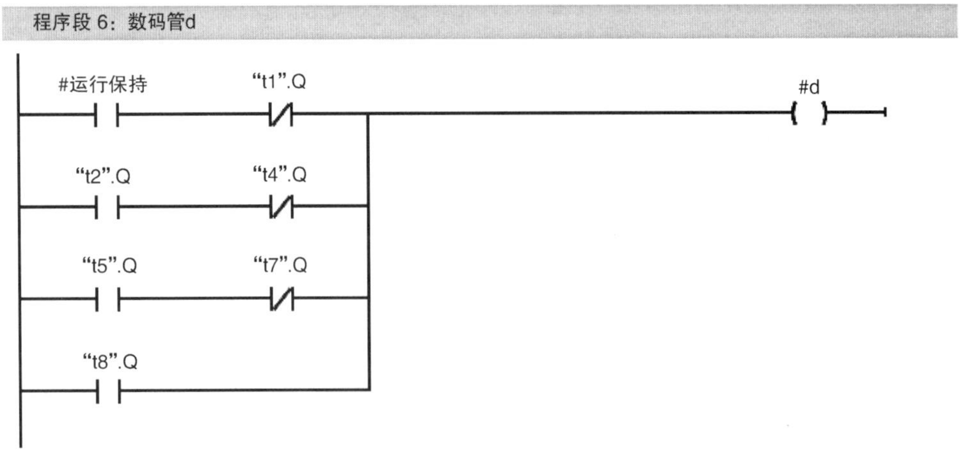

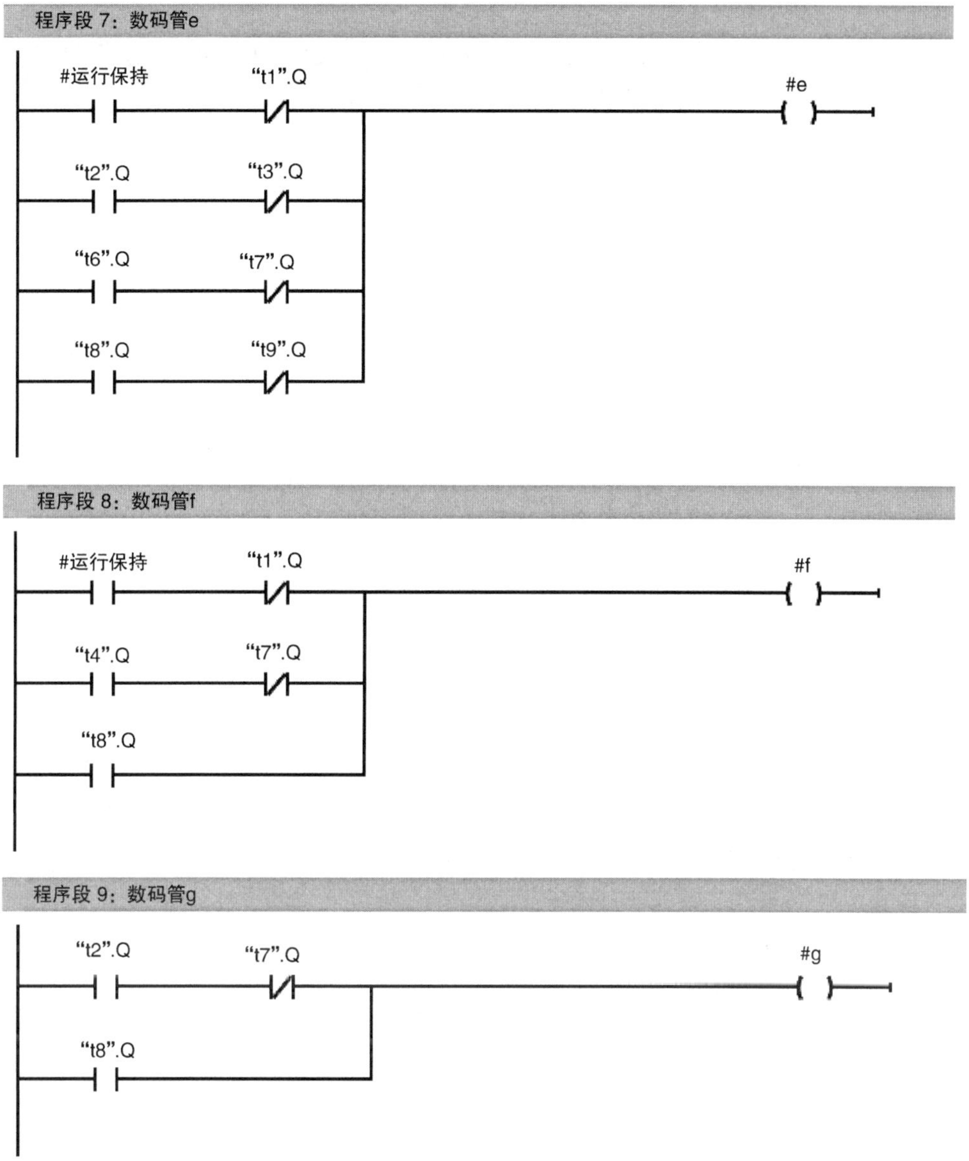

图 5-20　数码管输出线圈控制

第三步：主程序调用 FB。

在主程序中调用 FB，同时给 I/O 接口参数关联实参。I0.0 用于外部启动按钮，M10.0 用于触摸屏启动按钮；I0.1 用于外部停止按钮，M10.1 用于触摸屏停止按钮。七段数码管指示灯分别接到 PLC 输出接口 Q0.0～Q0.6（图 5-21）。

第四步：设计 HMI 触摸屏。

利用“按钮”控件，设计“启动”“停止”按钮；利用“方形图案”控件，设计七段数码管显示灯（图 5-22）。

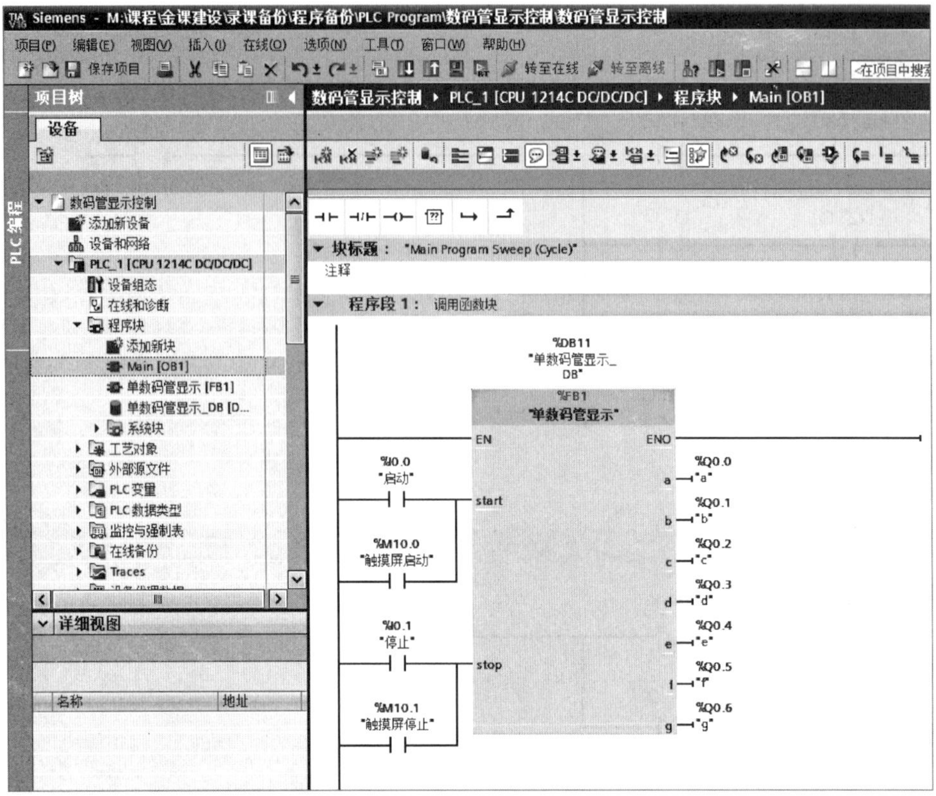

图 5-21　主程序调用 FB

图 5-22　设计 HMI 触摸屏

第五步：关联控件变量。

首先需要将 HMI 触摸屏与 PLC 建立起 HMI 连接（图 5-23）。

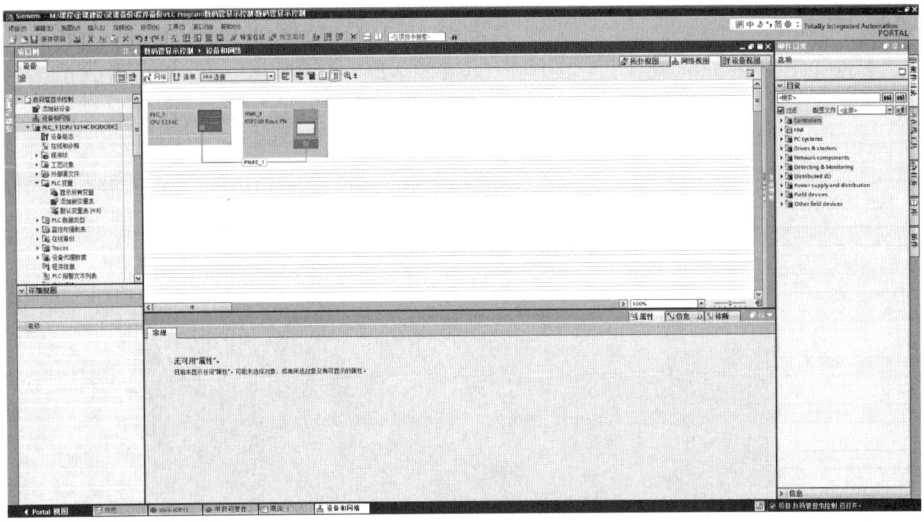

图 5-23　建立 HMI 连接

接下来在各个控件的“属性”中关联 PLC 变量，设置事件函数或动画。

按钮控件：在“属性”选项卡中点击“事件”，设置按钮的事件函数，给“按下”动作添加“置位位”函数，并将该按钮的 HMI 变量关联到 PLC 程序中的“触摸屏启动”变量；给“释放”动作添加“复位位”函数，并将该按钮 HMI 的变量关联到 PLC 程序中的“触摸屏启动”变量（图 5-24）。

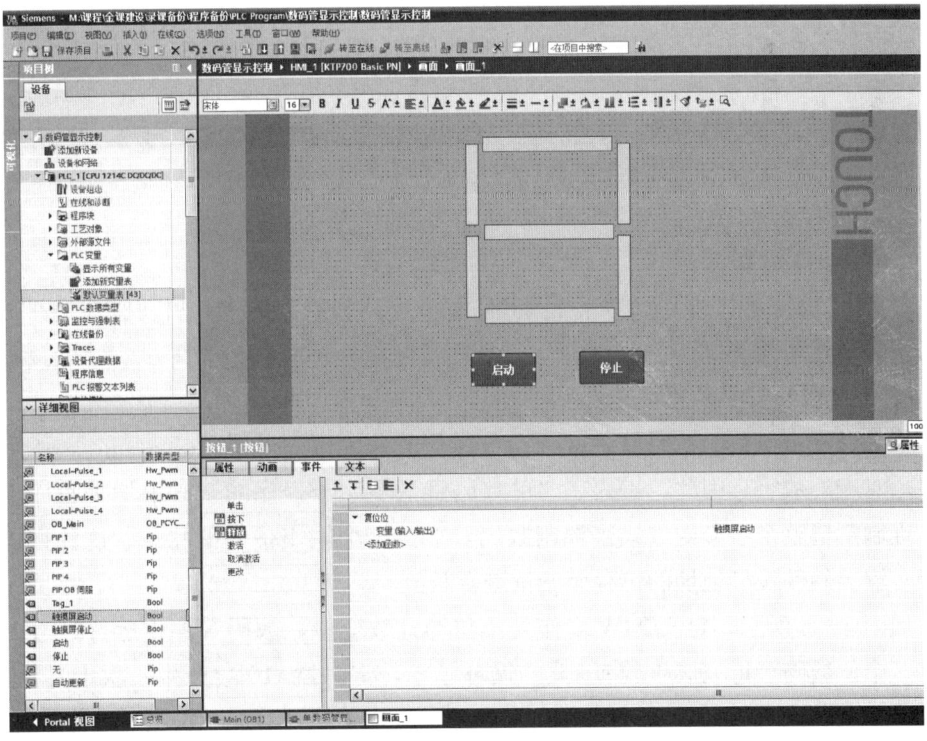

图 5-24　HMI 触摸屏中按钮控件的事件设置

方框图形控件：在"属性"选项卡中点击"动画"，添加新动画，将七段数码管显示框控件的变量分别关联到 PLC 程序中的变量 Q0.0～Q0.6。在变量取值范围内分别进行设置：当值为"1"时，显示红色；当值为"0"时，显示灰色（图 5-25）。

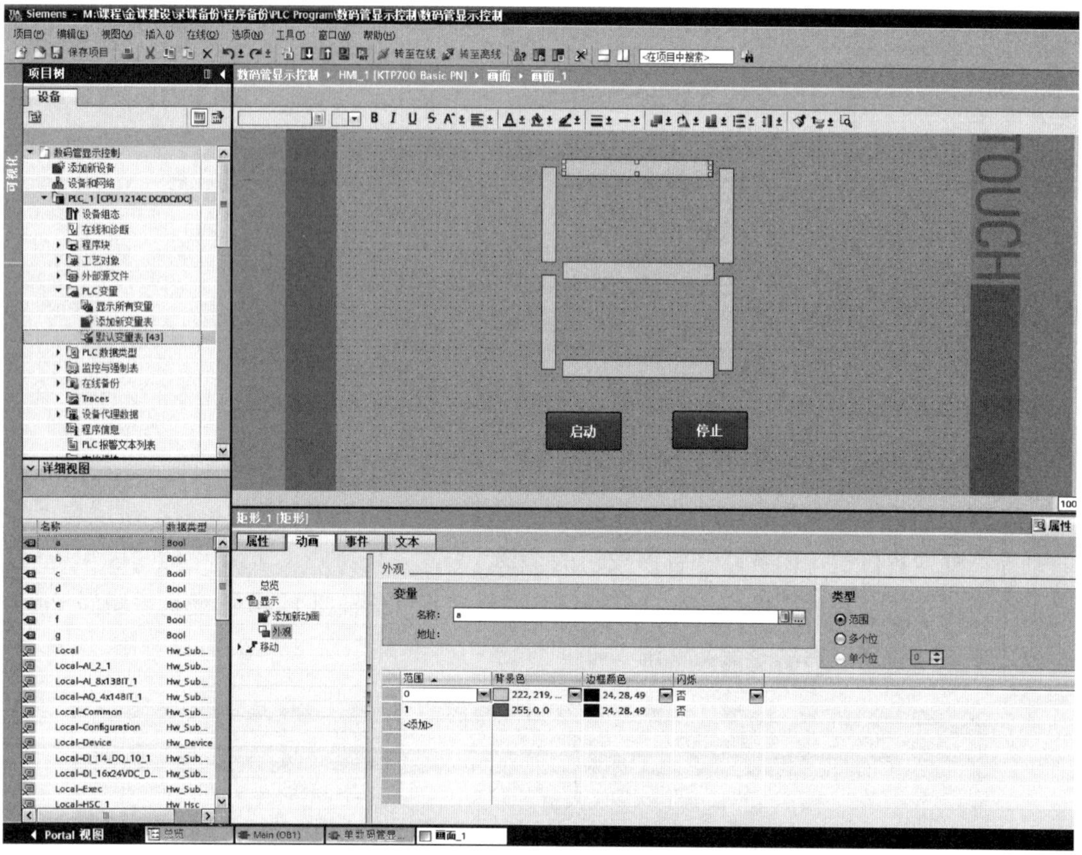

图 5-25　HMI 触摸屏中方框图形的动画设置

第六步：下载调试。

将 PLC 程序下载到 PLC 中，将 HMI 程序下载到触摸屏中，启动监控，并在实体设备中完成接线与调试。

4. 十位数码管显示程序开发

作为显示十位数的数码管，应在个位数码管每完成一轮数字 0～9 的显示后加 1，并显示对应的数字。因此，需要在"单数码管显示"子程序的基础上增加程序。还可用二进制赋值整个字节的方式来控制数码管 2 的七个输出信号的状态。这种方式需要直接对输出硬件接口地址的位存储变量进行赋值。

如图 5-26 所示，定义 MW20 作为十位的计数变量，数码管停止运行时给 MW20 清零。个位数码管每完成一轮 0～9 的循环显示，定时器 t10 会产生一次上升沿触发，MW20 进行一次加 1 的计算。需要注意的是，根据 PLC 扫描工作原理，应将图 5-26 中的加法计数程序段放在定时器 t10 的前面，方可生效。

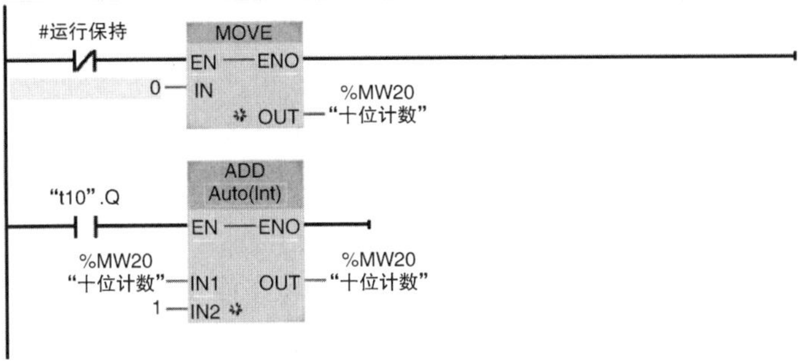

图 5-26 十位计数程序设计

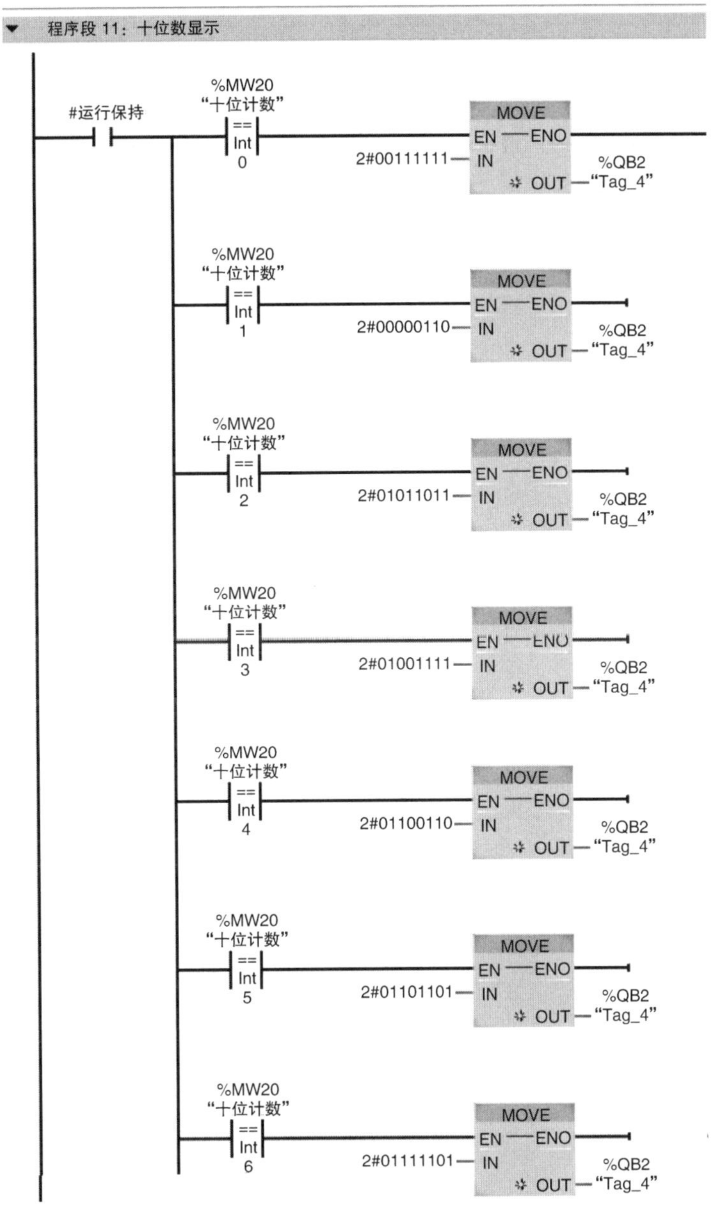

图 5-27 输出信号赋值程序

根据 MW20 的值来给十位数码管的七段数码显示灯的输出地址进行二进制赋值，每个数字的显示仍然根据输出信号状态表来对应。由于十位数码管的七段数码管指示灯 a～g 对应的输出地址为 Q2.0～Q2.6，并且硬件接线中 Q2.7 接口未被使用，可以通过二进制数直接对 QB2 整个字节赋值，而 QB2 所代表的就是 Q2.0～Q2.7 八位，如图 5-27 所示。

由于本例要求数字显示到 60 后自动结束，在程序段 1 中要做一定的修改，增加一个自动停止程序，使十位数 MW20 等于 6 的时候断开运行保持，结果如图 5-28 所示。

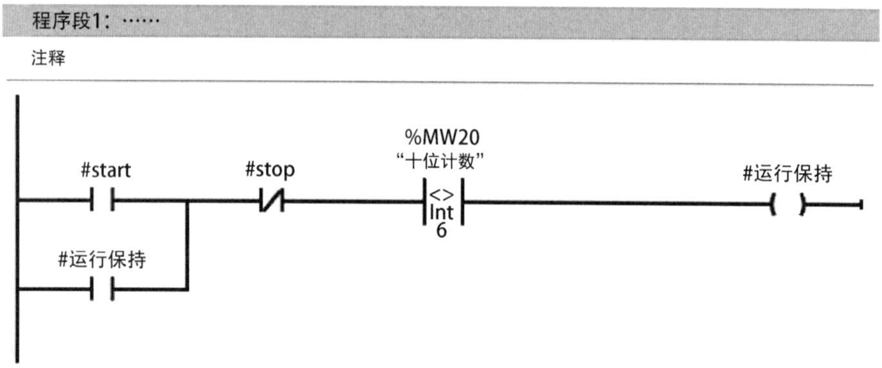

图 5-28　自动停止程序

模块 6
模拟量指令及应用

6.1 模拟量指令功能介绍

西门子 PLC 对其模拟量接口的硬件接口电压最大值有一个标准的量化数值 27 648，因此，不管哪种物理量数值，都需要在程序中转换成标准的量程数值范围：0～27 648，或者－27 648～27 648，然后将这个量化数值赋给模拟量接口的存储变量。这个量程数值是 PLC 能识别的，并且 PLC 能将其自动转换成模拟量对应电压值，赋给硬件的 AI/AO端口。

PLC 的硬件模拟量接口电压、软件量化数值和物理量应用数值三者之间会形成以下对应关系：

硬件接口电压范围之比（硬件）＝软件量化数值范围之比＝具体物理量应用范围之比（速度、流量、压力等）。

例如将 PLC 的模拟量输出接口（AO）连接到变频器的模拟量输入接口（AI），通过模拟量电压来控制变频器频率，从而控制电机速度。假设变频器的额定频率为 50 Hz，电机的额定速度是 1 800 r/min，那么，电机的调速范围为 0～1 800 r/min，对应的量程数值范围为 0～27 648。因此，硬件模拟量接口电压、软件量化数值、变频器频率和电机转速四者之间的对应关系可以表达如下：

$$\frac{10}{u}=\frac{27\,648}{x}=\frac{50}{f}=\frac{1\,800}{r}$$

西门子 PLC 提供了一对“标准化”“缩放”指令来实现物理量与量程数值之间的转换。在“指令”选项卡中选择“基本指令”—“转换操作”选项，找到“SCALE _ X”（缩放）指令和“NORM _ X”（标准化）指令，如图 6-1 所示。

6.1.1 “NORM _ X”指令

该指令的功能是将一定范围内的数值（从 MIN 到 MAX），按正比例关系统一转换成线性标尺 0～1 范围内的标准数值。先输入 MIN 至 MAX 范围内的某个参数 VALUE 的值，映射到线性标尺然后对其进行标准化处理，经过公式计算得到输出结果 OUT＝

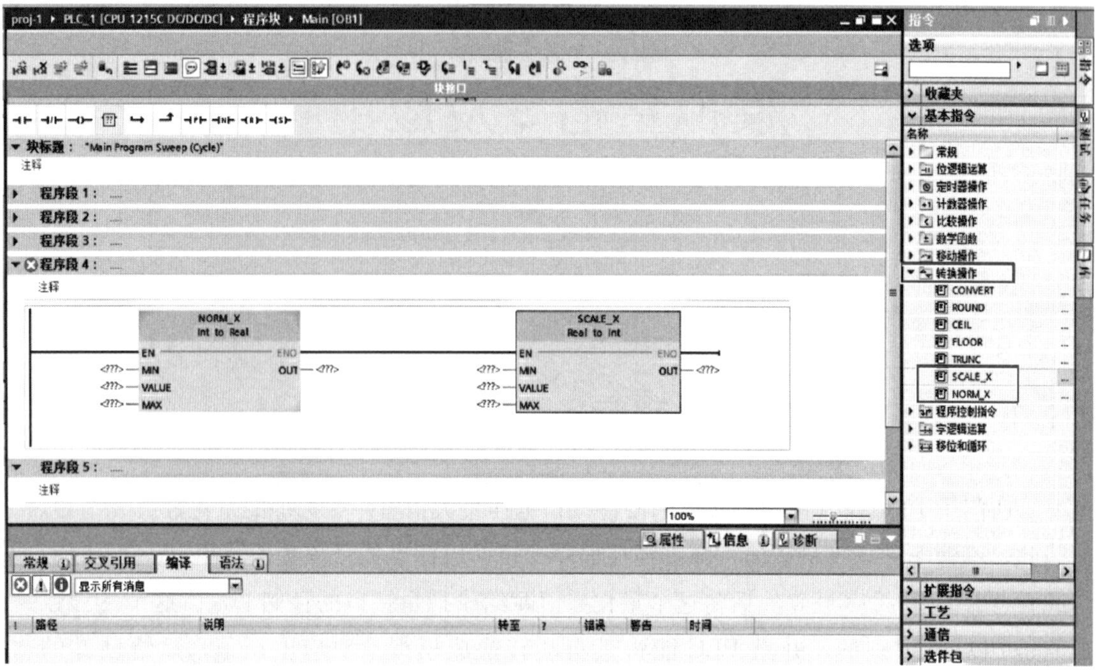

图 6-1　添加“NORM _ X”“SCALE _ X”指令

（VALUE－MIN）/（MAX－MIN）。输出的值 OUT 为 0～1 之间的一个小数值。

如图 6-2 所示，输入和输出的数据类型需要在该指令①②中选择匹配的类型，如输入转速是整数，输出结果是 0～1 范围内的小数，则数据类型选择实数（Real）。

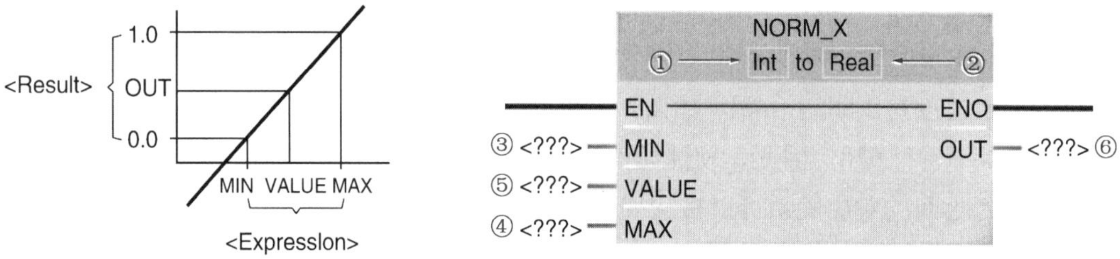

图 6-2　“NORM _ X”指令

6. 1. 2　“SCALE _ X”指令

通过“NORM _ X”标准化指令转换后的标尺输出结果，应作为“SCALE _ X”缩放指令中的参数 VALUE 值输入，经过缩放映射后，重新将 0～1 范围内的结果，映射到另一个需要转换的量程范围（新的 MIN 至 MAX）中，即将输入参数 VALUE 的值映射到指定的范围进行缩放处理，经过公式计算，得到输出结果 OUT＝VALUE×（MAX－MIN）＋MIN，从而得到需要的量程范围内的转换结果，输入和输出的数据同样需要在指令中选择匹配的类型（图 6-3）。

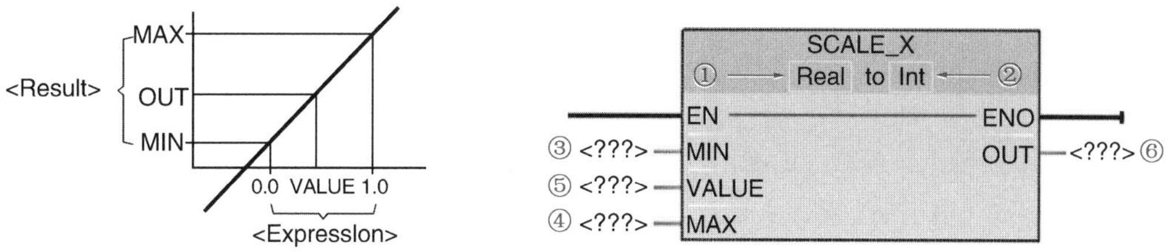

图 6-3 “SCALE _ X” 指令

“NORM _ X” 与 “SCALE _ X” 指令的应用主要有以下两个特性：

（1）“NORM _ X” 与 “SCALE _ X” 指令通常需要成对出现来实现量程转换。

（2）“NORM _ X” 中的参数 OUT 与 “SCALE _ X” 中的参数 VALUE 应同为 Real 类型的数据。

例如，电机的调速范围为 0～1 800 r/min，对应需要转换的量程数值范围为 0～27 648，可通过以下程序转换并输出结果，赋值给模拟量输出端口地址。如图 6-4 所示，在 0～1 800 r/min 范围内给定的任意一个转速值，经过两个指令计算后会转化成 0～27 648 量程范围内的数值，赋值给%QW32 地址对应的模拟量输出接口变量。

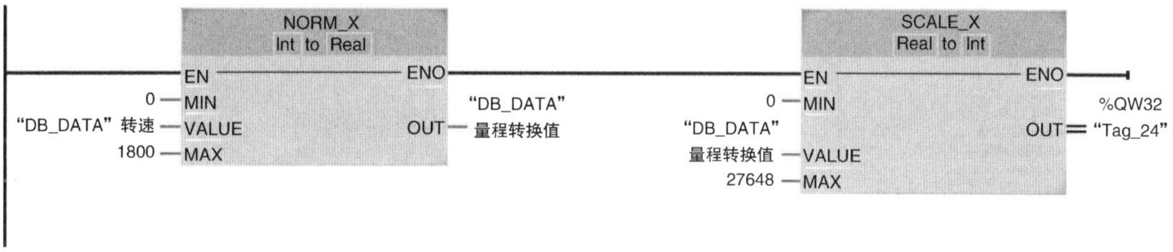

图 6-4 “NORM _ X” “SCALE _ X” 指令的应用

6.2 模拟量指令应用案例——主轴变频调速控制

6.2.1 项目任务

有一台由变频器控制的三相异步交流电机控制一个主轴运行，设计一个 HMI 触摸屏，对主轴进行调速控制。界面包含：一个主轴正转按钮，一个主轴反转按钮，一个停止按钮，一个运行状态显示灯，一个正转灯，一个反转灯，一个速度输入框，一个速度显示控件。

6.2.2 项目要求

（1）用户可以通过速度输入框输入主轴转速值，电机的最大转速为 1 800 r/min（若超出速度范围，则输入值无效，显示为“0”）。速度显示框在启动主轴转动后同步显示速度值。

（2）按下停止按钮电机停止转动；运行状态灯显示红色，主轴正反转运行时显示绿色。

（3）按下主轴正转按钮，主轴正转启动；正转时状态灯显示绿色，否则为灰色，灭灯。

（4）按下主轴反转按钮，主轴反转启动；反转时状态灯显示绿色，否则为灰色，灭灯。正反转不能同时有效。

（5）地址分配：电机正转——Q2.0；电机反转——Q2.1；速度模拟量：QW32。

6.2.3　项目实施

传送带变频调速控制与功能开发（上）

第一步：设备组态与 I/O 分配。

在新建的项目中，添加相应型号的 PLC，如 1215C DC/DC/DC，并在硬件目录中添加拓展 DI/DQ 模块，设置好 IP 地址，如图 6-5 所示。

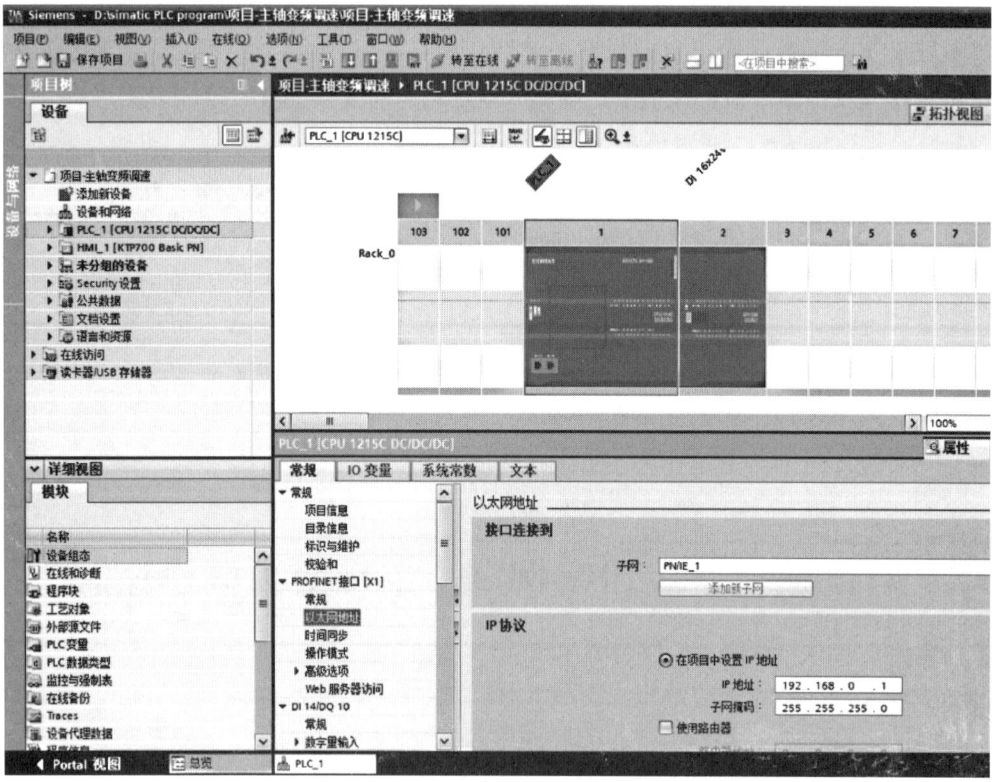

图 6-5　PLC 硬件组态

在设备概览中分配 I/O 地址，给 CPU 自带的 DI/DQ 分配 0～1 字节，给拓展模块 DI/DQ 分配 2～3 字节，如图 6-6 所示。

第二步：PLC 变量定义。

在“PLC 变量”下的“默认变量表”中定义 I/O 信号名称，如图 6-7 所示。

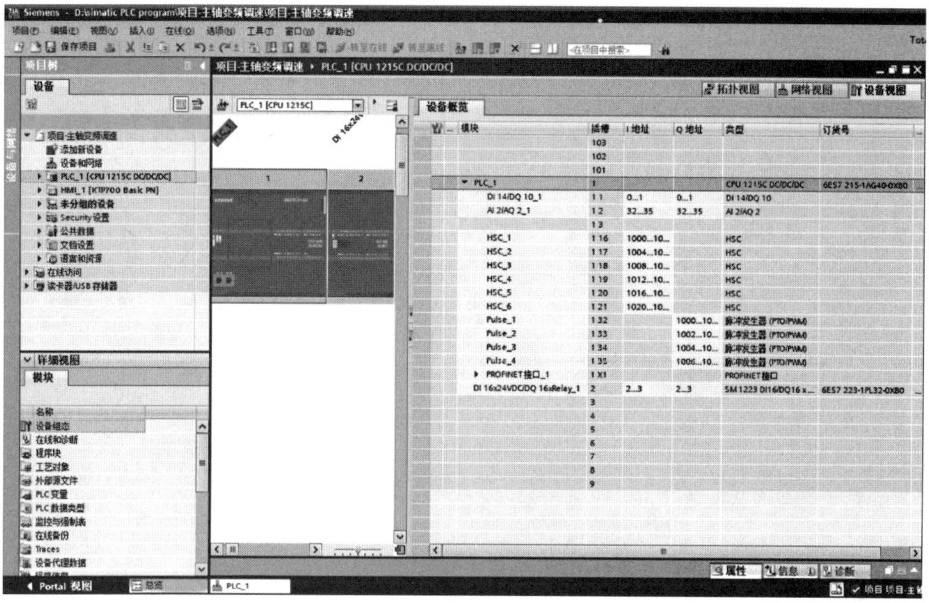

图 6-6　I/O 地址分配

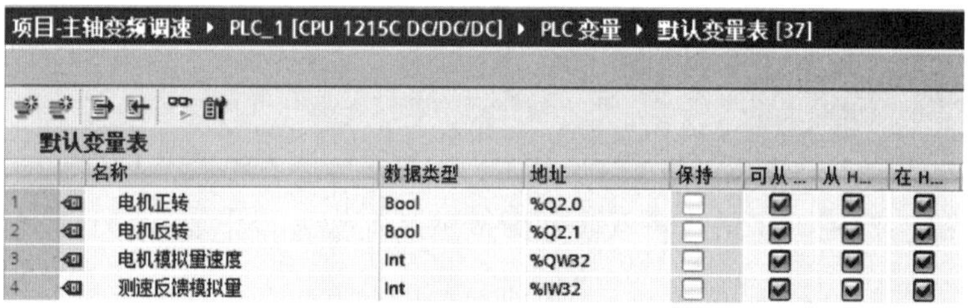

项目-主轴变频调速 ▸ PLC_1 [CPU 1215C DC/DC/DC] ▸ PLC 变量 ▸ 默认变量表 [37]

默认变量表

		名称	数据类型	地址	保持	可从 ...	从 H...	在 H...
1		电机正转	Bool	%Q2.0	☐	☑	☑	☑
2		电机反转	Bool	%Q2.1	☐	☑	☑	☑
3		电机模拟量速度	Int	%QW32	☐	☑	☑	☑
4		测速反馈模拟量	Int	%IW32	☐	☑	☑	☑

图 6-7　PLC 变量定义

在程序块下添加全局 DB（图 6-8），定义全局变量（图 6-9）。

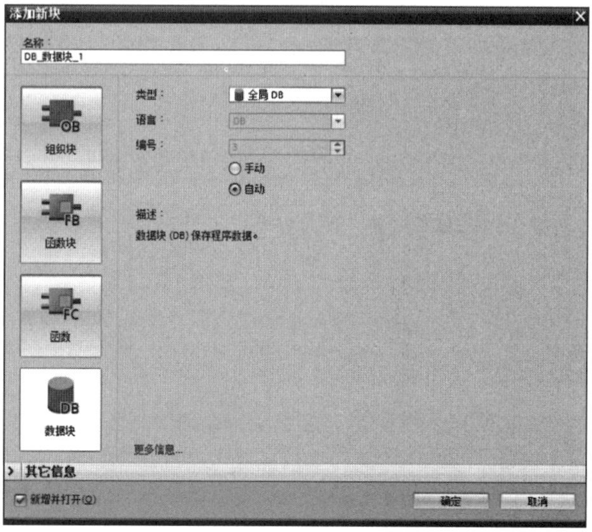

图 6-8　添加 DB

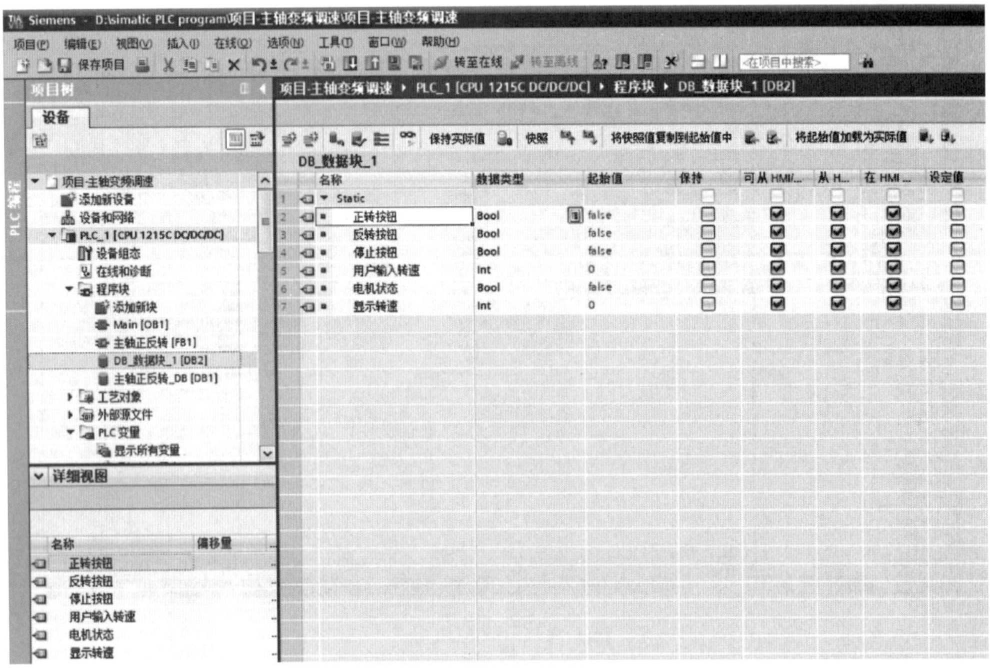

图 6-9 定义全局变量

第三步：PLC 程序开发。

（1）添加 FB“主轴正反转”（图 6-10），定义 FB 接口参数。FB 接口参数的输入、输出变量名称如图 6-11 所示。将一些处理逻辑的局部变量定义在接口参数的“Static”模块下，该部分变量为局部变量，只在本 FB 局部有效。

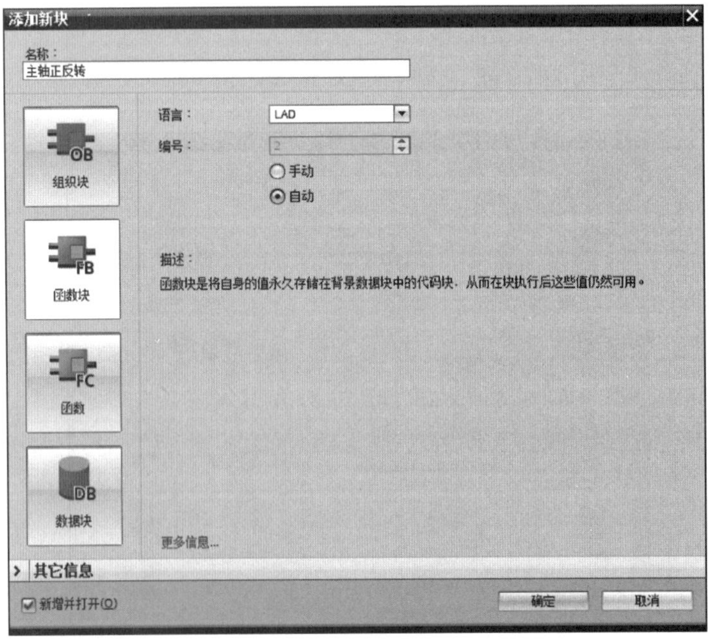

图 6-10 添加 FB

图 6-11　定义 FB 接口参数

（2）编写 FB 模块的 PLC 程序（图 6-12）。

程序段 1 和程序段 2 分别用于控制主轴正转启动和反转启动，以及使主轴停止和运行保持。其中，M0.0 和 M0.1 分别是正转保持和反转保持的标志位。

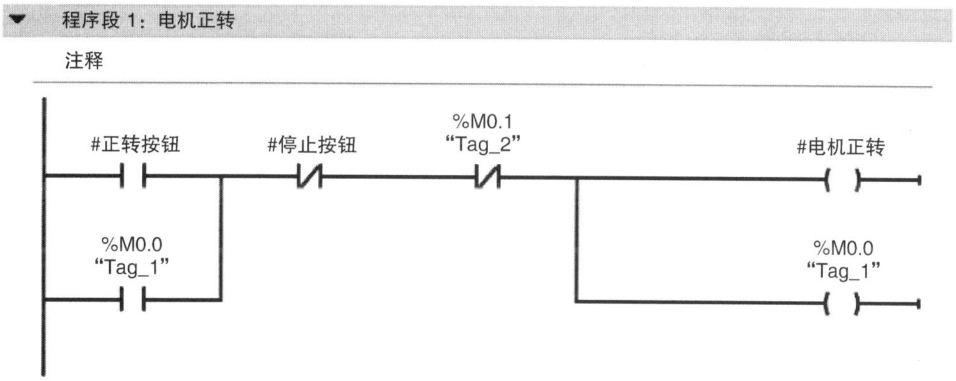

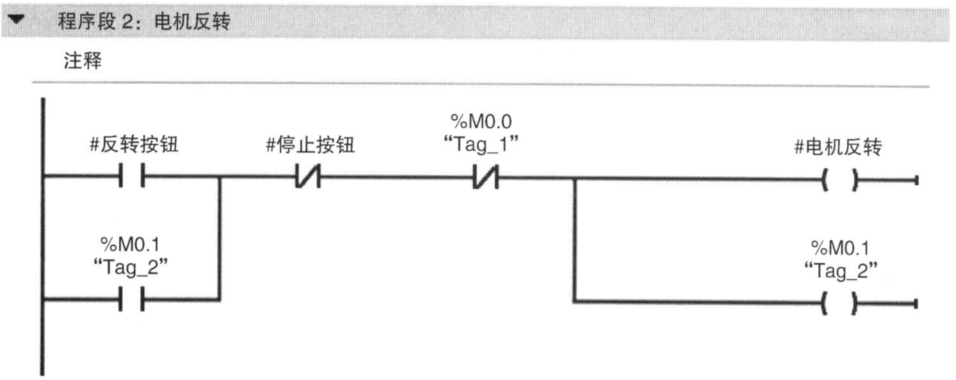

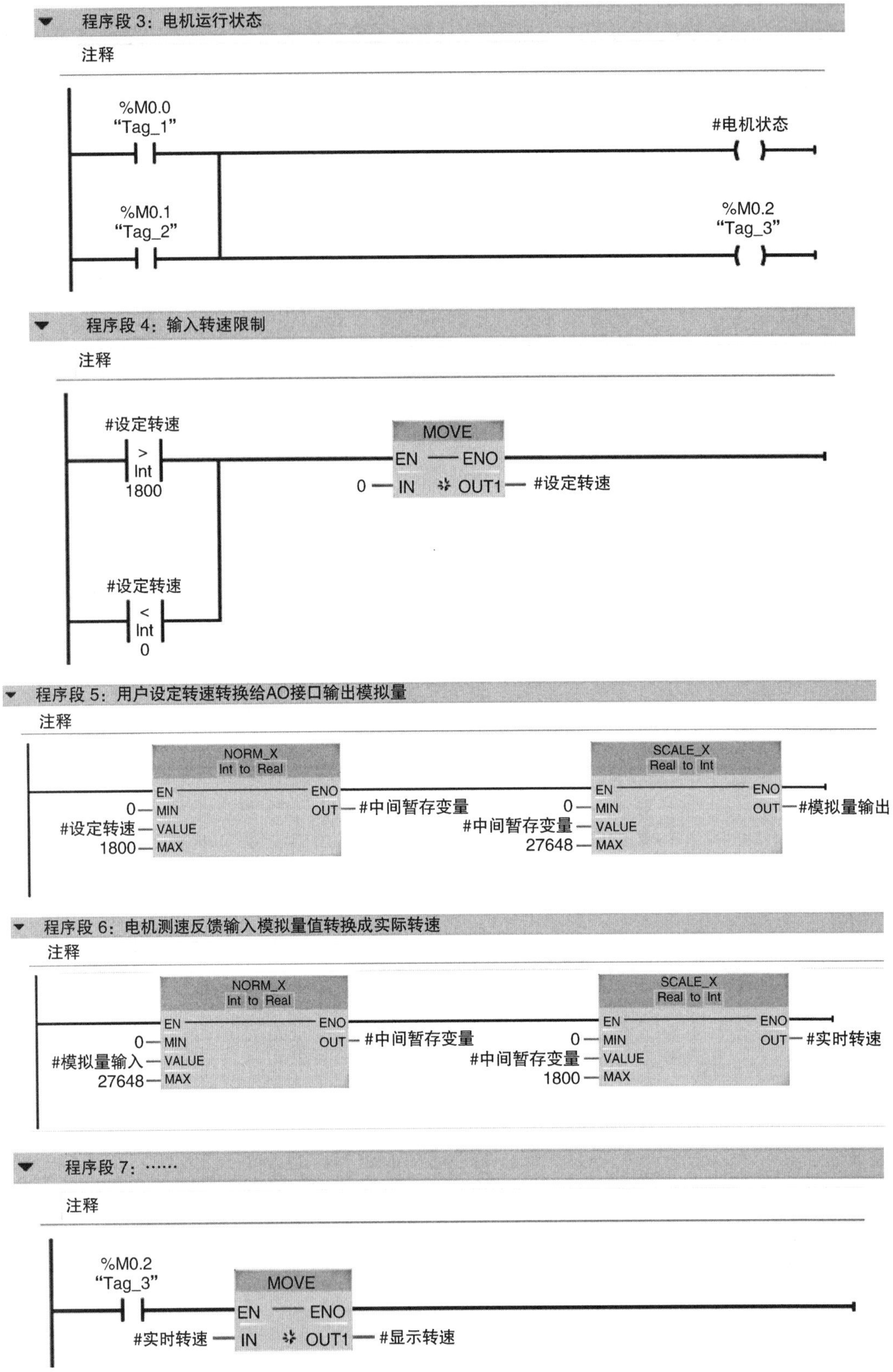

图 6-12　FB 的 PLC 子程序

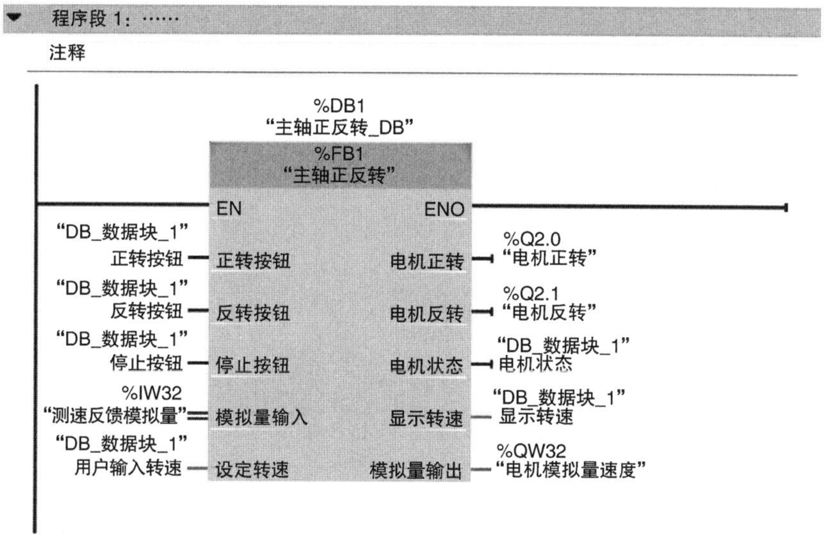

图 6-13 主程序调用 FB

程序段 3 用于传送带电机运行状态的显示。

程序段 4 用于限定输入转速的范围，超过 0～1 800 r/min 范围以外的数值，电机速度都显示为"0"。

程序段 5 是用于将输入的设定转速值转为模拟量量程数值，给到模拟量输出接口，用于实际控制变频器速度。

程序段 6 是读取测速电机反馈回来的模拟量输入数值，并转换为速度值。

程序段 7 是当传送带运行时，将程序段 6 测到的反馈速度赋给速度显示变量，在 HMI 触摸屏中用于显示。

(3) 主程序调用 FB。

调用"主轴正反转"FB 时，需要对块接口参数进行赋值、关联。其中，控制电机正转、反转的信号关联数字量输出信号 Q2.0，Q2.1；控制转速的参数关联模拟量输出信号 QW32；来自电机测速反馈的模拟量输入信号赋值给 FB 接口参数中的"模拟量输入"参数。其他的控制按钮及显示数据与 HMI 触摸屏界面有关，相应地关联到全局 DB"DB_数据块_1"中的相关变量（图 6-13）。

第四步：HMI 用户界面设计。

(1) 触摸屏的硬件组态。

在项目树中添加新设备，选择"HMI"设备，选择与实体硬件对应尺寸、型号和订货号的 HMI 触摸屏，在"版本"的下拉菜单中选择与 HMI 触摸屏兼容的固件版本，如果版本不兼容，是无法连接上的（图 6-14）。

设置 HMI 触摸屏的 IP 地址，将 PLC、HMI 与 PC 的 IP 地址设置在同一个局域网网段中，如都在"192.168.0.xx"这个网段中。可以通过交换机将这几个设备连接起来（图 6-15）。

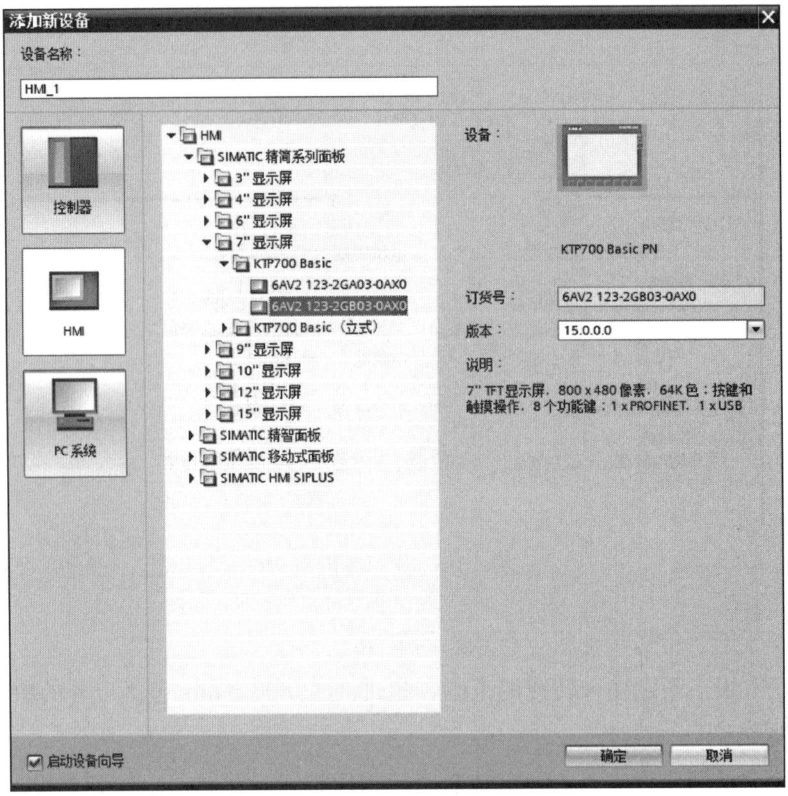

图 6-14　HMI 触摸屏的硬件组态

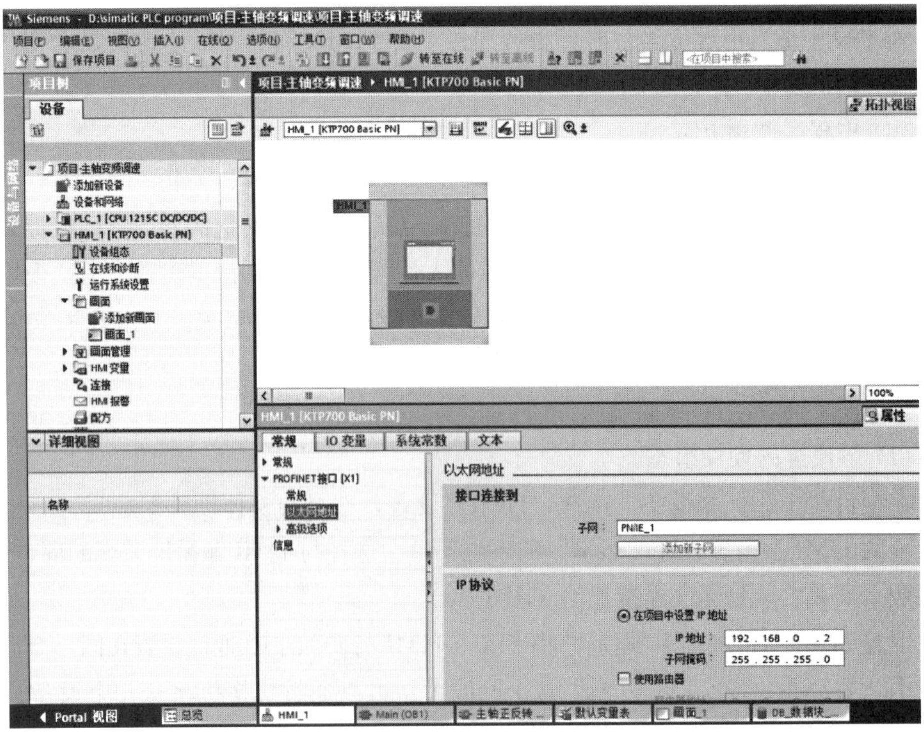

图 6-15　设置 HMI 触摸屏端 IP 地址

（2）设计用户界面。

按项目要求利用按钮控件设置三个按钮开关，利用圆形图案控件设置三个状态显示灯，利用 I/O 域控件设置一个速度输入框，利用棒图控件设置一个速度显示标尺，如图 6-16 所示。

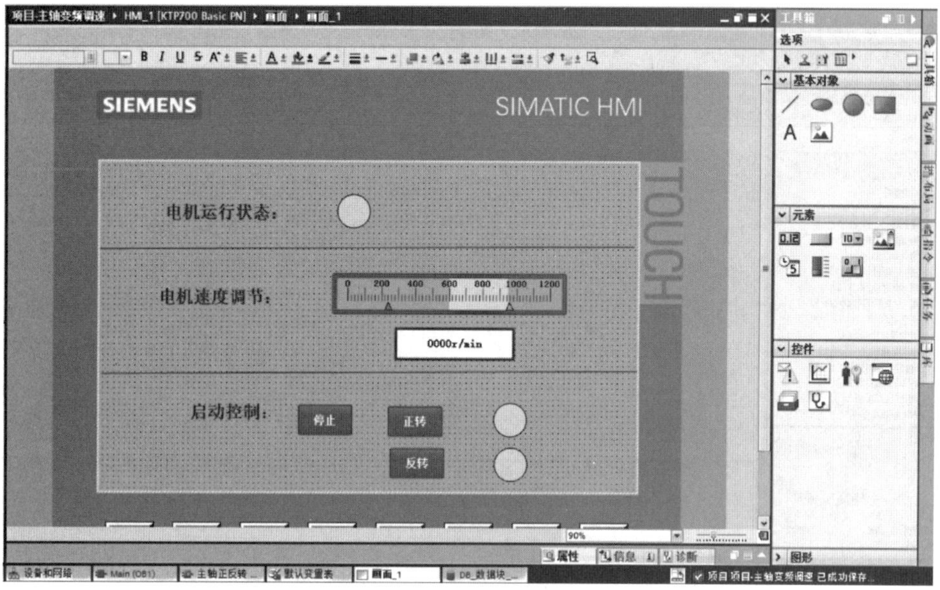

图 6-16　HMI 触摸屏界面设计

（3）关联 HMI 变量。

① 设置三个按钮控件的“事件”属性，“按下”为“置位位”，“释放”为“复位位”，并将控件变量关联到 PLC 的“DB _ 数据块 _ 1”中的对应变量：“正转”控件关联变量“正转按钮”，“反转”控件关联变量“反转按钮”，“停止”控件关联变量“停止按钮”（图 6-17）。

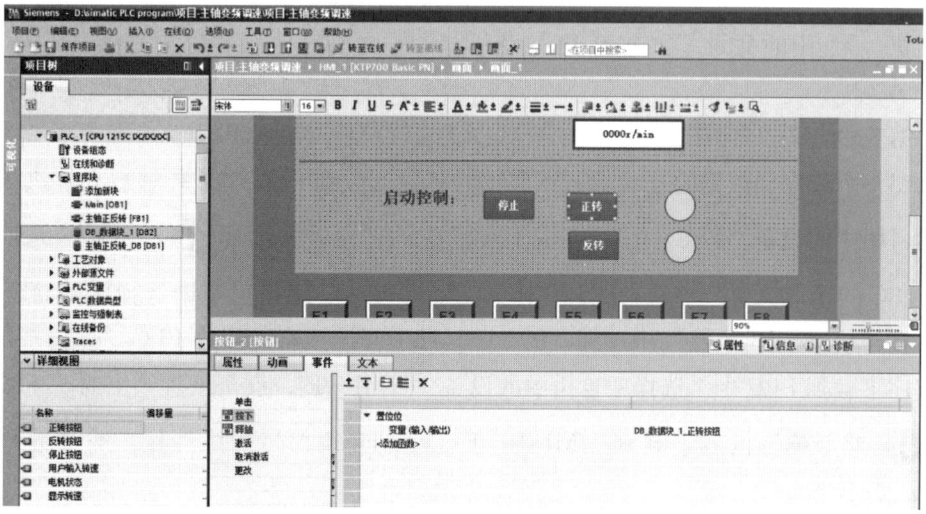

图 6-17　按钮控件的事件设置

② 设置三个圆形图案控件的“动画”属性，添加显示动画，并将控件变量关联到 PLC 输出变量：“正转显示灯”控件关联变量“电机正转 Q2.0”，“反转显示灯”控件关联变量“电机反转 Q2.1”，“电机运行状态显示灯”控件关联“DB _ 数据块 _ 1”中的变量“电机状态”（图 6-18）。

图 6-18　圆形控件的动画设置

③ 设置“设定转速输入框”I/O 域控件的相关属性，将控件变量关联到“DB _ 数据块 _ 1”中的变量“用户输入转速”，类型模式选择“输入/输出”（图 6-19）。

④ 设置“速度显示标尺”棒图控件的相关属性，将控件过程变量关联到“DB _ 数据块 _ 1”中的变量“显示转速”，棒图的最大和最小值设置为与转速范围一致（图 6-20）。

第五步：下载与调试。

每一个程序和数据的改动都需要重新更新并下载到 PLC 中才能够被有效执行。选择项目树中的设备“PLC _ 1”，点击工具栏中的“下载”图标，在弹出的对话框“PG/PC 的接口类型”中选择“PN/IE”，在“PG/PC 的接口”中选择电脑自己的网卡，在“接口/子网连接”中选择“PN/IE _ 1”，开始搜索连接的 PLC，点击“下载”，将程序下载到 PLC 中。选择项目树中的设备“HMI _ 1”，点击工具栏中的“下载”图标，将触摸屏内容下载到 HMI 中。PLC 与 HMI 保持网络连接，即可进行调试（图 6-21）。

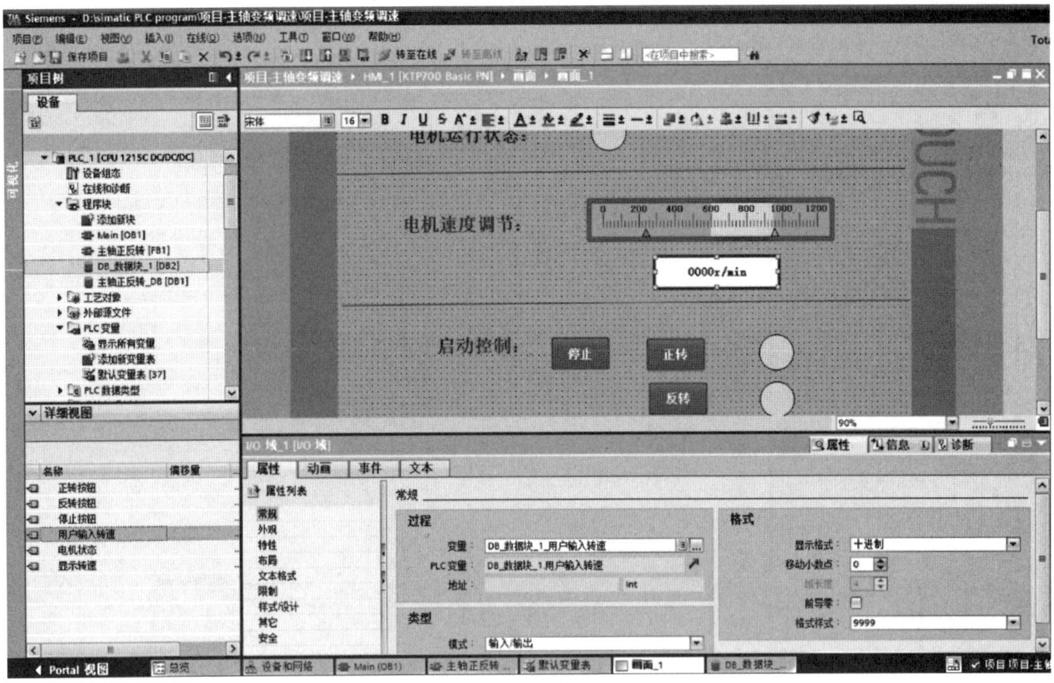

图 6-19　I/O 域控件的变量关联与设置

图 6-20　棒图控件的变量关联与设置

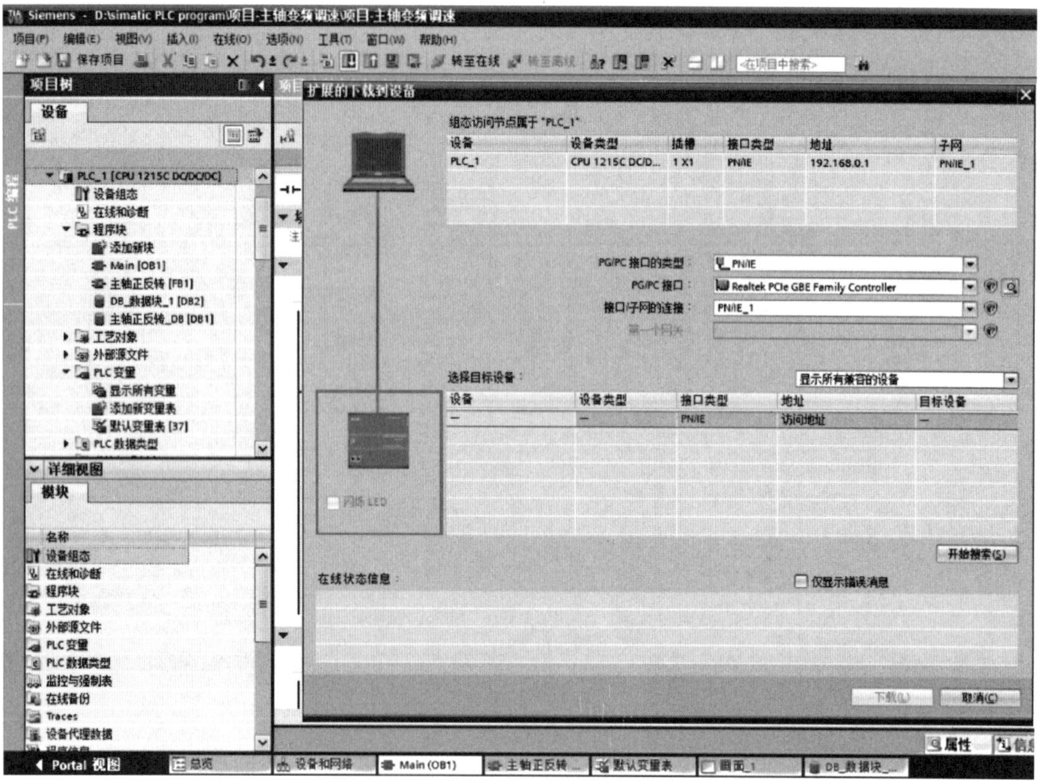

图 6-21　下载与调试

集成应用篇

模块 7
智能生产线工作站系统集成方案设计

7.1 任务描述

在智能制造工业现场，大到“智能化无人车间”“黑灯工厂”，小到自动化生产线、单元工作站，都需要将很多的设备集成到一起，通过信息交互、协同控制，完成自动化的工艺流程任务。不同设备、不同系统间如何连接，来实现通信和信息交互是智能生产线工作站系统集成方案设计的重点。本任务主要完成机器人工作站系统集成方案设计。

任务要求：

(1) 根据智能生产线工作站的设备组成与工艺流程任务，设计工作站设备集成拓扑图。

(2) 根据 PLC 的控制对象和连接关系，设计工作站电气原理图。

(3) 根据电气原理图，编制 PLC 的 I/O 信号表。

学习目标：

(1) 了解系统集成的概念。

(2) 理解设备间的连接拓扑，并能绘制设备集成拓扑图。

(3) 能读、会画电气原理图，并能根据电气原理图接线。

7.2 任务分析

在智能生产线中，通常需要对多种智能设备进行集成，从而形成一个能实现人机交互、网络通信、数据交换、自动化控制的智能工作站。以汽车挡风玻璃安装、手机装配为主要功能的多功能自动化柔性装配生产线系统由六个机器人工作站组成，如图 7-1 所示。工作站一般由一台工业机器人、一个工业相机、一个物料仓库、一套变位机、一条传送带及其他一些辅助工具配件组成，如图 7-2 所示。控制单元则是由一台 PLC 和一台 HMI 触摸屏组成。每个工作站根据流程分别完成打磨、装配、搬运、码垛、上下料、涂胶等不同的工艺任务。

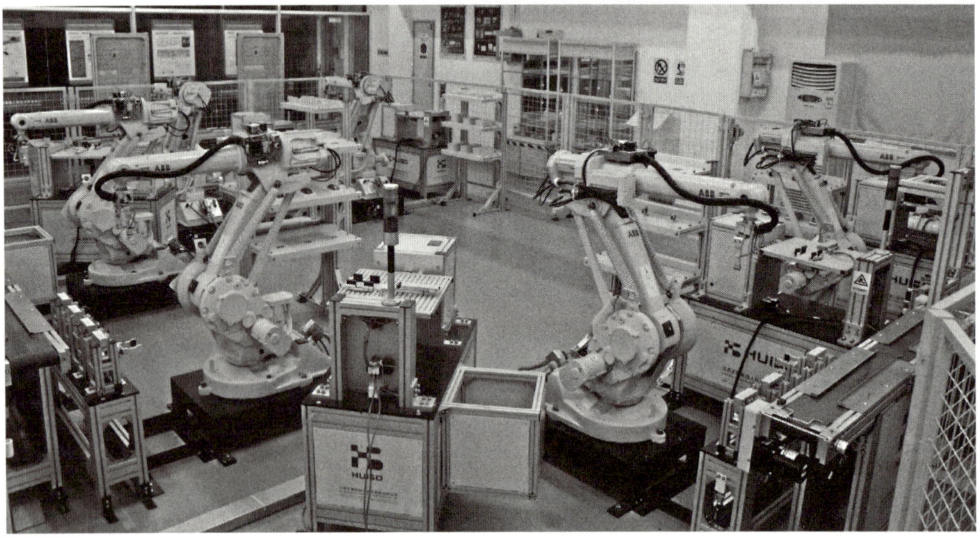

图 7-1 自动化柔性装配生产线

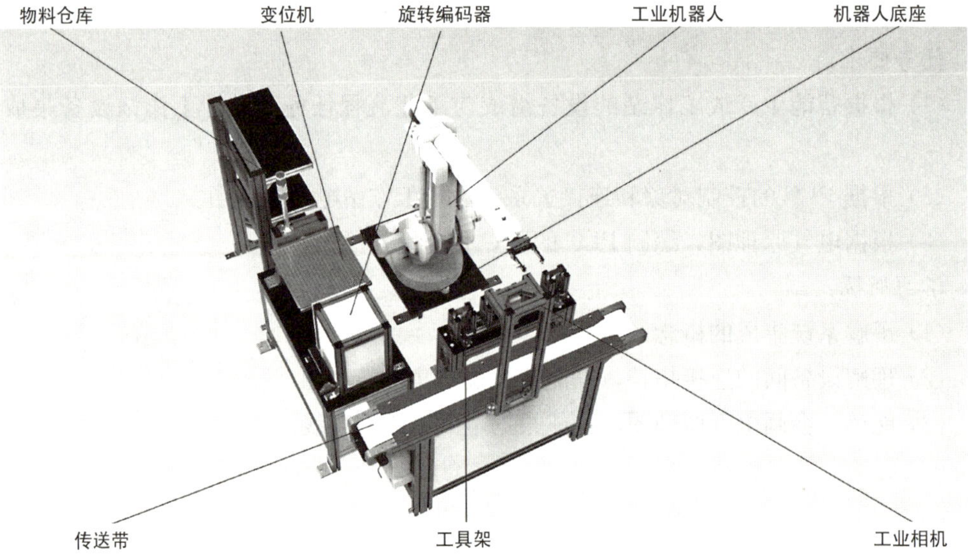

图 7-2 机器人工作站组成

7.3 任务实施

智能生产线工作站系统集成方案

7.3.1 机器人工作站集成拓扑方案设计

进行智能生产线工作站的设备集成，首先应结合每个设备的接口配置和任务要求，设计设备间的连接拓扑，明确设备间的控制关系，以及设备间的数据交互及通信方式。

本任务中的自动化柔性装配生产线机器人工作站包含了以下主要设备：ABB[①] 工业机器人、机器人工具、工具架、变位机（工作台角度旋转机构）、工业相机、气动夹具、物料及料架、传送带，以及以上设备中的一些相关传感器件，如图 7-3 所示。

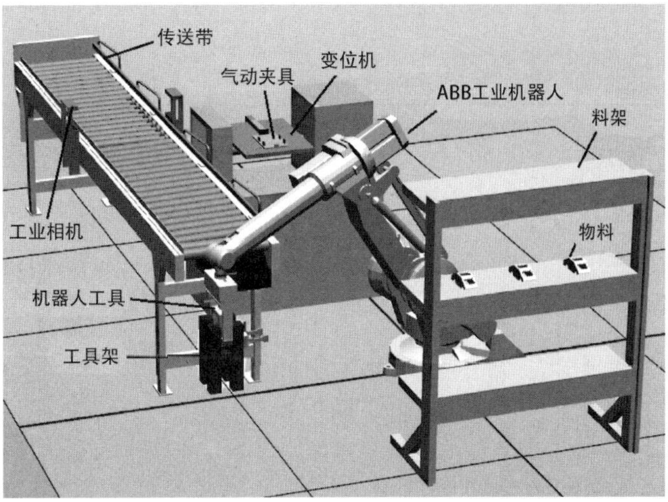

图 7-3　自动化柔性装配生产线机器人工作站设备组成

其中，变位机伺服电机、变位机上的气动夹具、传送带变频器及电机、传感器均由 PLC 控制，机器人工具由机器人系统控制。PLC 与 HMI 触摸屏、电脑、工业相机通过网络建立通信连接并交互数据，而 PLC 与工业机器人则是通过 I/O 直连通信和交互数据。不同工作站之间通过 PLC 与 PLC 的 PROFINET 网络通信实现交互连接，如图 7-4 所示。

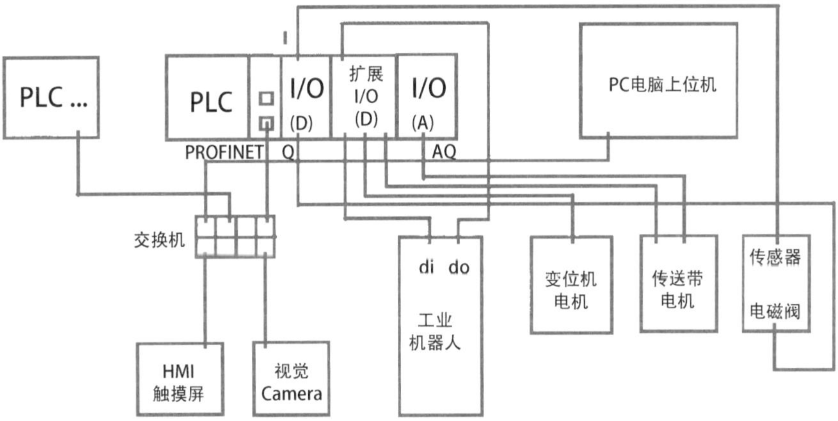

图 7-4　机器人工作站设备连接拓扑

7.3.2　机器人工作站电气线路设计

根据 PLC 的控制对象与连接关系，设计出自动化柔性装配生产线单个工作站的电气原理图和 PLC 的 I/O 硬件接线图。图 7-5 至图 7-10 分别是开关电源连接、PLC 电源连接、PLC I/O 信号连接和拓展 I/O 信号连接的电气原理图。本项目 PLC 采用西门子 PLC 1215C DC/DC/DC，拓展 I/O 模块采用 SM1223 DI16×24VDC/DQ16×RLY。

---

① ABB 由两个企业——瑞典的阿西亚公司（ASEA）和瑞士的布朗勃法瑞公司（Brown Boveri，BBC）合并而成。

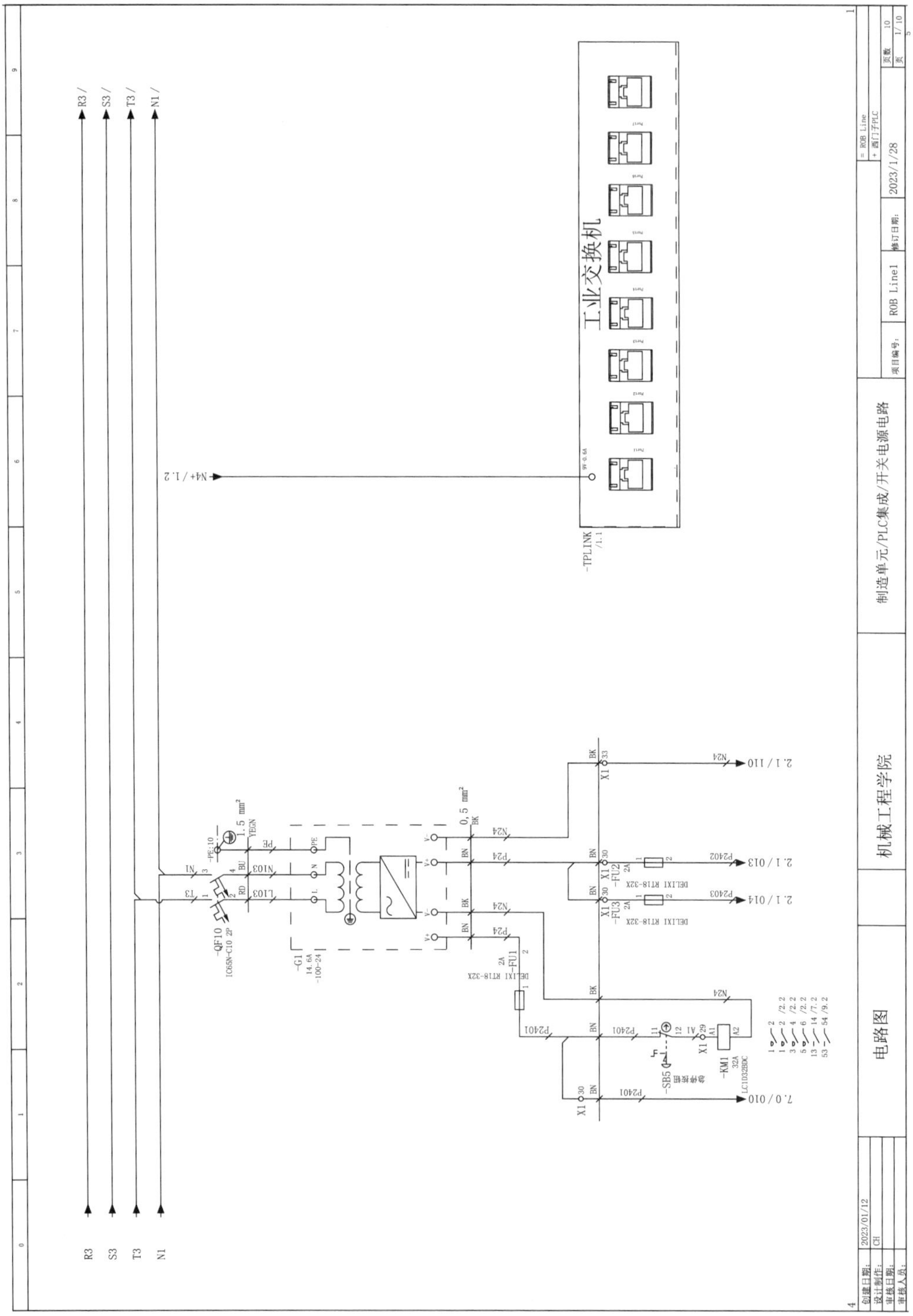

图 7-5　工作站电气原理图——开关电源连接

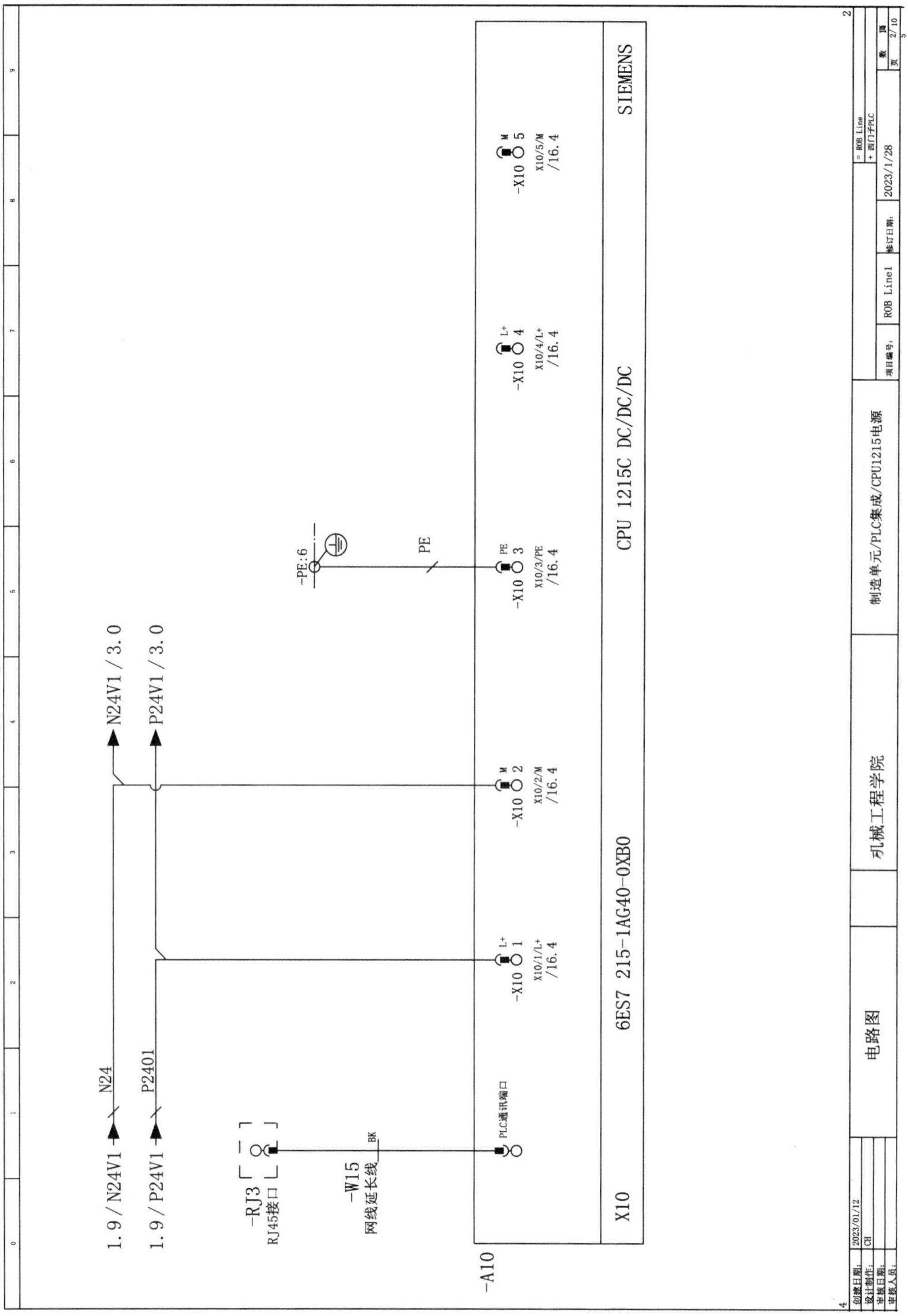

图 7-6　工作站电气原理图——PLC 电源连接

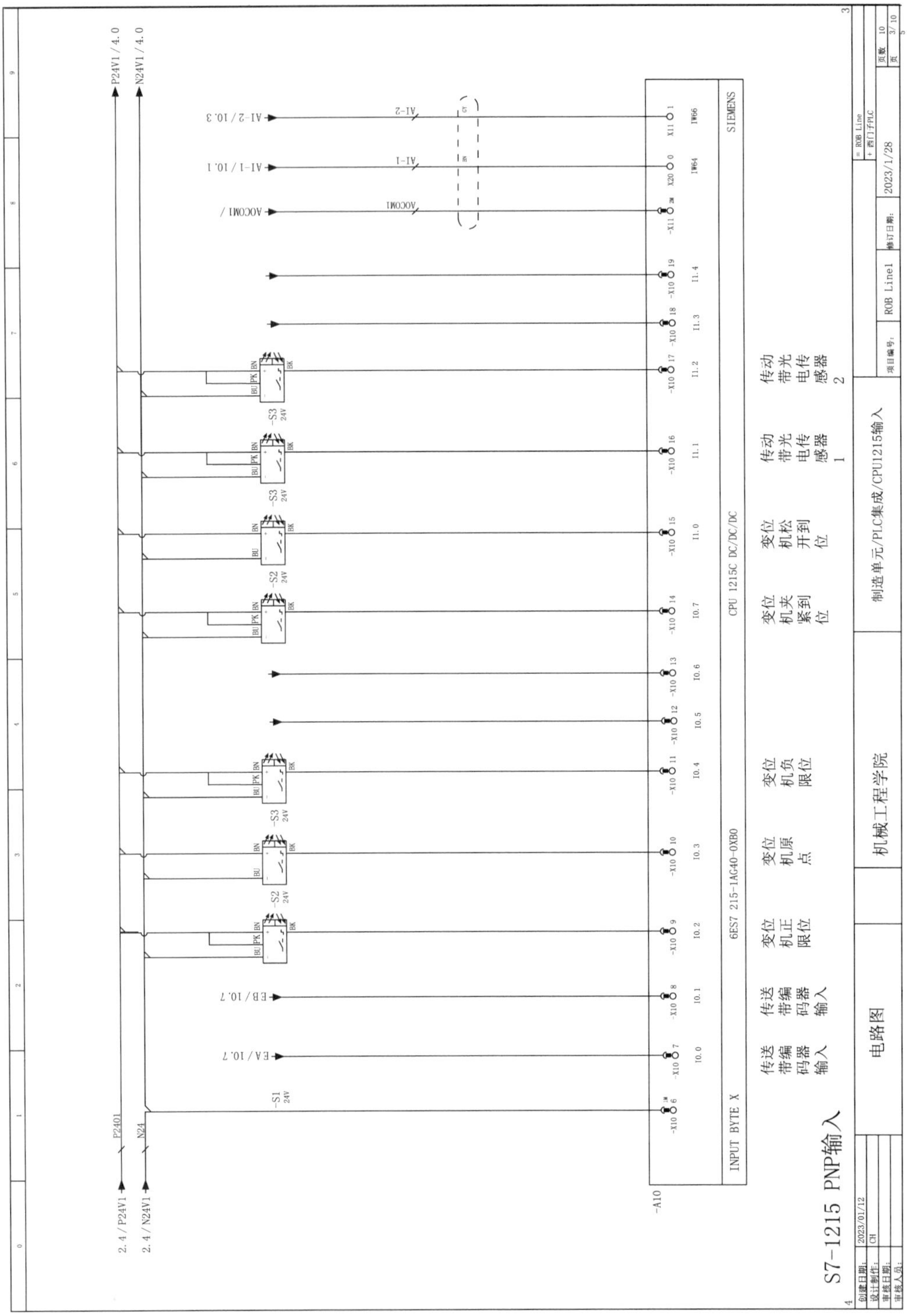

图 7-7 工作站电气原理图——输入模块信号连接

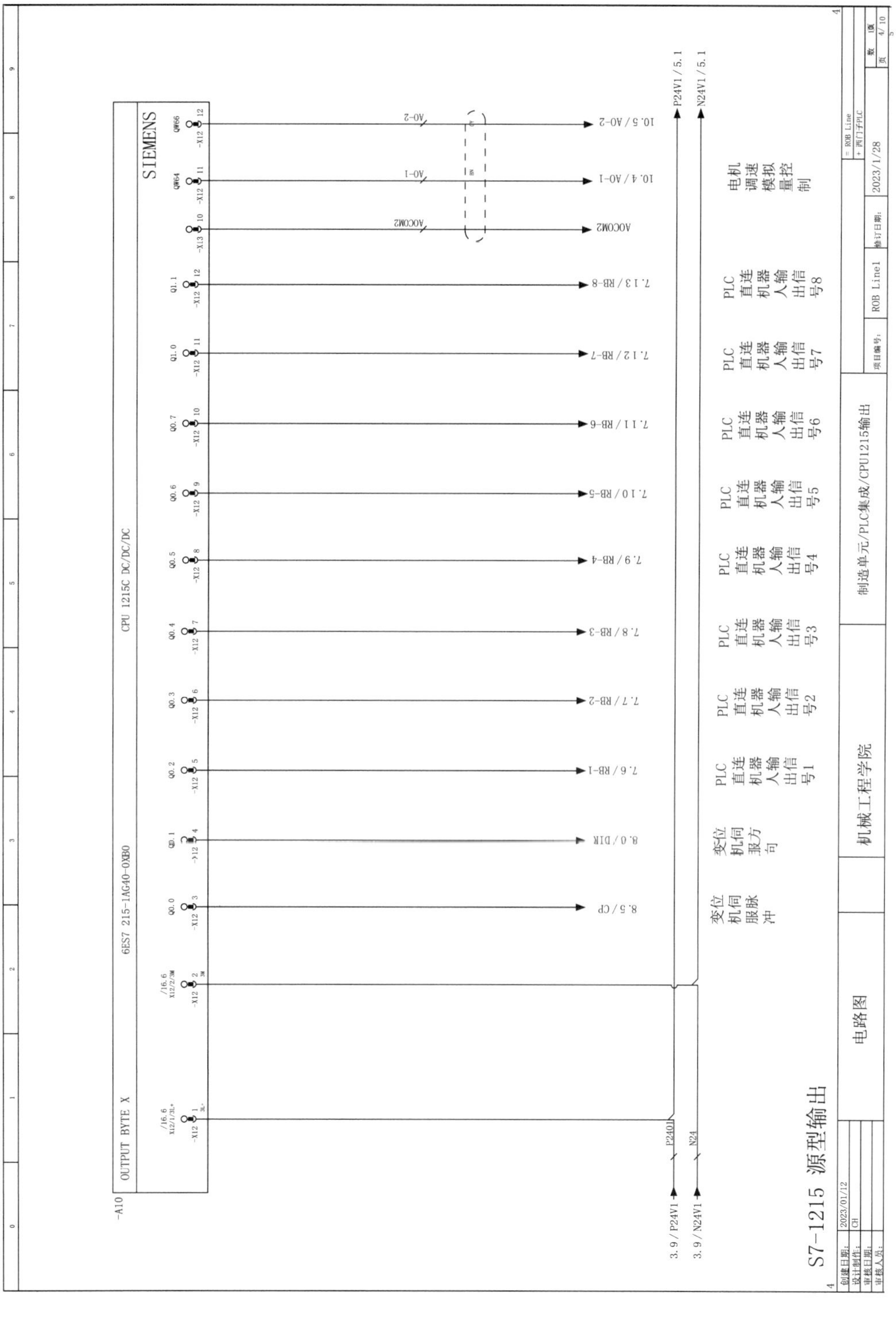

图 7-8　工作站电气原理图——输出模块信号连接

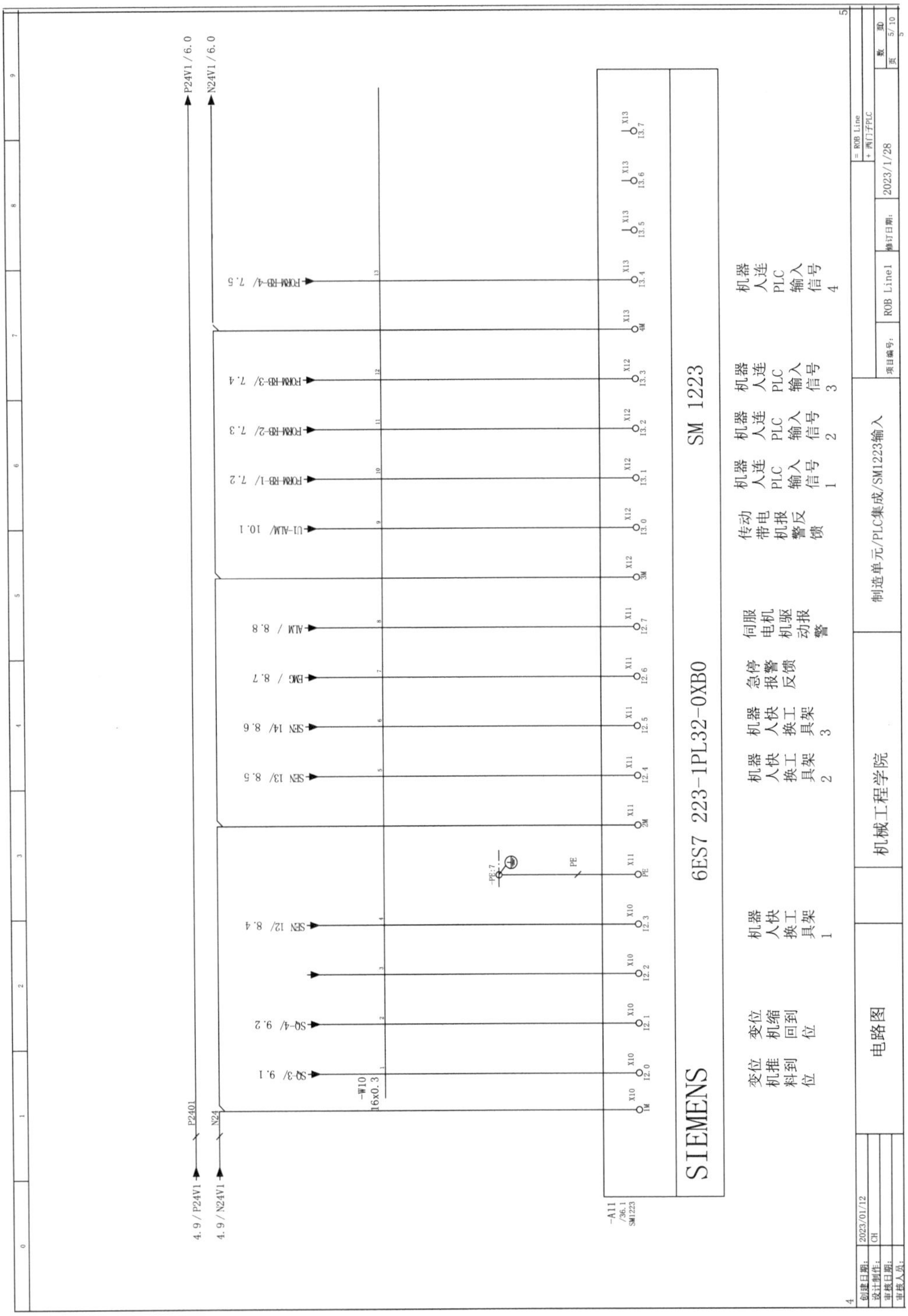

图 7-9　工作站电气原理图——拓展输入模块信号连接

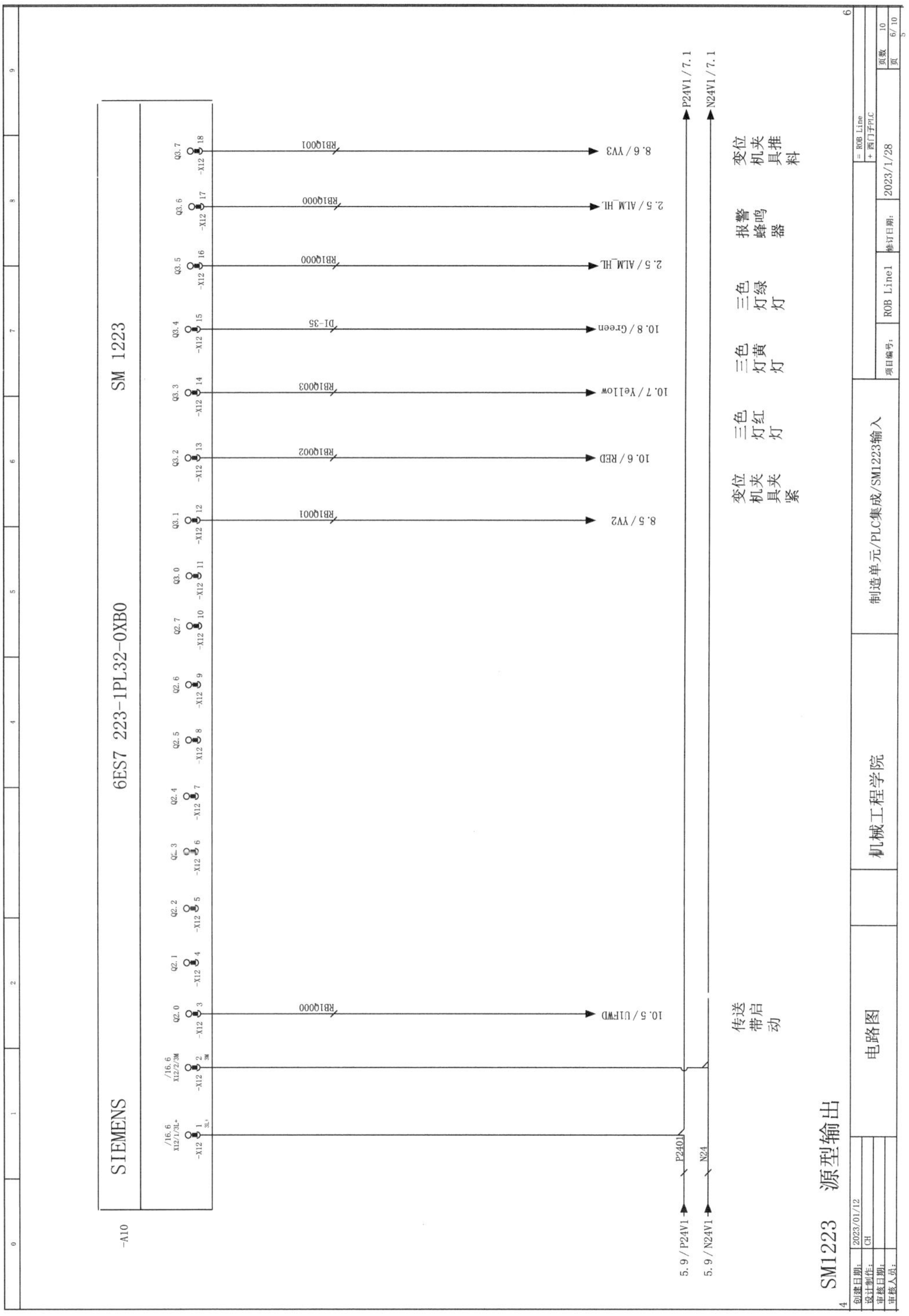

图 7-10　工作站电气原理图——拓展输出模块信号连接

7.3.3 PLC I/O 信号表编制

根据机器人工作站电气原理图和 PLC 的 I/O 硬件接线图（图 7-5 至图 7-10），编制整理出工作站 PLC 的 I/O 信号表，见表 7-1，以及 PLC 与机器人间的 I/O 交互信号表，见表 7-2。将 PLC I/O 信号的相关信息填写到表格中。PLC/1215C 的数字量输入信号为 I0.0～I1.5，输出信号为 Q0.0～Q1.1；拓展 I/O 模块的数字量输入信号为 I2.0～I3.7，数字量输出信号为 Q2.0～Q3.7。根据电路图，PLC 的 I3.1～I3.4 为直连工业机器人的四个数字量输入接口信号，Q0.2～Q1.1 为直连工业机器人的八个数字量输出接口信号。

表 7-1　PLC 的 I/O 信号表

I/O	地址	PLC 变量名	电路图线号名	定义功能
I 输入	I0.0			
	I0.1			
	I0.2			
	I0.3			
	I0.4			
	I0.5			
	I0.6			
	I0.7			
	I1.0			
	I1.1			
	I1.2			
	I1.3			
	I1.4			
	I1.5			
	I2.0			
	I2.1			
	I2.2			
	I2.3			
	I2.4			
	I2.5			
	I2.6			
	I2.7			
	I3.0			

（续表）

I/O	地址	PLC 变量名	电路图线号名	定义功能
I 输入	I3. 1			
	I3. 2			
	I3. 3			
	I3. 4			
	I3. 5			
	I3. 6			
	I3. 7			
Q 输出	Q0. 0			
	Q0. 1			
	Q0. 2			
	Q0. 3			
	Q0. 4			
	Q0. 5			
	Q0. 6			
	Q0. 7			
	Q1. 0			
	Q1. 1			
	Q2. 0			
	Q2. 1			
	Q2. 2			
	Q2. 3			
	Q2. 4			
	Q2. 5			
	Q2. 6			
	Q2. 7			
	Q3. 0			
	Q3. 1			
	Q3. 2			
	Q3. 3			
	Q3. 4			
	Q3. 5			
	Q3. 6			
	Q3. 7			
	QW64			

表 7-2　PLC 与机器人间的 I/O 交互信号表

PLC					ROB			
I/O	地址	变量名	定义功能		I/O	地址	变量名	定义功能
I 输入	I3.1			I/O 直连	DO 输出	do9		
	I3.2					do10		
	I3.3					do11		
	I3.4					do12		
Q 输出	Q0.2			I/O 直连	DI 输入	DI9		
	Q0.3					DI10		
	Q0.4					DI11		
	Q0.5					DI12		
	Q0.6					DI13		
	Q0.7					DI14		
	Q1.0					DI15		
	Q1.1					DI16		

7.3.4　机器人工作站电气线路连接

实训任务：根据电气原理图核对 I/O 信号表，并按电气原理图完成所有 I/O 信号接线。

7.4　评价反馈

1. 小组自查（预验收）

开展小组自查并评分，填入表 7-3。

表 7-3　小组自查评分表

序号	项目内容	完成情况	小组评分	评分人签名
1	设计工作站集成拓扑图			
2	设计工作站电气原理图			
3	完成 I/O 信号表			
4	完成 I/O 接线			

2. 项目提交（验收）

提交任务成果，教师进行评价，填入表 7-4。

表 7-4　教师检查评分表

序号	项目内容	完成情况	教师评分	教师签名
1	设计工作站集成拓扑图			
2	设计工作站电气原理图			
3	完成 I/O 信号表			
4	完成 I/O 接线			

3. 收获与反馈

请总结本项目实施的思路、实施过程中遇到的问题、解决的方法以及收获与反思。

7.5　巩固提高

（1）本工作站需要在料架的 9 个物料放置位置上分别放上一个光电传感器，来检测仓位中是否有物料，请在电气原理图上增加这部分的设计，并完成电气连接。

（2）在本工作站的传送带上加装一个工业相机，用于对经过传送带的物料进行视觉检测，并由 PLC 来读取工业相机的信号。请在工作站集成拓扑图中完成机器视觉的拓扑设计。

模块 8
工作站人机界面设计与开发

8.1 任务描述

智能生产线中每个单元工作站通常都需要有一个用户操作界面，让用户能够对工作站中的设备或者工艺流程进行调整和操作控制。这样的 HMI 界面需要根据具体的工艺流程和工作站的功能要求来定制化开发。智能生产线单元工作站需要在 HMI 触摸屏中开发出能够分别对工作站中的传送带、变位机和机器人进行手动控制的人机界面，以及对生产线自动流程进行运行控制的人机界面。

任务要求：

（1）根据功能要求在 HMI 触摸屏中设计开发多个功能界面，包括传送带手动控制界面、变位机手动控制界面、机器人取料手动控制界面以及生产线运行自动控制界面。

（2）不同的功能界面之间能实现切换。

（3）进入不同的功能界面后，对应进入相应的工作模式。

学习目标：

（1）了解 HMI 触摸屏的界面设计基本控件。

（2）理解控件变量与 PLC 变量的 HMI 连接和关联方法。

（3）掌握 HMI 多画面设计与切换的方法。

8.2 任务分析

智能生产线单元工作站中包含传送带、变位机和机器人等设备，工作站人机交互平台除了具有对智能生产线自动化工艺流程的运行进行控制的功能以外，还具有专门对传送带、变位机、机器人进行单独控制的功能。因此，根据单元工作站上述的功能，柔性装配生产线工作站 HMI 包含四个功能界面：传送带手动控制界面、变位机手动控制界面、机器人取料手动控制界面以及生产线运行自动控制界面。它们分别用于传送带、变位机、机器人的手动控制，以及工作站的自动控制。这些功能界面之间要能够实现相互切换。

为了功能界面风格的统一，可以考虑采用模板设计界面标题和切换按钮。通过事件触发画面的方式可实现界面切换，如图 8-1 所示。

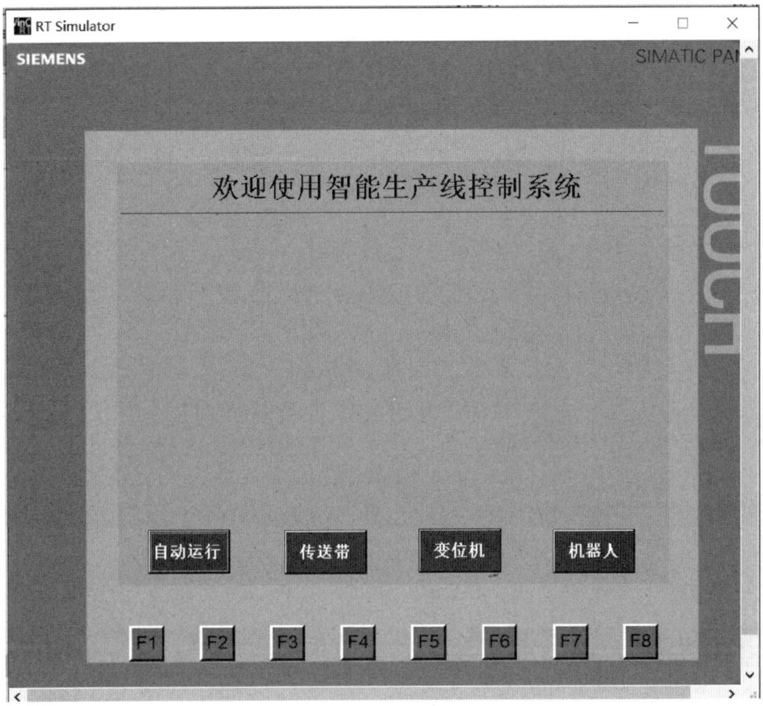

图 8-1　功能界面

8.3　任务实施

8.3.1　机器人工作站的硬件组态与连接

首先利用 TIA Portal 软件新建项目，添加 PLC、触摸屏等硬件，完成硬件组态，然后完成 IP 地址设置和 I/O 地址分配。本任务中 PLC 的型号是 CPU 1215C DC/DC/DC，订货号为 6ES7 215-1AG40-0XB0；DI/DQ 扩展 I/O 模块的型号为 DI 16×24VDC/DQ 16×RLY，订货号为 6ES7 223-1PL32-0XB0。硬件组态与连接的具体步骤如下。

第一步，新建项目，添加 PLC 控制器（图 8-2），并在硬件目录中添加拓展 I/O 模块（图 8-3），完成 PLC 硬件组态。

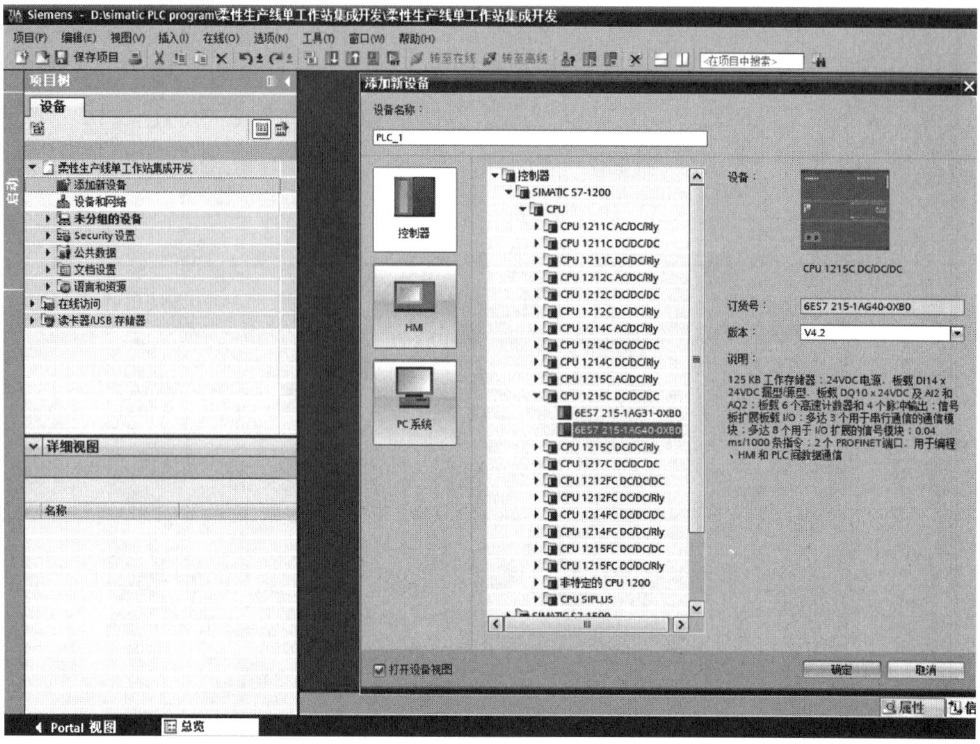

图 8-2　添加 PLC 硬件设备

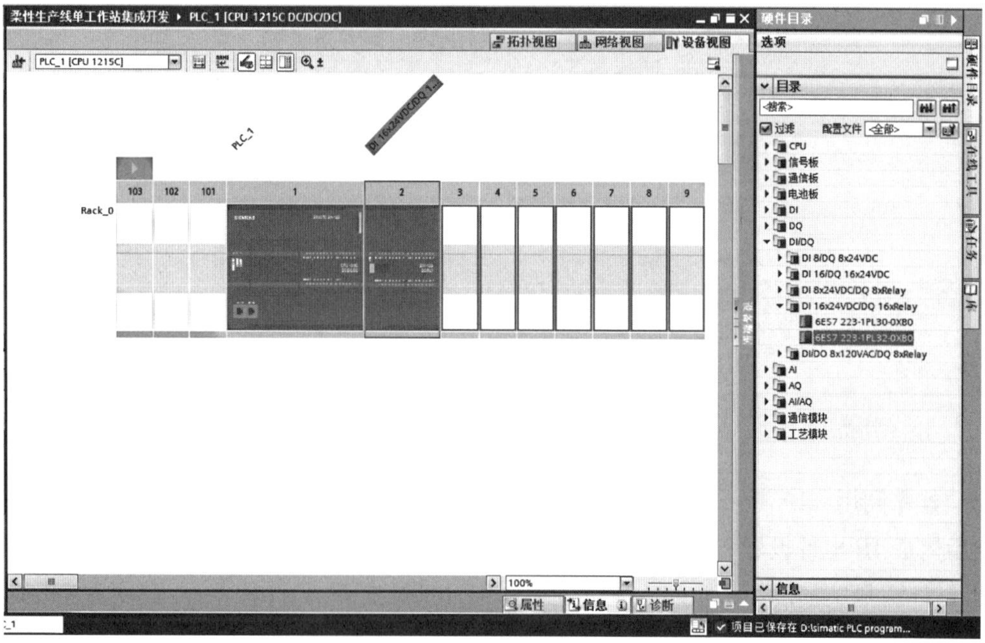

图 8-3　添加拓展 I/O 模块

第二步，配置 PLC 的 IP 地址。电脑、PLC 和 HMI 触摸屏这三个互连设备应连接在同一个局域网内，它们的 IP 地址必须要配置在同一个网段中（图 8-4）。

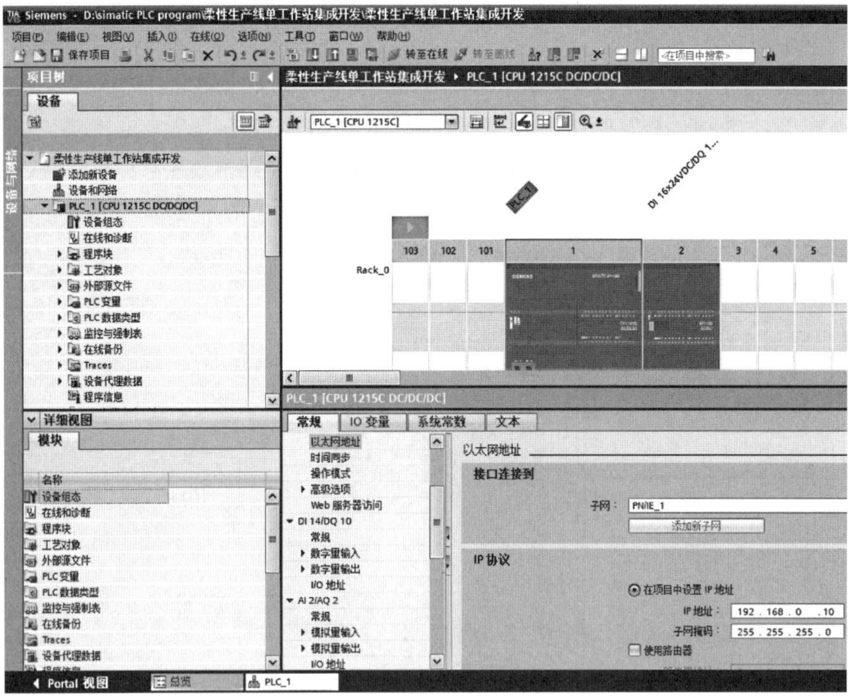

图 8-4　PLC 端 IP 地址的配置

第三步，分配 I/O 信号地址。确定 CPU 单元 I/O 模块和拓展单元 I/O 模块中的数字量、模拟量 I/O 地址的字节段（图 8-5）。

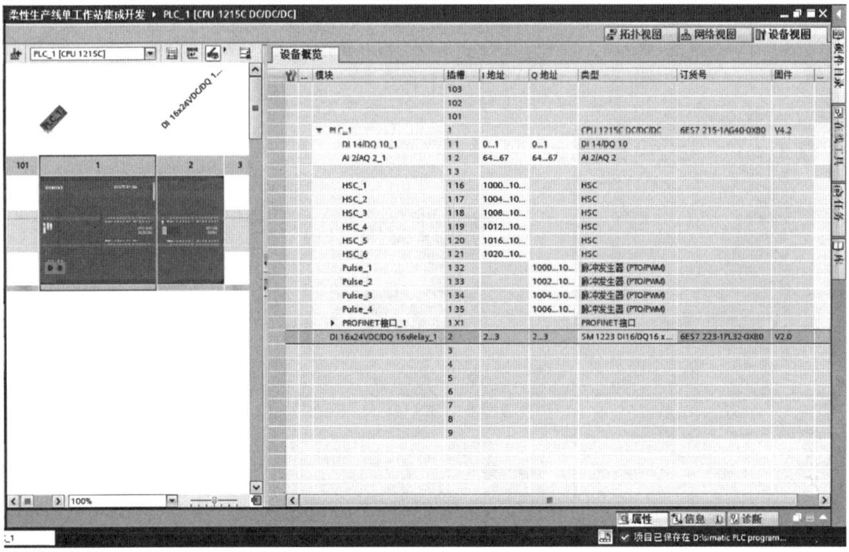

图 8-5　I/O 地址分配

第四步，完成 HMI 触摸屏的组态与连接。添加 HMI 触摸屏，型号为 KTP1000 Basic，订货号为 6AV6 647-0AF11-3AX0（图 8-6）。配置 IP 地址，使其与 PLC 在同一局域网中（图 8-7），并在“网络视图”中建立 HMI 连接（图 8-8）。

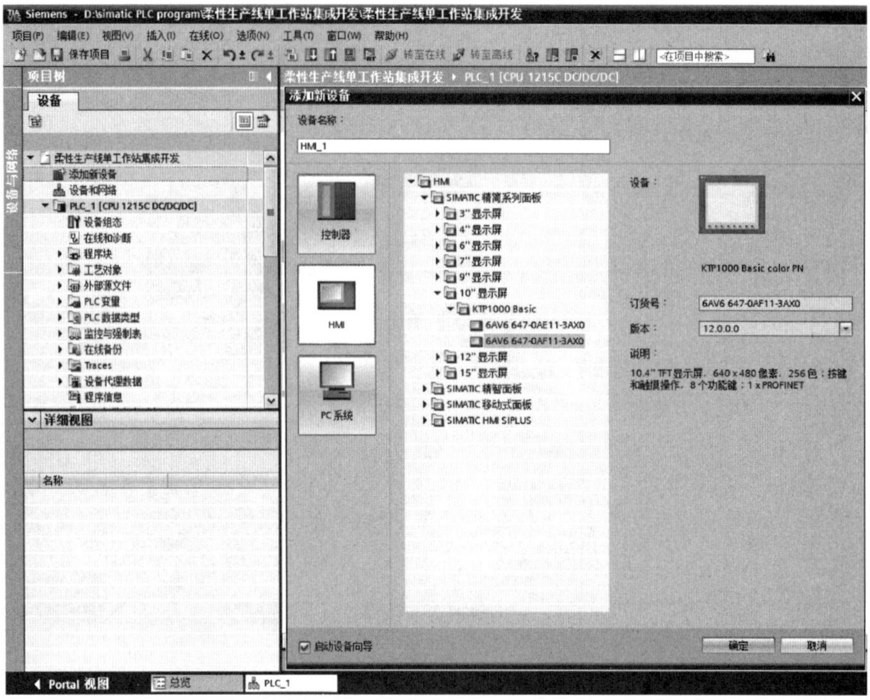

图 8-6　添加 HMI 触摸屏

图 8-7　HMI 触摸屏端 IP 地址的配置

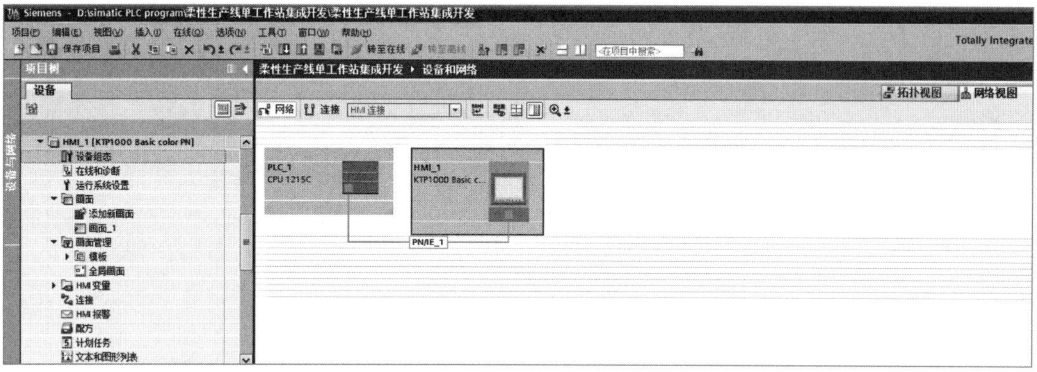

图 8-8　建立 HMI 连接

8.3.2　HMI 界面的管理和设计

根据机器人工作站功能，设计一个能实现多画面切换的 HMI 界面。柔性装配生产线工作站 HMI 界面应包含四个功能界面：传送带手动控制界面、变位机手动控制界面、机器人取料手动控制界面以及生产线运行自动控制界面。它们分别用于传送带、变位机、机器人的手动控制，以及工作站的自动控制。在项目树下的“画面”中设计 HMI 界面，具体步骤如下。

HMI 界面设计

（1）在项目树下的“画面”—“画面＿1”中设计一个统一使用的界面模板，来实现不同操作界面之间的切换，如图 8-9 所示。在模板界面中添加 HMI 界面的标题文字，并添加四个按钮控件，通过点击按钮实现不同的操作界面切换，如图 8-10 所示。

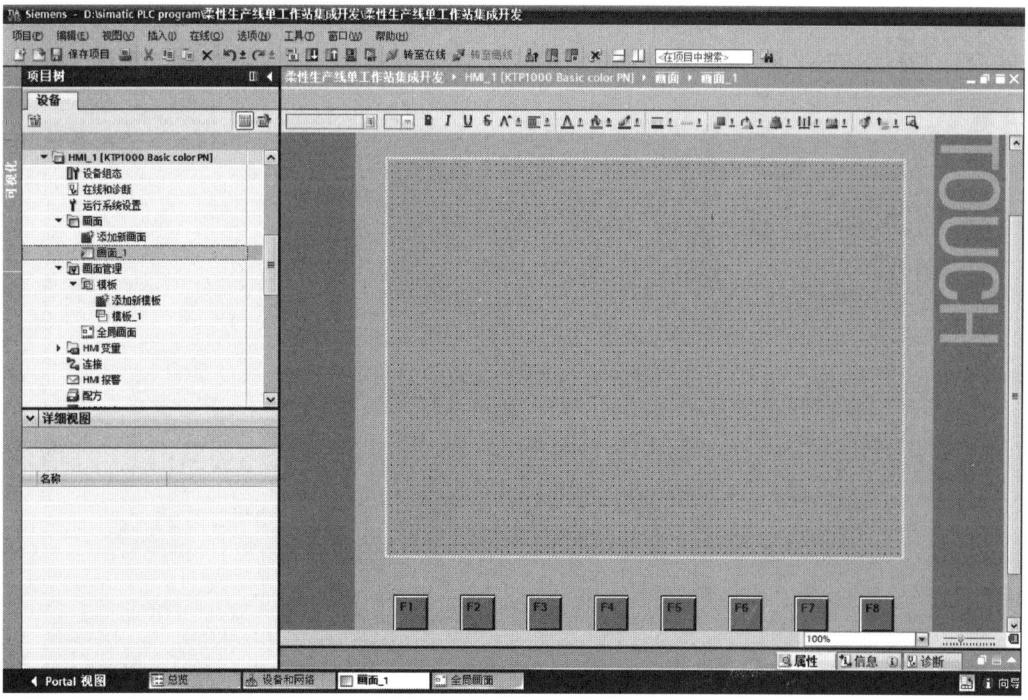

图 8-9　HMI 界面

图 8-10　在 HMI 界面模板中添加文字

（2）在项目树下的“画面管理”—“模板”—“模板 _ 1”中添加多个操作画面，并分别命名为“自动运行”“传送带”“变位机”“机器人”（图 8-11）。将其中的“自动运行”界面设置为主画面（图 8-12）。

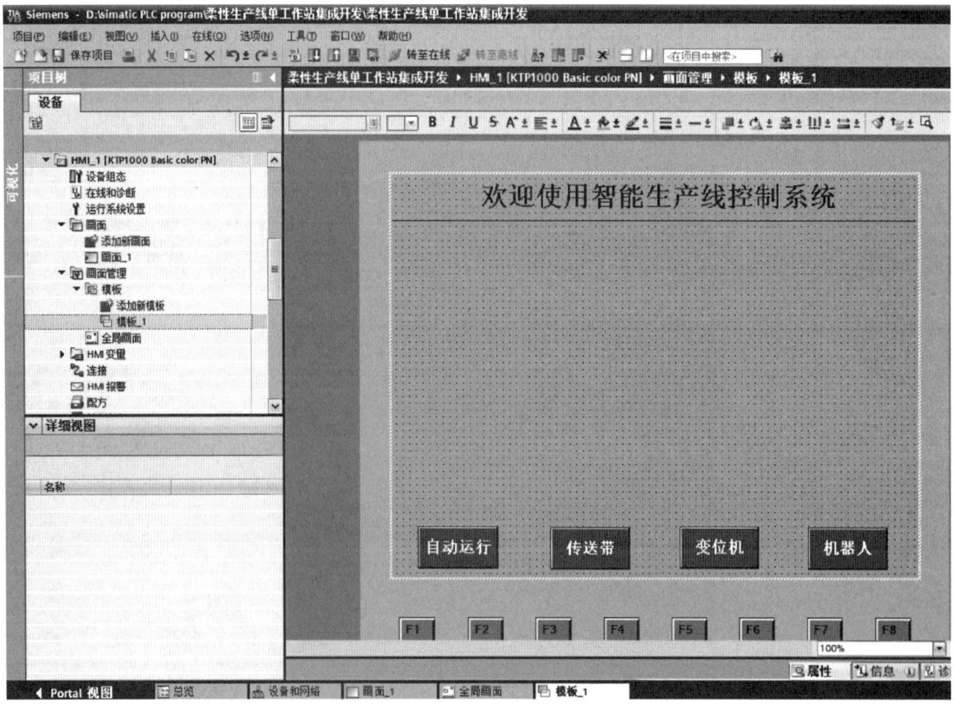

图 8-11　在 HMI 界面模板中添加控件

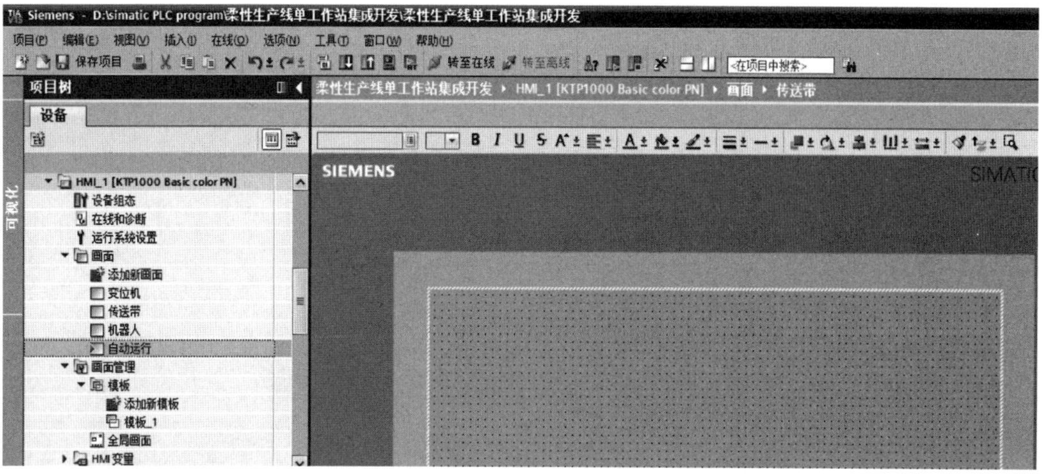

图 8-12　设置主画面

（3）点击每个画面的“属性”，在模板选项下拉菜单中选择前面已经设计好的“模板 _ 1”作为界面的母版，如图 8-13 所示。

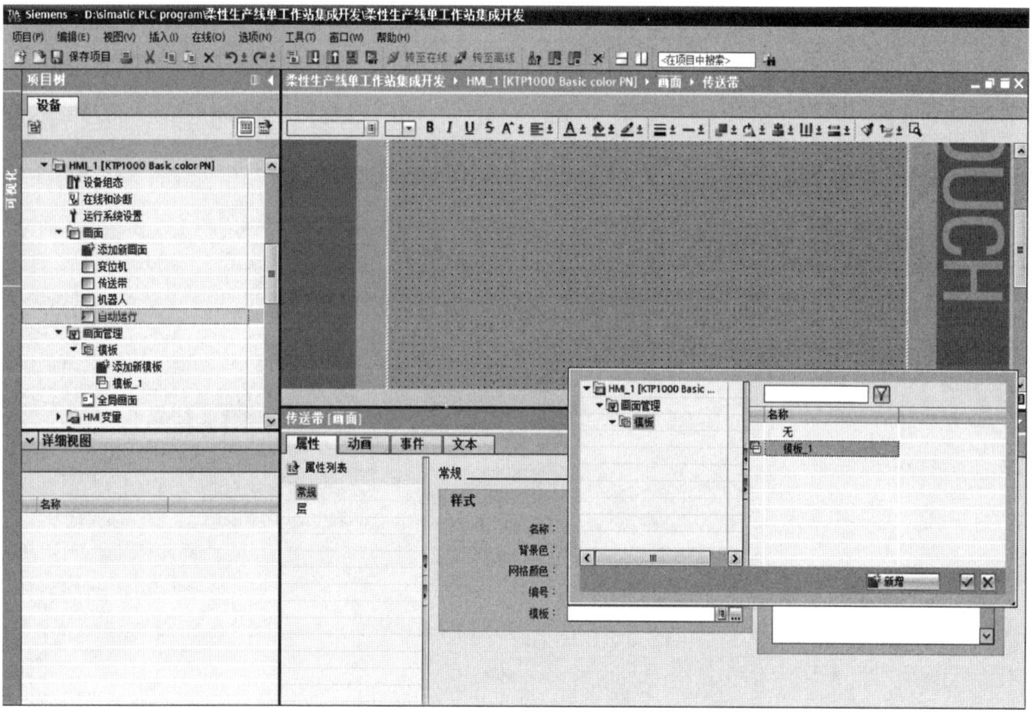

图 8-13　选择模板为画面母版

选择完“模板 _ 1”作为“机器人”界面的母版后，“机器人”画面就会显示如图 8-14 所示的模板画面。在模板画面的基础上，再进行该画面的设计。

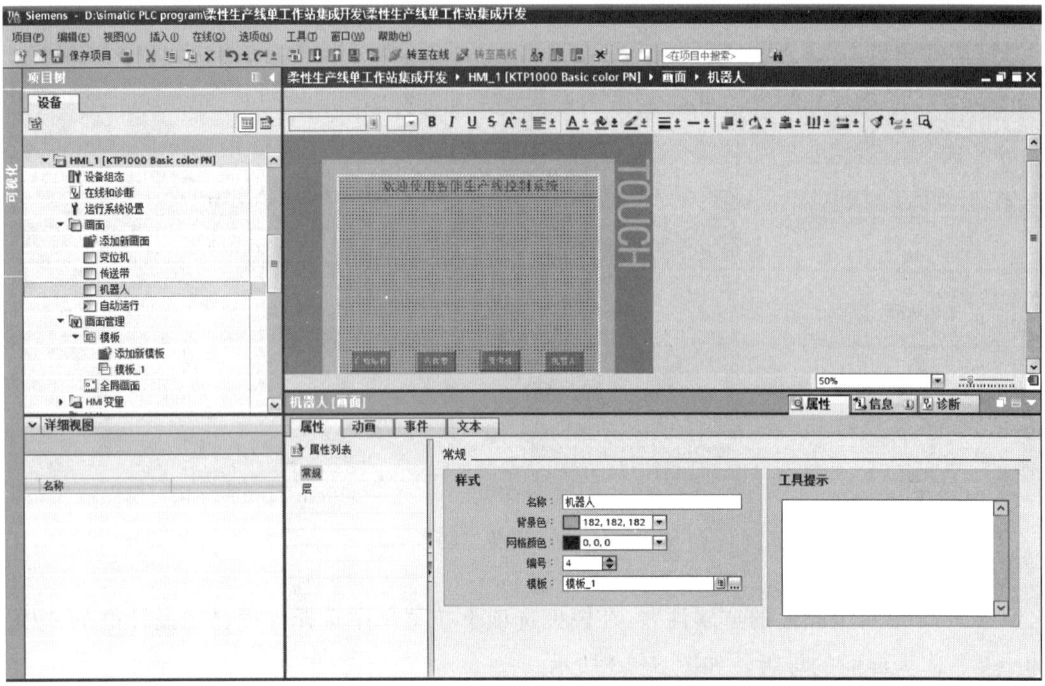

图 8-14 “机器人”操作画面

（4）设置模板中按钮控件的事件，设置“单击”按钮，函数选择“激活屏幕”，选择对应的画面名称即可，如图 8-15、图 8-16 所示。点击按钮就能切换到相应的界面中。

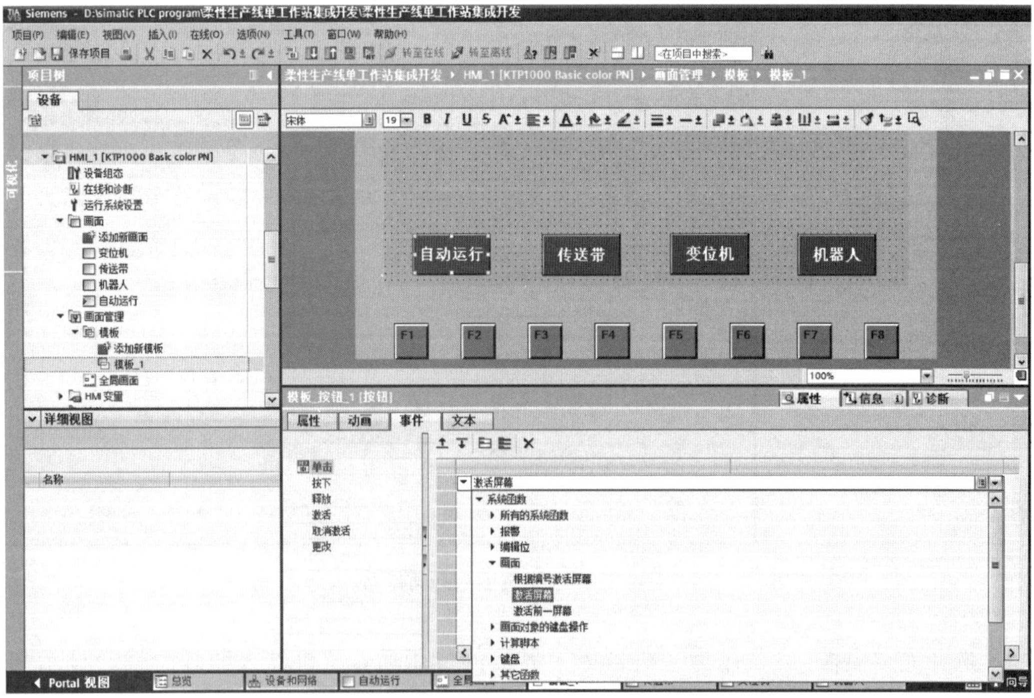

图 8-15 设置“按钮”控件事件

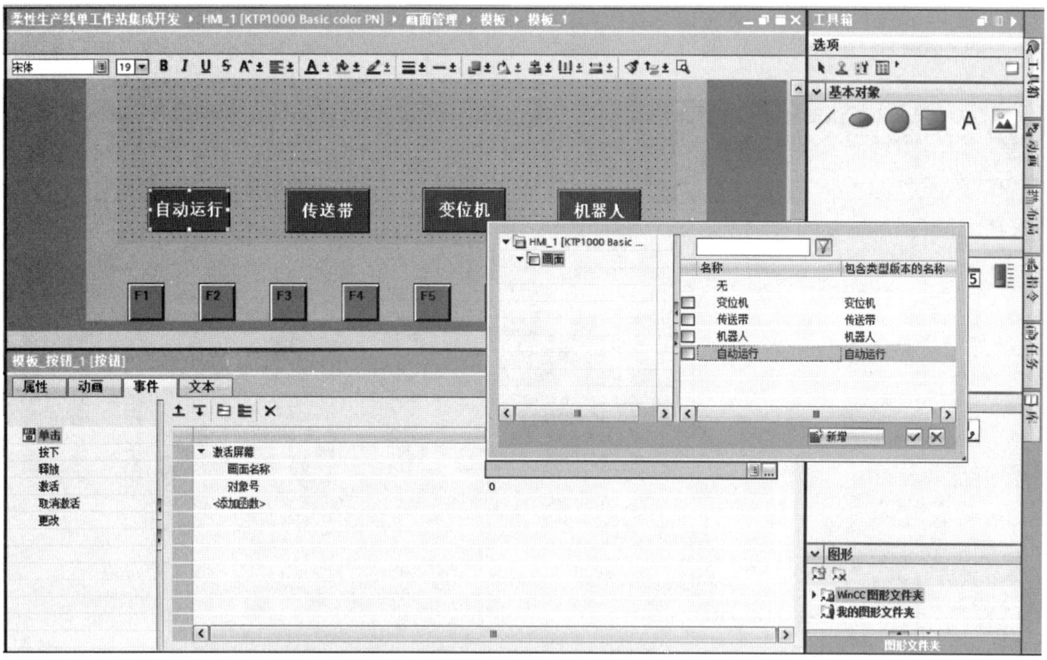

图 8-16　选择“单击”按钮后被激活的屏幕画面

(5) 在“网络视图”中建立 PLC 与 HMI 触摸屏之间的 HMI 连接，为触摸屏与 PLC 之间的变量关联建立起连接通道，如图 8-17 所示。

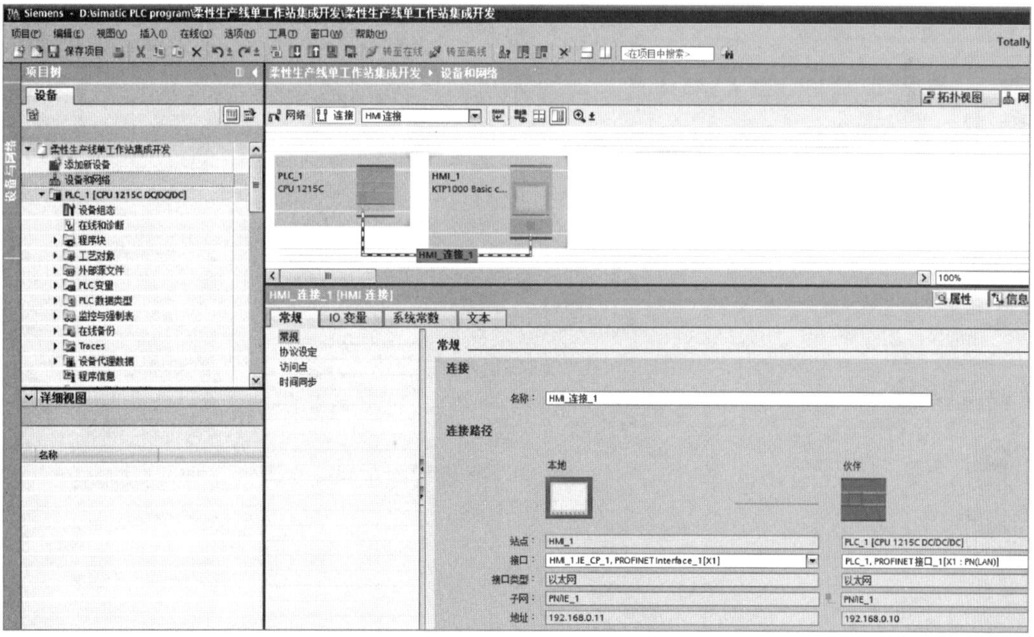

图 8-17　建立 HMI 连接

（6）在 PLC 变量表中定义一些 M 变量作为关联触摸屏控件以及 PLC 编程的相关变量，如图 8-18 所示。

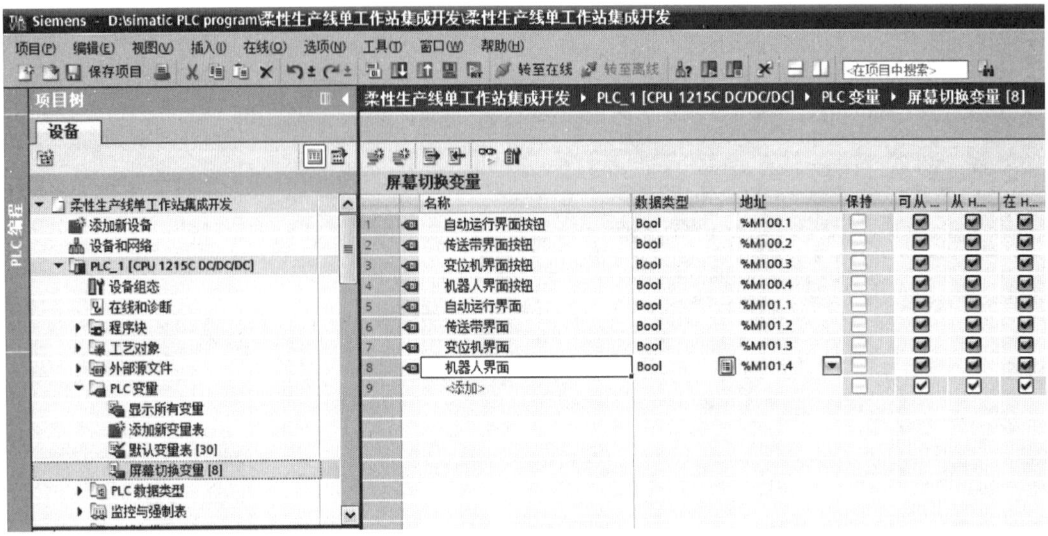

图 8-18　PLC 变量定义

（7）设置模板画面中的四个按钮控件的事件。除了通过“单击”事件来切换并激活画面外，继续设置按钮控件的“按下”置位和“释放”复位，并关联 PLC 变量，如图 8-19、图 8-20 所示。

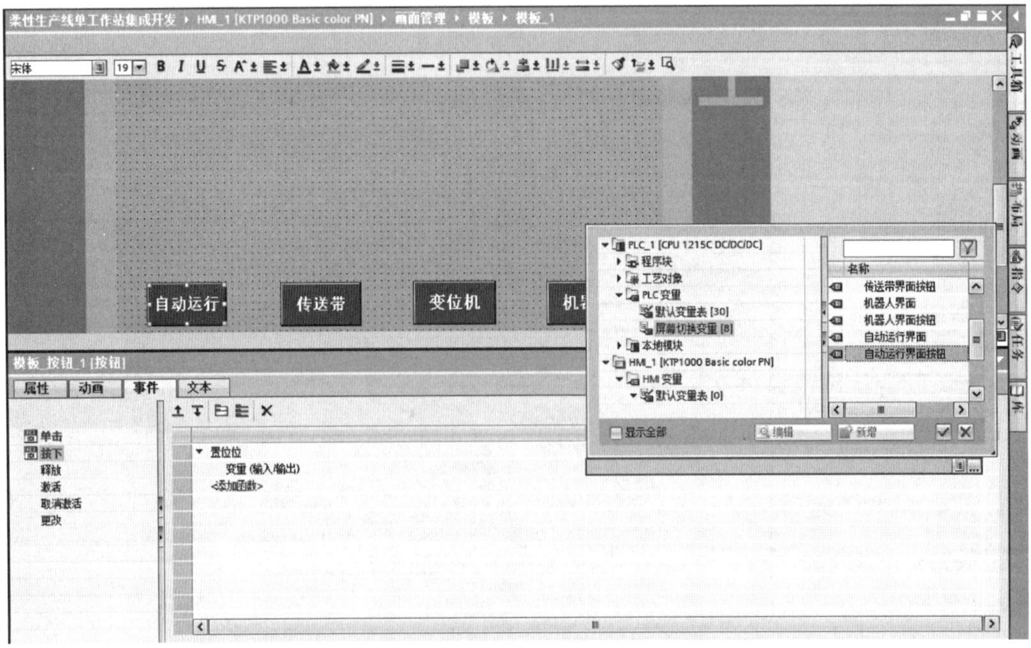

图 8-19　按钮控件的“按下”置位设置

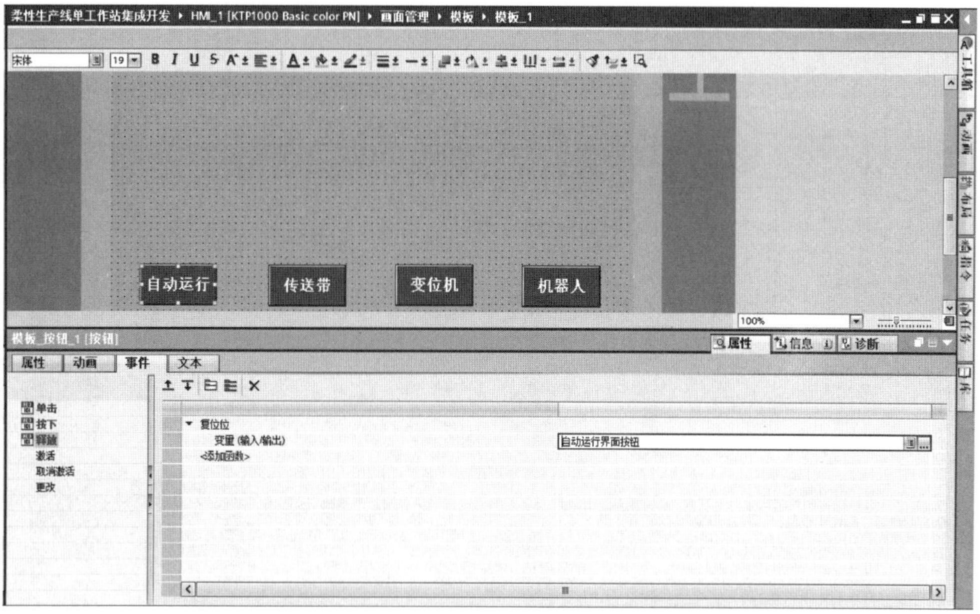

图 8-20　按钮控件的“释放”复位设置

8.3.3　屏幕切换 PLC 程序的编写

(1) 添加“工作站界面及控制方式切换”FB (图 8-21)，按下触摸屏模板中的四个不同按钮，即可进入不同的控制模式，将切换到不同的 HMI 操作界面后的控制模式关联到相应的变量中。

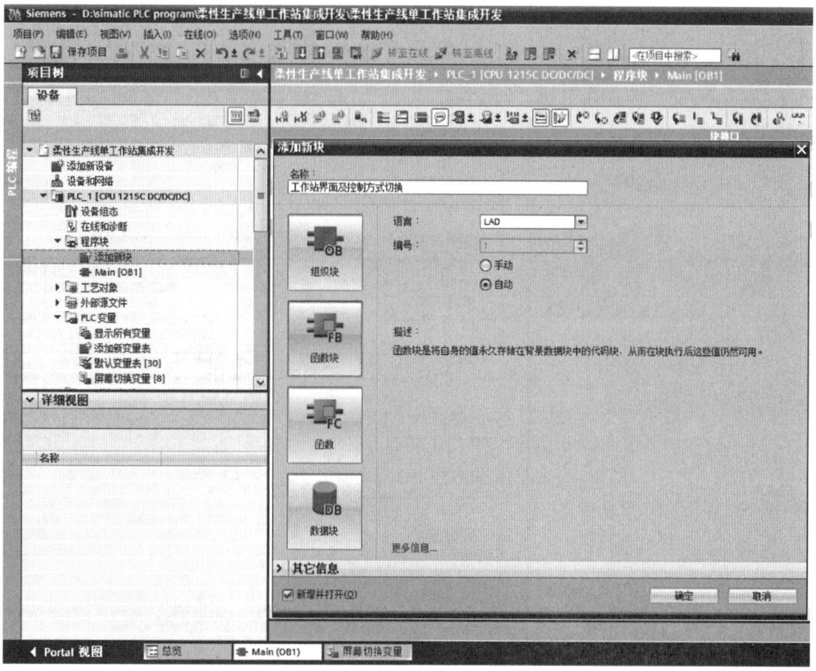

图 8-21　添加“工作站界面及控制方式切换”FB

(2) 在 FB 的接口参数中定义输入和输出变量，如图 8-22 所示。

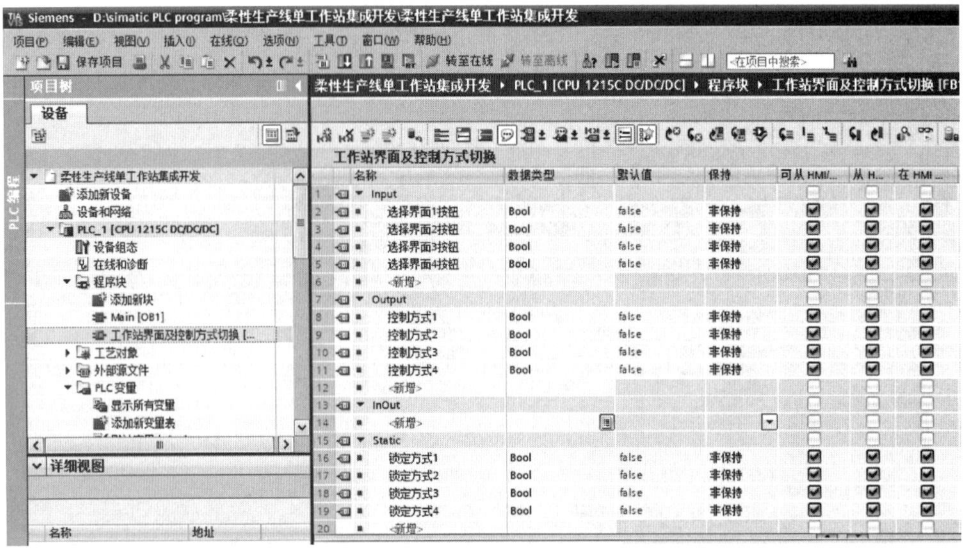

图 8-22　FB 接口参数定义

(3) 在 FB 中编写 PLC 程序，如图 8-23 所示，实现四个不同按钮控件的切换并保持四种不同的控制方式。

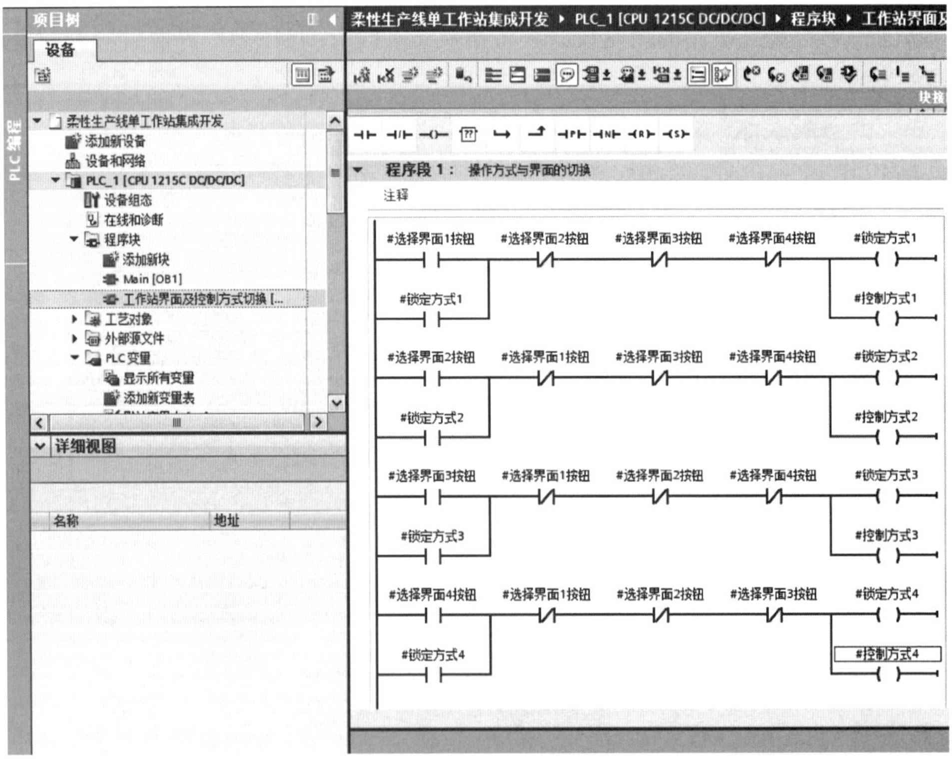

图 8-23　编写控制方式切换程序

（4）在主程序中调用该 FB，并将相关控件关联变量对应地关联给 FB 接口参数，如图 8-24 所示，并进行调试运行，结果如图 8-25 所示。

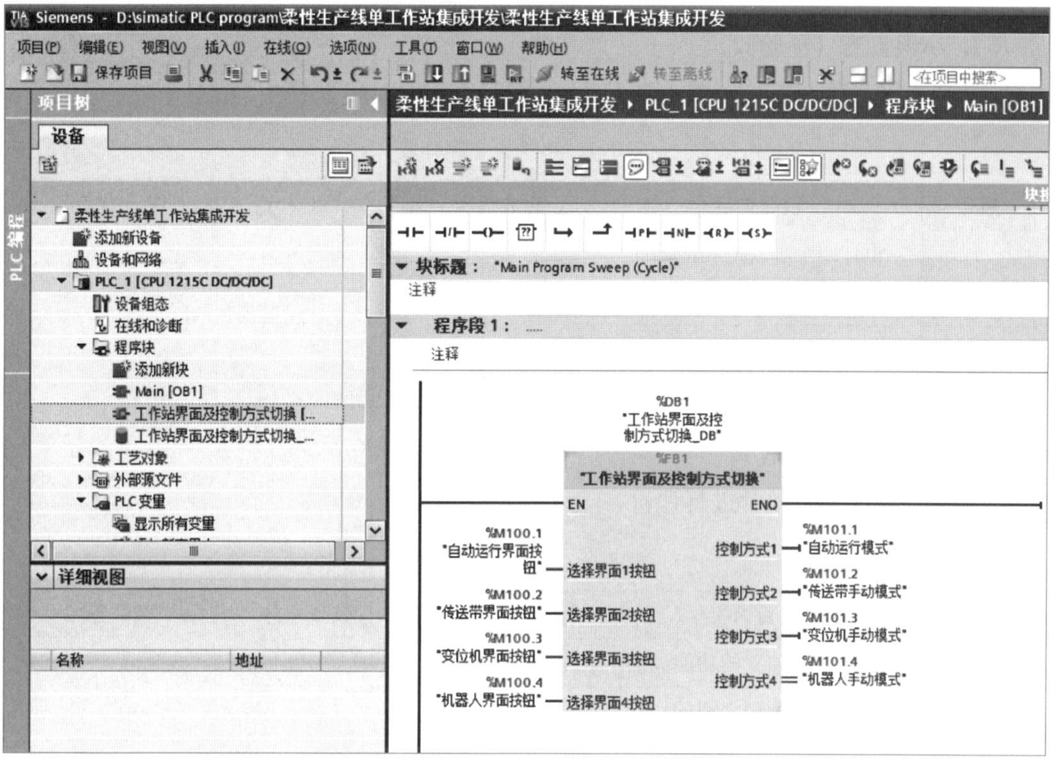

图 8-24 主程序调用控制方式切换子程序

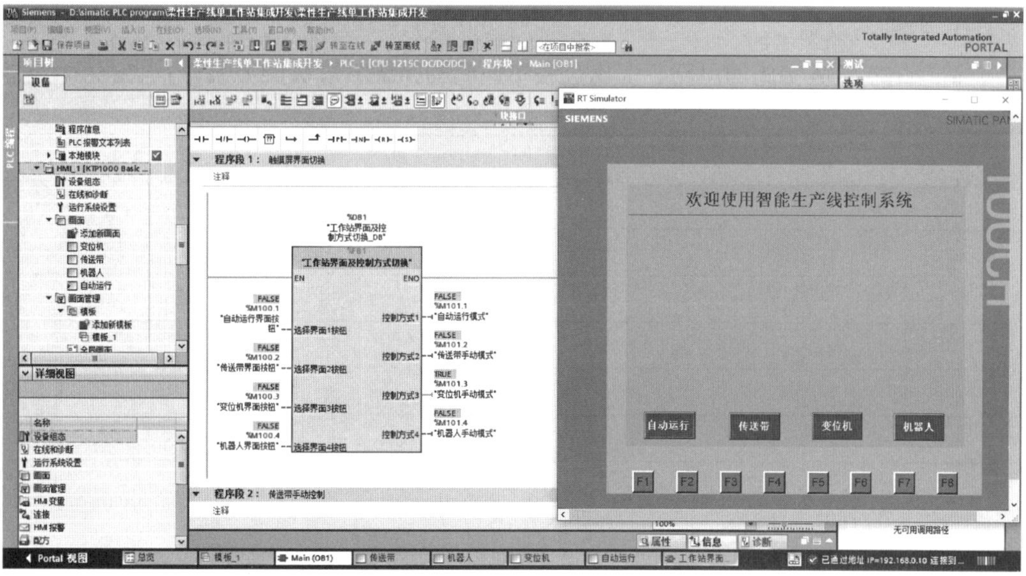

图 8-25 调试运行效果

8.4 评价反馈

1. 小组自查（预验收）

开展小组自查并评分，填入表 8-1。

表 8-1 小组自查评分表

序号	项目内容	完成情况	小组评分	评分人签名
1	设计四个独立的功能画面			
2	能够实现画面之间的切换			
3	能够实现不同画面工作模式的变量存储			

2. 项目提交（验收）

提交任务成果，教师进行评价，填入表 8-2。

表 8-2 教师检查评分表

序号	项目内容	完成情况	教师评分	教师签名
1	设计四个独立的功能画面			
2	能够实现画面之间的切换			
3	能够实现不同画面工作模式的变量存储			

3. 收获与反馈

请总结本任务实施的思路、实施过程中遇到的问题、解决的方法以及收获与反思。

8.5　巩固提高

除了在 HMI 模板画面中设置按钮控件来切换画面的方法外，请采用其他的方法设计出不同风格的画面切换方式，完成本任务。

模块 9
传送带界面设计与功能开发

9.1 任务描述

在智能制造工业现场，传送带是十分常见的传送机构，主要用于物料在智能生产线的不同工位间的传送。传送带机构一般采用直流电机或变频电机驱动，通过同步带进行传动。传送带的控制要求主要是实现启停和调速的功能，以及运行状态显示。

任务要求：

（1）设计开发传送带手动控制 HMI 功能界面。

（2）开发传送带启停控制 PLC 程序，实现对传送带的启动、停止控制。

（3）开发传送带速度控制 PLC 程序，实现对传送带的三档速度控制。

学习目标：

（1）理解直流电机和变频器的工作原理。

（2）掌握模拟量 I/O 的数值转换和模拟量控制指令的应用。

（3）掌握模拟量接口的调试和诊断方法。

9.2 任务分析

开发机器人工作站传送带界面需达到以下功能要求：用户选择传送带操作界面按钮时，进入手动控制传送带模式，用户在该界面上能够手动启动、停止传送带的运行。同时，用户能够手动选择传送带低、中、高三档不同的运行速度。界面中需要有传送带运行状态显示灯。变频调速传送带如图 9-1 所示。

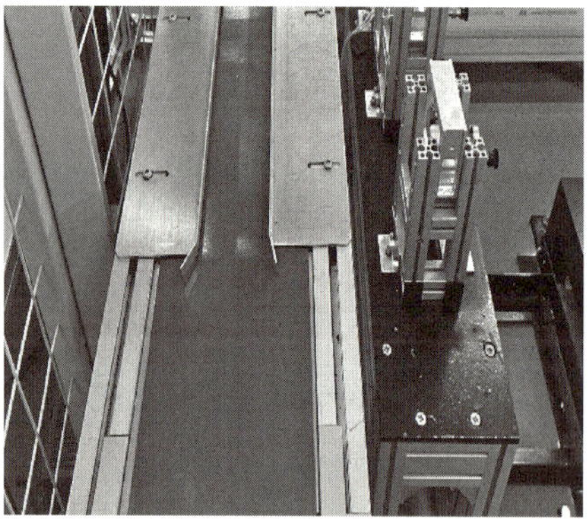

图 9-1　变频调速传送带

传送带输送机由变频驱动器、电机和同步带

组成，经过同步齿形带传动，通过旋转编码器进行测速反馈，构成闭环控制，具体参数见表 9-1。

表 9-1 传送带输送机技术参数

传送带输送机	长度	1 600 mm
	有效工作宽度	160 mm
	最高速度	4 m/min
	电机	三相异步减速电机+变频器调速
	传感器	旋转编码器
总体外形尺寸		1 900 mm×300 mm×820 mm

旋转编码器通过连接器与同步带轴固定，作为测速反馈装置，如图 9-2 所示，具体参数见表 9-2。

图 9-2 旋转编码器

表 9-2 旋转编码器技术参数

编码器型式	增量式
外形尺寸	外径 ϕ 38 mm，厚度 39 mm
轴径	ϕ 8 mm
连接方式	线后出和线侧出
输出形式	集电极开路、电压、互补和差分输出
分辨率	不小于 260 线
电压	24 V
防护等级	IP50
线长	1 m
外罩质地	铝
质量	约 140 g

9.3 任务实施

传送带变频调速控制与功能开发（下）

9.3.1 PLC 程序开发

第一步：添加“传送带手动控制”FB，如图 9-3 所示，定义输入、输出接口参数，如图 9-4 所示，在 FB 中编写 PLC 程序。

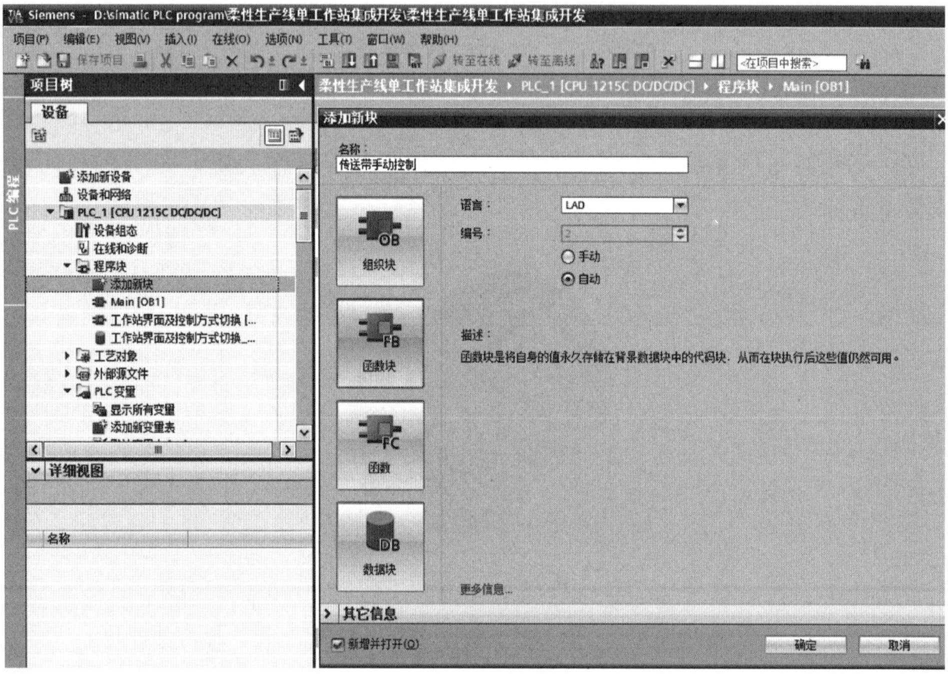

图 9-3　添加“传送带手动控制”FB

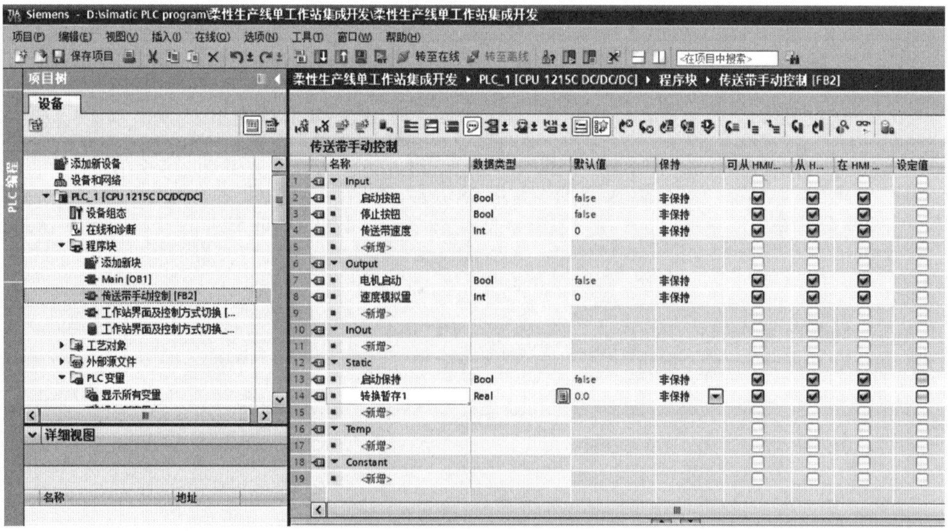

图 9-4　定义 FB 接口参数

第二步：在 FB 中编写 PLC 程序。“传送带手动控制”FB 子程序中，程序段 1 用于将电机转速转换成模拟量标准量化数值，输出到模拟量输出接口。程序段 2 用于传动带启动和停止控制，如图 9-5 所示。

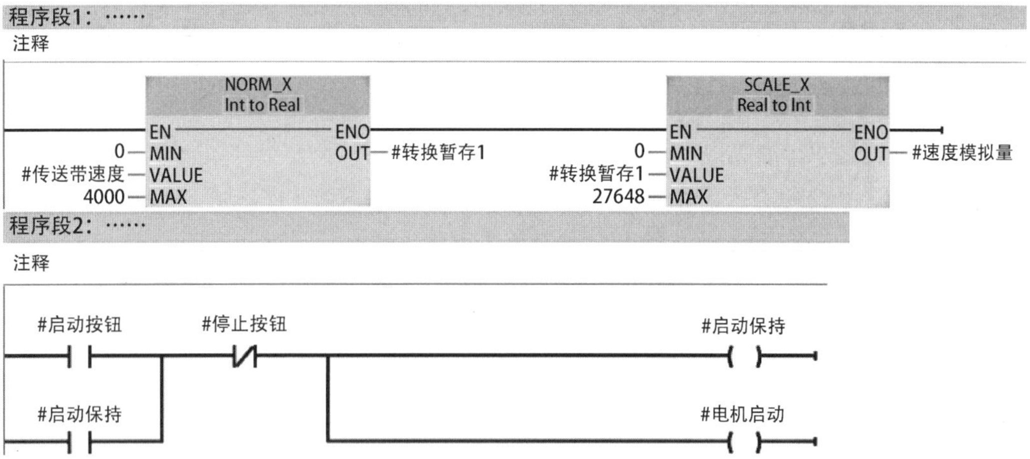

图 9-5　FB 的 PLC 子程序

第三步：进行 PLC 变量定义，在 PLC 变量表中对需要用到的 HMI 触摸屏中的关联 M 变量（图 9-6）和 I/O 变量（图 9-7）进行定义。

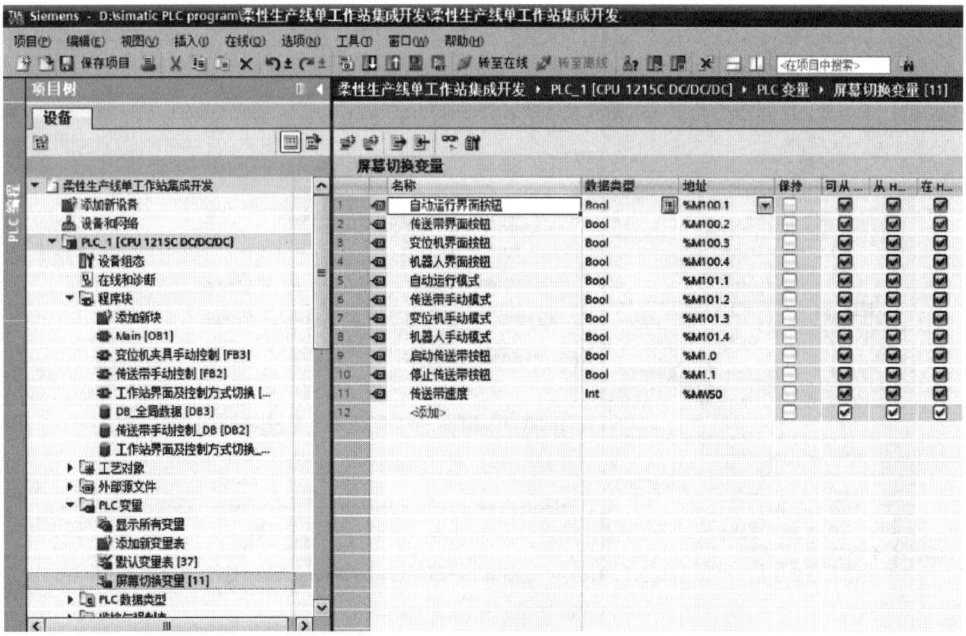

图 9-6　PLC 变量定义（M 变量）

第四步：主程序调用传送带的手动控制 FB，并将相关控件关联变量对应地关联给 FB 接口参数（图 9-8）。

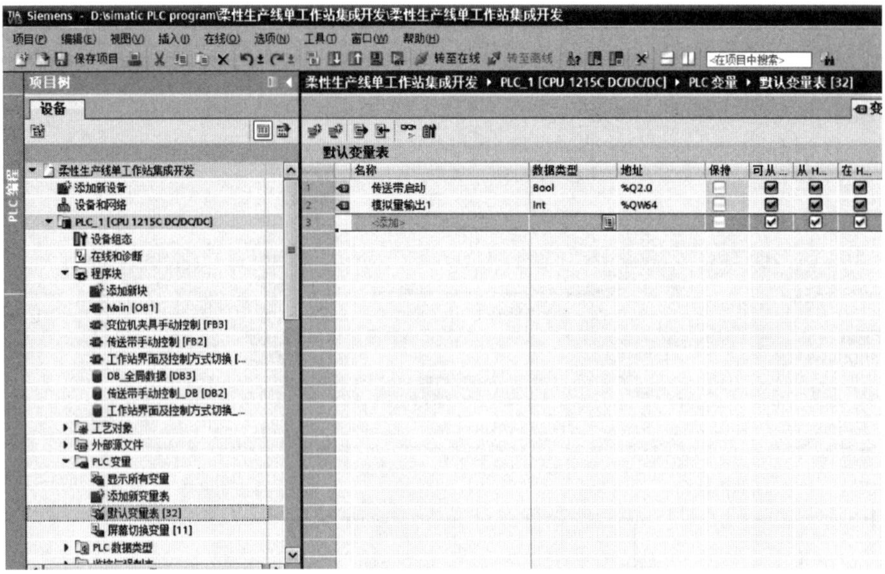

图 9-7　PLC 变量定义（I/O 变量）

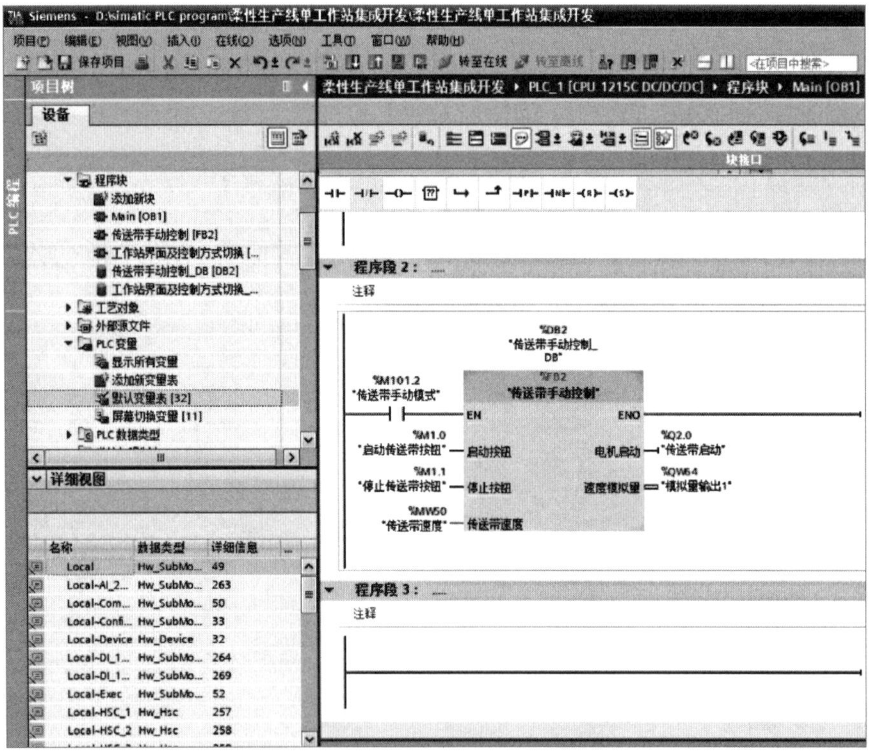

图 9-8　主程序调用 FB

9.3.2　传送带 HMI 界面的设计

在“传送带”画面中，按项目要求设计三个速度档的选择按钮，并设计“启动”

“停止”按钮，以及一个运行状态显示灯，如图 9-9 所示。

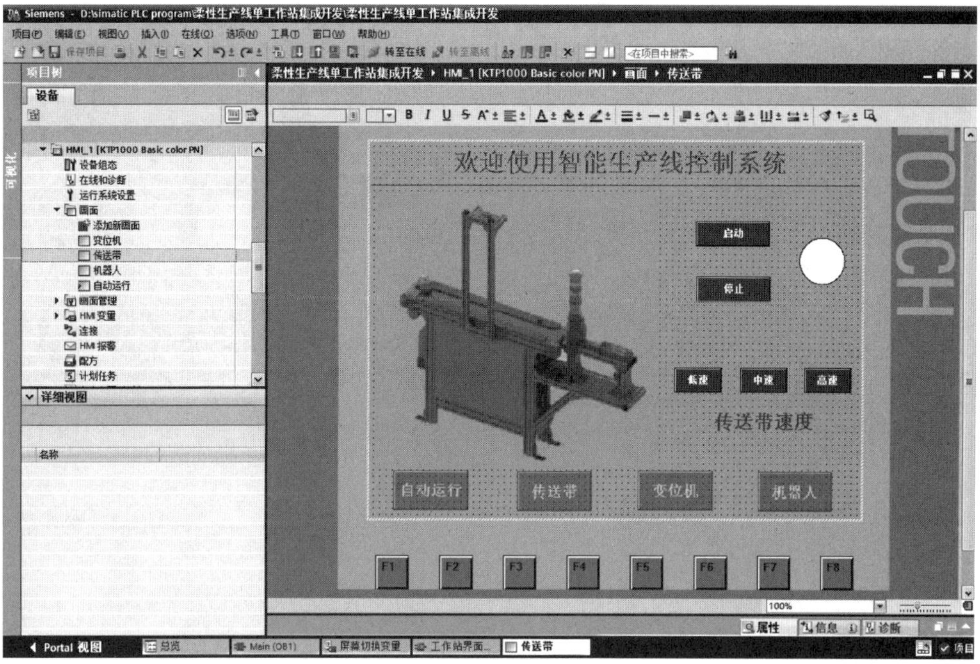

图 9-9　传送带 HMI 界面的设计

设置各个控件的属性，关联相关变量。

(1) 设置“启动”“停止”按钮控件的“事件”属性。“按下”为“置位位”，“释放”为“复位位”，并将控件变量关联到 PLC 变量表中的对应变量，如图 9-10、图 9-11 所示。

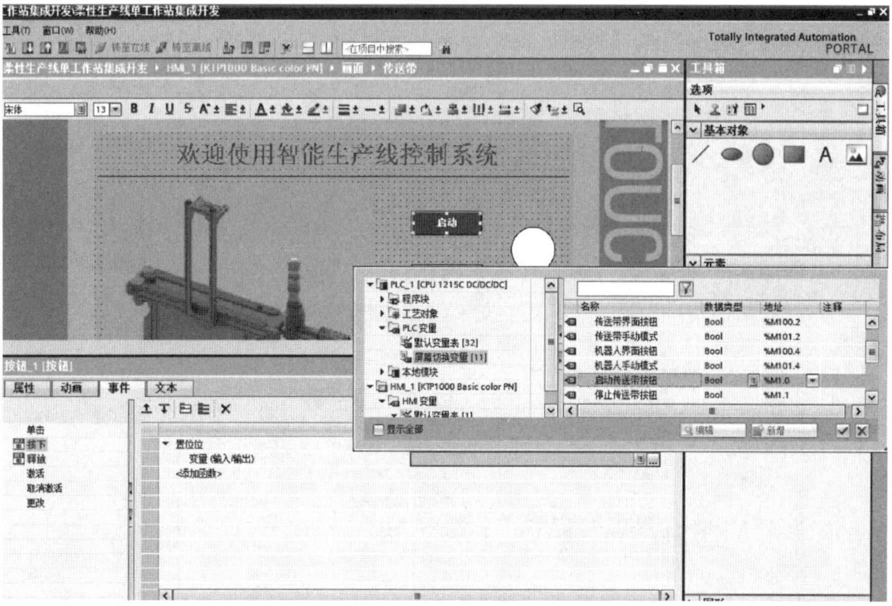

图 9-10　“启动”按钮控件的变量关联

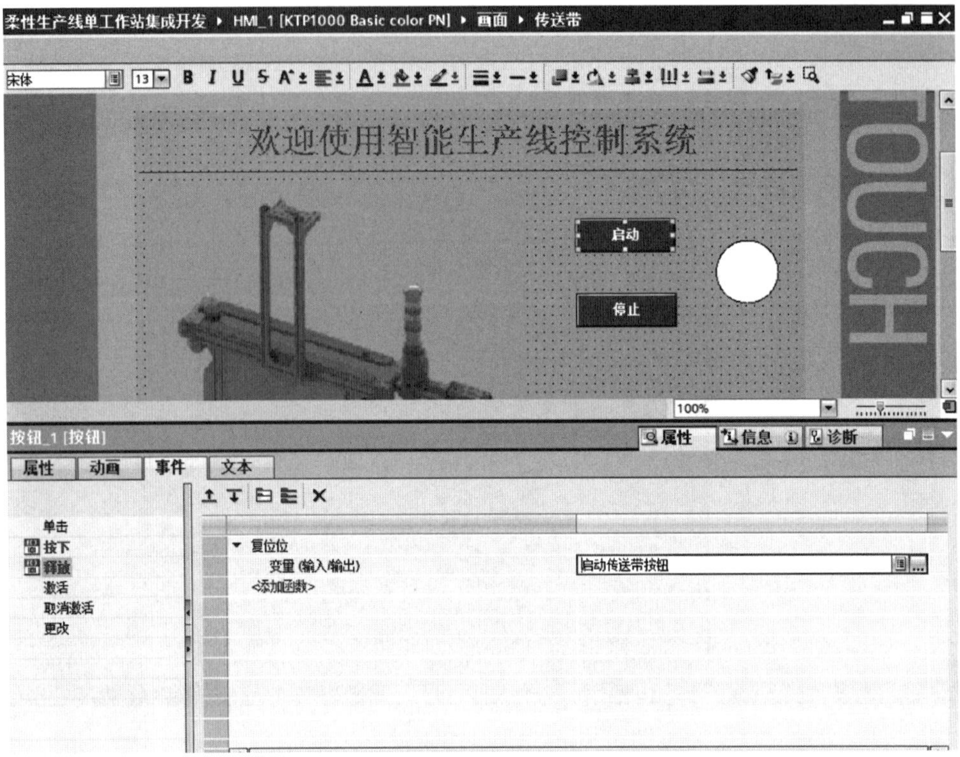

图 9-11　“启动”按钮控件的事件设置

（2）设置圆形图案控件的“动画”属性。添加显示动画，并将控件变量关联到 PLC 输出变量“传送带启动 Q2.0”，如图 9-12、图 9-13 所示。

图 9-12　圆形图案控件的变量关联

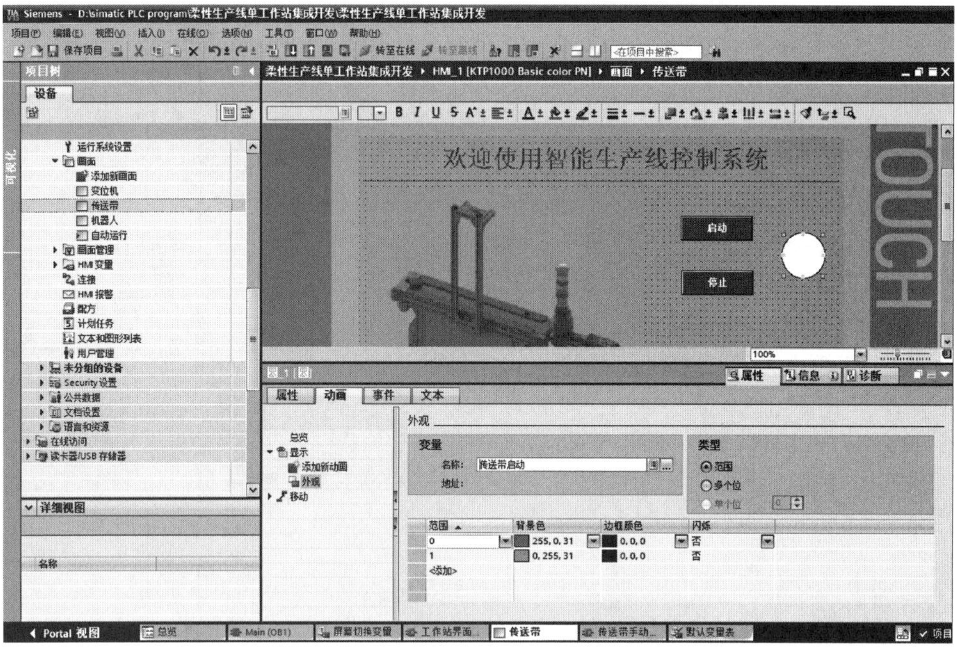

图 9-13　圆形图案控件的动画设置

(3) 设置三档速度按钮控件的“事件”属性，通过单击按钮触发事件，添加函数“设置变量”，将三个按钮的“设置变量”函数都关联到同一个变量，即“传送带速度”MW50。低速、中速、高速三个按钮的关联变量值分别设定为 1 000、2 000 和 3 000，如图 9-14 至图 9-18 所示。

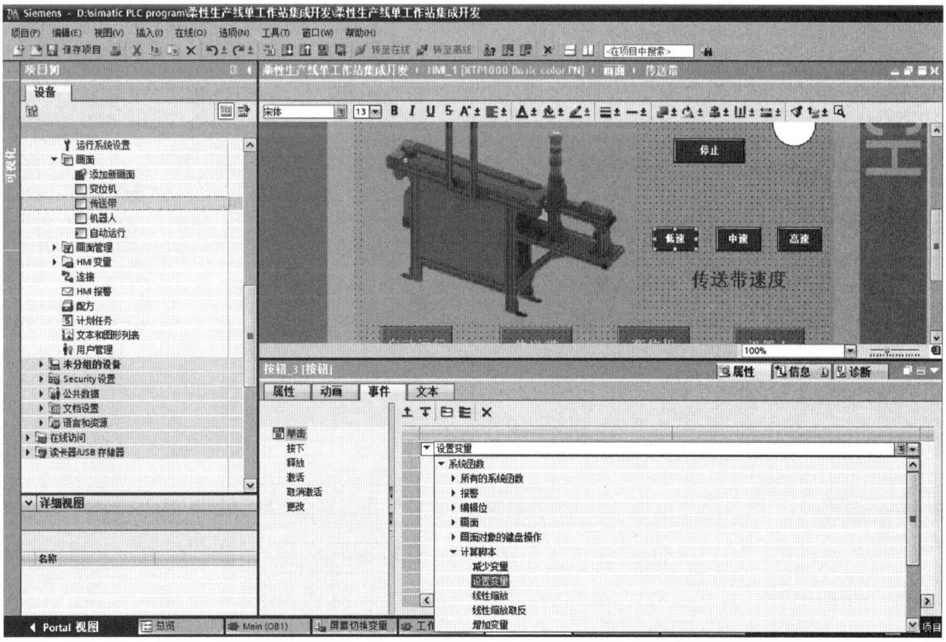

图 9-14　速度选择按钮控件的事件设置

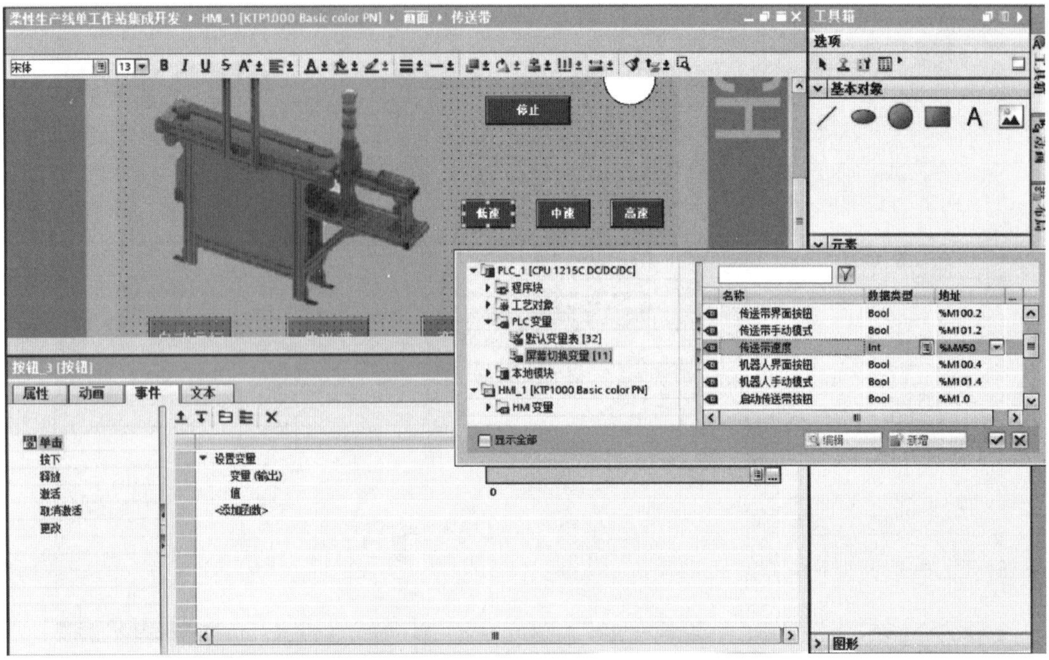

图 9-15　速度选择按钮控件的变量关联

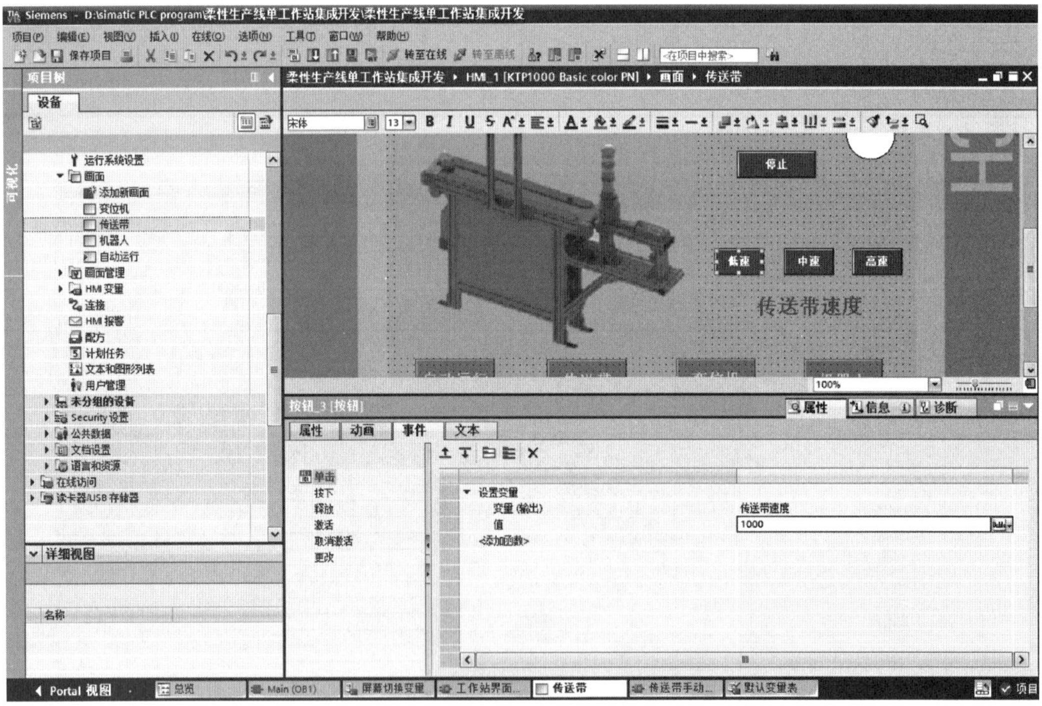

图 9-16　低速按钮控件的变量值设定

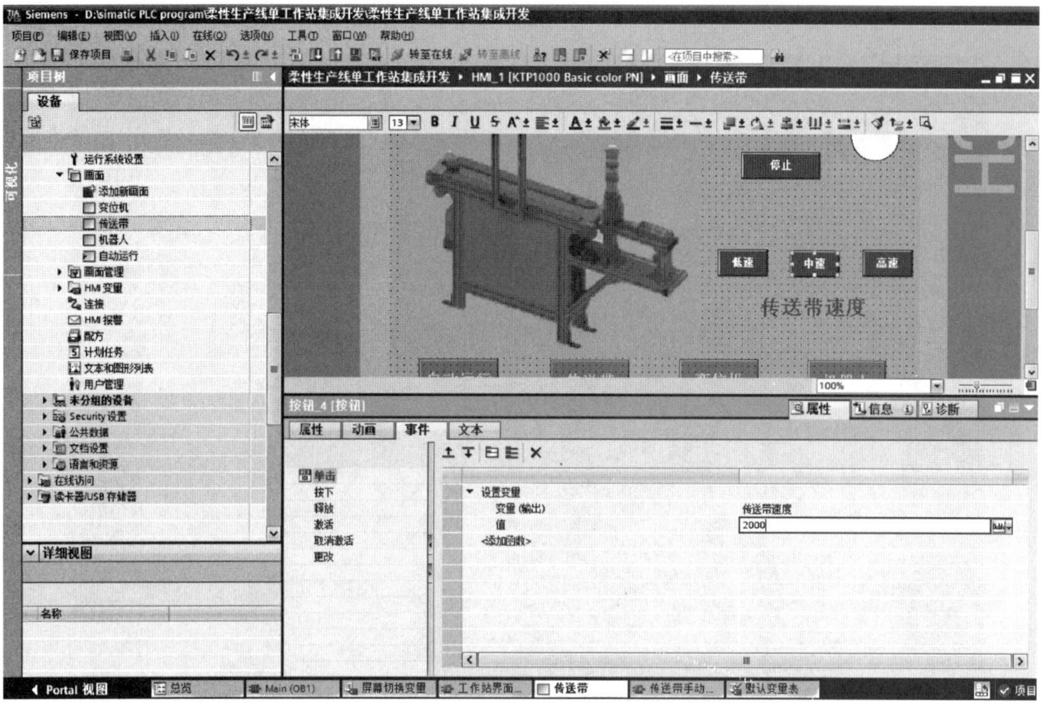

图 9-17　中速按钮控件的变量值设定

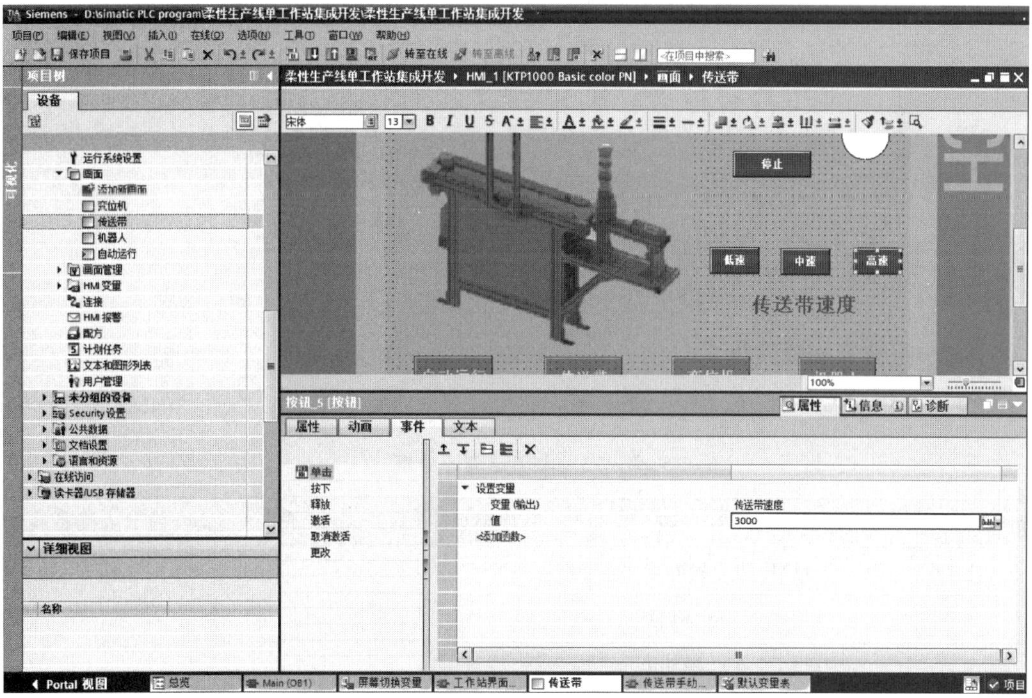

图 9-18　高速按钮控件的变量值设定

（4）下载、调试、运行后，效果如图 9-19 所示。

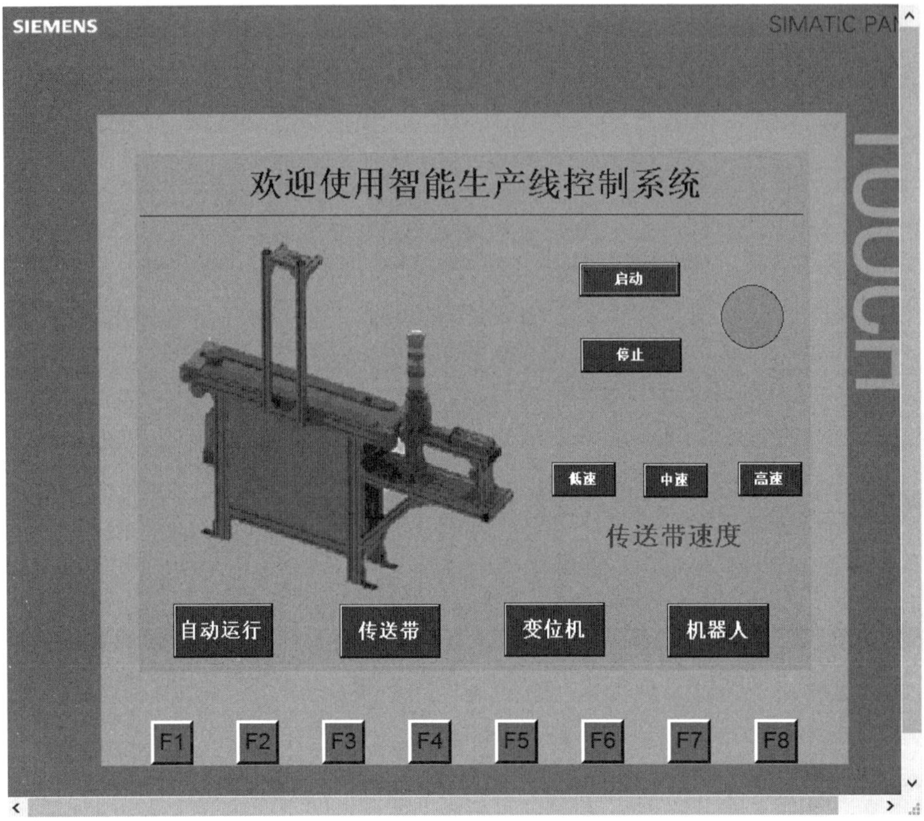

图 9-19　传送带运行效果图

9.4　评价反馈

1. 小组自查（预验收）

开展小组自查并评分，填入表 9-3。

表 9-3　小组自查评分表

序号	项目内容	完成情况	小组评分	评分人签名
1	传送带 HMI 功能界面设计			
2	实现启动、停止功能			
3	实现三档速度选择功能			

2. 项目提交（验收）

提交任务成果，教师进行评价，填入表 9-4。

表 9-4　教师检查评分表

序号	项目内容	完成情况	教师评分	教师签名
1	传送带 HMI 功能界面设计			
2	实现启动、停止功能			
3	实现三档速度选择功能			

3. 收获与反馈

请总结本任务实施的思路、实施过程中遇到的问题、解决的方法以及收获与反思。

9.5　巩固提高

（1）传送带的首尾两端分别加入一个光电传感器，用于检测传送带首尾位置是否存在物料。请在传送带功能界面上增加两个信号的状态显示灯，并开发相应程序，实时显示传送带上的物料状态。

（2）传送带的中段位置有一个光电传感器，上方有一个工业相机。要求物料到达该位置后，传送带暂停 1 秒，触发机器视觉拍照，并将物料形状检测结果反馈给 PLC，反馈完成后，传送带继续运动直到物料到达末端。

模块 10
变位机运动控制集成开发

10.1 任务描述

机械机构的运动可以通过伺服电机或步进电机驱动，经过传动机构，带动机械部件实现直线定位运动或者旋转定位运动。PLC 具有良好的运动控制功能，可以通过脉冲串输出（Pulse Train Output，PTO）等多种方式来控制伺服驱动器，从而实现对直线轴或旋转轴的伺服位置控制。变位机是一种旋转工作台机构，通过伺服电机带动变位机转轴，实现一定范围内的角度定位控制。本任务中的变位机是一个用于工件装配加工的旋转工作平台，主要的控制要求是实现变位机的伺服控制，以及工作台的气动夹具控制。

任务要求：

（1）完成变位机轴工艺对象的组态配置和调试。

（2）设计开发变位机工作台手动控制 HMI 功能界面。

（3）开发变位机运动控制 PLC 程序，实现对变位机的位置控制。

学习目标：

（1）了解伺服电机基本机构和原理。

（2）理解基本的运动控制程序指令。

（3）掌握伺服电机工艺轴组态方法。

10.2 任务分析

变位机由铝型材支架、伺服电机、伺服驱动器、减速箱、气动夹具、定位传感器等组成。通过伺服驱动实现平台的旋转定位（图 10-1）。结合用于固定和夹持工件的夹具装置，与机器人协同，辅助完成装配、打磨、焊接、抛光及喷涂等工艺。

变位机采用交流伺服电机驱动，行星减速器传动，两侧铝型材支架起到支撑和密封防护的作用。旋转平台上部，且靠近传感器的位置安装气动夹具，限制旋转行程。变位机技术参数见表 10-1。

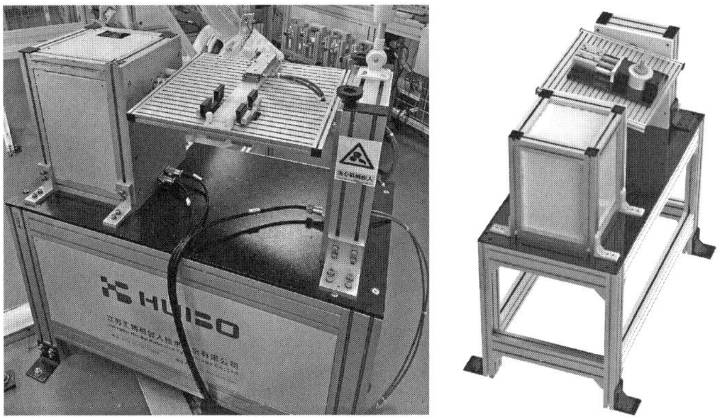

图 10-1　伺服旋转变位机

表 10-1　变位机技术参数

序号	项目	规格参数
1	行程	±45°
2	最高速度	100 mm/s
3	驱动方式	交流伺服+减速器
4	高度	与机器人配套
5	铝型材支架尺寸	1 000 mm×500 mm×610 mm

变位机界面设计首先需要设计机器人工作站变位机手动控制 HMI 功能界面。变位机 HMI 功能界面需要实现的控制任务包括气动夹具控制和变位机伺服控制。当用户点击变位机操作界面按钮时，就进入手动控制模式。气动夹具控制模块可实现对变位机夹具的手动控制，包括推杆的推出、缩回，夹具的夹紧、松开。变位机伺服控制模块可实现对变位机旋转角度的伺服位置控制，包括点动正转、反转控制、正向固定角度定位、负向固定角度定位、回零控制，以及当前角度显示。

10.3　PLC 运动控制知识储备

10.3.1　PLC 运动控制方式

根据连接和驱动方式的不同，西门子 ST1200 的运动控制可分成三种方式，如图 10-2 所示。

（1）PROFIdrive 方式：S7 - 1200 PLC 通过基于 PROFIBUS/PROFINET 的 PROFIdrive 方式与支持 PROFIdrive 的驱动器连接，进行运动控制。

（2）PTO 方式：S7-1200 PLC 通过发送 PTO 脉冲的方式控制驱动器，可以是脉冲+方向、A/B 正交，也可以是正/反脉冲的方式。

（3）模拟量（Analog）方式：S7-1200 PLC 通过输出模拟量来控制驱动器。

其中第三种方式用于电机速度控制，而第一、二种方式用于伺服位置控制。对 PLC 固件版本 V4.0 及其以下的 S7-1200 CPU 来说，运动控制只有 PTO 这一种方式，1 个 S7-1200 PLC 最多可以控制 4 个 PTO 轴。

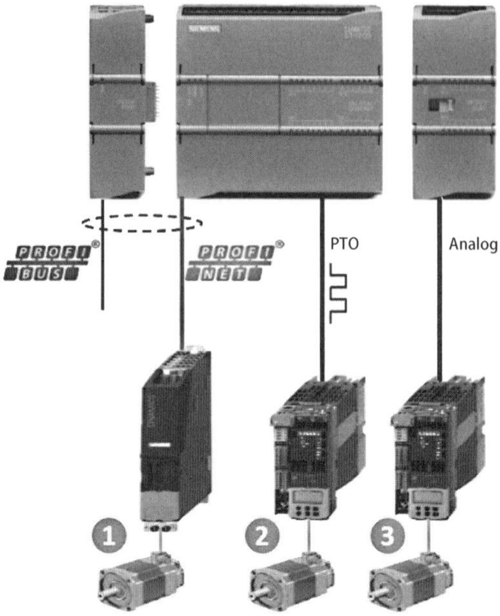

图 10-2　PLC 运动控制方式

1. PROFIdrive 方式

PROFIdrive 是通过 PROFIBUS DP 和 PROFINET I/O 连接驱动装置和编码器的标准化驱动技术配置文件。支持 PROFIdrive 配置文件的驱动装置都可根据 PROFIdrive 标准进行连接。控制器和驱动装置/编码器之间通过各种 PROFIdrive 消息帧进行通信。每个消息帧都有一个标准结构。用户可根据具体应用，选择相应的消息帧。PROFIdrive 消息帧，可传输控制字、状态字、设定值和实际值。这种控制方式可以实现闭环控制，使 PLC 通过网线连接各轴驱动器，实现伺服位置控制，如图 10-3 所示。

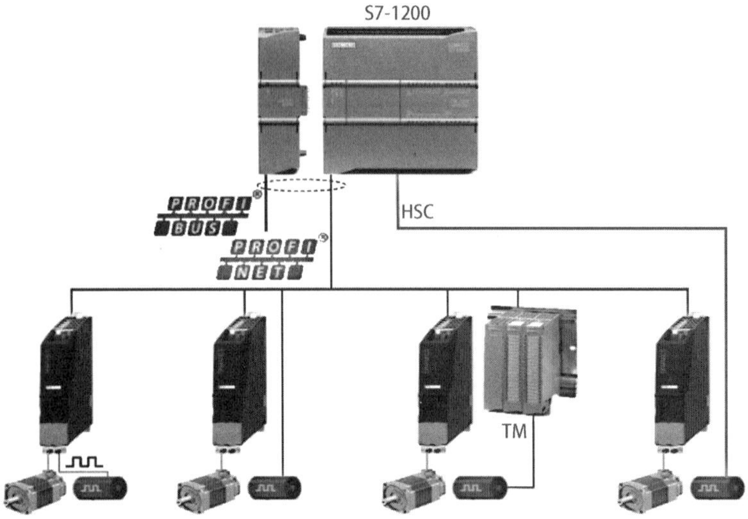

图 10-3　PROFIdrive 方式

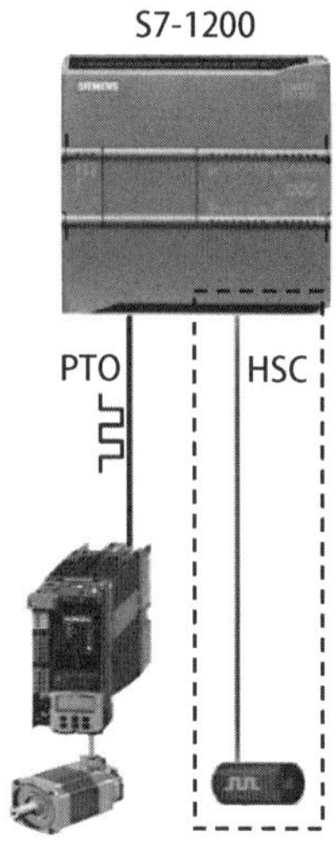

图 10-4　PTO 方式

2. PTO 方式

PTO 方式是目前为止所有版本的 S7-1200 CPU 都有的控制方式，也是目前较为常用的位置控制方式。该方式由 CPU 向轴驱动器发送高速脉冲信号以及方向信号来控制轴的运行，通过脉冲数来控制电机旋转角度。这种方式需要通过 I/O 接口中的高速脉冲输出数字量端口来连接驱动器，并且是开环控制，如图 10-4 所示。

10.3.2　工艺对象配置

PLC 对电机的伺服定位控制是 PLC 运动控制中非常重要的一类。PLC 伺服控制首先需要正确配置轴工艺对象，配置运动控制方式、伺服驱动、机械传动、参考点、限位等相关参数，然后通过运动控制函数对轴工艺对象进行运动控制。

1. 新增工艺对象

首先需要在项目树中找到 PLC 的“工艺对象”，双击“新增对象”，在对话框中选择“运动控制”，自定义需要配置的轴的名称。伺服轴用于定位控制，因此应选择的工艺轴数据类型为“TO _ PositioningAxis”，如图 10-5 所示。

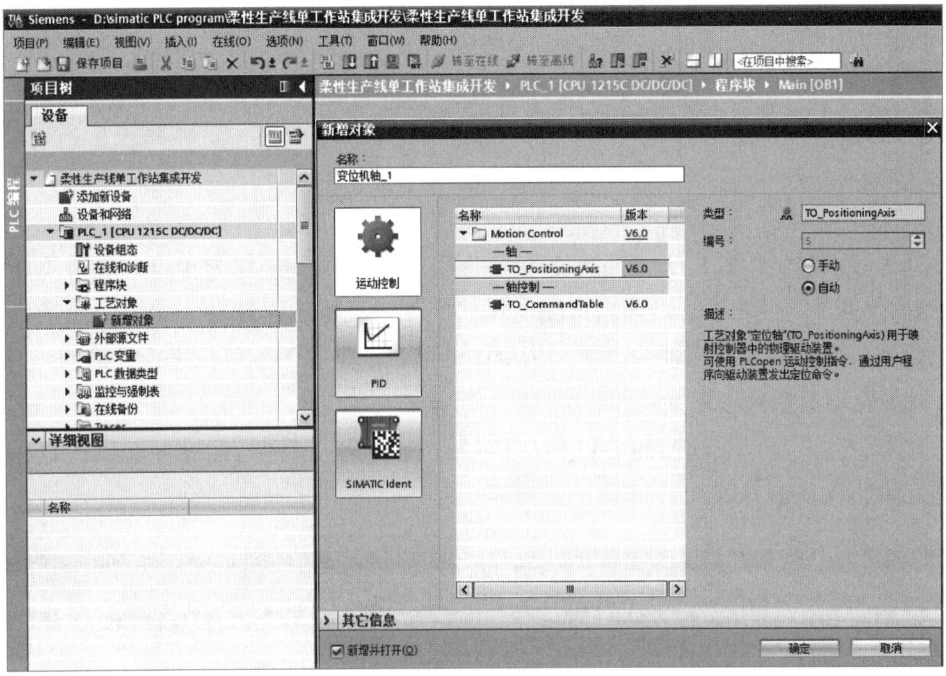

图 10-5　新增工艺对象

2. 配置工艺轴参数

工艺轴需要进行组态和参数配置，包括基本参数和扩展参数的配置。

1）基本参数配置

(1) 常规参数配置（图 10-6）。

该部分主要是定义工艺对象名称，选择运动控制方式，以及工艺对象的运动测量单位。

① 轴名称：定义该工艺轴的名称，用户可以采用系统默认值，也可以自行定义。

② 驱动器：从三种运动控制方式中选择与硬件连接对应的一种作为轴运动控制的方式。本任务采用 PTO 方式控制驱动器。

③ 测量单位：TIA Portal 软件提供了几种轴的测量单位，包括脉冲数量以及距离、角度的单位。距离有 mm（毫米）、m（米）、in（英寸）、ft（英尺）；角度是°（度）。

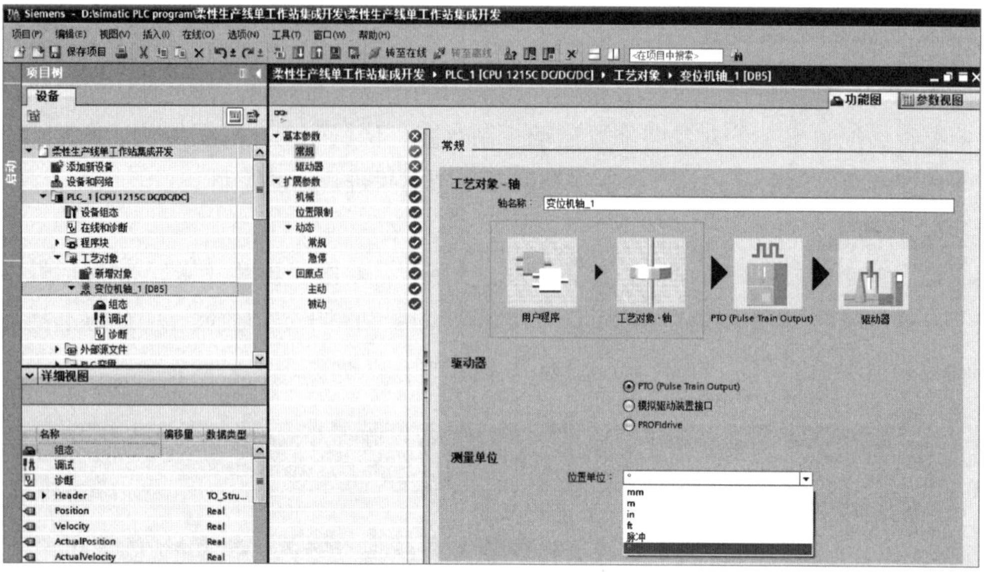

图 10-6　常规参数配置

如果是线性工作台，一般都选择线性距离 mm，m，in，ft 为单位；旋转工作台可以选择°为单位。另外不管是什么情况，用户都可以直接选择脉冲为单位。测量单位是很重要的一个参数，后面轴的参数和指令中的参数都是基于该单位进行设定的。

（2）驱动器参数（配置图 10-7）。

该部分主要是对驱动器的 I/O 接口信号进行配置，包括高速脉冲输出、脉冲方向信号和电机使能信号等。

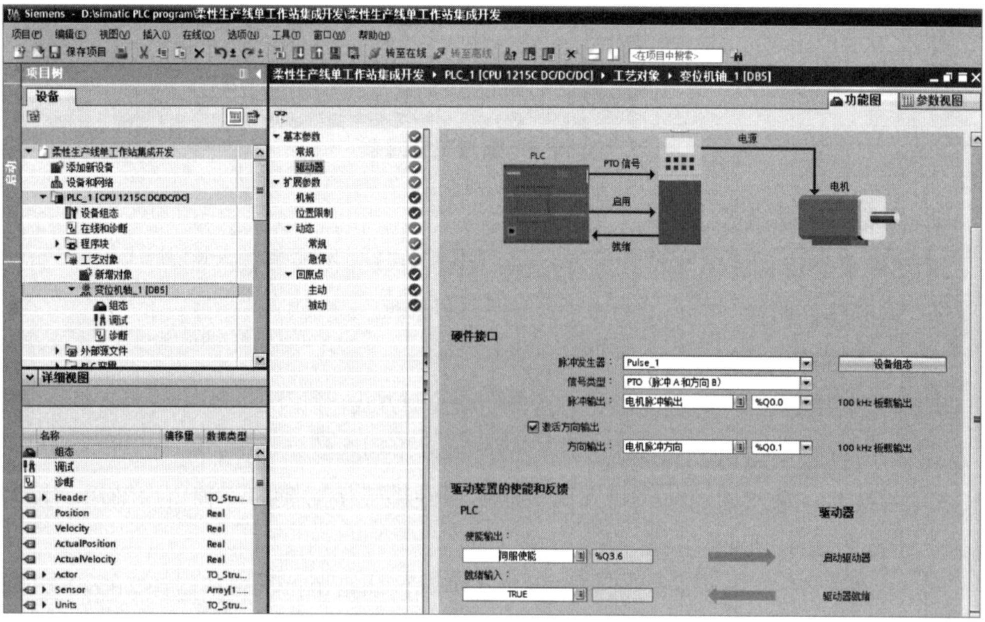

图 10-7　驱动器参数配置

① 选择脉冲发生器：选择在“设备视图”中已组态的 PTO 的脉冲输出（如“Pulse_1”）。

② 信号类型：有 PTO（脉冲 A 和方向 B）、PTO（正数 A 和倒数 B）、PTO（A/B 相移）和 PTO（A/B 相移-四倍频）4 种。根据驱动器信号类型进行选择。

PTO（脉冲 A 和方向 B）方式是比较常见的“脉冲＋方向”方式，其中 A 点用来产生高速脉冲串，B 点用来控制轴运动的方向。通常选择 PTO（脉冲 A 和方向 B）方式时，用 PLC 的一对高速输出信号，如 Q0.0，Q0.1 分别作为脉冲数和脉冲方向的输出控制信号。

③ 脉冲输出：根据实际配置，自由定义脉冲输出点地址，或选择系统默认脉冲输出点。

④ 激活方向输出：即是否使能方向控制位。如果在上一步选择了 PTO（正数 A 和倒数 B）、PTO（A/B 相移）或是 PTO（A/B 相移－四倍频），则该处是灰色的，用户不能进行修改。

⑤ 方向输出：根据实际配置，自由定义方向输出点，或选择系统默认方向输出点。也可以去掉方向控制点，在这种情况下，用户可以选择其他输出点作为驱动器的方向信号。

⑥ 设备组态：点击该按钮可以跳转到“设备视图”，方便用户回到 CPU 设备属性修改组态。

⑦ 选择使能输出：步进或是伺服驱动器一般都需要一个使能信号，该使能信号的作用是让驱动器通电。在这里用户可以组态一个 DO 点作为驱动器的使能信号。如果有些驱动器不需要专门的使能信号，也可以不配置使能信号，值为空。

⑧ 选择就绪输入：驱动器在接收到驱动器使能信号准备执行运动时，会向 CPU 发送“驱动器准备就绪”（Drive Ready）信号。这时，在选项框处可以选择一个 DI 点作为输入 PLC 的信号；如果驱动器不包含此类型的任何接口，则无须组态这些参数。这种情况下，默认驱动器已就绪，可输入 TRUE 值。

2）扩展参数

（1）机械参数配置（图 10-8）。

扩展参数主要设置轴的脉冲数与轴移动距离的参数对应关系。这部分的配置跟驱动器和机械结构的传动参数是紧密关联的。不同的机械结构对象所设置的值是不一样的，需要结合伺服驱动器设置的脉冲数、电子齿轮比以及机械结构的传动比、螺距等参数来计算配置。

① 电机每转的脉冲数：表示电机旋转一圈需要接收多少个脉冲。该数值是根据用户的电机参数进行设置的。

在脉冲输出中，PLC 1200 的高速脉冲输出频率为 100 kHz，也就是相当于每秒钟最多能发送 100 000 个脉冲。假如伺服电机的最高转速为 3 000 r/min，即 50 r/s，也就是电机最高速为每秒钟转 50 圈，那么 PLC 每圈脉冲数不能设置超过 100 000/50＝2 000 个。具体要设置多少，还需要根据电机编码器分辨率，以及驱动器中设置的脉冲

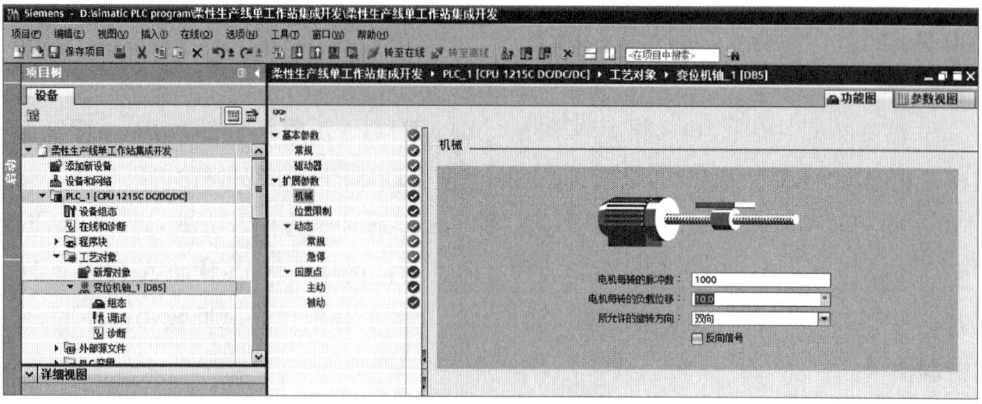

图 10-8　机械参数配置

数、机械传动比和电子齿轮比来匹配和确定。电机每转的脉冲数设定好后，电机驱动器就会根据这个值，收到相应的脉冲，即让电机转一圈，PLC 程序也会以发送脉冲认定电机转了一圈。

② 电机每转的负载位移：表示电机每旋转一周，机械装置移动的距离。对于直线轴，即电机每转一周该轴机械装置平移了多少毫米；对于旋转轴，即电机每转一周该轴机械装置旋转了多少度。因为从电机到负载机械执行机构中间可能存在减速器等传动机构，因此需要计算配置。减速比如果是 30∶1，也就是电机转一圈，负载实际上转 12°。运动指令中的"Distance"指的是电机旋转的位移，减速比是由硬件决定的，不会变化，算出的每转负载位移为 12°。

电机每转的脉冲数和电机每转的负载位移两个参数是相互关联的。电机每转的脉冲数是程序计算电机转一圈的依据。假设驱动器中的电子齿轮比为 1∶1，先不考虑电机编码器的分辨率，梳理一下这两个参数的关系。比如，设定了 2 000 个脉冲转一圈，电机移动 10 mm，减速比为 2∶1，此时电机每转的负载位移应设置为 5 mm，实际负载位移为 5 mm。那么用户如果在程序中通过指令让目标移动 5 mm，电机就会收到 PLC 发送的 2 000 个脉冲。但将电机每转的负载位移设为 10 mm 时，即没有减速比，如果目标还是走 5 mm，那么 PLC 只需要发 1 000 个脉冲给电机就可以了。实际上，机构的减速比是客观存在的，不可改变的，软件默认发 1 000 个脉冲就移动 5 mm，而实际负载通过减速比只移动 2.5 mm。

如果是直线轴，需要知道丝杠的螺距，即丝杠每转一圈，带动工作台直线移动的距离，同时还需要知道机械装置的传动比和伺服驱动器上设置的电子齿轮比，从而通过设置"每转发送的脉冲数"，配置出机械部件的脉冲当量，即每发一个脉冲，负载所移动的直线距离，或者转过的角度值。"每转发送的脉冲数"配置的值必须要和伺服驱动器中所设置的实际脉冲数匹配。具体的匹配关系如下：

对线性移动轴来说，

$$\frac{\text{电机每转脉冲数}\times\text{电子齿轮比}}{\text{机械总传动比(减速比)}}=\text{电机编码器分辨率}\times\frac{\text{电机每转负载位移(线性)}}{\text{丝杠螺距}}$$

对旋转移动轴来说，

$$\frac{\text{电机每转脉冲数}\times\text{电子齿轮比}}{\text{机械总传动比(减速比)}}=\text{电机编码器分辨率}\times\frac{\text{电机每转负载位移(角度)}}{360}$$

例如，配置一个用于控制滚珠丝杠直线轴运动的工艺对象，伺服驱动器的基本参数如下：伺服电机编码器分辨率为 131072pulses/rev（17 线），伺服电机驱动器电子齿轮已设置为 900∶1，减速机减速比为 3∶1，同步带减速比为 1.5∶1，滚珠丝杠导程为 5 mm。应该如何配置“电机每转的脉冲数”和“电机每转的负载位移”?

为了方便计算，由编码器分辨率可先设定“电机每转的脉冲数”为 1 310，然后根据线性移动轴的匹配原则来计算“电机每转的负载位移”。机械总传动比 $i=4.5:1$ [（3×1.5）∶1]，根据匹配公式计算：

$$\frac{1\,310\times 900}{3\times 1.5}\approx 131\,072\times\frac{\text{电机每转负载位移}}{5}$$

电机每转负载位移＝10，因此此处应将“电机每转的负载位移”设置为 10 mm。

③ 所允许的旋转方向：电机允许的旋转方向有双向、正方向和负方向。如果尚未在 PTO（脉冲 A 和方向 B）模式下激活脉冲发生器的方向输出，则可选择的方向只有正方向和负方向。

④ 反向信号：如果使能信号为反向，则当 PLC 端正向控制电机时，电机实际是反向旋转。

（2）位置限制参数配置（图 10-9）。

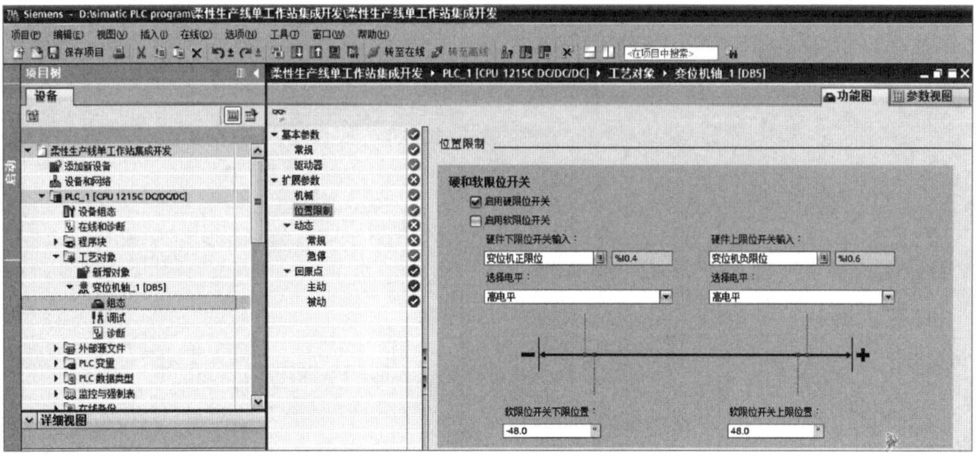

图 10-9　变位机位置限制参数配置

① 勾选“启用硬限位开关”，采用硬件传感器作为硬限位信号。在“硬件上/下限位开关输入”下面要给出两个硬限位的传感器输入地址和信号名称。

②“选择电平”要根据硬限位传感器的触发类型，如果是 PNP 类型常开接法，应选择“高电平”，即当信号为高电平（信号值为“1”）时有效，触发限位报警；如果

是 PNP 类型常闭接法，应选择“低电平”，即当信号为低电平（信号值为“0”）时有效，触发限位报警。

③ 勾选“启用软限位开关”，将具体坐标值作为软限位位置。在“软限位开关上/下限位置”下面要给出两个软限位的具体坐标值。在这两个坐标值范围内为工作行程，超出两个坐标位置以外的区域为超限位置。

(3) 动态参数配置（图 10-10、图 10-11）。

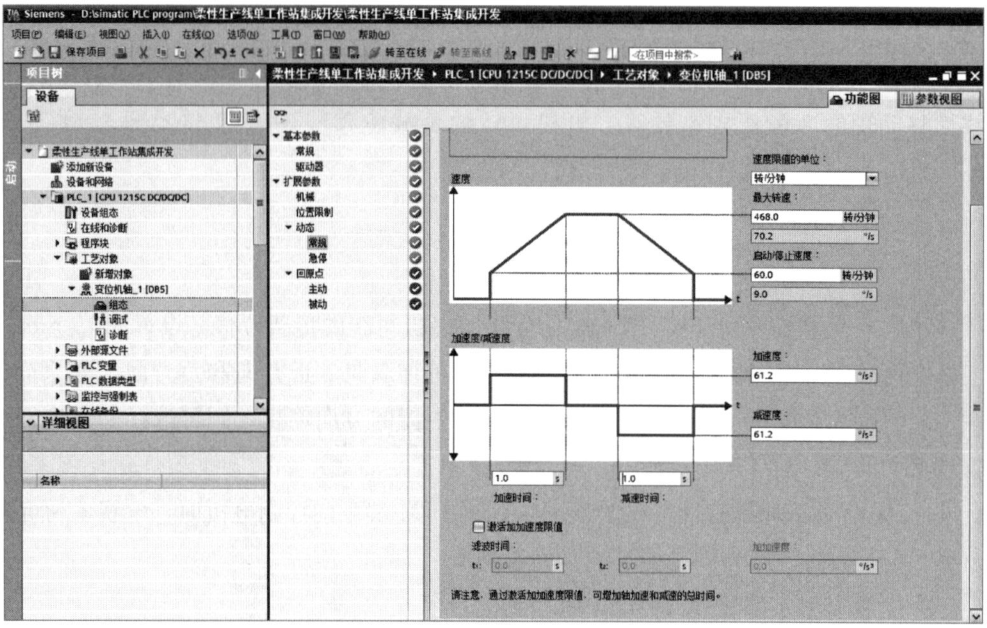

图 10-10　动态常规参数配置

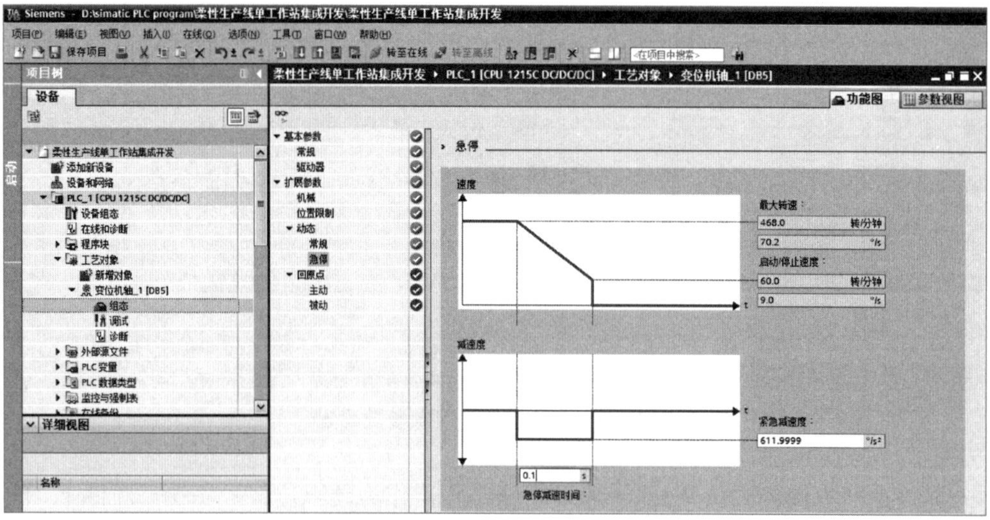

图 10-11　动态急停参数配置

① 速度限制的单位：设置参数“最大转速”和“启动/停止速度”的显示单位。无

论“基本参数”—“常规”中的“测量单位”组态了怎样的单位，在这里有两种显示单位是默认可以选择的，包括“脉冲/s”和“转/分钟”。根据前面“测量单位”的不同，这里可以选择的选项也不同。比如：若在“基本参数”—“常规”中的“测量单位”组态了 mm，则除了“脉冲/s”和“转/分钟”之外，显示单位还可选择 mm/s。

② 最大转速：这也是一个重要参数，用来设定电机最大转速。最大转速由 PTO 输出的最大频率和电机允许的最大速度共同限定。

在“扩展参数”—“机械”中，用户定义了电机每转的脉冲数以及电机每转的负载位移，则最大转速的计算公式如下：

最大转速＝PTO 输出最大频率/电机每转的脉冲数
＝100 000/电机每转的脉冲数

本任务中由于工艺对象为旋转轴，位移单位为°，电机每转的脉冲数为 12 800，因此，

最大转速＝100 000/12 800＝7.8 r/s＝468 r/min

由于电机每转负载位移被设置为 9°，因此最大转速也可以表达为 78.2°（7.8×9＝78.2）。

③ 启动/停止速度：根据电机的启动/停止速度来设定该值。

④ 加速度：根据电机和实际控制要求设置加速度。

⑤ 减速度：根据电机和实际控制要求设置减速度。

⑥ 加速时间：如果用户先设定了加速度，则加速时间由软件自动计算生成。用户也可以先设定加速时间，这样加速度由系统自己计算。

⑦ 减速时间：如果用户先设定了减速度，则减速时间由软件自动计算生成。用户也可以先设定减速时间，这样减速度由系统自己计算。

⑧ 激活加加速度限值：激活加加速度限值，可以降低电机在斜坡上运行时加速和减速施加到机械上的应力。如果激活了加加速度限值，则电机不会突然停止轴加速和轴减速，而是根据设置的步进或平滑时间逐渐调整。

⑨ 滤波时间：如果用户先设定了加加速度，则滤波时间由软件自动计算生成。用户也可以先设定滤波时间，这样加加速度由系统自己计算。

（4）回原点参数配置（图 10-12）。

① 输入原点开关：设置原点开关传感器的 DI 输入点。

② 选择电平：选择原点开关的有效电平，也就是当轴碰到原点开关时，确定该原点开关对应的 DI 点是高电平还是低电平。

③ 允许硬件限位开关处自动反转：如果轴在回原点的一个方向上没有碰到原点，则需要选择该选项，这样轴可以自动调头，向反方向寻找原点。

④ 逼近/回原点方向：寻找原点的起始方向。也就是说触发了寻找原点的功能后，轴向正方向或是负方向开始寻找原点。

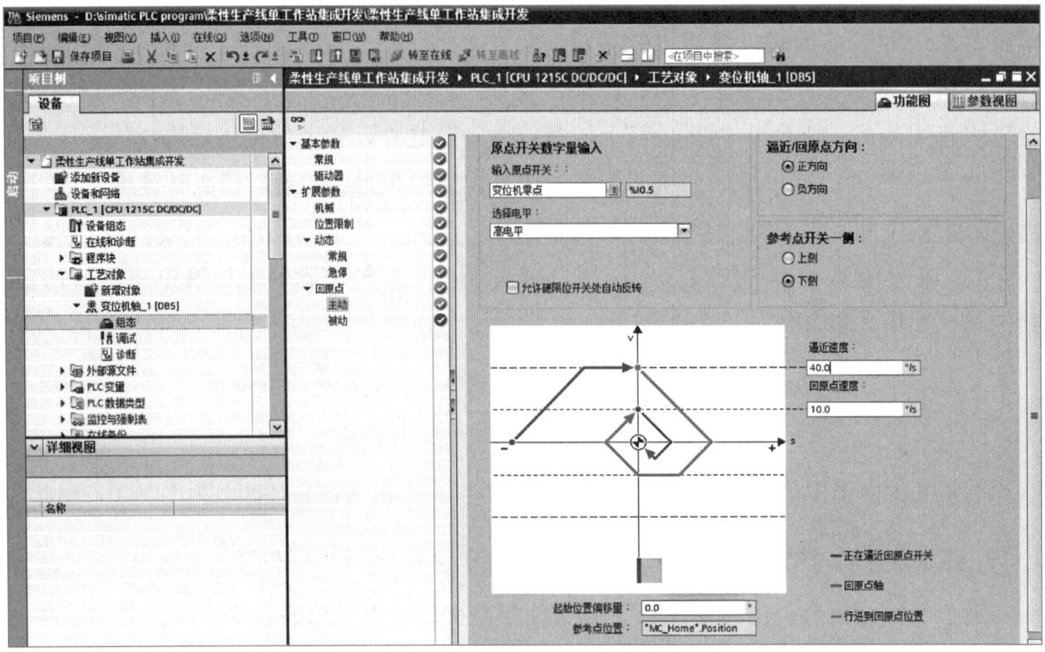

图 10-12　主动回原点参数配置

如果知道轴和参考点的相对位置，可以合理设置逼近/回原点方向来缩短回原点的路径。以图 10-13 中的负方向为例，触发回原点命令后，轴需要先运行到左边的限位开关，掉头后继续向正方向寻找原点开关。

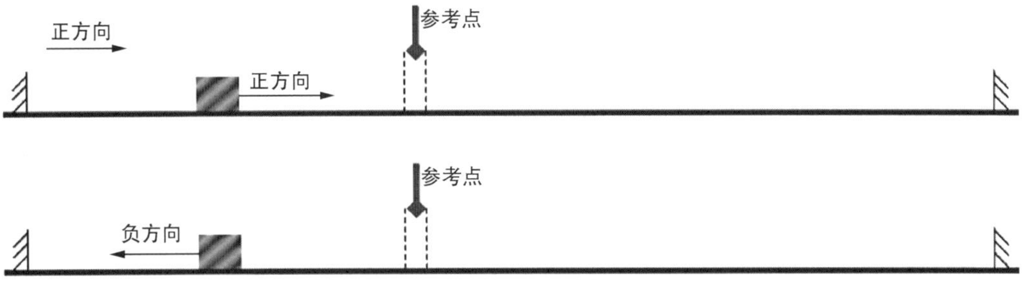

图 10-13　回零方向示意

⑤ 参考点开关一侧：轴回零的过程首先是碰到原点开关传感器，然后开始寻址轴的零脉冲点，以最终确定参考点位置。寻址零脉冲可以正向转动到达零脉冲点，也可以反向转动到达零脉冲点，两个方向所确定的参考点位置是不同的，分别在原点开关的上侧与下侧。无论用户设置寻找原点的起始方向为正方向还是负方向，轴最终停止的位置取决于上侧或下侧，如图 10-14 所示。

⑥ 逼近速度：寻找原点开关的起始速度。当程序中触发了“MC _ Home”指令后，轴立即以逼近速度运行来寻找原点开关。

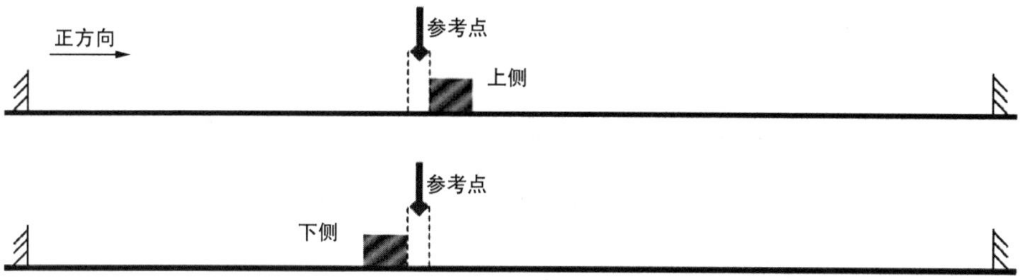

图 10-14　参考点位置

⑦ 参考速度：参考速度是最终接近原点开关，寻址轴的零脉冲的速度。触发了“MC _ Home”指令后，轴立即以逼近速度运行来寻找原点开关；当轴碰到原点开关的有效边沿后轴从逼近速度切换到参考速度来最终完成原点定位。参考速度要小于逼近速度，参考速度和逼近速度都不宜设置得过快。应在可接受的范围内，设置较慢的速度值。

⑧ 起始位置偏移量：该值不为“0”时，轴会在离原点开关有一段距离（该距离值就是偏移量）时停下来，把该位置标记为原点位置值。该值为“0”时，轴会停在原点开关参考点处。

⑨ 参考点位置：该值就是原点位置值。

如图 10-15 至图 10-18 所示为轴主动回原点的执行过程，根据轴与原点开关的相对位置，分成四种情况：轴在原点开关负方向、轴在原点开关正方向、轴刚执行过回原点指令以及轴在原点开关的正下方。

第一种情况：轴在原点开关负方向，如图 10-15 所示。

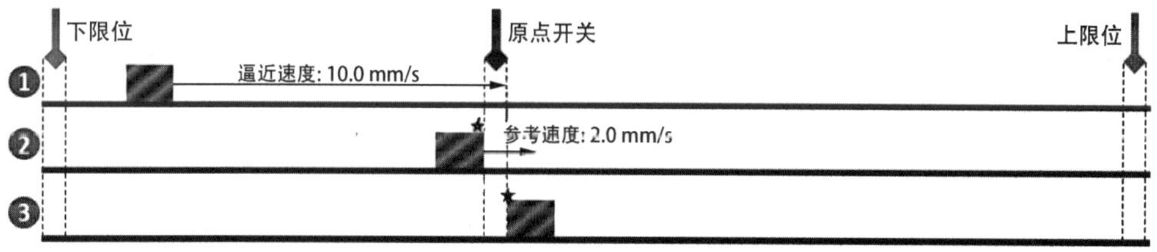

图 10-15　正向回原点示例 1

① 当程序以“Mode＝3”触发“MC _ Home”指令时，轴立即以“逼近速度：10. 0 mm/s”向右（正方向）运行寻找原点开关；

② 当轴碰到参考点的有效边沿，将运行速度切换为“参考速度：2. 0 mm/s”，继续运行；

③ 当轴的左边沿与原点开关有效边沿重合时，轴完成回原点动作。

第二种情况：轴在原点开关正方向，如图 10-16 所示。

① 当轴在原点开关的正方向（右侧）时，触发主动回原点指令，轴以“逼近速度”运行直到碰到右限位开关。如果在这种情况下，用户没有选择“允许硬限位开关处自动反转”选项，则轴因错误取消回原点动作并按急停速度使轴制动；如果用户选择了

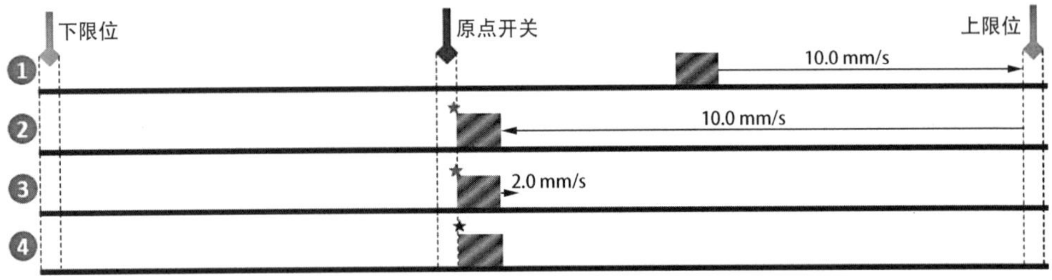

图 10-16　正向回原点示例 2

该选项，则轴将以组态的减速度减速（不是以紧急减速度）运行，然后反向运行，继续寻找原点开关；

② 轴掉头后继续以“逼近速度”向负方向寻找原点开关的有效边沿；

③ 原点开关的有效边沿是右侧边沿，当轴碰到原点开关的有效边沿后，将速度切换成“参考速度”，最终完成定位。

第三种情况：轴已经回原点，再次触发原点，如图 10-17 所示。

轴本身已回零完成，再次执行回零时，轴会以“逼近速度”正向移动，直到碰到右限位开关为止，之后的过程和第二种情况一致。

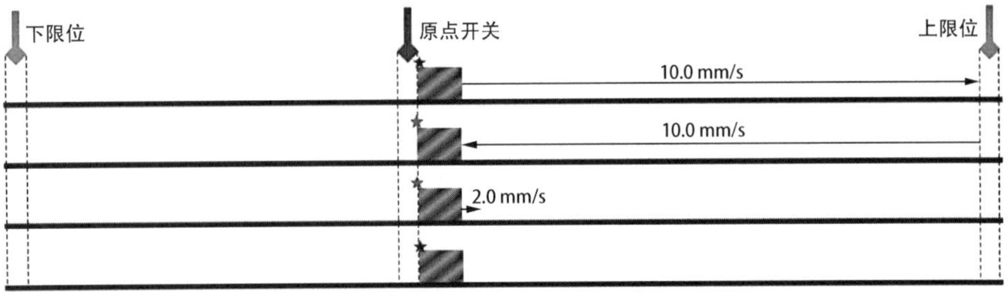

图 10-17　正向回原点示例 3

第四种情况：轴在原点开关正下方，如图 10-18 所示。

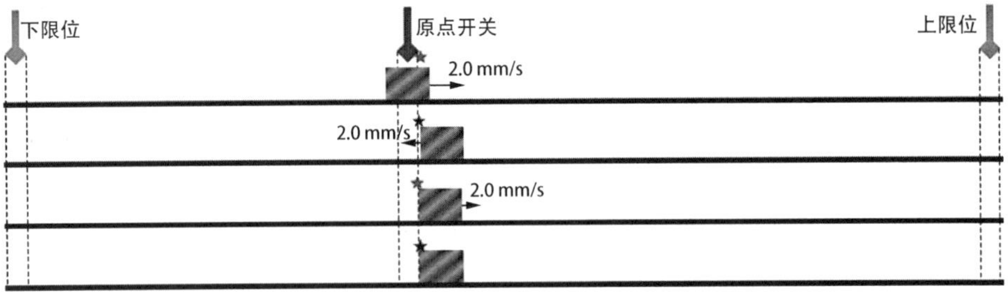

图 10-18　正向回原点示例 4

这种情况是轴在硬件零位传感器位置，但轴未在零脉冲位置，此时，轴会以“参考速度”寻址零脉冲，最终完成定位。

3. 调试与诊断

调试面板是 S7-1200 运动控制中一个很重要的工具，用户在组态了工艺轴，并把实体的机械硬件设备搭建好之后，可以先用“轴控制面板”来测试 TIA Portal 软件中关于轴的参数和实际硬件设备接线安装等是否正确，然后再调用运动控制指令编写程序。

如图 10-19 所示，每个“To _ PositioningAsix”工艺对象都有一个“调试”选项，点击后可以打开“轴控制面板”。

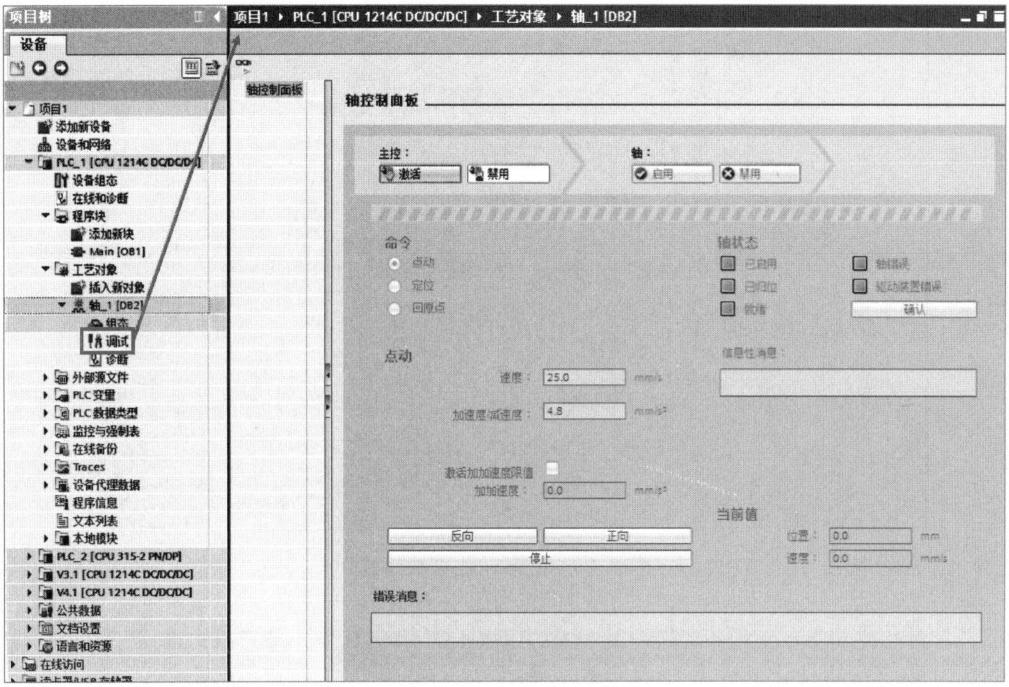

图 10-19 工艺轴调试面板

当用户准备激活控制面板时，TIA Portal 软件会提示用户，在更改到手动控制模式前，务必注意人员及设备安全，如图 10-20 所示。

当激活了“轴控制面板”，并且正确连接到 S7-1200 CPU 后，用户就可以用控制面板对轴进行正负方向的点动测试，如图 10-21 所示为轴控制面板的主要区域和功能。

① 轴的启用和禁用：相当于“MC _ Power”指令的“Enable”端。

② 命令：命令分成三大类，点动、定位和回原点。定位包括绝对定位和相对移动功能。回原点可以实现 Mode 0（绝对式回原点）和 Mode 3（主动回原点）功能。

③ 参数：根据不同的运动命令，设置运行速度、加/减速度和距离等参数。

④ 操作：每种运动命令的正/反方向设置、停止等操作。

⑤ 轴的状态位：包括了是否有回原点完成位。

⑥ 错误确认按钮：相当于“MC _ Reset”指令的功能。

⑦ 轴的当前值：包括轴的实时位置和速度值。

当激活了“轴控制面板”并且正确连接到 S7-1200 CPU 后，用户也可以用控制面板对轴进行回零测试，如图 10-22 所示。

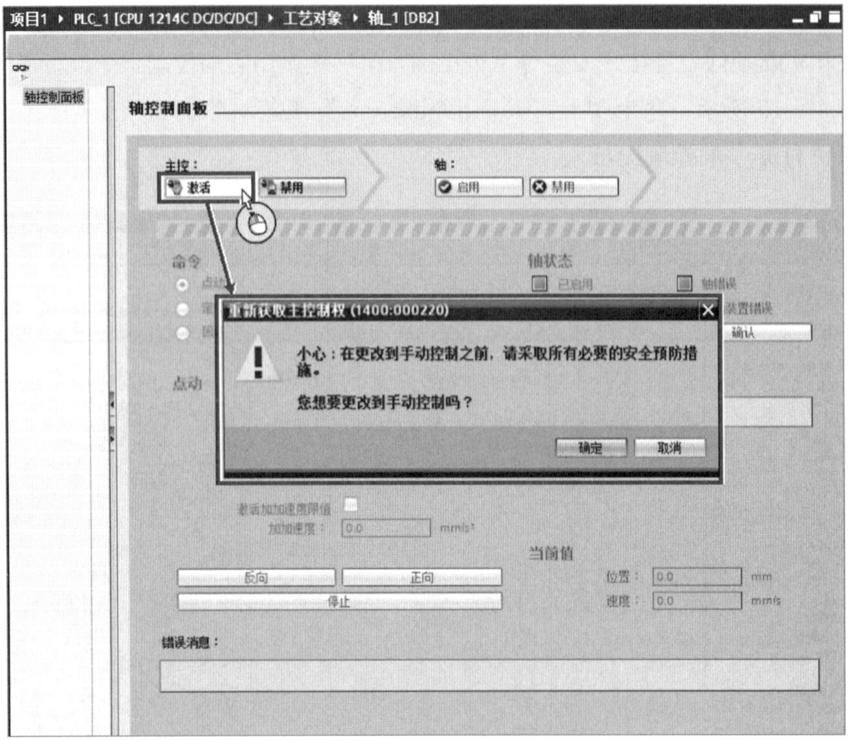

图 10-20　激活调试控制面板

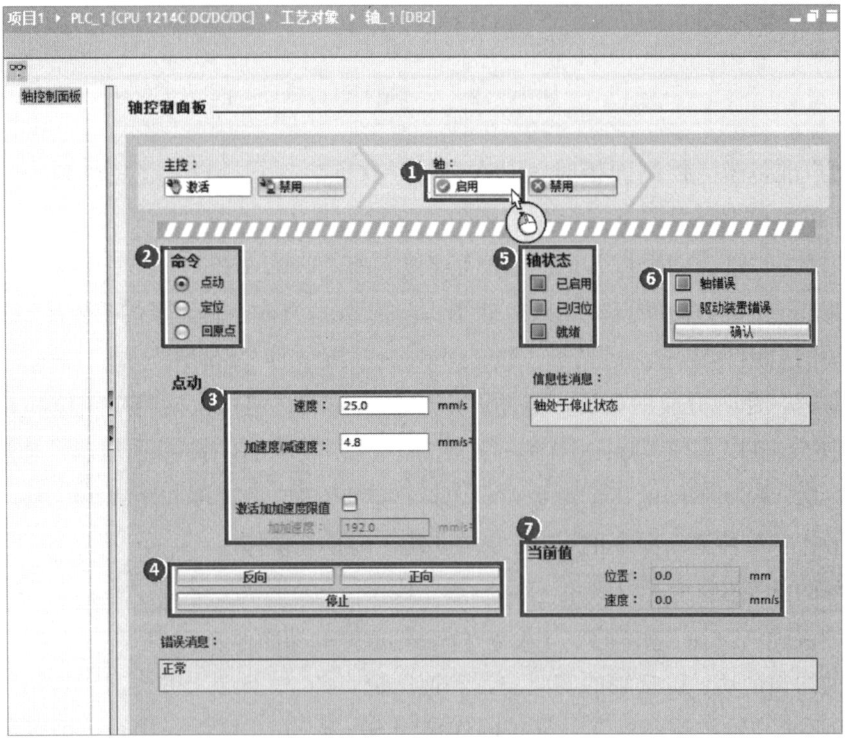

图 10-21　轴控制面板的主要区域和功能

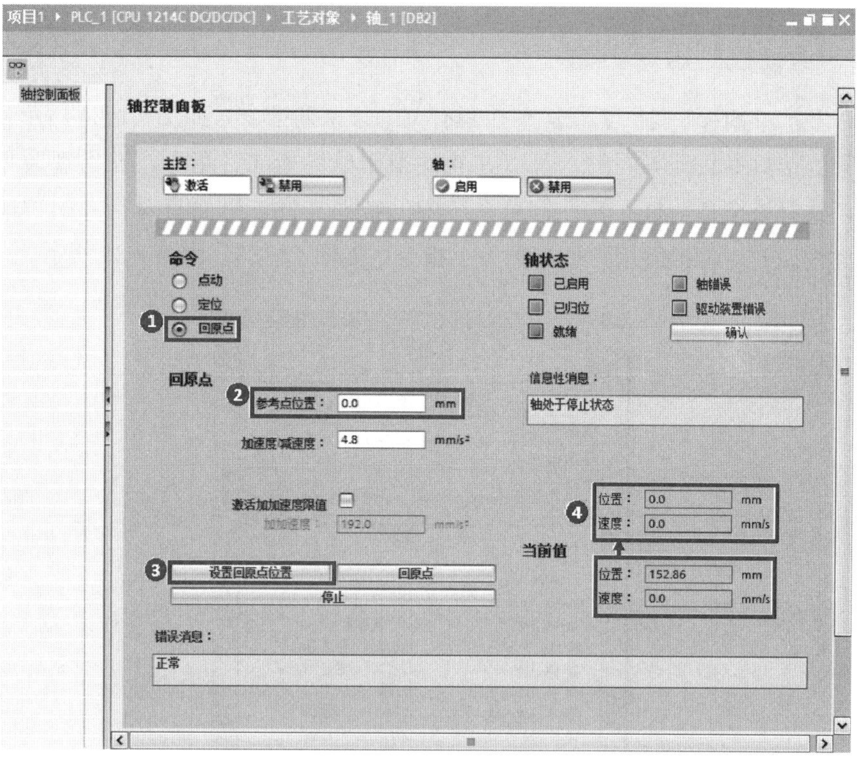

图 10-22　回零调试功能

用“轴调试面板”进行调试时，可能会遇到轴报错的情况，用户可以参考“诊断”中的信息来定位报错原因，如图 10-23 所示。

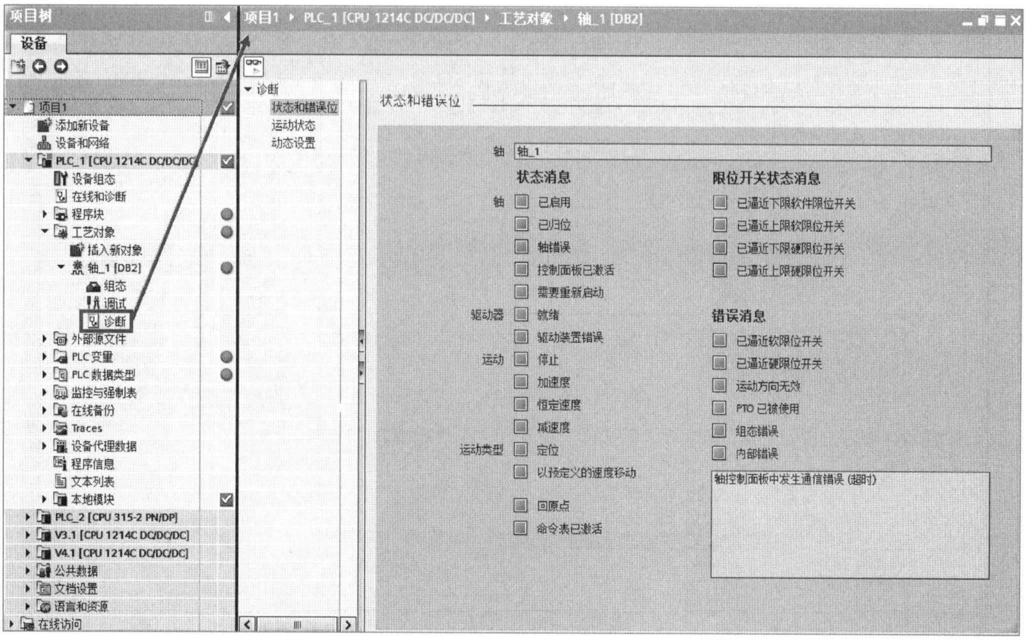

图 10-23　工艺轴诊断信息

10.3.3 运动控制指令功能

TIA Portal Step7 提供了跟运动控制有关的一系列指令，如图 10-24 所示。每一个运动指令的接口参数是不同的，可以在软件中用鼠标指向各指令，在出现黄色的指令信息时，选择该信息，打开软件信息系统中的帮助文件，里面有对指令的功能及接口参数的详细说明，可帮助用户使用每一个指令，如图 10-25、图 10-26 所示。

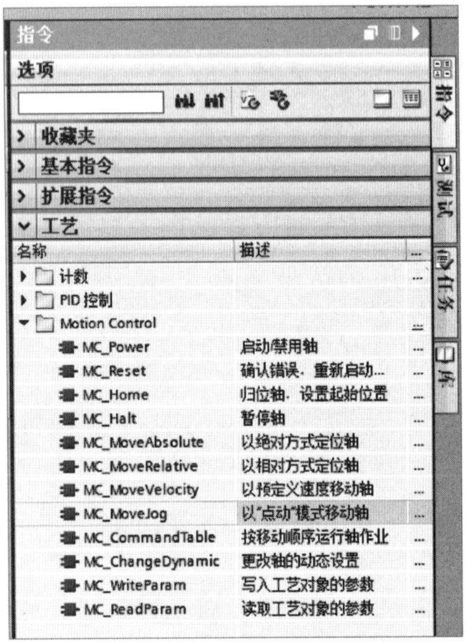

图 10-24 运动控制指令

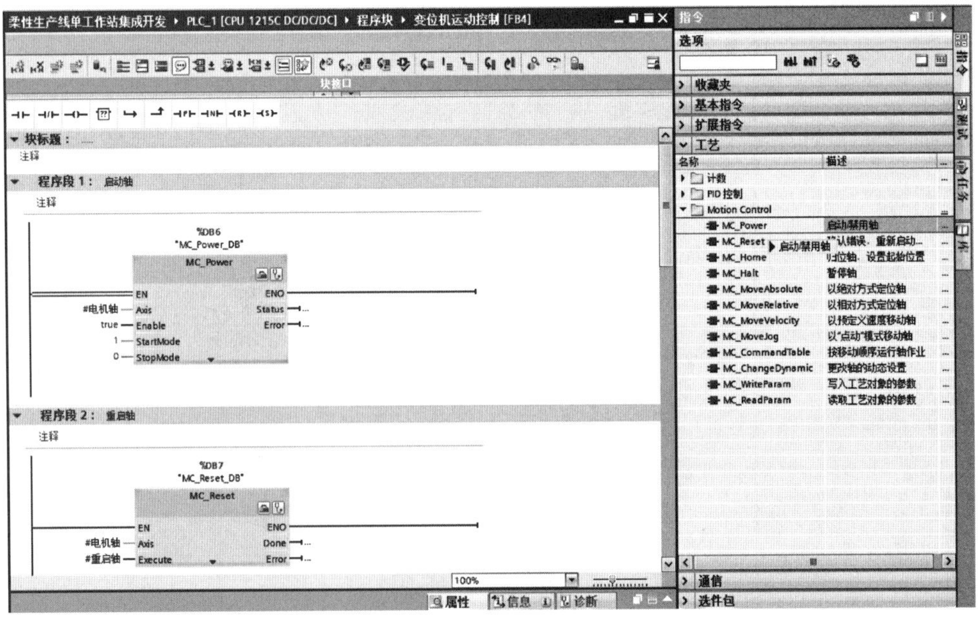

图 10-25 指令检索

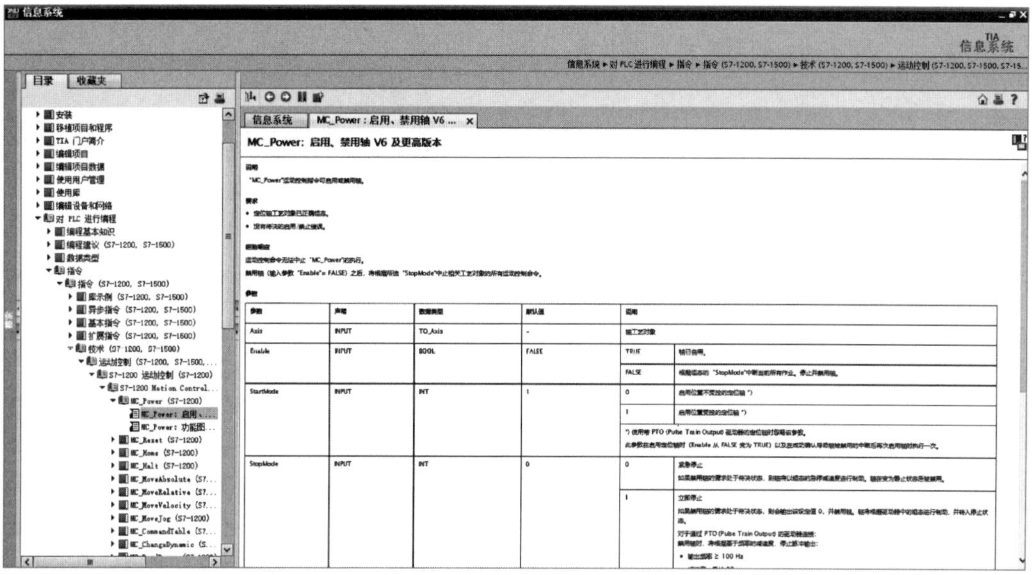

图 10-26　指令说明信息

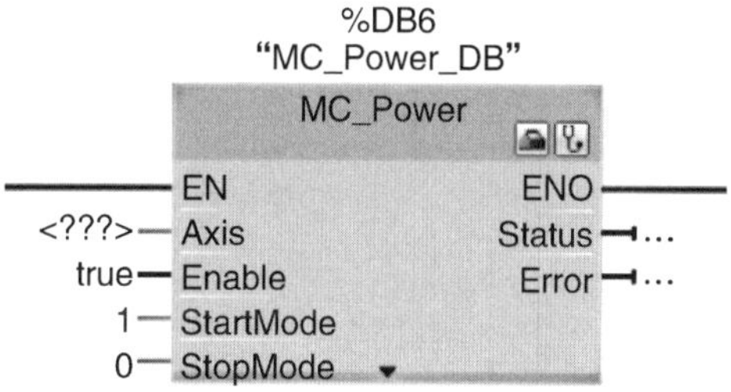

图 10-27　启用、禁用轴指令

1. MC _ Power

启用、禁用轴指令（图 10-27）。

指令功能："MC _ Power"运动控制指令可启用或禁用轴。

指令接口参数："MC _ Power"指令接口参数的说明见表 10-2。

表 10-2　"MC _ Power"指令接口参数说明

参数	声明	数据类型	默认值	说明		
Axis	INPUT	TO _ Axis	—	轴工艺对象		
Enable	INPUT	Bool	FALSE	TRUE	轴已启用	
				FALSE	停止并禁用轴	
StartMode	INPUT	Int	1	0	启用位置不受控的定位轴	使用带 PTO 驱动器的定位轴时忽略该参数； 此参数在启用定位轴时（Enable 从 FALSE 变为 TRUE）以及在成功确认导致轴被禁用后再次启用轴时执行一次
				1	启用位置受控的定位轴	

（续表）

<table>
<tr><th>参数</th><th>声明</th><th>数据类型</th><th>默认值</th><th colspan="3">说明</th></tr>
<tr><td rowspan="3">StopMode</td><td rowspan="3">INPUT</td><td rowspan="3">Int</td><td rowspan="3">0</td><td>0</td><td colspan="2">紧急停止：
如果禁用轴的请求处于待决状态，则轴将以组态的急停减速度进行制动。轴在变为静止状态后被禁用</td></tr>
<tr><td>1</td><td colspan="2">立即停止：
如果禁用轴的请求处于待决状态，则会输出该设定值“0”，并禁用轴，轴将根据驱动器中的组态进行制动，并转入停止状态；
对于通过 PTO 的驱动器连接：
禁用轴时，将基于频率的减速度，停止脉冲输出</td></tr>
<tr><td>2</td><td colspan="2">带有加速度变化率控制的紧急停止：
如果禁用轴的请求处于待决状态，则轴将以组态的急停减速度进行制动。如果激活了加速度变化率控制，已组态的加速度变化率将被考虑在内。轴在变为静止状态后被禁用</td></tr>
<tr><td rowspan="2">Status</td><td rowspan="2">OUTPUT</td><td rowspan="2">Bool</td><td rowspan="2">FALSE</td><td>FALSE</td><td>禁用轴：
轴不会执行运动控制命令也不会接受任何新命令（除了“MC _ Reset”命令）；
通过 PTO（Pulse Train Output）的驱动器连接：
轴未回原点；
在禁用轴时，只有在轴停止之后，状态才会更改为 FALSE</td><td rowspan="2">轴的使能状态</td></tr>
<tr><td>TRUE</td><td>轴已启用；
轴已就绪，可以执行运动控制命令；
在启用轴时，直到信号“驱动器准备就绪”处于待决状态之后，状态才会更改为 TRUE。在轴组态中，如果连接了未组态“驱动器准备就绪”驱动器接口，那么状态将会立即更改为 TRUE</td></tr>
<tr><td>Busy</td><td>OUTPUT</td><td>Bool</td><td>FALSE</td><td>TRUE</td><td colspan="2">“MC _ Power”处于活动状态</td></tr>
<tr><td>Error</td><td>OUTPUT</td><td>Bool</td><td>FALSE</td><td>TRUE</td><td colspan="2">“MC _ Power”或相关工艺对象发生错误。错误原因参见“ErrorID”和“ErrorInfo”的参数说明</td></tr>
</table>

2. MC _ Reset

重启轴指令，如图 10-28 所示。

指令功能：“MC _ Reset”运动控制指令可用于确认伴随轴停止出现的运行错误和

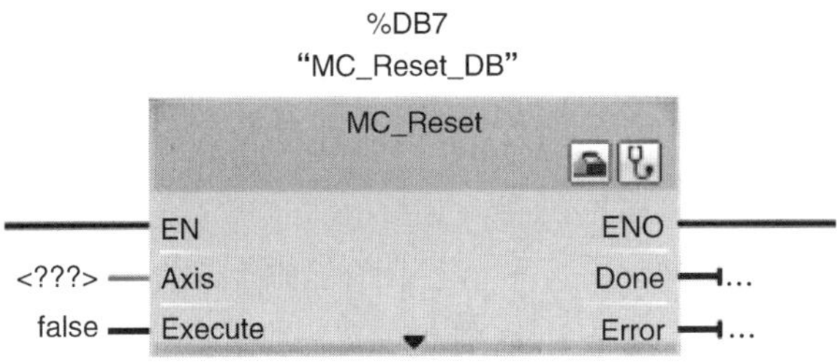

图 10-28　重启轴指令

组态错误，重启工艺轴。关于这些需要进行确认的错误，请参见“解决方法”（Remedy）下的“ErrorID”和“ErrorInfo”列表。在 RUN 模式下完成下载后，可将轴组态下载到工作存储器中。

指令接口参数：“MC _ Reset”指令接口参数的说明见表 10-3。

表 10-3　“MC _ Reset”指令接口参数说明

参数	声明	数据类型	默认值	说明	
Axis	INPUT	TO _ Axis	—	轴工艺对象	
Execute	INPUT	Bool	FALSE	上升沿时启动命令	
Restart	INPUT	Bool	FALSE	TRUE	将轴组态从装载存储器下载到工作存储器中。仅可在禁用轴后，执行该命令；请参见有关的说明
				FALSE	确认待决的错误
Done	OUTPUT	Bool	FALSE	TRUE	错误已确认
Busy	OUTPUT	Bool	FALSE	TRUE	命令正在执行
Error	OUTPUT	Bool	FALSE	TRUE	执行命令期间出错。错误原因参见“ErrorID”和“ErrorInfo”的参数说明

3. MC _ Home

回参考点指令，如图 10-29 所示。

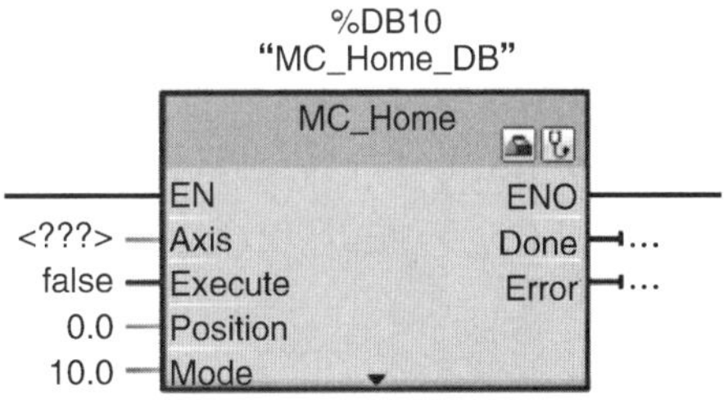

图 10-29　轴回零指令

指令功能：使用“MC _ Home”运动控制指令可匹配轴坐标与实际物理驱动器的位置。轴的绝对定位需要回原点。可执行以下回原点的方式：

主动回原点（Mode=3），自动执行回原点步骤。

被动回原点（Mode=2），被动回原点期间，运动控制指令“MC _ Home”不会执行任何回原点运动。用户需通过其他运动控制指令，执行这一步骤中所需的行进移动。检测到回原点开关时，轴即回原点。

直接绝对回原点（Mode=0），将当前的轴位置设置为参数“Position”的值。

直接相对回原点（Mode=1），将当前轴位置的偏移值设置为参数“Position”的值。

绝对编码器相对调节（Mode=6），将当前轴位置的偏移值设置为参数“Position”的值。

绝对编码器绝对调节（Mode=7），将当前的轴位置设置为参数“Position”的值。

其中，绝对编码器相对调节和绝对调节，仅用于带模拟驱动接口的驱动器和PROFIdrive 驱动器。

指令接口参数：“MC _ Home”指令接口参数的说明见表 10-4。

表 10-4 “MC _ Home”指令接口参数说明

<table>
<tr><th>参数</th><th>声明</th><th>数据类型</th><th>默认值</th><th colspan="3">说明</th></tr>
<tr><td>Axis</td><td>INPUT</td><td>TO _ Axis</td><td>—</td><td colspan="3">轴工艺对象</td></tr>
<tr><td>Execute</td><td>INPUT</td><td>Bool</td><td>FALSE</td><td colspan="3">上升沿时启动命令</td></tr>
<tr><td>Position</td><td>INPUT</td><td>Real</td><td>0.0</td><td colspan="3">当 Mode=0、2 和 3 时，完成回原点操作之后，为轴的绝对位置；
当 Mode=1 时，为对当前轴位置的修正值。
限值：
−1.0E12≤Position≤1.0E12</td></tr>
<tr><td rowspan="6">Mode</td><td rowspan="6">INPUT</td><td rowspan="6">Int</td><td rowspan="6">0</td><td>0</td><td>绝对式直接归位：
新的轴位置为参数“Position”的值</td><td rowspan="6">回原点模式</td></tr>
<tr><td>1</td><td>相对式直接归位：
新的轴位置等于当前轴位置加参数“Position”的值</td></tr>
<tr><td>2</td><td>被动回原点：
将根据轴组态进行回原点。回原点后，将新的轴位置设置为参数“Position”的值</td></tr>
<tr><td>3</td><td>主动回原点：
按照轴组态进行回原点操作。回原点后，将新的轴位置设置为参数“Position”的值</td></tr>
<tr><td>6</td><td>绝对编码器调节（相对）：
将当前轴位置的偏移值设置为参数“Position”的值。计算出的绝对值偏移值保存在 CPU 内。（<轴名称>. StatusSensor. AbsEncoderOffset）</td></tr>
<tr><td>7</td><td>绝对编码器调节（绝对）：
将当前的轴位置设置为参数“Position”的值。计算出的绝对值偏移值保存在 CPU 内。（<轴名称>. StatusSensor. AbsEncoderOffset）</td></tr>
</table>

（续表）

参数	声明	数据类型	默认值	说明	
Done	OUTPUT	Bool	FALSE	TRUE	命令已完成
Busy	OUTPUT	Bool	FALSE	TRUE	命令正在执行
Command Aborted	OUTPUT	Bool	FALSE	TRUE	命令在执行过程中被另一命令中止
Error	OUTPUT	Bool	FALSE	TRUE	执行命令期间出错。错误原因参见“ErrorID”和“ErrorInfo”的参数说明
ErrorID	OUTPUT	Word	16#0000	参数“Error”的错误 ID	
ErrorInfo	OUTPUT	Word	16#0000	参数“ErrorID”的错误信息 ID	

4. MC _ Halt

暂停轴指令，如图 10-30 所示。

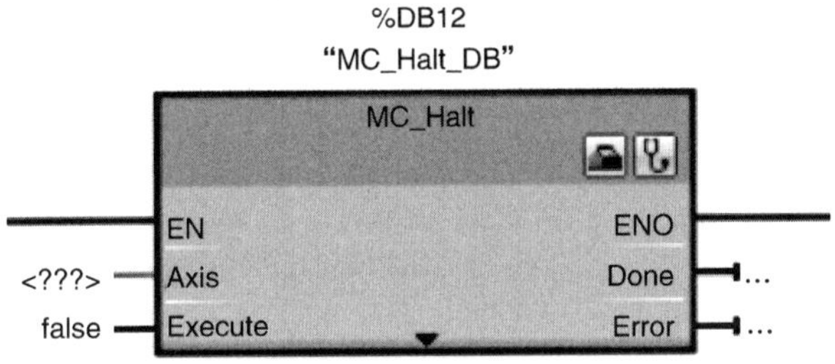

图 10-30　暂停轴指令

指令功能：通过运动控制指令“MC _ Halt”，可停止所有运动并以组态的减速度停止轴。

指令接口参数：“MC _ Halt”指令接口参数的说明见表 10-5。

表 10-5　“MC _ Halt”指令接口参数说明

参数	声明	数据类型	默认值	说明	
Axis	INPUT	TO _ SpeedAxis	—	轴工艺对象	
Execute	INPUT	Bool	FALSE	上升沿时启动命令	
Done	OUTPUT	Bool	FALSE	TRUE	速度达到 0
Busy	OUTPUT	Bool	FALSE	TRUE	正在执行命令
Command Aborted	OUTPUT	Bool	FALSE	TRUE	命令在执行过程中被另一命令中止
Error	OUTPUT	Bool	FALSE	TRUE	执行命令期间出错。错误原因参见“ErrorID”和“ErrorInfo”的参数说明

5. MC _ MoveJog

轴点动指令，如图 10-31 所示。

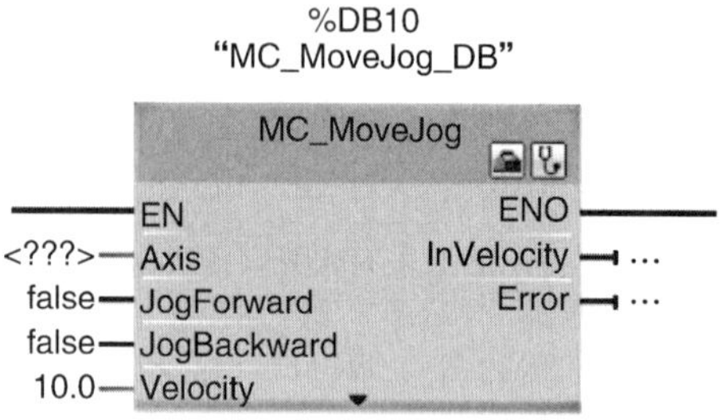

图 10-31　轴点动指令

指令功能：通过轴点动指令“MC_MoveJog”，在点动模式下以指定的速度连续移动轴。

指令接口参数：“MC_MoveJog”指令接口参数的说明见表 10-6。

表 10-6　“MC_MoveJog”指令接口参数说明

<table>
<tr><th>参数</th><th>声明</th><th>数据类型</th><th>默认值</th><th colspan="2">说明</th></tr>
<tr><td>Axis</td><td>INPUT</td><td>TO_SpeedAxis</td><td>—</td><td colspan="2">轴工艺对象</td></tr>
<tr><td>JogForward</td><td>INPUT</td><td>Bool</td><td>FALSE</td><td>如果参数值为 TRUE，则轴都将按参数“Velocity”中所指定的速度正向移动</td><td rowspan="2">如果两个参数同时为 TRUE，轴将根据所组态的减速度移动直至停止。通过参数“Error”“ErrorID”和“ErrorInfo”，指出错误</td></tr>
<tr><td>JogBackward</td><td>INPUT</td><td>Bool</td><td>FALSE</td><td>如果参数值为 TRUE，则轴都将按参数“Velocity”中指定的速度反向移动</td></tr>
<tr><td>Velocity</td><td>INPUT</td><td>Real</td><td>10.0</td><td colspan="2">点动模式的预设速度。
限值：
启动/停止速度≤速度≤最大速度</td></tr>
<tr><td rowspan="3">Position Controlled</td><td rowspan="3">INPUT</td><td rowspan="3">Bool</td><td rowspan="3">TRUE</td><td>FALSE</td><td>非位置控制操作</td></tr>
<tr><td>TRUE</td><td>位置控制操作</td></tr>
<tr><td colspan="2">只要执行指令“MC_MoveJog”即应用该参数。之后，“MC_Power”的设置再次适用；
使用 PTO 轴时忽略该参数</td></tr>
<tr><td>InVelocity</td><td>OUTPUT</td><td>Bool</td><td>FALSE</td><td>TRUE</td><td>达到参数“Velocity”中指定的速度</td></tr>
<tr><td>Busy</td><td>OUTPUT</td><td>Bool</td><td>FALSE</td><td>TRUE</td><td>命令正在执行</td></tr>
<tr><td>Command Aborted</td><td>OUTPUT</td><td>Bool</td><td>FALSE</td><td>TRUE</td><td>命令在执行过程中被另一命令中止</td></tr>
<tr><td>Error</td><td>OUTPUT</td><td>Bool</td><td>FALSE</td><td>TRUE</td><td>执行命令期间出错。错误原因参见“ErrorID”和“ErrorInfo”的参数说明</td></tr>
</table>

6. MC_MoveAbsolute

轴的绝对位置移动指令，如图 10-32 所示。

指令功能：指令“MC _ MoveAbsolute”可启动轴的定位运动，将轴移动到某个绝对位置。调用该指令的前提必须是轴已回过原点。

指令接口参数：“MC _ MoveAbsolute”指令接口参数的说明见表 10-7。

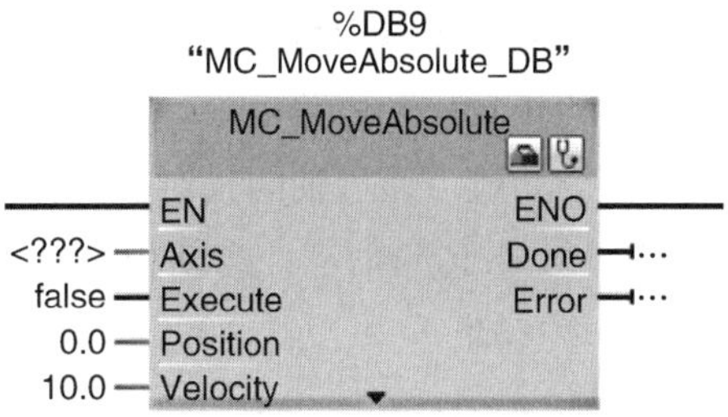

图 10-32　轴的绝对位置移动指令

表 10-7　“MC _ MoveAbsolute”指令接口参数说明

<table>
<tr><th>参数</th><th>声明</th><th>数据类型</th><th>默认值</th><th colspan="3">说明</th></tr>
<tr><td>Axis</td><td>INPUT</td><td>TO _ PositioningAxis</td><td>—</td><td colspan="3">轴工艺对象</td></tr>
<tr><td>Execute</td><td>INPUT</td><td>Bool</td><td>FALSE</td><td colspan="3">上升沿时启动命令</td></tr>
<tr><td>Position</td><td>INPUT</td><td>Real</td><td>0.0</td><td colspan="3">绝对目标位置，
限值：
−1.0E12≤Position≤1.0E12</td></tr>
<tr><td>Velocity</td><td>INPUT</td><td>Real</td><td>10.0</td><td colspan="3">轴的速度：
由于所组态的加速度和减速度以及待接近的目标位置等原因，轴不会始终保持这一速度。
限值：
启动/停止速度≤Velocity≤最大速度</td></tr>
<tr><td rowspan="4">Direction</td><td rowspan="4">INPUT</td><td rowspan="4">Int</td><td rowspan="4">1</td><td>0</td><td>速度的符号（“Velocity”参数），用于确定运动的方向</td><td rowspan="4">轴的运动方向：
仅在“模数”已启用的情况下才评估轴的运动方向，工艺对象>组态>扩展参数>模数>启用模数（Technology object > Configuration > Extended parameters > Modulo > Enable Modulo）；
对于 PTO 轴可忽略该参数</td></tr>
<tr><td>1</td><td>正方向（从正方向逼近目标位置）</td></tr>
<tr><td>2</td><td>负方向（从负方向逼近目标位置）</td></tr>
<tr><td>3</td><td>最短距离（工艺将选择从当前位置开始，到目标位置的最短距离）</td></tr>
<tr><td>Done</td><td>OUTPUT</td><td>Bool</td><td>FALSE</td><td>TRUE</td><td colspan="2">达到绝对目标位置</td></tr>
<tr><td>Busy</td><td>OUTPUT</td><td>Bool</td><td>FALSE</td><td>TRUE</td><td colspan="2">命令正在执行</td></tr>
<tr><td>Command Aborted</td><td>OUTPUT</td><td>Bool</td><td>FALSE</td><td>TRUE</td><td colspan="2">命令在执行过程中被另一命令中止</td></tr>
<tr><td>Error</td><td>OUTPUT</td><td>Bool</td><td>FALSE</td><td>TRUE</td><td colspan="2">执行命令期间出错。错误原因参见“ErrorID”和“ErrorInfo”的参数说明</td></tr>
</table>

7. MC _ MoveRelative

轴的相对位置移动指令，如图10-33所示。

指令功能：通过轴的相对位置移动指令“MC _ MoveRelative”，启动相对于起始位置的定位运动。

指令接口参数：“MC _ MoveRelative”指令接口参数的说明见表10-8。

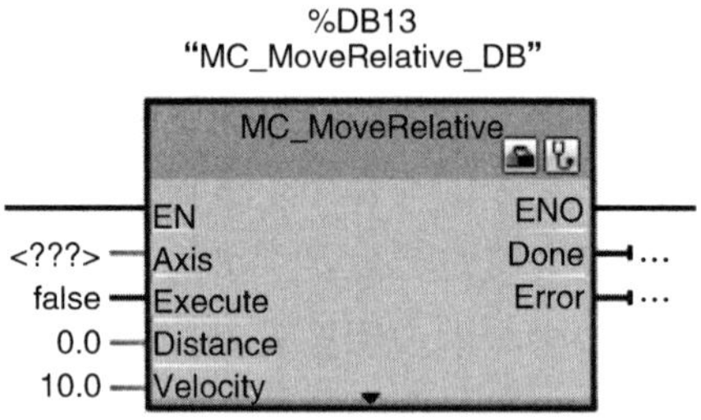

图10-33　轴的相对位置移动指令

表10-8　“MC _ MoveRelative”指令接口参数说明

参数	声明	数据类型	默认值	说明	
Axis	INPUT	TO _ PositioningAxis	—	轴工艺对象	
Execute	INPUT	Bool	FALSE	上升沿时启动命令	
Distance	INPUT	Real	0.0	定位操作的移动距离， 限值： −1.0E12≤Distance≤1.0E12	
Velocity	INPUT	Real	10.0	轴的速度， 由于所组态的加速度和减速度以及要途经的距离等原因，轴不会始终保持这一速度。 限值： 启动/停止速度≤Velocity≤最大速度	
Done	OUTPUT	Bool	FALSE	TRUE	目标位置已到达
Busy	OUTPUT	Bool	FALSE	TRUE	命令正在执行
Command Aborted	OUTPUT	Bool	FALSE	TRUE	命令在执行过程中被另一命令中止
Error	OUTPUT	Bool	FALSE	TRUE	执行命令期间出错。错误原因参见“ErrorID”和“ErrorInfo”的参数说明

10.4　任务实施

10.4.1　气动夹具PLC程序开发

变位机伺服控制与功能开发

装配台夹具由气动装置来控制，PLC通过两个数字量输出信号分别控制两个气动电磁阀，实现对推杆、夹具的控制，信号地址可通过I/O信号表查看。程序开发步骤如下。

第一步：添加全局DB，定义变量。

在项目树中的“程序块”下添加一个全局DB（图10-34），将触摸屏中功能控件需要关联使用的变量在全局 DB 中进行定义，每个变量的数据类型需要准确选择，如图 10-35 所示。I/O 变量则需要在 PLC 变量表中进行定义，如图 10-36 所示。

图 10-34　添加全局 DB

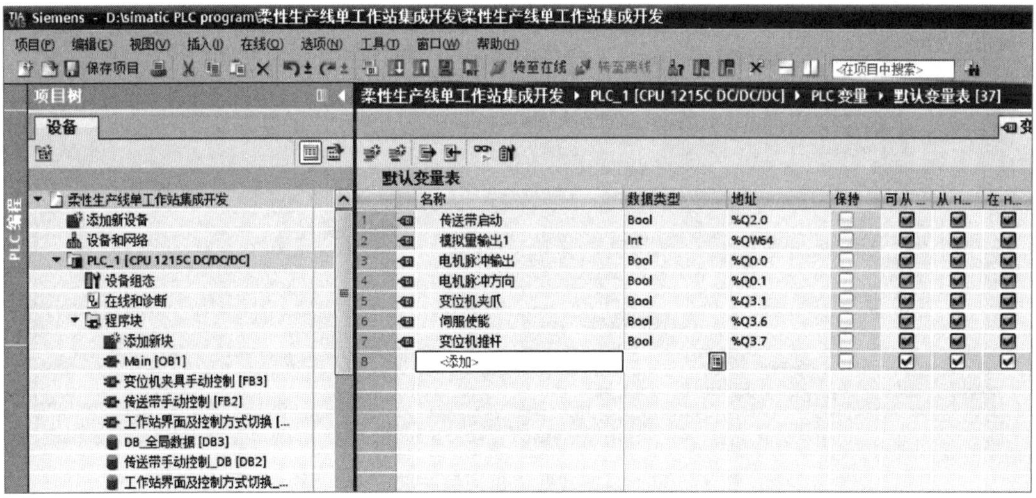

图 10-35　PLC 变量定义

图 10-36　全局数据变量定义

第二步，编写气动夹具控制子程序。

在程序块中添加一个“变位机夹具手动控制”FB（图 10-37），在 FB 的接口参数中定义输入、输出参数变量，如图 10-38 所示。

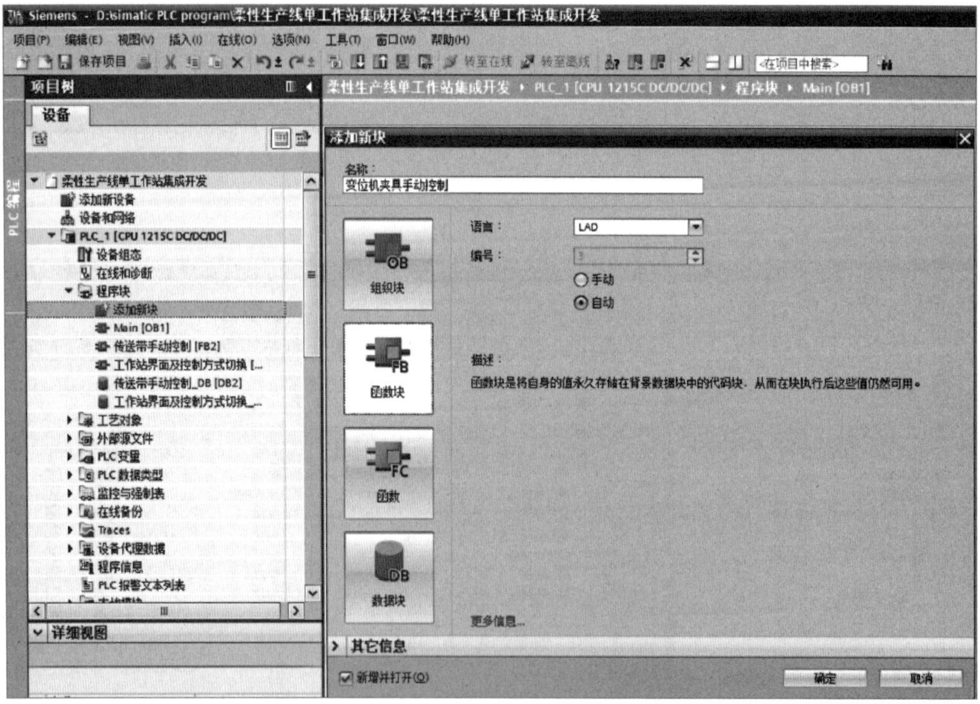

图 10-37　添加“变位机夹具手动控制”FB

在 FB 中编写 PLC 子程序，程序段 1 处理的是手动方式下对夹具夹紧、松开的置位和复位控制，程序段 2 处理的是夹具的推料、缩回的置位和复位控制，如图 10-39 所示。

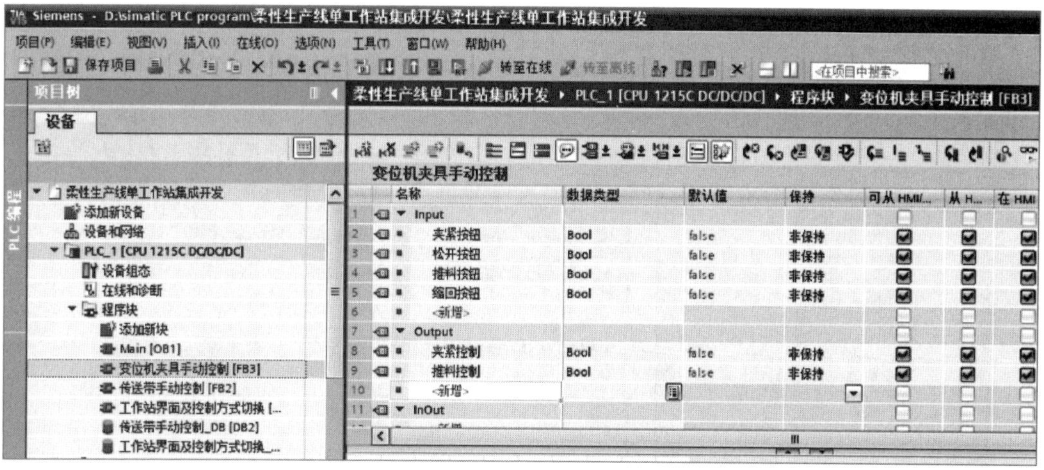

图 10-38　定义 FB 接口参数

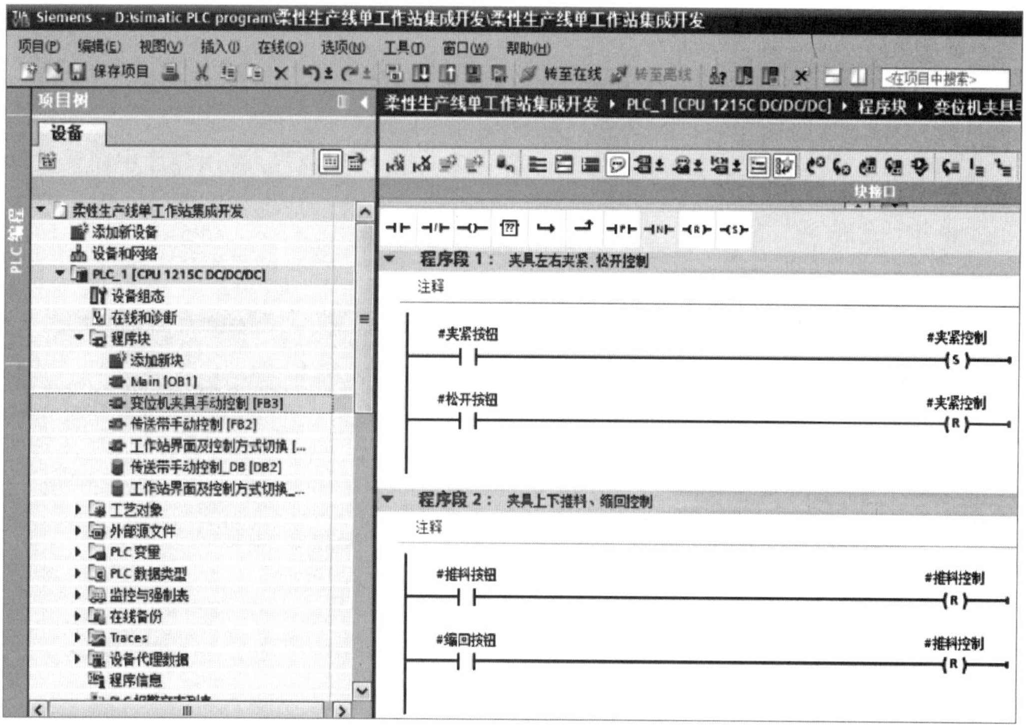

图 10-39　气动夹具控制子程序

第三步，主程序调用子程序。

在主程序中调用子程序“变位机夹具手动控制”，并将相关控件的关联变量对应地关联给 FB 接口参数。将“DB _ 全局数据”中的变量从详细视图中拖动到主程序调用界面中需要关联的 FB 对应接口，即可将该实参变量值与 FB 接口参数的形参值关联到一起，如图 10-40 所示。

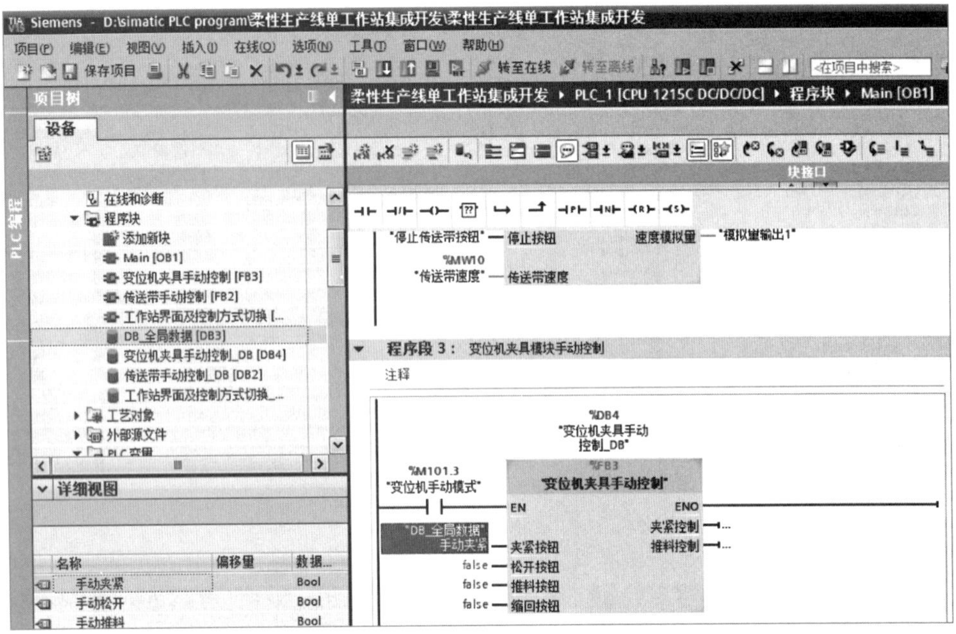

图 10-40 主程序调用子程序

将 PLC 变量表中定义的 I/O 变量从详细视图中拖动到主程序调用界面中需要关联的 FB 对应输出接口，即可将该实参变量值与 FB 接口参数的形参值关联到一起，如图 10-41 所示。

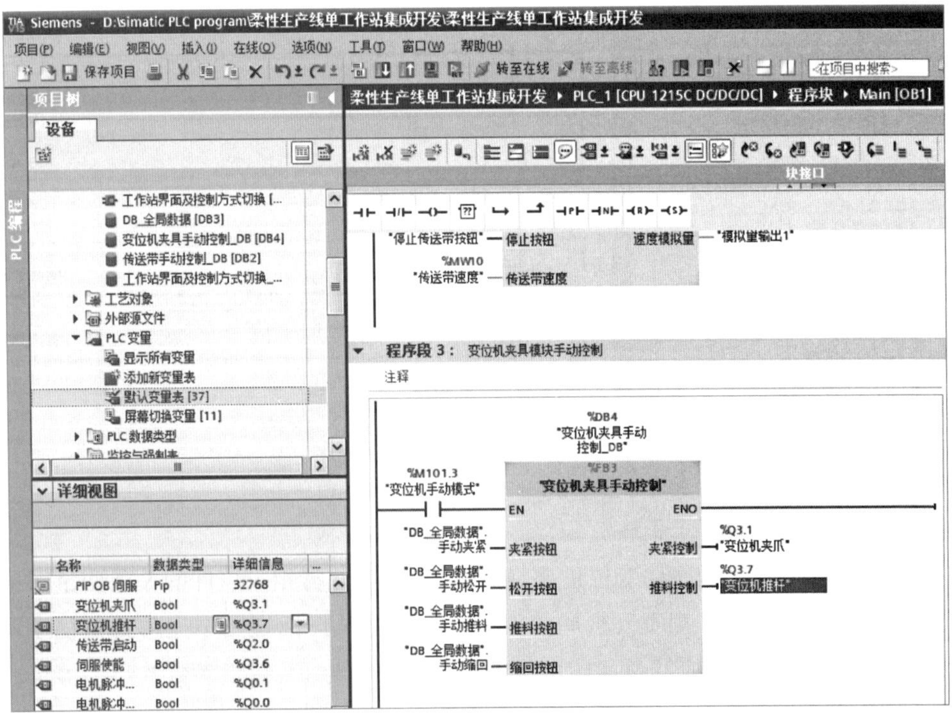

图 10-41 实参关联 FB 的形参

10.4.2　变位机界面设计

根据任务要求，在“变位机”画面中，设计气动夹具的手动控制按钮、变位机的轴控制按钮（包括“回零”“复位”“正转”“反转”）、两个固定角度和位置的执行按钮以及伺服轴当前角度位置显示框，如图 10-42 所示。

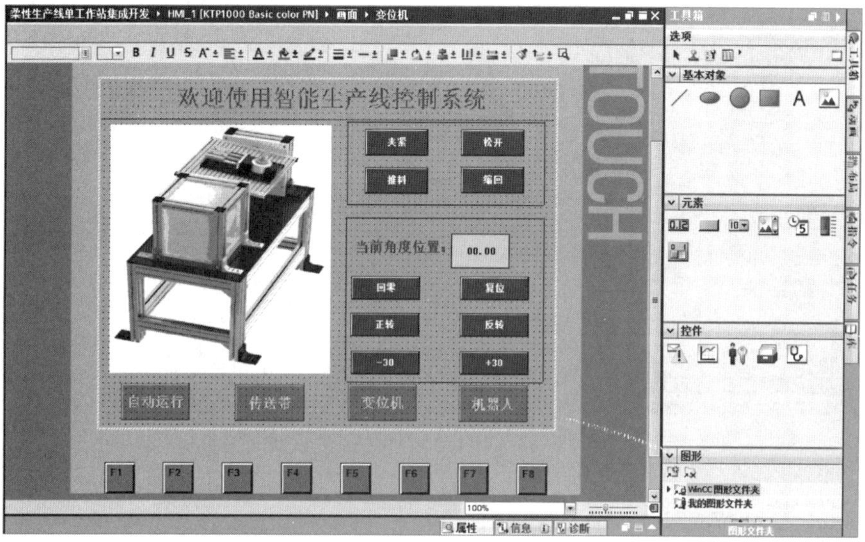

图 10-42　变位机操作界面

设置各个控件的属性，关联相关变量。

设置所有按钮控件的“事件”属性，“按下”为“置位位”，“释放”为“复位位”，并将控件变量关联到 PLC 程序全局 DB 中的对应变量，如图 10-43 所示。

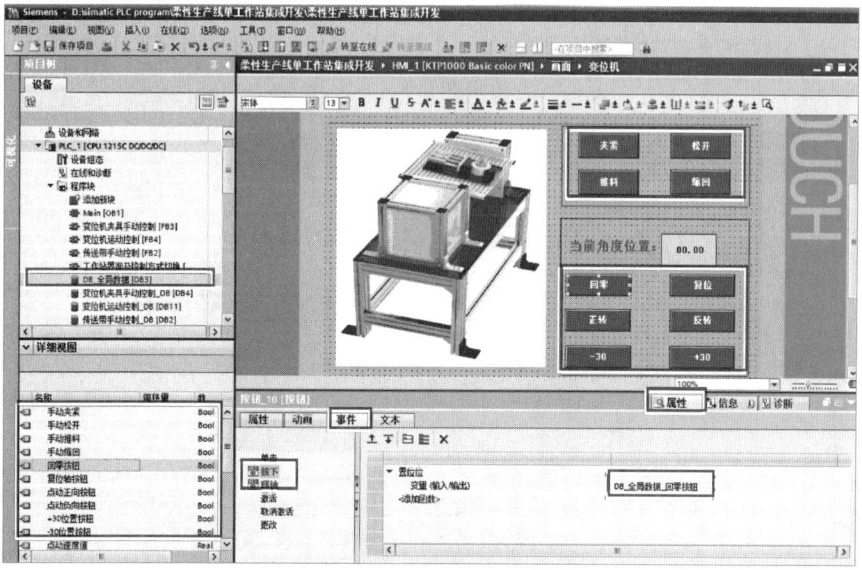

图 10-43　按钮控件的事件设置

设置 I/O 域控件的属性，在 I/O 域控件“属性”的“常规”中设置类型为“输出”，关联 PLC 程序全局 DB 中的变量“当前位置”，如图 10-44 所示。

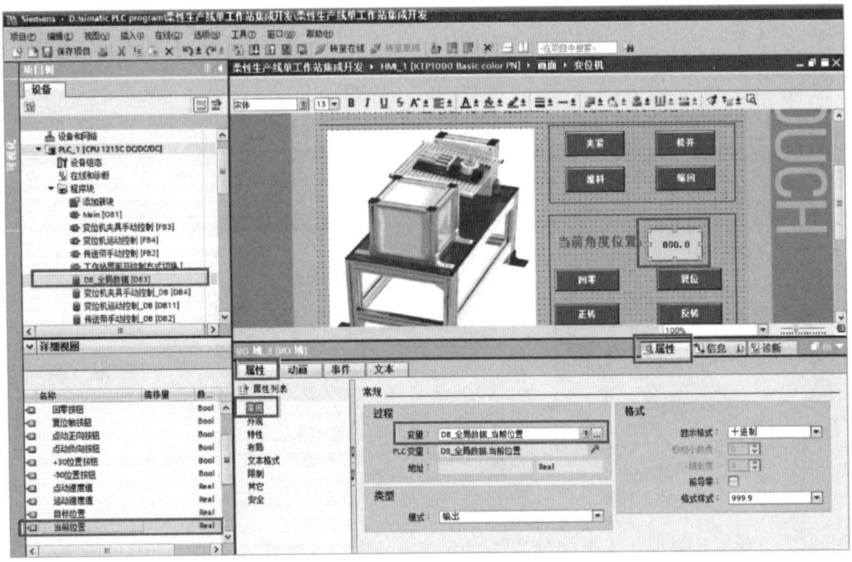

图 10-44　I/O 域控件的属性设置

10.4.3　工艺对象配置

工艺对象配置步骤如下：

第一步，在项目树中选择“工艺对象”，双击“新增对象”，在对话框中选择“运动控制”，自定义需要配置的轴名称，选择工艺轴的数据类型为“TO _ PositioningAxis”（图 10-45）。

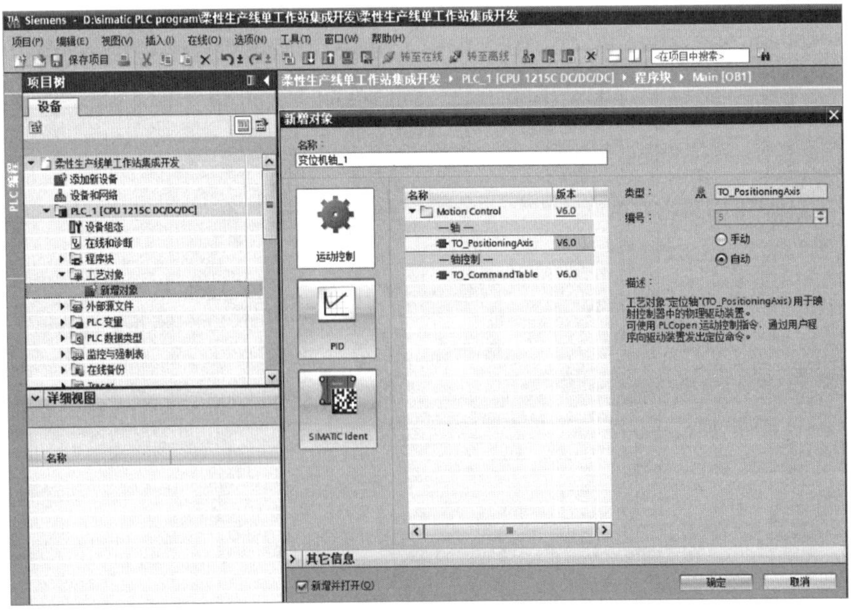

图 10-45　新增工艺对象

第二步，对工艺轴进行组态配置，包括基本参数和扩展参数的配置。

(1) 常规参数配置（图 10-46）。

变位机伺服定位选择 PTO 控制方式，测量单位选择角度单位（°）。

图 10-46　变位机常规参数配置

(2) 驱动器参数配置（图 10-47）。

脉冲发生器选择“Pulse _ 1”，信号类型选择“PTO（脉冲 A 和方向 B）”，根据实际的硬件接线，脉冲输出选择“Q0. 0”，脉冲方向选择“Q0. 1”，使能输出信号选择“Q3. 6”。

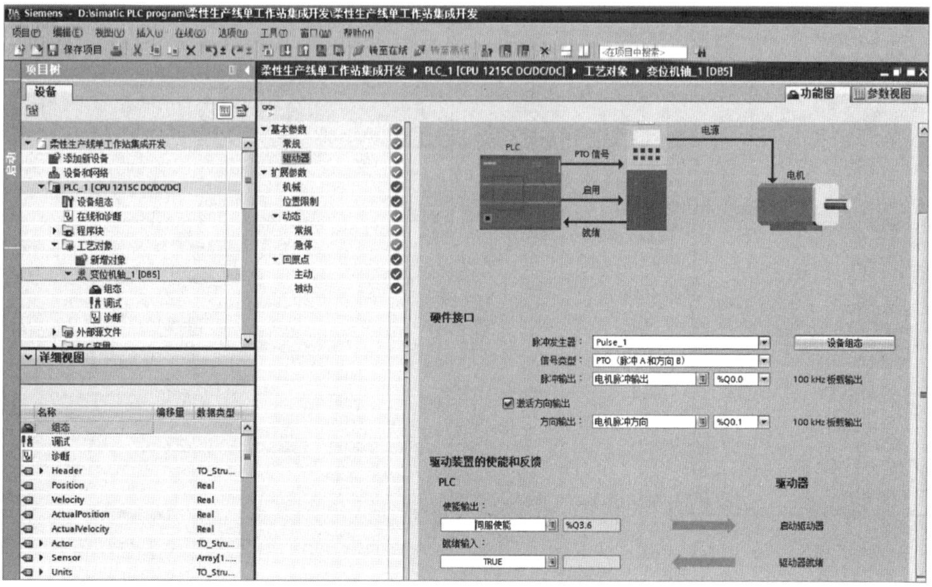

图 10-47　变位机驱动器参数配置

（3）机械参数配置（图 10-48）。

这部分的配置跟驱动器和机械结构的传动参数是紧密关联的，需要结合伺服驱动器设置的脉冲数、电子齿轮比以及机械结构的传动比等参数来计算配置。

本项目中变位机控制的是角度位移，根据电机编码器的分辨率（128 000 线/转）、驱动器中设定的电子齿轮比（1∶1）和减速箱机械传动比（40∶1），将参数“电机每转的脉冲数”配置为 12 800。根据旋转移动轴的匹配关系，可计算出“电机每转的负载位移”＝9°，因此将“电机每转的负载位移”设置为 9.0，就可以匹配上参数。

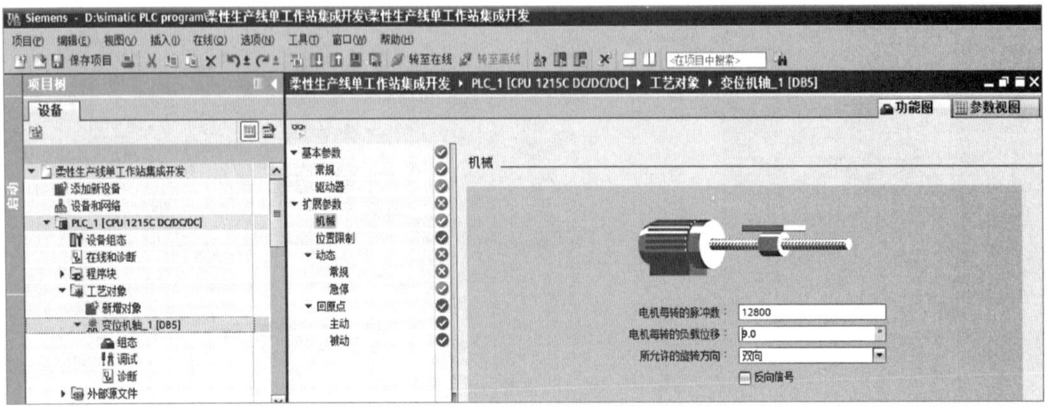

图 10-48 变位机机械参数配置

（4）位置限制参数配置（图 10-49）。

勾选“启动硬限位开关”，将轴两端硬限位信号分别选择为限位传感器实际的输入信号“I0.4”和“I0.6”。勾选“启动硬限位开关”，将软限位值设置在硬限位范围以内，靠近硬限位位置，这里设置为正负 48°。

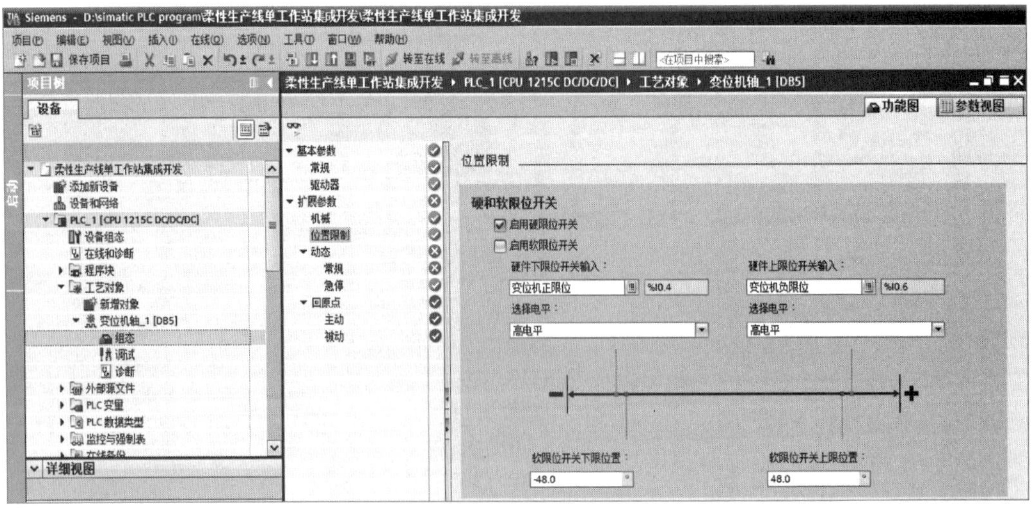

图 10-49 变位机位置限制参数配置

（5）动态急停参数配置（图 10-50）。

本变位机项目中由于工艺对象为旋转轴，位移单位为°，电机每转的负载位移＝9°，电机每转的脉冲数＝12 800，因此，最大转速＝100 000×60/12 800＝468 r/min。

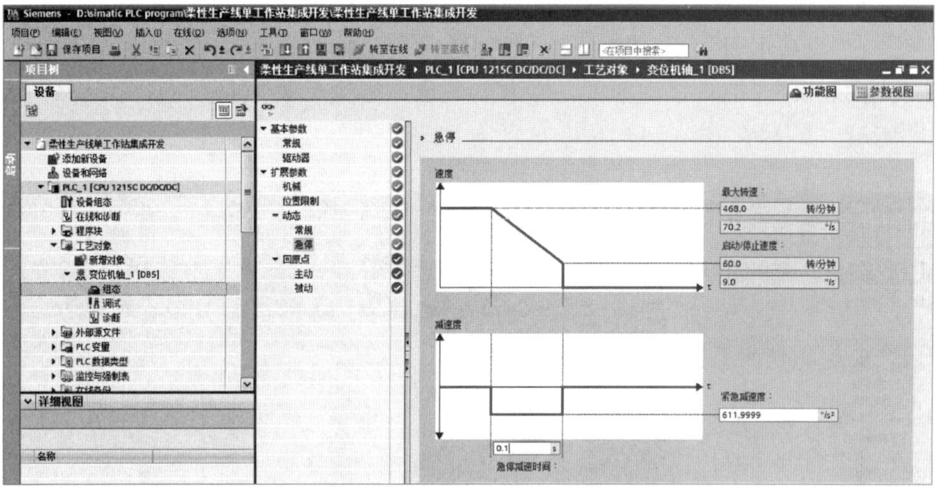

图 10-50　变位机动态急停参数配置

（6）回原点参数配置（图 10-51）。

“输入原点开关”选择参考点传感器的实际输入信号地址“I0.5”，由于零点开关传感器为常开型传感器，因此选择“高电平”有效。回零方式选择“正方向”回零。根据实际零点设定来选择参考点开关一侧在“上侧”或“下侧”。并分别设定回零速度和回原点速度。

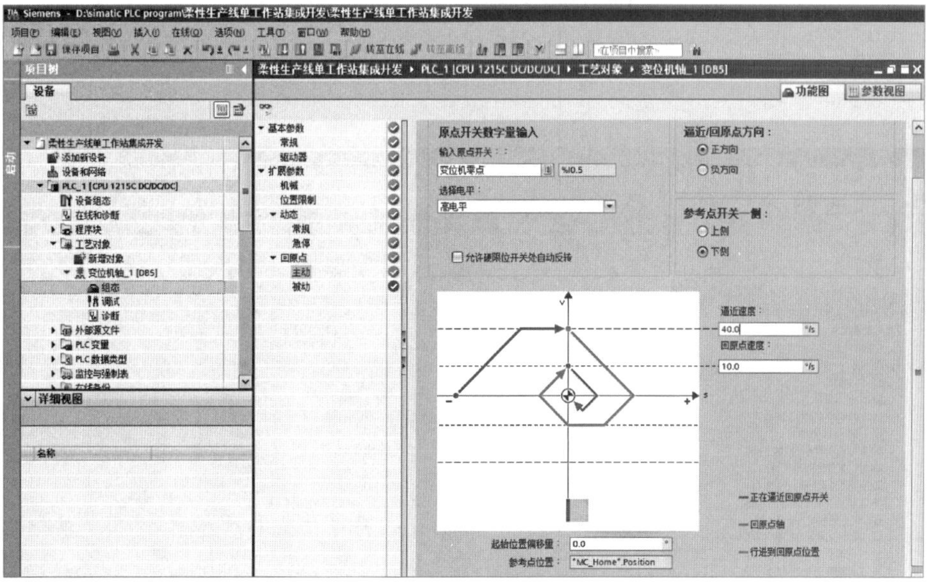

图 10-51　变位机主动回原点参数配置

10.4.4 变位机运动控制程序开发

在程序块中添加一个“变位机运动控制”FB，在FB的接口参数中添加输入、输出参数变量，输入接口参数包括：To _ PositioningAxis 类型的“电机轴”，Bool 类型的“回零”“点动正向”“点动负向”“执行移动”“重启轴”等开关变量，以及 Real 类型的“点动速度”“绝对移动速度”等数据变量，用于FB内的编程，如图 10-52、图 10-53 所示。

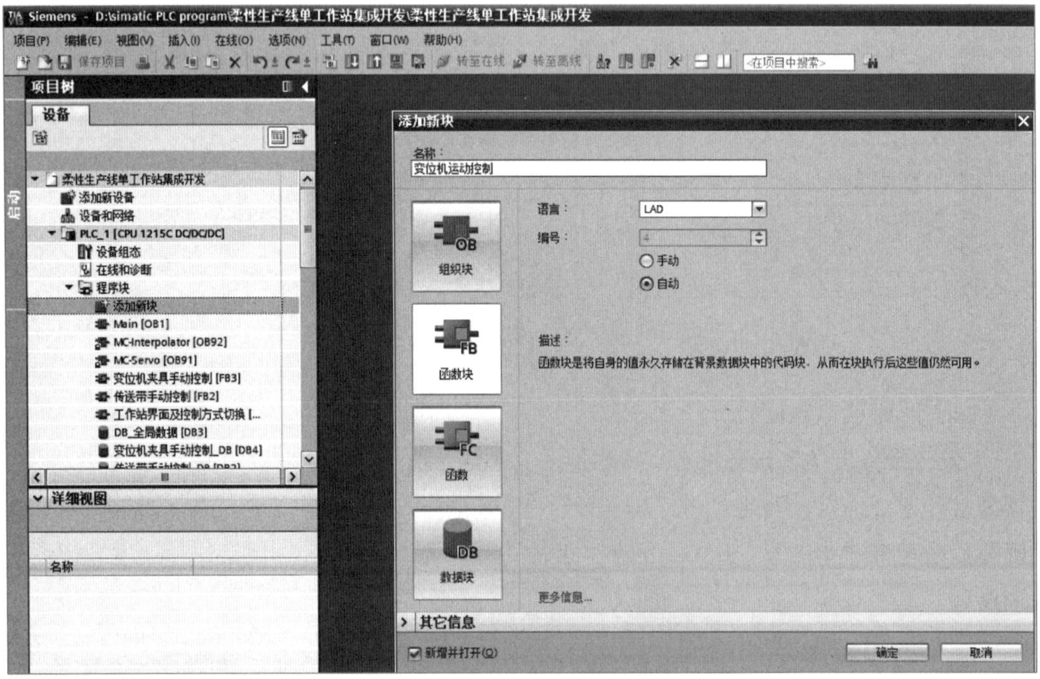

图 10-52 添加“变位机运动控制”FB

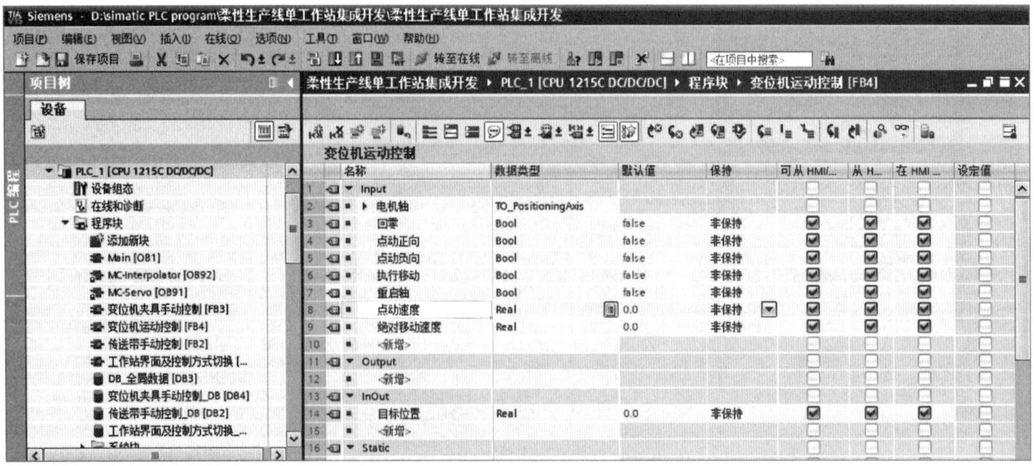

图 10-53 定义 FB 接口参数

如图 10-54 所示，在“指令”—“Motion Control”中调用运动控制指令，并在指令接口参数中正确设置相关参数值或参数变量。

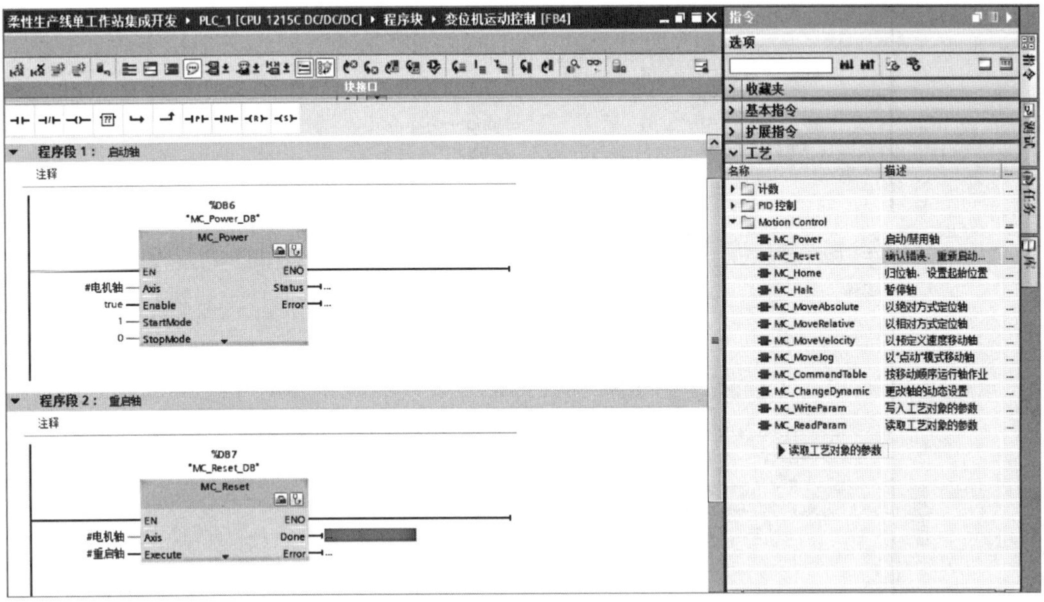

图 10-54 在 FB 中编写 PLC 子程序

“变位机运动控制”FB 的运动函数程序如图 10-55 所示。程序段 1 用于启动轴，FB 中所有运动控制指令中的轴参数 Axis 的关联变量均为输入接口参数定义的“电机轴”。使能参数 Enable 设置为 true，即始终使能。StartMode 和 StopMode 分别设置为 1 和 0。程序段 2 用于轴复位重启。程序段 3 用于轴回参考点，如果参考点设置与轴配置中的参考点设置相比没有偏移，则 Position 参数设置为 0.0，回零模式 Mode 参数设置为 3，即主动回零。程序段 4 用于点动控制轴正转和反转，参数 JogForward、JogBackward 分别关联“点动正向”和“点动负向”变量，参数 Velocity 关联“点动速度”变量。程序段 5 用于执行轴移动到给定的绝对坐标位置，分别设置执行移动开关、目标位置和移动速度三个参数。

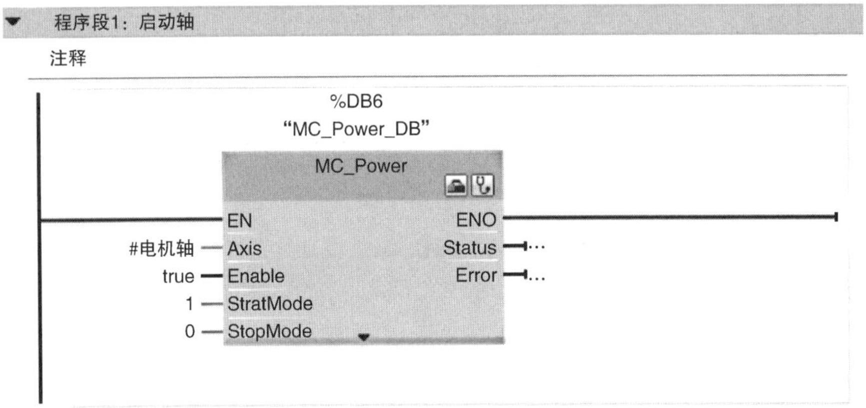

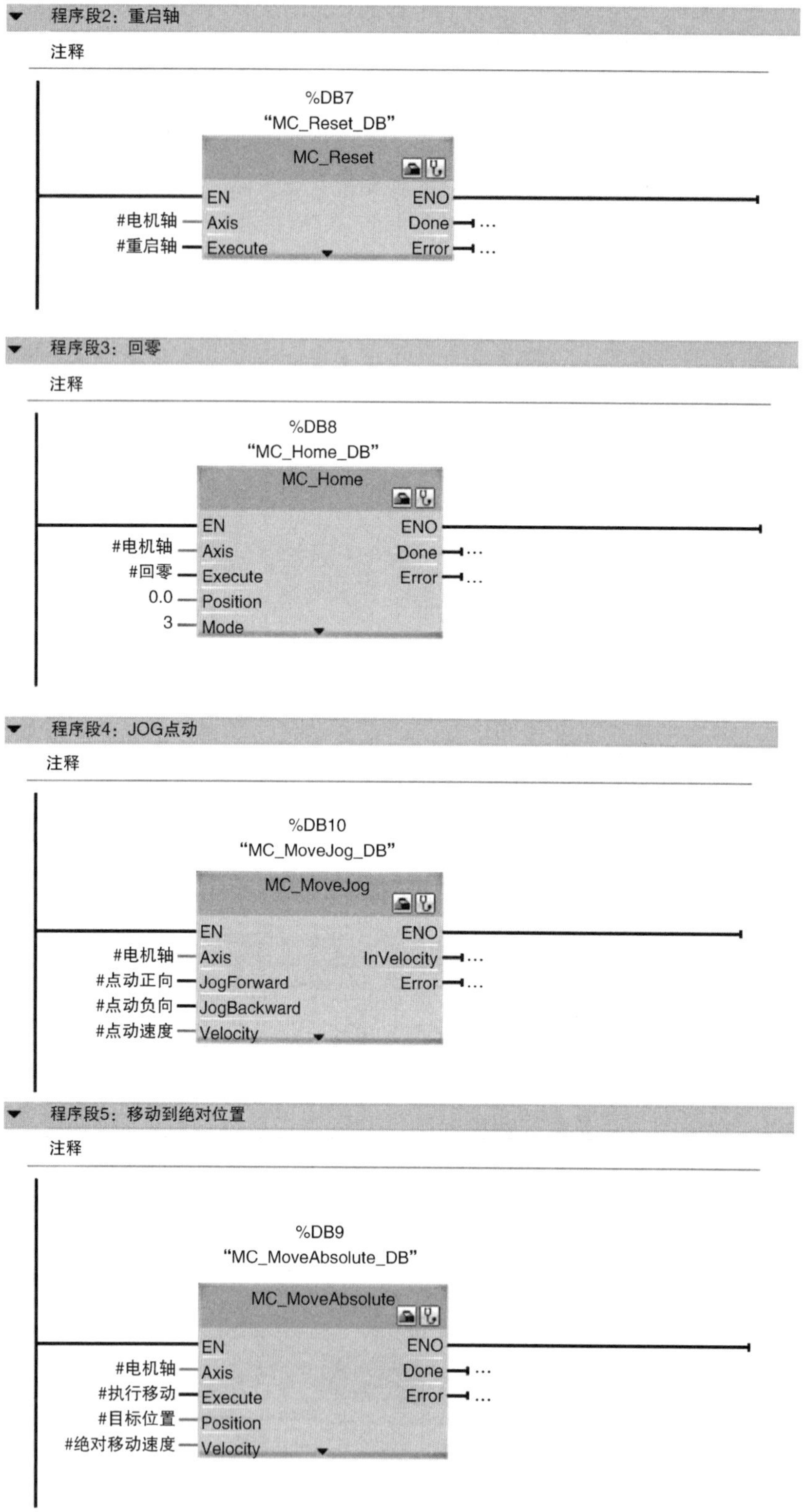

图 10-55　子程序运动控制指令

在主程序中调用 FB，将实参变量关联到 FB 形参变量。如图 10-56 所示，将前面所配置好的工艺轴对象“变位机轴_1”关联 FB 接口参数“电机轴”。主程序中的程序段 5 用于使其他接口参数相应关联全局 DB“DB_全局数据”中的相关变量，如图 10-57 所示。

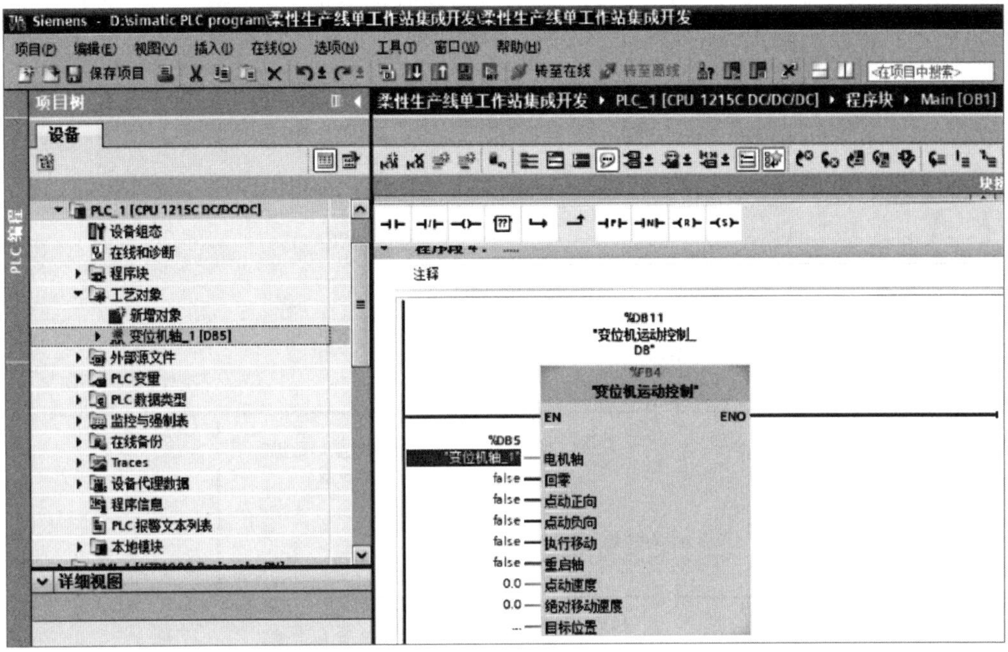

图 10-56　主程序调用 FB

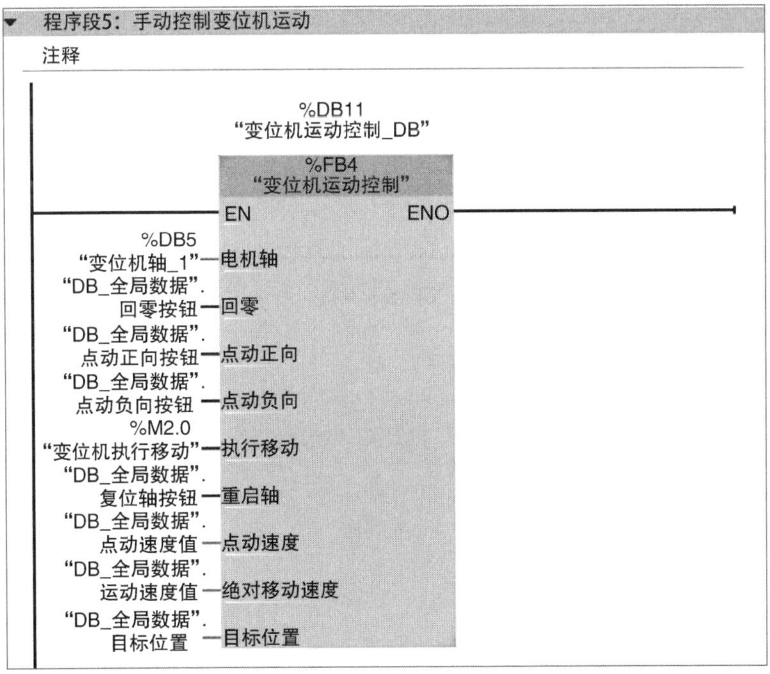

图 10-57　主程序中的程序段 5

主程序中的程序段 4 用于给绝对位置移动指令赋值，当变量“+30 位置按钮”为“1”，或者变量“−30 位置按钮”为“1”时，将变量“目标位置”的值分别赋值为角度“30”和“−30”，并触发执行移动指令 M2.0 为“1”。此时将执行“变位机运动控制”FB 中的“MoveAbsolude”运动指令，变位机移动至指定的角度位置。程序段 6 用于读取变位机工艺轴当前位置数据，可直接读取工艺轴对象“变位机轴 _ 1”DB 下属的变量 ActualPosition 的值，并将它赋值给全局变量“当前位置”。工业轴对象 DB 中包含与该轴相关的很多位置、速度等参数值，这部分不需要用户来定义，用户可以直接读取使用，如图 10-58、图 10-59 所示。

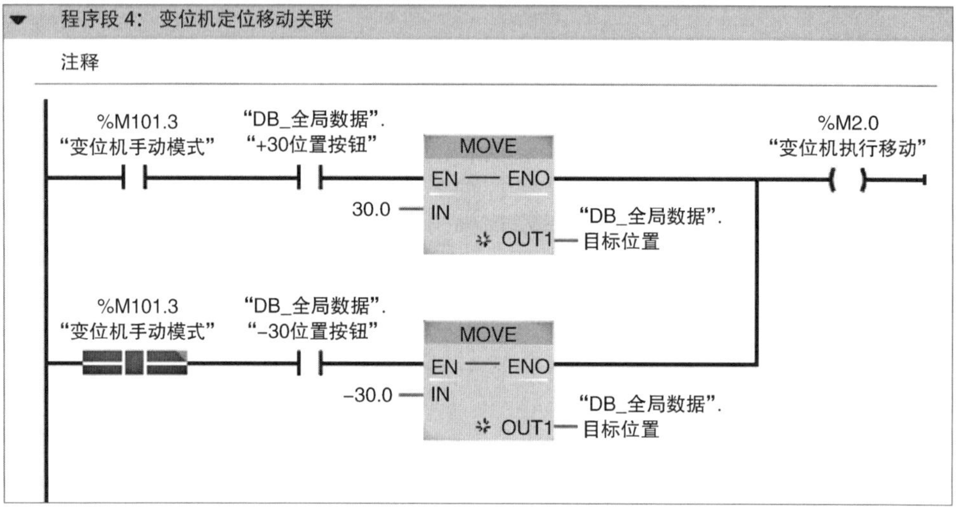

图 10-58　主程序中的程序段 4

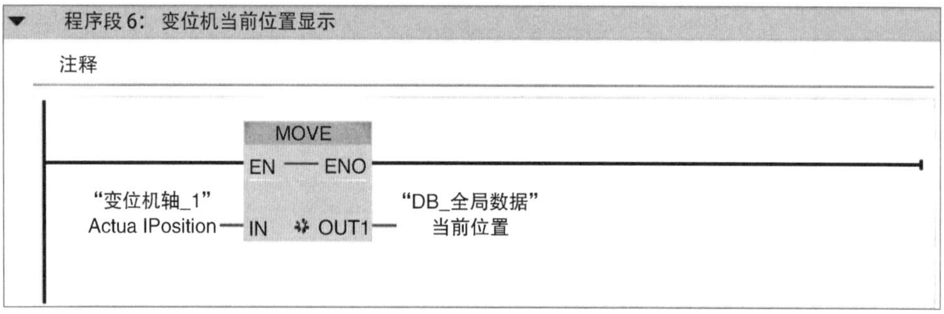

图 10-59　主程序中的程序段 6

10.5　评价反馈

1. 小组自查（预验收）

开展小组自查并评分，填入表 10-9。

表 10-9　小组自查评分表

序号	项目内容	完成情况	小组评分	评分人签名
1	变位机 HMI 功能界面设计			
2	实现气动夹具控制功能			
3	实现变位机回零、点动、定位控制功能			

2. 项目提交（验收）

提交任务成果，教师进行评价，填入表 10-10。

表 10-10　教师检查评分表

序号	项目内容	完成情况	教师评分	教师签名
1	变位机 HMI 功能界面设计			
2	实现气动夹具控制功能			
3	实现变位机回零、点动、定位控制功能			

3. 收获与反馈

请总结本任务实施的思路、实施过程中遇到的问题、解决的方法以及收获与反思。

10.6　巩固提高

（1）为了增加机器人的工作范围，将机器人放置在一个由 PLC 控制的直线移动轴上，将该轴作为机器人的移动轴。该轴由伺服电机控制，相关参数如下：伺服电机编码器分辨率为 131 072 pulses/rev（17 线），伺服电机驱动器电子齿轮已设置为 600：1，减速机减速比为 3∶1，同步带减速比为 1.5∶1，滚珠丝杠导程为 5 mm。要求：平移滑台运动速度不得超过 25 mm/s。

请设置 PLC 对于伺服电机的控制参数，组态工艺轴，实现 PLC 对机器人伺服轴的定位控制。

(2) 为了扩大机器人的工作范围，将机器人放置在一个由 PLC 控制的直线移动轴上，作为机器人的移动轴。该轴由伺服电机控制，已知相关参数如下：伺服电机编码器分辨率为 131 072 pulses/rev（17 线），减速机减速比为 3∶1，同步带减速比为 1.5∶1，滚珠丝杠导程为 5 mm。若在工艺轴配置中将“电机每转的脉冲数”配置为 1 310，将“电机每转的负载位移”配置为 5，则应该如何设置伺服驱动器中的电子齿轮比?

模块 11
PLC 与工业机器人的集成控制

11.1 任务描述

在智能化工厂的生产线中，要实现全流程自动化，工业机器人是必不可少的组成部分，它可以完成上下料搬运、涂胶、焊接和装配等任务。本任务的内容包括完成工业机器人基本的操作与编程，完成机器人 I/O 信号配置，以及机器人与 PLC 的 I/O 通信设置与连接。通过开发机器人程序，完成 PLC 与机器人的简单交互控制任务，通过 PLC 触摸屏功能界面启动机器人，让机器人完成固定位置的搬运任务。

任务要求：

(1) 操作工业机器人完成基本的点位示教。

(2) 建立工业机器人的工具坐标系和工件坐标系。

(3) 完成机器人的 I/O 信号配置。

(4) 开发机器人程序，实现与 PLC 的集成交互控制任务。

学习目标：

(1) 了解工业机器人的结构与坐标系。

(2) 理解工业机器人的通信与 I/O 配置。

(3) 掌握工业机器人的基本移动操作。

(4) 掌握工业机器人的常用编程指令。

(5) 培养爱岗敬业、热爱劳动、艰苦奋斗的劳动精神。

11.2 任务分析

在 PLC 触摸屏上开发一个 HMI 界面，包含一个启动按钮、一个复位按钮和一个机器人运行状态指示灯。如图 11-1 所示，用户按下启动按钮，机器人从初始位置移动到工具架位置，并开始安装工具，然后移动至位置 1 抓取物料，并搬运到位置 2 放置物料，再返回初始位置；用户按下复位按钮，机器人移动到工具架位置释放工具，并返回初始位置。机器人运行过程中，指示灯显示绿色；当机器人停止运行时，指示灯显示红色。

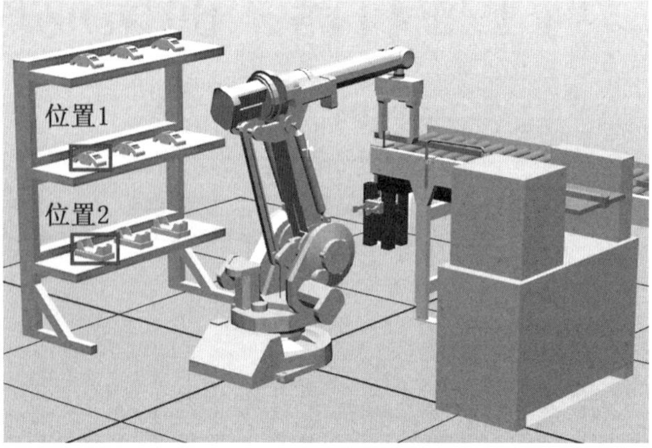

图 11-1　工业机器人工作图

11.3　工业机器人基础知识储备

11.3.1　工业机器人的基本结构

工业机器人是实现智能化、自动化生产不可或缺的组成部分。工业机器人按轴数的不同，通常可分为四轴机器人和六轴机器人。四轴机器人由四个关节轴组成，一般完成平面上的作业任务。六轴机器人由六个关节轴组成，可以完成空间范围更大的作业任务。

六轴机器人的六个关节轴，分别由六个伺服电机来单独控制。由各关节轴角度值所组成的机器人坐标称为关节坐标系，也称为绝对坐标值。关节坐标系中机器人的位置和姿态，以各关节坐标值为基准而确定。J1～J6 分别代表图 11-1 中机器人 1～6 轴的轴关节度数（如 J1：0°，J2：－20°，J3：20°，J4：0°，J5：0°，J6：0°）。图 11-2 所显示的是机器人的六个关节角度分别为以上角度值时机器人的姿态。

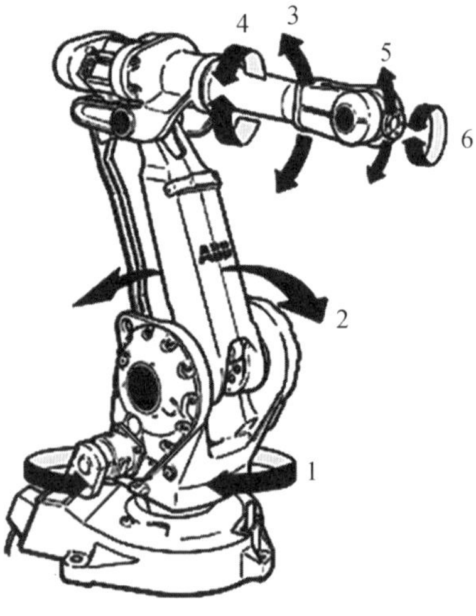

图 11-2　六轴工业机器人

11.3.2　工业机器人的移动操作

工业机器人的手动移动操作有三种方式：关节移动、线性移动、重定位移动。

（1）关节移动：指的是通过单独移动六个关节轴来对机器人进行单轴移动操作。

（2）线性移动：指的是以机器人的工具中心点（Tool Central Point，TCP）为移动参考点，通过多轴联动的方式使机器人 TCP 点沿着直角坐标系进行线性移动。

（3）重定位移动：指的是以 TCP 为不动的点，机器人通过多轴联动的方式分别绕着工具坐标系的 X，Y，Z 三个坐标轴的旋转运动。

11.3.3　工业机器人的坐标系

工业机器人坐标系

直角坐标系是在空间中以笛卡尔坐标系形式所定义的空间位置，由相互垂直的 X，Y，Z 三个坐标轴以及绕 X 轴、Y 轴、Z 轴旋转的三个回转轴定义。如图 11-3 所示，坐标系的确定遵守右手定则：大拇指、食指、中指分别指向 X，Y，Z 轴的正方向（面对机器人，前后：X 轴，左右：Y 轴，上下：Z 轴）；旋转轴的方向判断方法则是采用右手握拳，以大拇指指向为坐标轴的正方向，四指握拳方向为绕该直线轴旋转的旋转轴正方向。下面以 ABB 工业机器人为例来分析不同的坐标系。

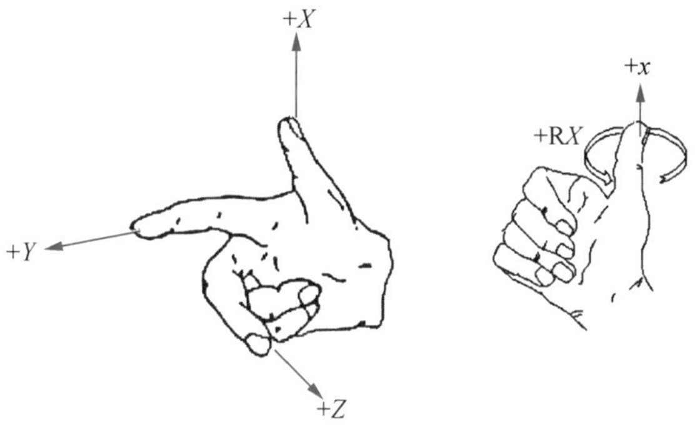

图 11-3　直角坐标系右手定则

ABB 工业机器人的直角坐标系有四种，分别是基坐标系、大地坐标系、工件坐标系以及工具坐标系。其中工具坐标系决定了机器人的哪个 TCP 在进行线性移动，示教出来的坐标值是哪个点的坐标数据；工件坐标系则决定了示教出来的坐标值是 TCP 参考哪个坐标系所得出的坐标值（图 11-4）。

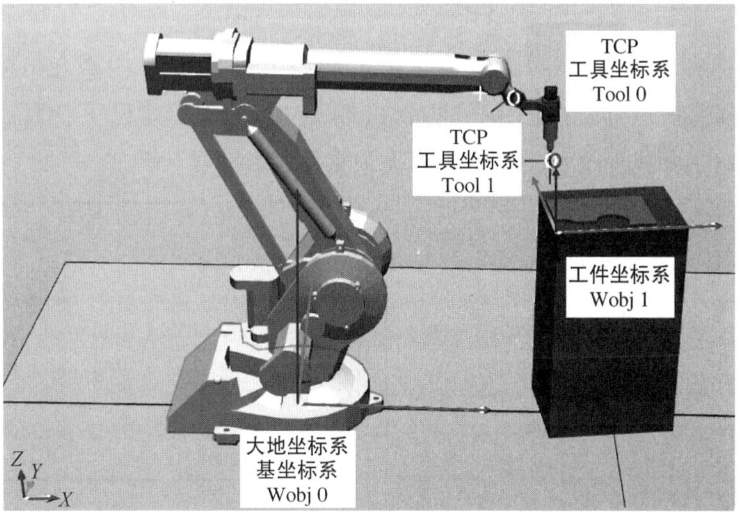

图 11-4　ABB 工业机器人坐标系

1. 基坐标系

基坐标系是以机器人安装基座为基准，用来描述机器人本体运动的直角坐标系。任何机器人都离不开基坐标系，基坐标系也是机器人TCP 在三维运动空间所必须参照的基本坐标系。基坐标系的原点通常在机器人底座中心。

2. 大地坐标系

大地坐标系是以大地作为参考的直角坐标系，有些机器人的大地坐标系称为世界坐标系，可看作是机器人在空间中的基础坐标系，90%的大地坐标系与基坐标系是重合的，其坐标系原点默认在机器人基座中心点处。

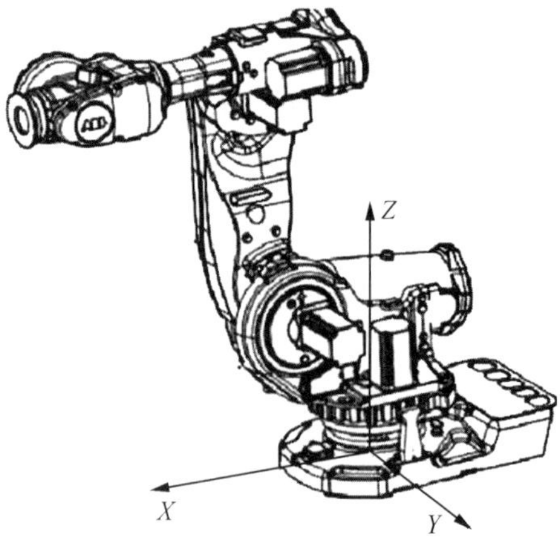

图 11-5　基坐标系与大地坐标系

基坐标系与大地坐标系如图 11-5 所示。

3. 工件坐标系

工件坐标系是为了便于编程，在工件所在的区域所建立的坐标系。ABB 机器人默认的工件坐标系 wobj0 是和大地坐标系、基坐标系重合的，都在机器人的基座中心点处。用户可以根据编程的需要，新建和定义工件坐标系。

如图 11-6 所示，Wobj0 是机器人默认的工件坐标系，与大地坐标系重合。为了方便编程，为第一个工件 A 建立了一个工件坐标 W1，并在这个工件坐标系 W1 中进行轨迹示教编程，编写了子程序 rA ()。如果还有一个一样的工件 B 需要走一样的轨迹，且由于放置的位置跟原来的工件 A 有所偏差，这时候只需要建立一个工件坐标 W2。由于工件 B 在坐标系 W2 中的位置和工件 A 在坐标系 W1 中的位置是完全一样的，可以复制一份工件 A 的编程轨迹，然后将程序中的工件坐标系从 W1 更新为 W2，变成程序 rB () 即可，无须重新示教编程（图 11-7）。

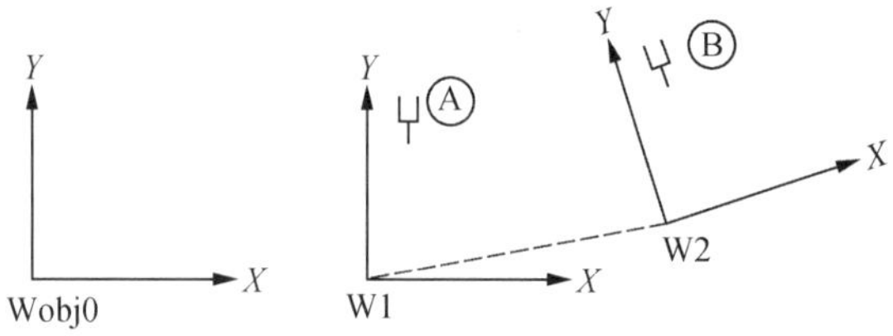

图 11-6　工件坐标系

```
PROC rA ()
MoveJ p10, v1000, fine, tool0/wobj: =w1;
MoveL p20, v1000, fine, tool0/wobj: =w1;
MoveL p30, v1000, fine, tool0/wobj: =w1;
MoveL p40, v1000, fine, tool0/wobj: =w1;
MoveL p50, v1000, fine, tool0/wobj: =w1;
MoveL p60, v1000, fine, tool0/wobj: =w1;
ENDPROC
```

(a)

```
PROC rB ()
MoveJ p10, v1000, fine, tool0/wobj: =w2;
MoveL p20, v1000, fine, tool0/wobj: =w2;
MoveL p30, v1000, fine, tool0/wobj: =w2;
MoveL p40, v1000, fine, tool0/wobj: =w2;
MoveL p50, v1000, fine, tool0/wobj: =w2;
MoveL p60, v1000, fine, tool0/wobj: =w2;
ENDPROC
```

(b)

图 11-7　子程序 rA ()、rB ()

工件坐标系还有另外一个非常重要的作用是当机器人需要通过 Offs 偏移函数进行编程时，如果机器人的偏移方向（例如工件 B 的方位）与大地坐标系存在一定夹角，则可以通过建立与偏移方向一致的工件坐标系 W2，比较方便地在工件坐标系 W2 中沿着 W2 坐标系的 *XY* 轴方向进行移动或者偏移编程。如程序 rB2（）所示，即可将 rB（）中的所有点在 *X* 轴方向偏移 30 mm（图 11-8）。

```
PROC rB2 ()
MoveJ offs (p10, 30, 0, 0), v1000, fine, tool0/wobj: =w2;
MoveL offs (p20, 30, 0, 0), v1000, fine, tool0/wobj: =w2;
MoveL offs (p30, 30, 0, 0), v1000, fine, tool0/wobj: =w2;
MoveL offs (p40, 30, 0, 0), v1000, fine, tool0/wobj: =w2;
MoveL offs (p50, 30, 0, 0), v1000, fine, tool0/wobj: =w2;
MoveL offs (p60, 30, 0, 0), v1000, fine, tool0/wobj: =w2;
ENDPROC
```

图 11-8　子程序 rB2（）

建立机器人工件坐标系的方法与步骤如下。

第一步，在“手动操纵”菜单下的“工件坐标系”中新建一个工件坐标系，命名为“wobj1”（图 11-9 至图 11-12）。

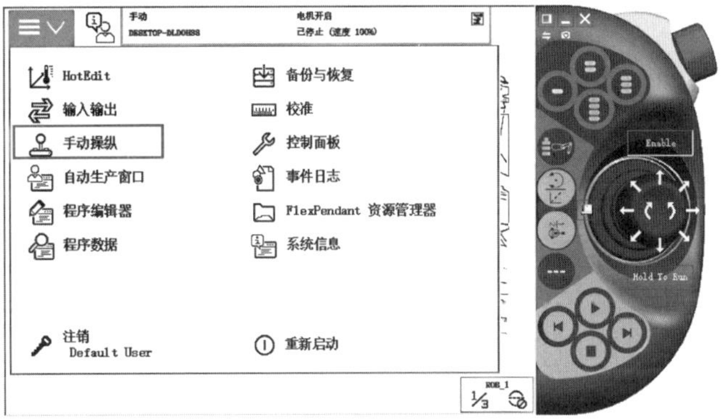

图 11-9　机器人示教器菜单

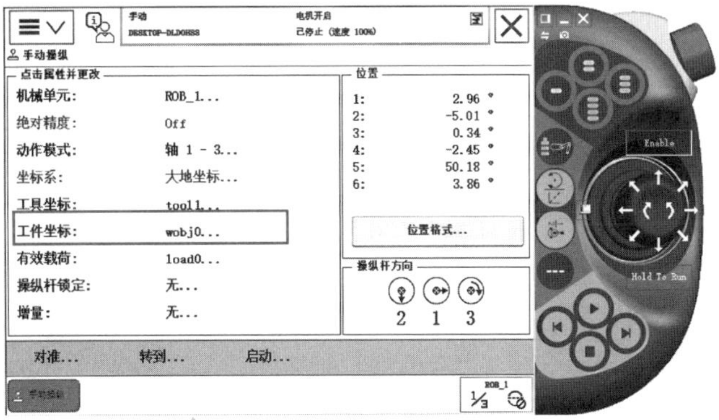

图 11-10　示教器手动操纵界面

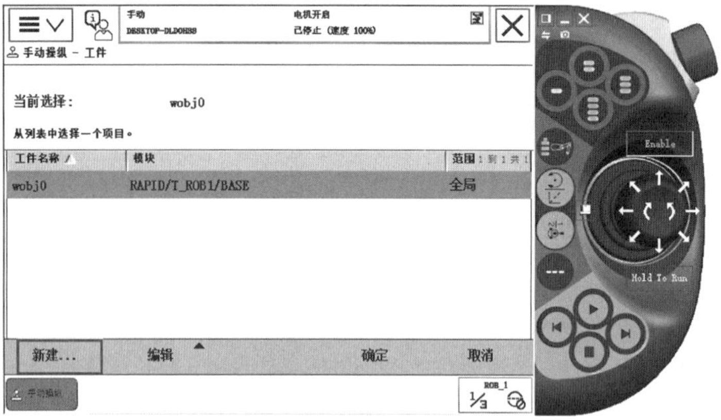

图 11-11　新建工件坐标系的按钮

图 11-12　新建工件坐标系“wobj1”

第二步，选择新建的工件坐标系“wobj1”，点击“编辑”—“定义”（图 11-13），通过 3 点法定义新的工件坐标系（图 11-14）。

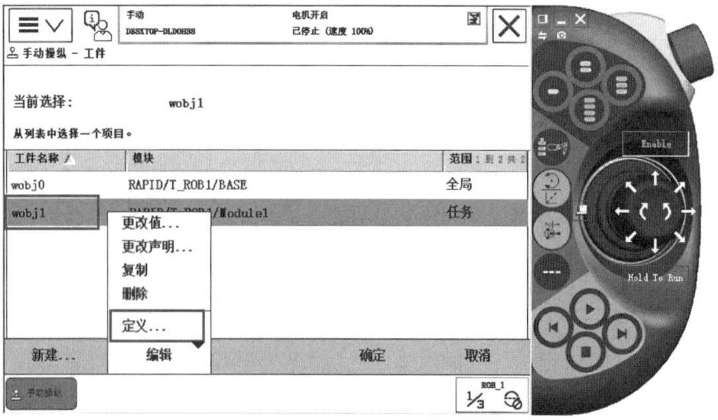

图 11-13　定义工件坐标系“wobj1”

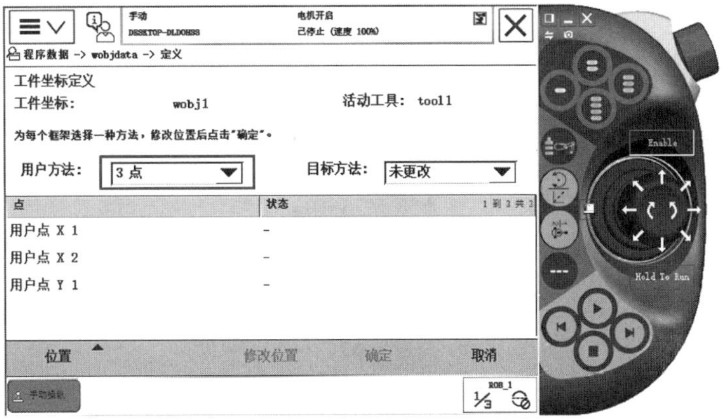

图 11-14　通过 3 点法定义工件坐标系

第三步，操作机器人，示教三个用户点（X1，X2，Y1）。

直角坐标系只需要确定 *X* 轴上的两个点和 *Y* 轴上的一个点，就能确定 *XY* 坐标轴的方向和原点位置，通过右手定则就能确定 *XYZ* 整个坐标系。因此，定义新的工件坐标系需要操作机器人示教确定以上三个点，即可确定工件坐标系的方位。如图 11-15 所示，移动机器人，让机器人 TCP 位于要定义的工件坐标系 *X* 轴上的第一个点，然后选择“用户点 X1”，点击“修改位置”，将该点位置示教存储到 X1 中。

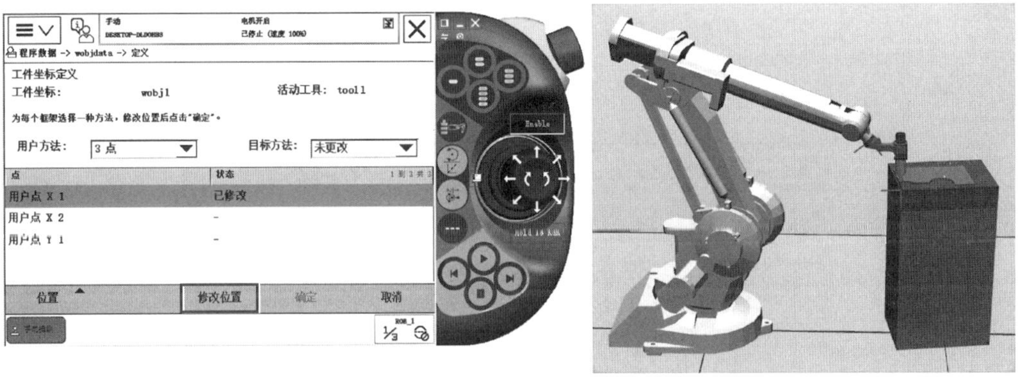

图 11-15　示教用户点 X1

如图 11-16 所示，移动机器人，让机器人 TCP 位于要定义的工件坐标系 *X* 轴上的第二个点，然后选择“用户点 X2”，点击“修改位置”，将该点位置示教存储到 X2 中。这样就确定了 *X* 轴的方位。

如图 11-17 所示，移动机器人，让机器人 TCP 位于要定义的工件坐标系 *Y* 轴上的一个点，然后选择“用户点 Y1”，点击“修改位置”，将该点位置示教存储到 Y1 中。由于 *XY* 轴是必须是相互垂直的，过 Y1 点作一条垂直于 *X* 轴的直线即为 *Y* 轴位置，这样就确定了 *Y* 轴的方位。*XY* 轴都确定了以后，*Z* 轴也就确定了。系统会通过计算确定新的工件坐标系“wobj1”的位置，工件坐标系就定义完成了，如图 11-18 所示。

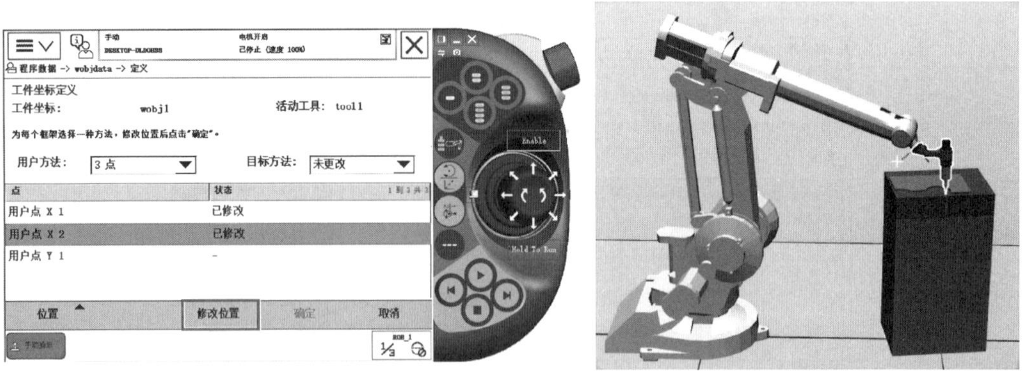

图 11-16　示教用户点 X2

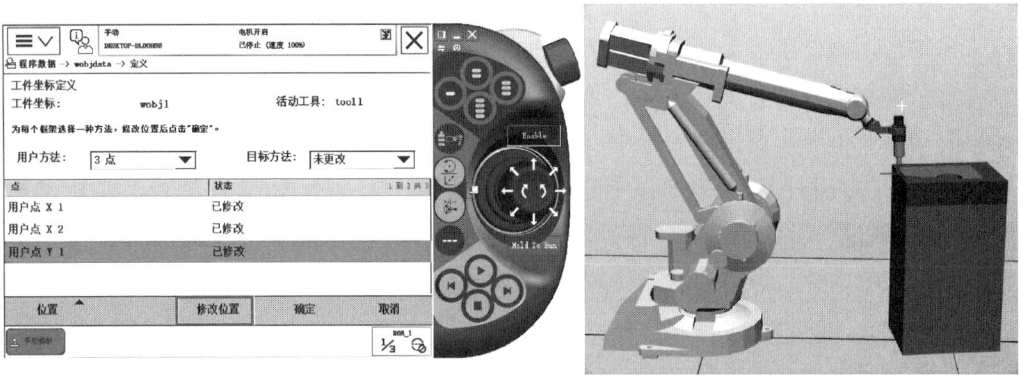

图 11-17　示教用户点 Y1

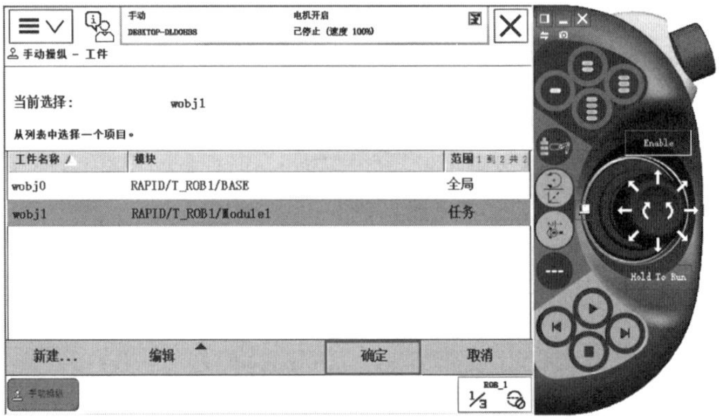

图 11-18　确定新的工件坐标系

4. 工具坐标系

工具坐标系是以机器人 TCP 为原点所建立的直角坐标系。TCP 是机器人进行线性运动时保证按照线性来运动的那个对象点，它决定了在线性坐标系中沿线性运动的点对象，坐标值中 X，Y，Z 的值所反映的就是该 TCP 在工件坐标系中的坐标值。

机器人默认的工具坐标系"tool0"设置在第六轴法兰盘中心。通过建立并定义工具坐标系才能让机器人知道新的工具 TCP 的位置。机器人可以选择沿着工具坐标系执行线性移动。

通过 6 点法可以定义一个任意方位的工具坐标系和新的 TCP，具体操作步骤如下。

第一步，在“手动操纵”菜单下的“工具坐标系”中新建一个工具坐标系，命名为“tool1”（图 11-19 至图 11-21）。

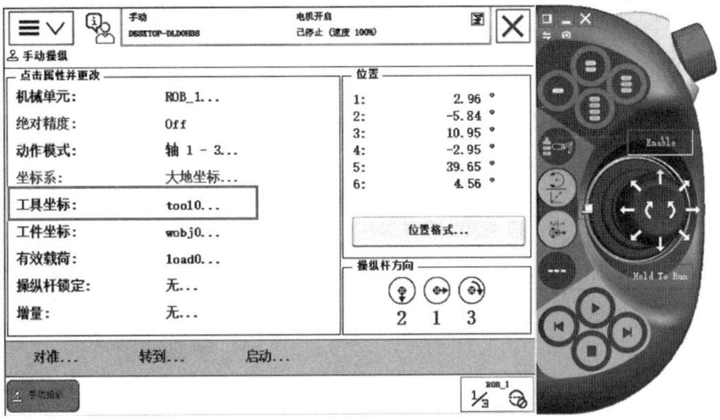

图 11-19　选择“工具坐标系”

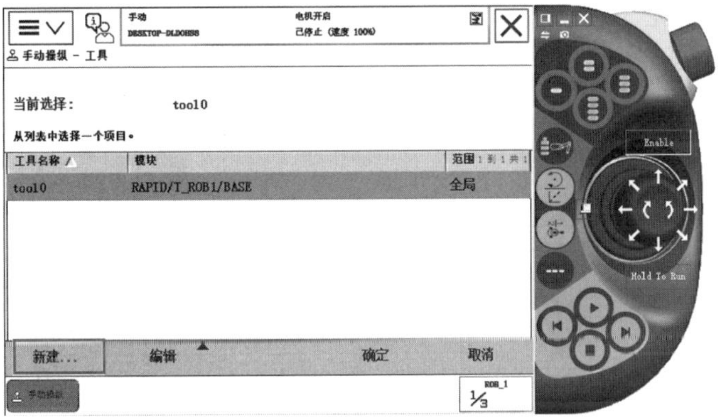

图 11-20　新建工具坐标系“tool1”

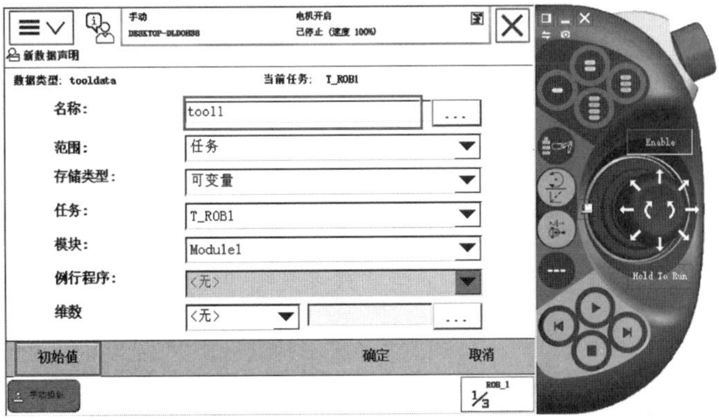

图 11-21　点击“初始值”

工具坐标系“tool1”的数据类型中包含工具的质量和重心数据。如图 11-22 所示，参数“mass”为质量，该值必须是一个正数；参数 cog [x，y，z] 为中心偏移值，该值三个坐标不能全为 0。由于默认的数值不符合要求，需要手动进行修改。这两个值可以是一个大概的值，如果不符合上述要求，定义完工具坐标系后系统会报错。

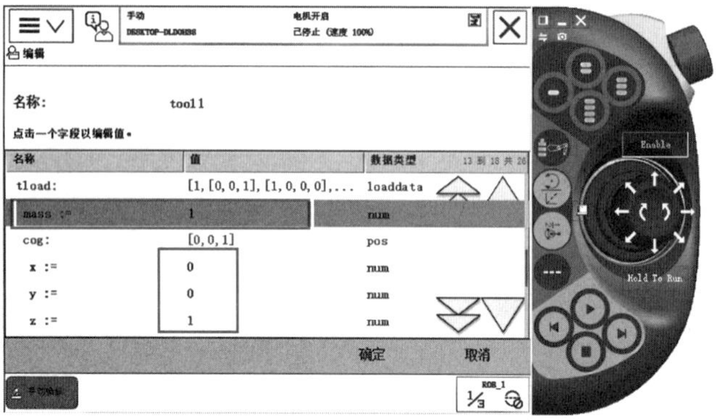

图 11-22　修改质量和重心参数

第二步，选择新建的工具坐标系“tool1”，点击“编辑”—“定义”（图 11-23），通过“TCP 和 Z，X”6 点法定义新的工具坐标系（图 11-24、图 11-25）。

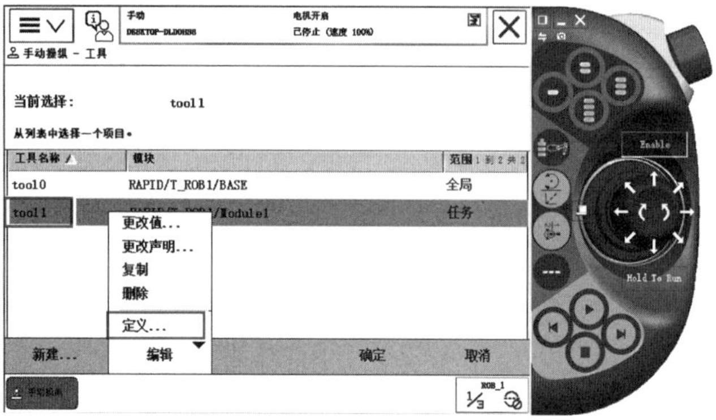

图 11-23　定义工具坐标系“tool1”

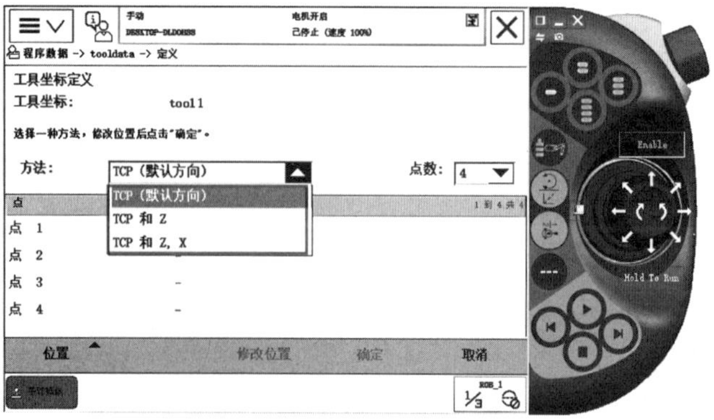

图 11-24　定义工具坐标系的方法

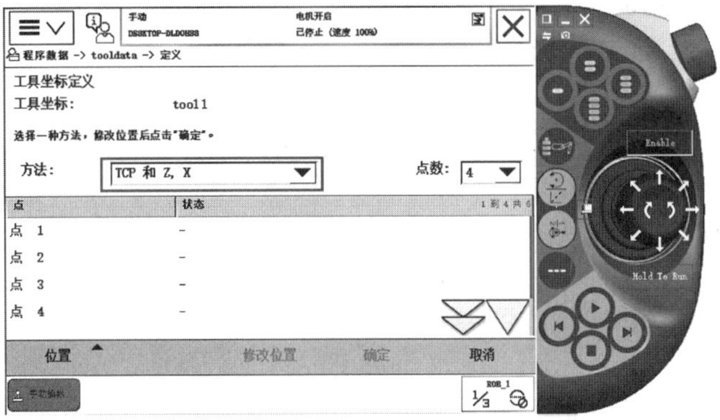

图 11-25　6 点法定义工具坐标系

定义工具坐标系的方法有 4 点法、5 点法和 6 点法三种，“TCP（默认方向）” 4 点法可以在默认“tool0”的基础上，不改变坐标轴的方向，只让工具中心点偏移；“TCP 和 Z” 5 点法可以在默认“tool0”的基础上，不改变坐标轴 Z 轴的方向，使工具中心点偏移，用户可以定义 XY 轴的方向；“TCP 和 Z，X” 6 点法则可以由用户定义任意方位的坐标轴和中心点，是应用范围最广泛的方法。

第三步，操作机器人，示教 6 个不同的机器人的姿态位置。

机器人工具坐标系的确定需要有一个外部固定的点作参照，通常使用专门的圆锥体辅助工具的顶点作为参照点。然后移动机器人，让需要被定义的新的 TCP 以不同的姿态去靠近同一个参照点，直至与之重合，并把每次重合时机器人的姿态位置示教保存到相应的数据点中。系统根据这 6 个点的数据计算出新的工具坐标系的原点以及坐标轴的方向和位置，从而确定新的工具坐标系。

需要示教记录的 6 个数据中，“点 1～3” 示教的是机器人以任意不同的姿态与参考点重合时的姿态位置；“点 4” 示教的是新的工具坐标系 Z 轴方向垂直于圆锥体法平面的姿态与参考点重合时的姿态位置；“延伸点 X” 是确定新的工具坐标系 X 轴方向的点，圆锥顶点与该点所连的直线为 X 轴方向；“延伸点 Z” 是确定新的工具坐标系 Z 轴方向的点，圆锥顶点与该点所连的直线为 Z 轴方向，如图 11-26 至图 11-31 所示。

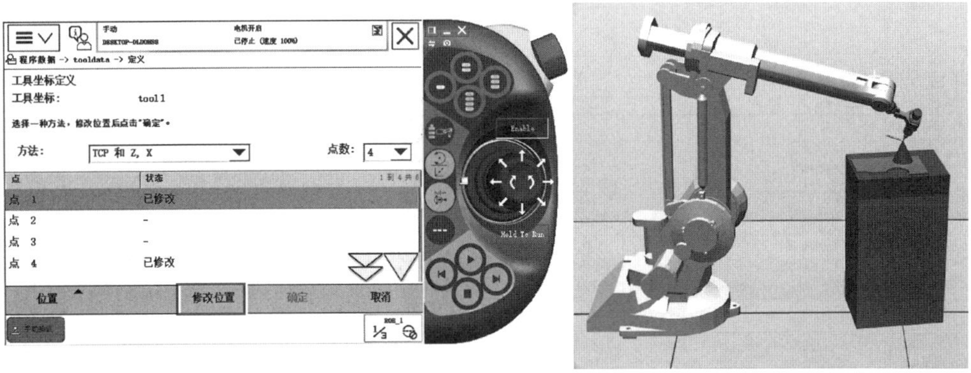

图 11-26　示教点 1

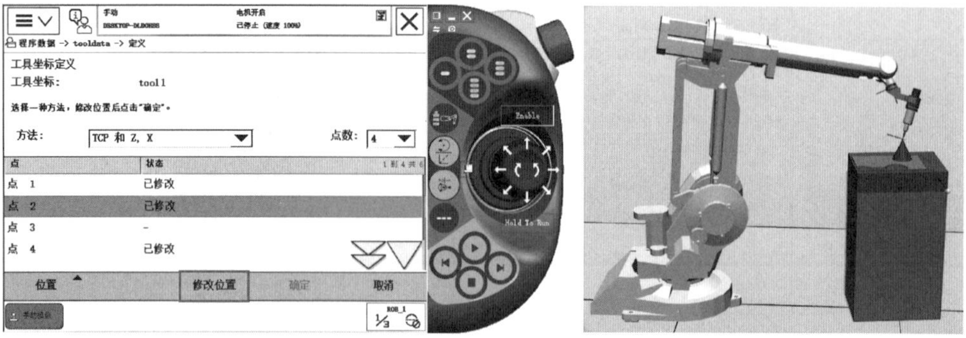

图 11-27　示教点 2

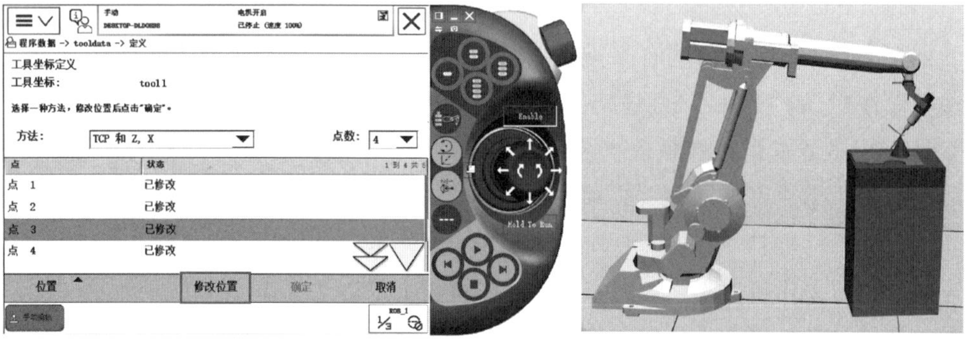

图 11-28　示教点 3

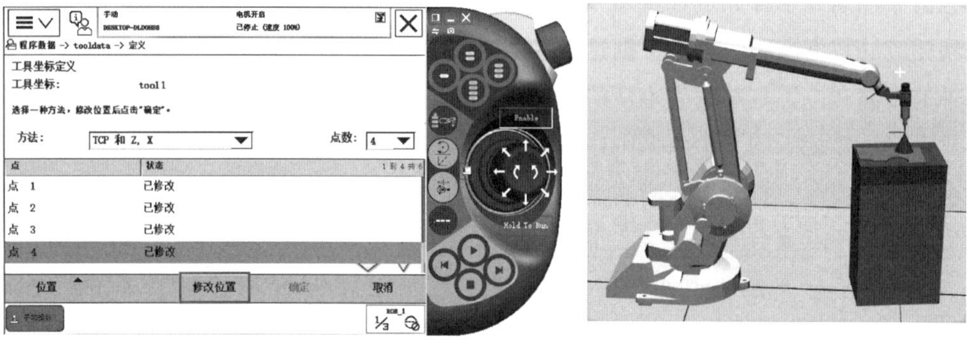

图 11-29　示教点 4

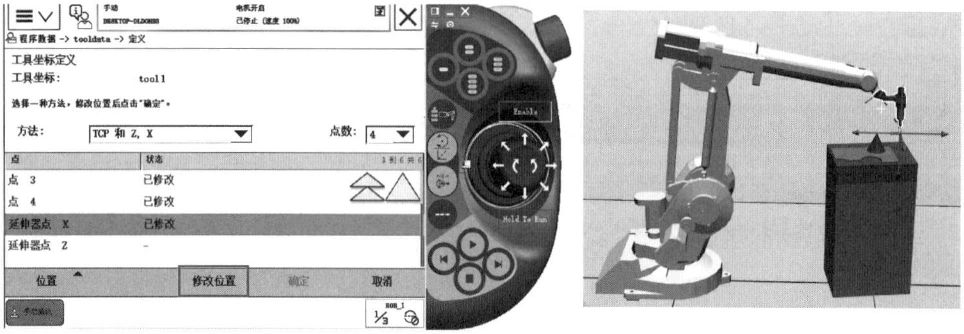

图 11-30　示教延伸点 X

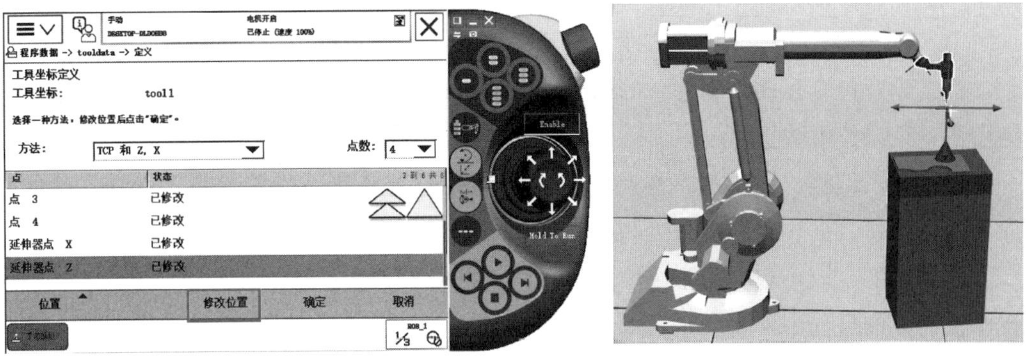

图 11-31　示教延伸点 Z

6 个点示教完成后，点击“确定”完成工具坐标系的新建，如图 11-32 所示。

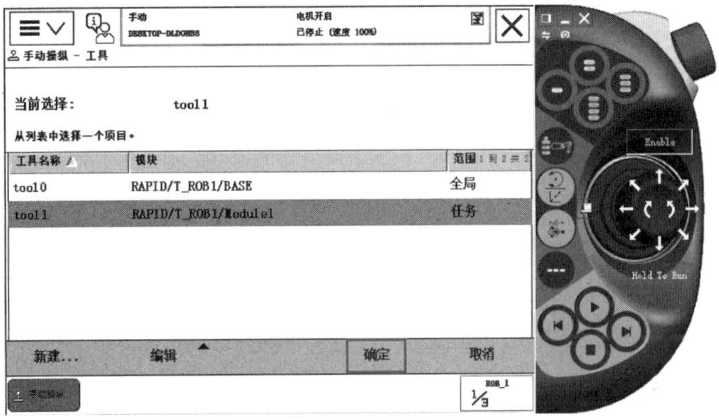

图 11-32　确定新的工具坐标系

11.3.4　工业机器人的基本操作

工业机器人基本操作与运动编程

工业机器人的编程是“示教编程”，首先是“示教”，然后再“编程”。也就是需要先操作机器人按一定的姿态到达指定的位置，然后将机器人的姿态位置用某种特定类型的位置数据存储下来，比如 ABB 机器人是通过 robottarget 或 jointtarget 类型的数据保存姿态位置。接下来再通过基本移动指令按照任务需要将这些姿态位置的点连起来，从而形成机器人的运动轨迹，如图 11-33 所示。因此，机器人的运动轨迹控制一般

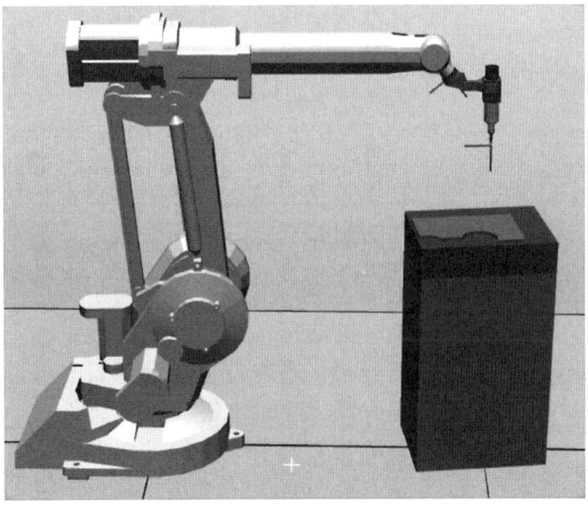

图 11-33　确定新的工具坐标系

需要以下三个步骤。

第一步，示教：操作机器人摆出合适的姿态，到达目标位置。

第二步，位置存储：新建 robottarget 或 jointtarget 数据类型的常量、变量或者数组变量，记录位置数据。

第三步，编程：通过基本移动指令将机器人的运动轨迹连接起来。结合其他的程序指令，进行数据交互和信号处理，实现机器人的整体功能。

机器人的示教不仅是让机器人到达目标位置，还要考虑以什么姿态到达，因此，操作机器人的过程中要将单轴关节移动和线性移动结合在一起来调整机器人的姿态位置。通常来说，可以先通过关节移动，将机器人工具端的姿态调整好，然后再通过线性移动让机器人工具到达目标位置，最后根据需要在目标点位置进行关节或线性微调，以精确完成示教。

11.3.5 工业机器人的编程指令

工业机器人基本移动指令

1. 基本移动指令

ABB 工业机器人的基本移动指令有四个，具体见表 11-1。通过四个基本移动指令能实现机器人的直线、圆弧轨迹移动以及非线性移动。结合线性偏移函数 OFFS、偏移旋转函数 RelTool 和当前位置获取函数 CRobT，可以方便地完成各种运动轨迹的编程。

表 11-1 基本移动指令

指令格式	功能说明	语法
MoveJ	关节运动指令，其功能是使机器人的 TCP 从当前位置移动到目标位置，路径不一定是直线，由系统优化计算后决定	MoveJ p20，v100，z50，tool \ WObj：=wobj1； 指令说明：机器人 TCP 从当前点移动到 p20 点，轨迹不确定，由系统计算与规划
MoveL	线性运动指令，其功能是使机器人的 TCP 从当前点沿着直线移动到目标点	MoveL p20，v100，z50，tool \ WObj：=wobj1； 指令说明：机器人 TCP 从当前点沿直线移动到 p20 点，轨迹为当前点与 p20 点所连的直线
MoveC	圆弧运动指令，其功能是使机器人从当前点（把当前点作为圆弧起点）沿圆弧到达圆弧终点	MoveL p20，p30，v100，z50，tool \ WObj：=wobj1； 指令说明：p20 为圆弧中的任意一个点，p30 为圆弧的终点，机器人 TCP 从当前点（圆弧起点）沿圆弧移动到 p20 点，再到 p30 点，轨迹为圆弧
MoveAbsJ	绝对运动指令，其功能是使机器人从当前位置移动到目标位置，目标位置数据类型是机器人六个关节轴的角度值，路径由系统优化计算后决定	MoveAbsJ jpos10，v1000，z50，tool； 指令说明：机器人从当前点移动到 jpos10 点，轨迹不确定，由系统计算与规划

指令格式参数说明如下：

MoveJ　　p20，　v100，　　z10，　　tool0 \ WObj：=wobj1

移动指令　参数 1，参数 2，参数 3，参数 4 \ 参数 5

参数 1——目标点位置（MoveJ/MoveL 指令的目标点为 Robottarget 类型线性坐标系格式数据；MoveAbsJ 指令的目标点为 Jointtarget 类型的 6 个关节轴角度格式数据）。

参数 2——机器人在自动运行时的移动速度，线性速度单位为 mm/s。

参数 3——转弯半径值，如图 11-34 所示，如果该值不为“0”，例如为“z10”，机器人 TCP 将不会到达目标点位置，而是在移动到离目标点还有 10 mm 的距离时，就开始转弯向下一个目标点移动，因此一般在向中间过渡点移动时可以将该参数设置为一定的转弯半径。要让机器人 TCP 精确到达目标点，应将该参数选择为“Fine”，此时机器人会到达目标点位置，然后才会执行下一条程序指令。

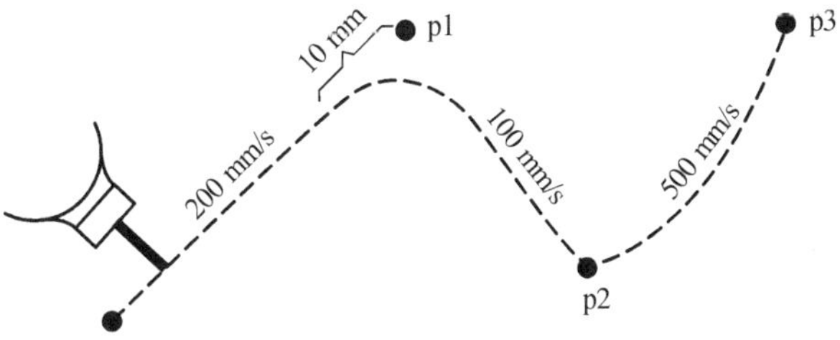

图 11-34　机器人移动轨迹

参数 4——机器人目标点姿态位置所选用的工具坐标系。

参数 5——机器人目标点位置所在的工件坐标系。

参数 4 与 5 中的工具坐标系和工件坐标系必须要跟示教目标点位置时所选用的坐标系保持一致。

2. 常用编程指令

工业机器人的程序指令采用与其他高级语言编程相似的格式，可以实现条件判断、循环、信号控制等功能。常用的指令功能、格式见表 11-2。

表 11-2　常用编程指令

指令格式	功能说明	语法
Set	数字信号置位指令，功能是将数字输出置位为“1”	Set DO1； 指令说明：将 DO1 的信号强制转化为“1”
Reset	数字信号复位指令，其功能是将数字输出置位为“0”	Reset DO1； 指令说明：将 DO1 的信号强制转化为“0”
Setgo	组输出信号指令，功能是设置组输出信号值，值为十进制数	SetGo go1，3； 指令说明：将组信号 go1 的值设置为“3”
WaitDI	数字输入信号判断指令，其功能是用于判断数字输入信号的值是否与目标一致	WaitDI DI1，1； 指令说明：等待数字信号 DI 转化为“1”，之后再执行下一条指令

（续表）

指令格式	功能说明	语法

IF	条件判断指令，其功能是根据不同的条件去执行不同的指令	IF num1=1 THEN
		reg3：=1；
		ENDIF
		指令说明：如果 num1=1，reg3 被赋值“1”

FOR	循环执行判断指令，用于一个或多个指令需要重复执行数次的情况	FOR i FORM 1 TO 10 DO
		Routine1；
		ENDFOR
		指令说明：重复执行 10 次 Routine1

WHILE	条件循环指令，用于在给定条件满足的情况下，一直重复执行对应的指令	WHILE Flag1=1 DO
		reg2：=reg2+1；
		ENDWHILE
		指令说明：如果条件为真，将 reg2 累加“1”

ProcCall	调用例行程序指令，其功能是在指定位置调用例行程序	在示教器中选择 ProcCall 命令，之后关联到相关程序即可完成该程序的调用功能
TEST	返回例行程序指令，其功能是结束本例行程序的执行，程序指针返回到调用此程序的位置	TESE reg1　　指令说明：判断 reg1 的数值， CASE 1：　　如果 reg1 等于 1， Routine1；　　执行 Routine1； CASE 2：　　如果 reg1 等于 2， Routine2；　　执行 Routine2； DEFAULT：　　其余 Stop；　　执行 Stop ENDTEST
!	注释行，在语句前面加上“!”，表示语句是注释，不执行	! Goto the Pick Position 指令说明：Goto the Pick Position 是某条语句的说明，不执行
Offs	以选定的目标点为基准，沿着工件坐标系的 *X*，*Y*，*Z* 轴线性偏移一定的距离	MoveL Offs（p10，5，6，10），v1000，Fine，tool1 \ WObj：=wobj1； 指令说明：将机器人 TCP 移动至以 p10 为基准点，沿着工件坐标系“wobj1”的 *X*，*Y*，*Z* 轴正方向分别偏移 5 mm、6 mm、10 mm 的位置
CRobT	读取当前机器人目标点位置数据	PERS robtarget p10； P10：=CRobT（\ Tool：=tool1 \ WObj：=wobj1）； 指令说明：指定工具数据为“tool1”，工件坐标系为“wobj1”的情况下，读取当前机器人目标点位置数据并存在 P10 中
RelTool	以选定的目标点为基准，沿着工具坐标系的 *X*，*Y*，*Z* 轴线性偏移一定的距离，绕着 *X*，*Y*，*Z* 轴旋转一定的角度	MoveJ RelTool（p10，0，0，0 \ Rz：=30），v1000，Fine，tool1 \ WObj：=wobj1； 指令说明：将机器人 TCP 移动至以 p10 为基准点，沿工具坐标系“tool1”的 *X*，*Y*，*Z* 轴偏移 0，绕 *Z* 轴正方向旋转 30°的位置

11.3.6 工业机器人的 I/O 信号配置

工业机器人 I/O 配置

ABB 工业机器人提供了丰富通信接口，如 PROFIBUS、PROFINET、EtherNet/IP、ModuBus、CCLink 等总线通信协议，以及 ABB 本身的标准通信 DeviceNet，可以实现 ABB 机器人与外界设备之间的通信交互和数据交换。如图 11-35 所示，ABB 机器人可以通过 PROFINET、TCP/IP 等通信协议与 PLC、计算机，或者其他智能装备进行网络连接，实现数据交互。ABB 机器人自身的 I/O 标准硬件接口板则需要通过 DeviceNet 标准总线来接入机器人控制系统。

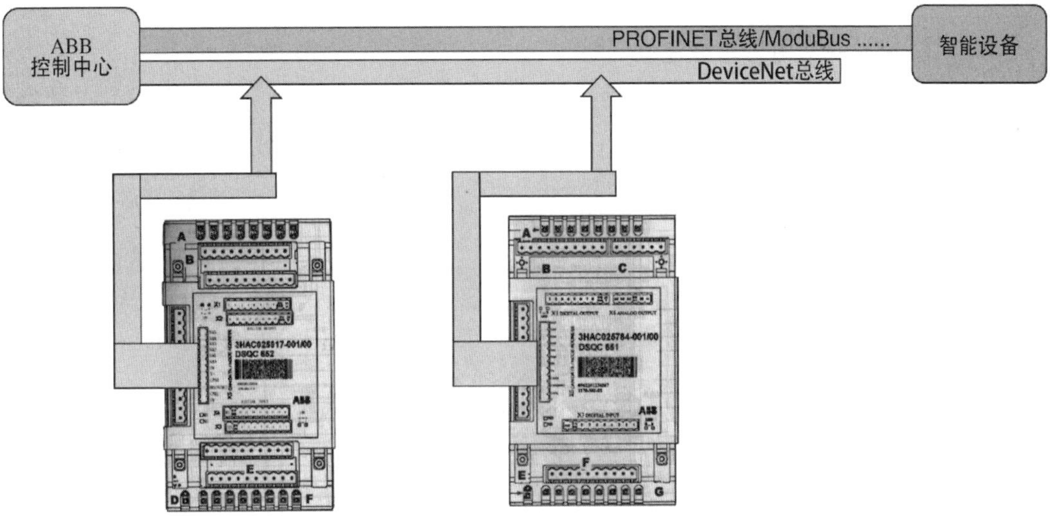

图 11-35 ABB 机器人的通信连接

ABB 机器人可以通过标准 I/O 板提供数字量输入（DI）、数字量输出（DO）、模拟量输入（AI）、模拟量输出（AO）接口。

（1）DI：各种开关信号的反馈，如按钮开关、转换开关、接近开关等的信号反馈；传感器信号反馈，如光电传感器、光纤传感器（接触器、继电器）触点信号反馈；还有触摸屏里的开关信号反馈。

（2）DO：控制各种执行部件，如接触器、继电器线圈、电磁阀，以及各种指示类信号，如指示灯、蜂鸣器等。

（3）AI：来自一些量化信号的反馈，比如测速电机的速度反馈，温度传感器、压力传感器、流量传感器的反馈信号等。

（4）AO：控制电机转速等物理量的量化输出信号。

ABB 工业机器人的标准 I/O 板的输入/输出都是 PNP 类型，常用的 ABB 机器人标准 I/O 板卡有以下五种，它们的主要区别在于接口的类型和数量不同，见表 11-3。

表 11-3　ABB 常用的标准 I/O 板

型号	接口类型与数量	说明
DSQC651	DI 8\ DO 8\ AO 2	8 个数字输入信号、8 个数字输出信号和 2 个模拟输出信号接口
DSQC652	DI 16\ DO 16	16 个数字输入信号和 16 个数字输出信号接口
DSQC653	DI 8\ DO 8（带继电器）	8 个数字输入信号和 8 个带继电器的数字输出信号接口
DSQC355A	AI 4\ AO 4	4 个模拟量输入信号和 4 个模拟量输出信号接口
DSQC377A	输送链跟踪单元	输送链跟踪功能所需的编码器与同步开关信号接口

1. I/O 板卡的结构与总线地址

ABB 机器人标准 I/O 板卡主要硬件接口包括用于设定总线地址的 DeviceNet 总线接口，以及用于输入、输出连接的 I/O 接口。每个数字量 I/O 端口还对应一个状态指示灯，如图 11-36 所示。

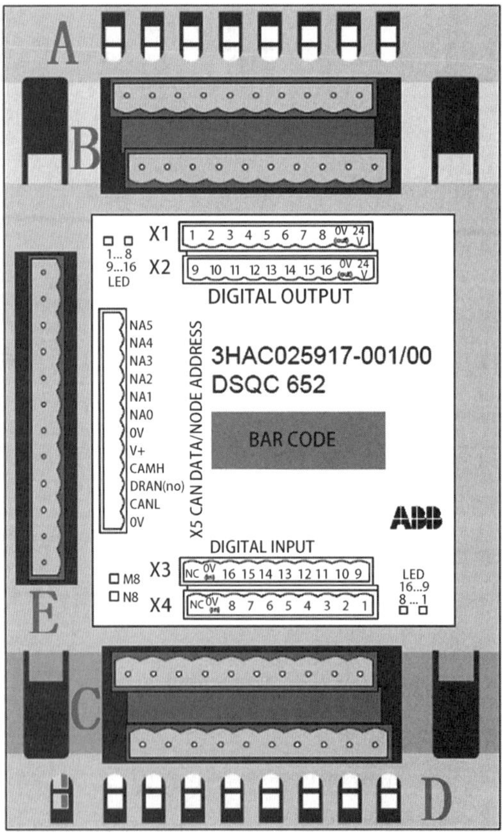

A. 数字输出信号指示灯；B. X1 数字输出信号接口；C. X6 模拟量输出信号接口；D. X5 DeviceNet 总线接口；E. 模拟量状态指示灯；F. X3 数字输入接口；G. 数字输入信号指示灯

图 11-36　DSQC651 I/O 板卡

ABB 标准 I/O 板都需要通过 DeviceNet 总线连接到机器系统中，每张板卡在 DeviceNet 总线中都要设定自己的总线地址，这个地址通过硬件板卡中 DeviceNet 总线接口中的硬件跳线来决定。如图 11-37 所示，X5 板卡的 7～12 端口分别对应一个二进制字节的第 0～5 位，总线地址由这六位二进制值来决定，跳线的端口所对应的二进制位的值为 1。图中所示硬件板卡的第 8、10 端口有跳线，则其对应的二进制节的第 1、3 位为 1，因此总线地址值为 $(001010)_2$，换算成十进制值为 10，总线地址应设置为 10。

X5 端子编号	使用定义
1	OV BLACK
2	CAN 信号线 low BLUE
3	屏蔽线
4	CAN 信号线 high WHILE
5	24V RED
6	GND 地址选择公共端
7	模块 ID bit 0（LSB）
8	模块 ID bit 1（LSB）
9	模块 ID bit 2（LSB）
10	模块 ID bit 3（LSB）
11	模块 ID bit 4（LSB）
12	模块 ID bit 5（LSB）
BLACK 为黑色，BLUE 为蓝色，WHILE 为白色，RED 为红色	

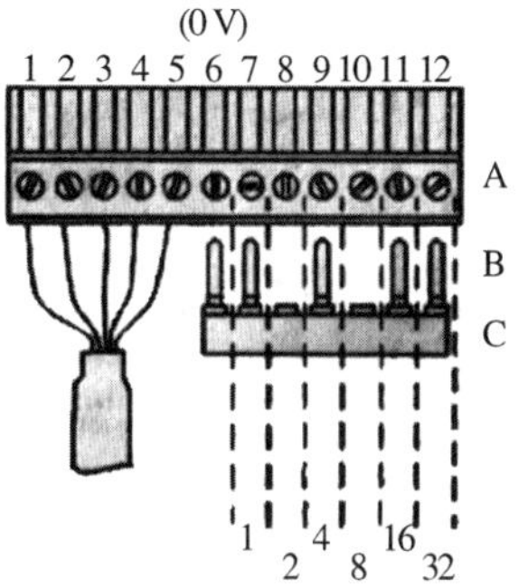

注：将第 8 脚和第 10 脚的跳线剪去，2+8=10，就可以获得地址值 10。ABB 标准 I/O 板是挂在 DeviceNet 网络上的，所以要设定模块在网络中的地址。端子 X5 的 6～12 的跳线用来决定模块的地址，地址可用范围为 10～63。

图 11-37 I/O 板卡 X5 端子与总线地址

2. 机器人 I/O 地址的编码规则

ABB 机器人的 I/O 地址编码基本规则如下：

（1）输出 I、输出 O 分开编址；

（2）每块 I/O 板地址都从 0 开始分配，按阿拉伯数字顺序依次往后编排；

（3）有模拟量接口的 I/O 板按先模拟量端口地址，再到数字量端口地址的顺序编排；

（4）数字量接口一个端口地址占 1 位，模拟量接口一个端口地址占 2 个字节（16 位）。

例如，DSQC651 板卡有 8 个数字输入信号、8 个数字输出信号和 2 个模拟输出信号接口。因此它的 I/O 地址分别见表 11-4 和表 11-5。

表 11-4　DSQC651 板输入地址列表

端口号	I/O 类型	地址
1	数字输入 DI	0
2	数字输入 DI	1
3	数字输入 DI	2
4	数字输入 DI	3
5	数字输入 DI	4
6	数字输入 DI	5
7	数字输入 DI	6
8	数字输入 DI	7

表 11-5　DSQC651 板输出地址列表

端口号	I/O 类型	地址
AO1	模拟输出 AO	0～15
AO2	模拟输出 AO	16～31
1	数字输出 DO	32
2	数字输出 DO	33
3	数字输出 DO	34
4	数字输出 DO	35
5	数字输出 DO	36
6	数字输出 DO	37
7	数字输出 DO	38
8	数字输出 DO	39

再如 DSQC652 板卡只有数字量 I/O 信号，有 16 个数字输入信号和 16 个数字输出信号接口，因此它的 I/O 地址分别见表 11-6 和表 11-7。

表 11-6　DSQC652 板输入地址列表

端口号	I/O 类型	地址
1	数字输入 DI	0
2	数字输入 DI	1
3	数字输入 DI	2
4	数字输入 DI	3
5	数字输入 DI	4
6	数字输入 DI	5
7	数字输入 DI	6
8	数字输入 DI	7
9	数字输入 DI	8
10	数字输入 DI	9
11	数字输入 DI	10
12	数字输入 DI	11
13	数字输入 DI	12
14	数字输入 DI	13
15	数字输入 DI	14
16	数字输入 DI	15

表 11-7　DSQC652 板输出地址列表

端口号	I/O 类型	地址
1	数字输入 DO	0
2	数字输入 DO	1
3	数字输入 DO	2
4	数字输入 DO	3
5	数字输入 DO	4
6	数字输入 DO	5
7	数字输入 DO	6
8	数字输入 DO	7
9	数字输入 DO	8
10	数字输入 DO	9
11	数字输入 DO	10
12	数字输入 DO	11
13	数字输入 DO	12
14	数字输入 DO	13
15	数字输入 DO	14
16	数字输入 DO	15

3. I/O 信号的配置方法

（1）配置板卡与总线地址。

ABB 机器人的 I/O 板卡总线地址在机器人示教器“控制面板”中“配置”选项下的“DeviceNet Device”中进行配置（图 11-38 至图 11-40）。

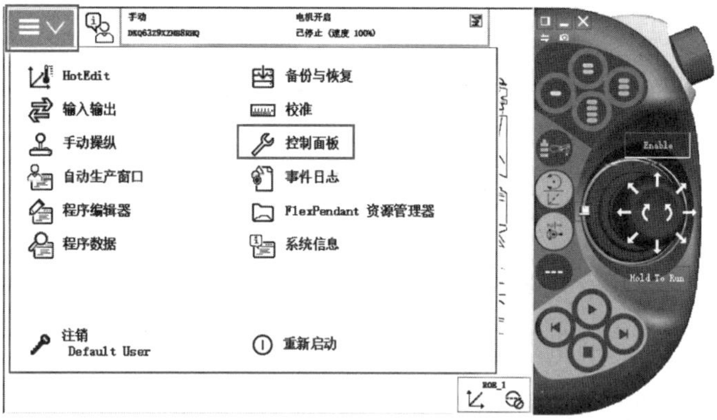

图 11-38　在示教器中选择“控制面板”

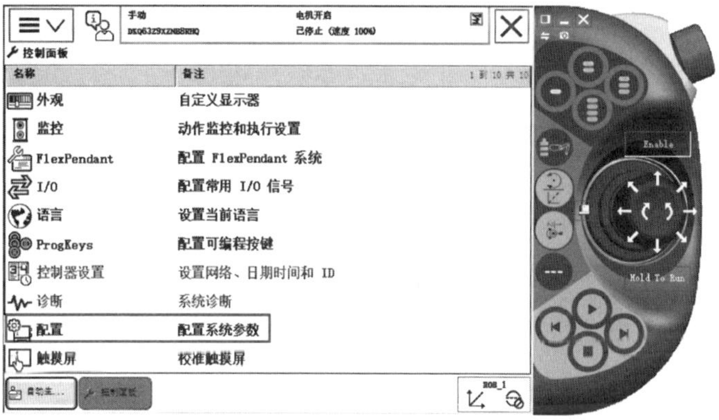

图 11-39　选择“配置”

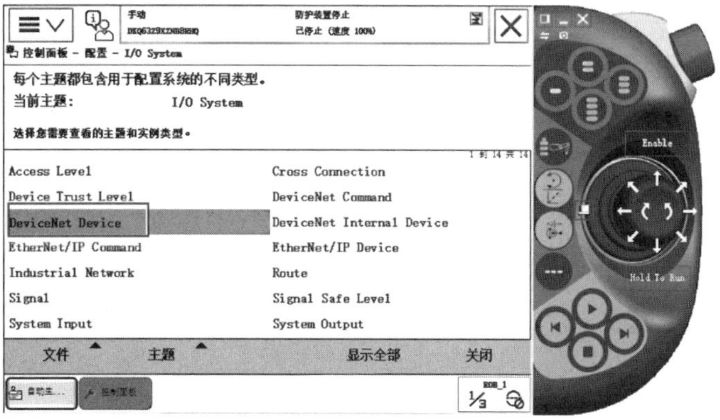

图 11-40　选择“DeviceNet Device”协议

如果在 Robotstudio 仿真软件中找不到该选项，则必须要在“修改选项”中勾选“Industrial Networks”“709-1 DeviceNet Master/Slave”，才能在机器人系统中出现“DeviceNet Device”配置（图 11-41）。

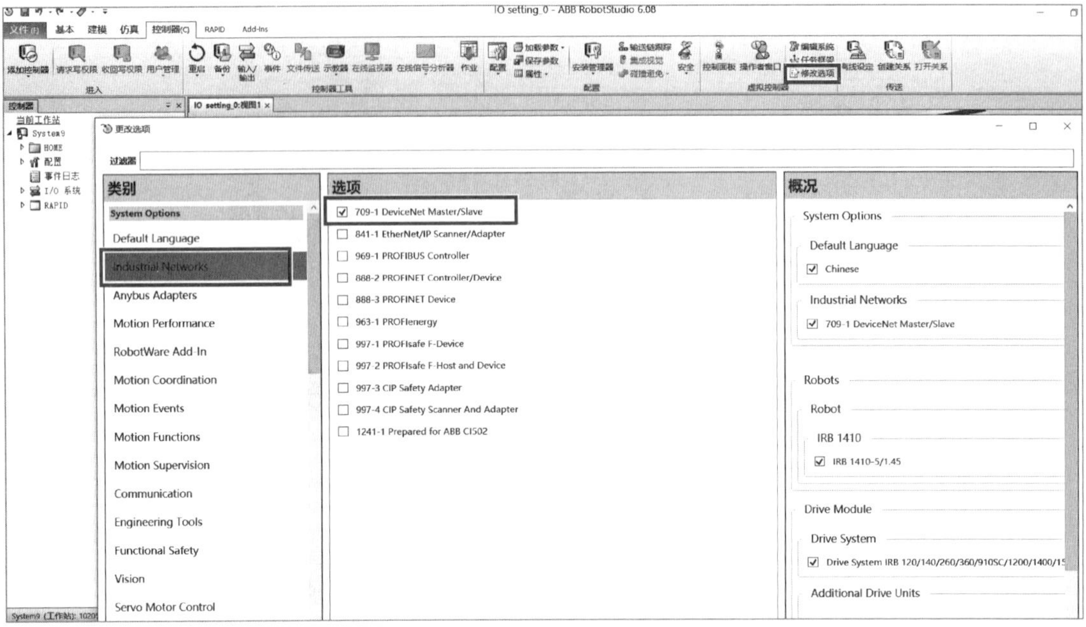

图 11-41　DeviceNet 协议选项的添加

ABB 的标准 I/O 板卡都可以在“使用来自模板的值:”的下拉菜单中选择，然后在参数“Address”选项中修改总线地址（输入硬件跳线的值）。不同的 I/O 板卡，其名称和总线地址都不能相同，否则会报错（图 11-42 至图 11-44）。

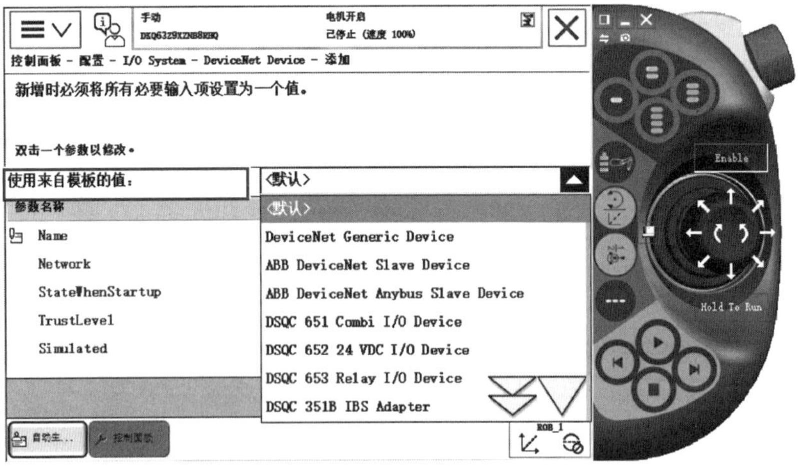

图 11-42　标准 I/O 板卡配置模板

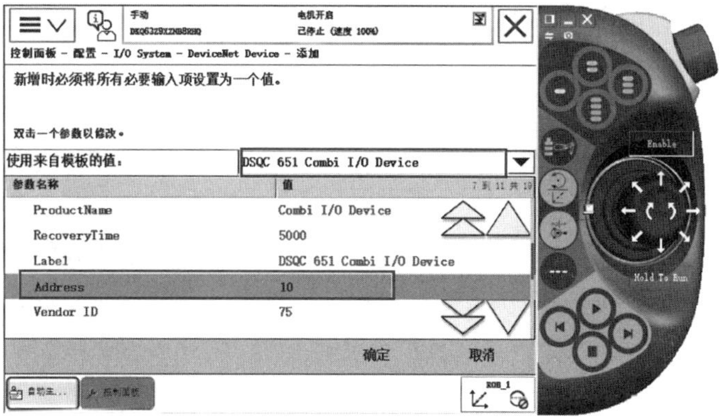

图 11-43　修改 I/O 板卡的总线地址

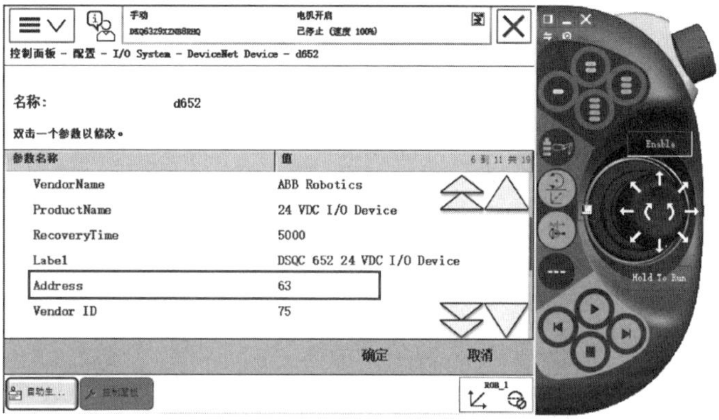

图 11-44　配置 DSQ652 板卡

(2) 配置信号端口地址。

每个信号的地址在“控制面板”—“配置”—“Signal”中进行配置（图 11-45）。

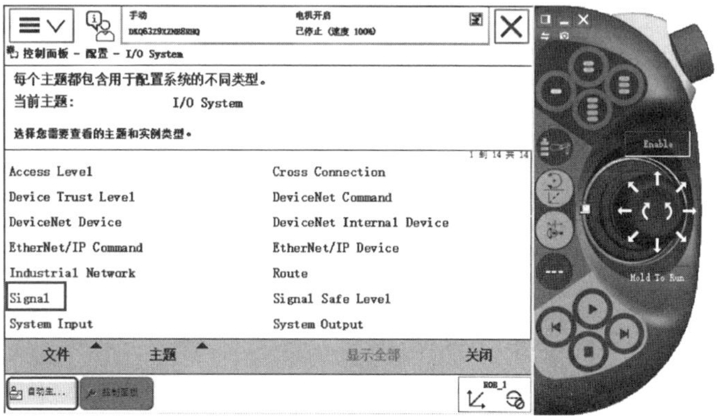

图 11-45　I/O 信号配置

如图 11-46 所示，在信号配置界面点击“添加”。每个信号需要设定四个参数：自定义信号名称，正确选择信号类型，选择信号所属的硬件板卡，并根据 I/O 信号的编码规则确定信号地址，如图 11-47 所示。

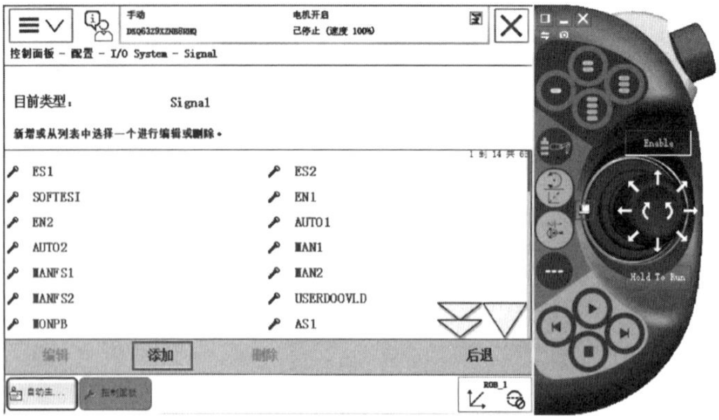

图 11-46　添加 I/O 端口信号

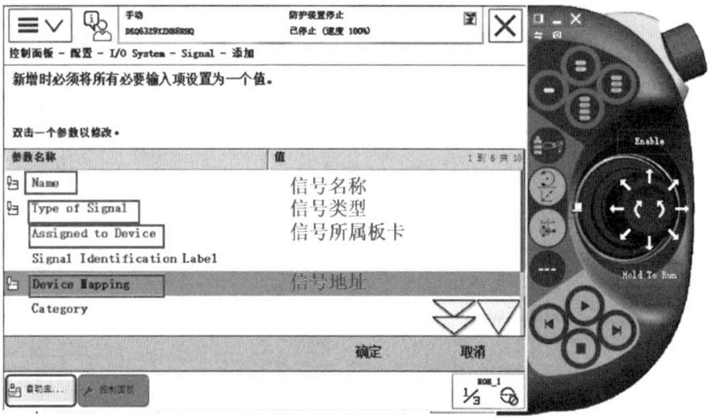

图 11-47　设定 I/O 信号参数

可配置的信号类型有 6 种：DI、DO、AI、AO、组输入信号（Group Input，GI）和组输出信号（Group Output，GO）（图 11-48）。

图 11-48　I/O 信号类型

其中，每一个数字量信号对应 1 位地址，每一个模拟量信号对应 16 位地址。组信号是将几个数字量位信号组合成一个组，按照二进制编码，形成更多的组合定义，N 个数字量信号组成的组信号就有 2^N 种二进制组合。

① DI 配置如图 11-49 所示。

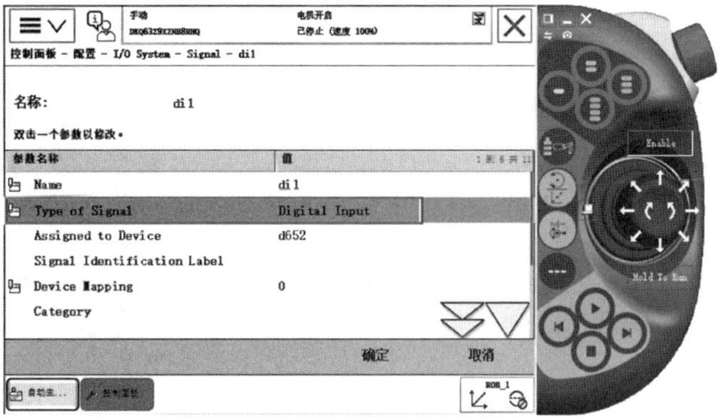

图 11-49　DI 配置

② DO 配置如图 11-50 所示。

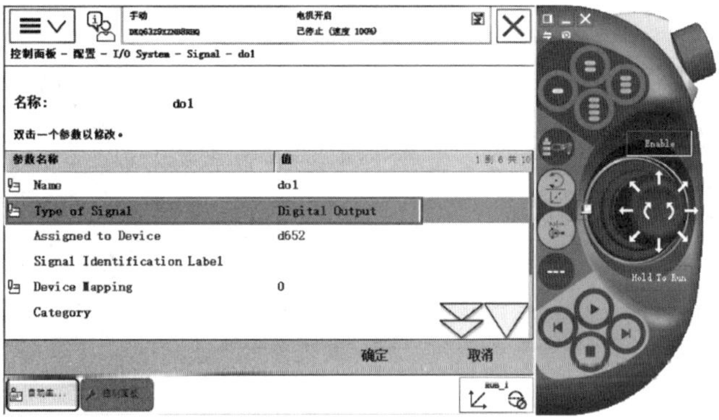

图 11-50　DO 配置

③ AO 配置如图 11-51 所示。

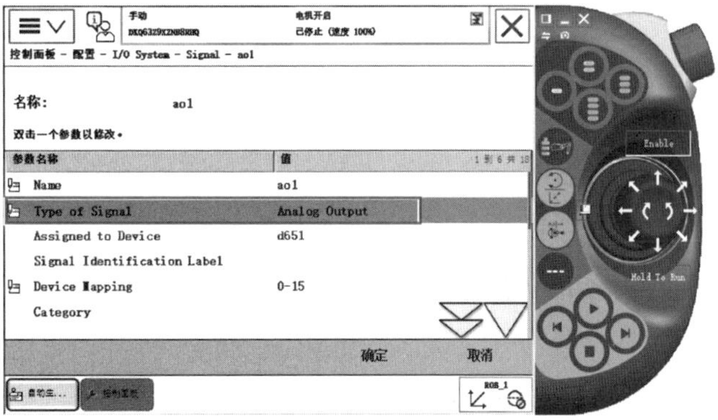

图 11-51　AO 配置

④ 组信号（AI、AO）配置如图 11-52 和图 11-53 所示。

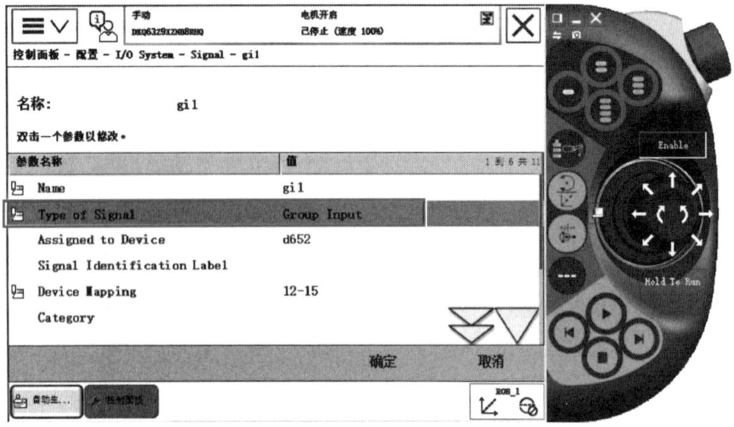

图 11-52　GI 配置

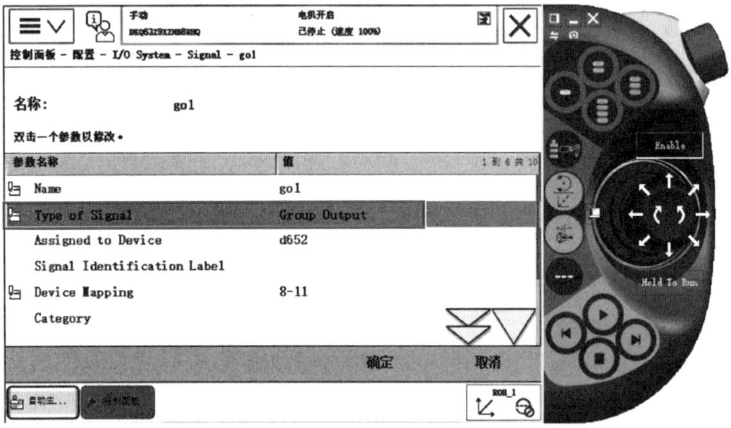

图 11-53　GO 配置

PLC 与工业机器人的集成交互控制

11.4　任务实施

11.4.1　I/O 分配及功能定义

根据 PLC 与机器人的 I/O 直连硬件接线与 I/O 信号表，选取以下 I/O 接口进行功能定义：

Q0.2→DI9（启动命令）；Q0.3→DI10（复位命令）；I3.1←DO9（机器人的运行状态），见表 11-8。

表 11-8　PLC 与机器人的 I/O 交互表

PLC					ROB			
I/O	地址	变量名	定义功能		I/O	地址	变量名	定义功能
I 输入	I3.1			I/O 直连	DO 输出	DO9		
	I3.2					DO10		
	I3.3					DO11		
	I3.4					DO12		
Q 输出	Q0.2				DI 输入	DI9		
	Q0.3					DI10		
	Q0.4					DI11		
	Q0.5					DI12		
	Q0.6					DI13		
	Q0.7					DI14		
	Q1.0					DI15		
	Q1.1					DI16		

11.4.2　HMI 界面设计及变量关联

（1）HMI 界面设计：添加两个按钮控件及一个圆形指示灯控件（图 11-54）。

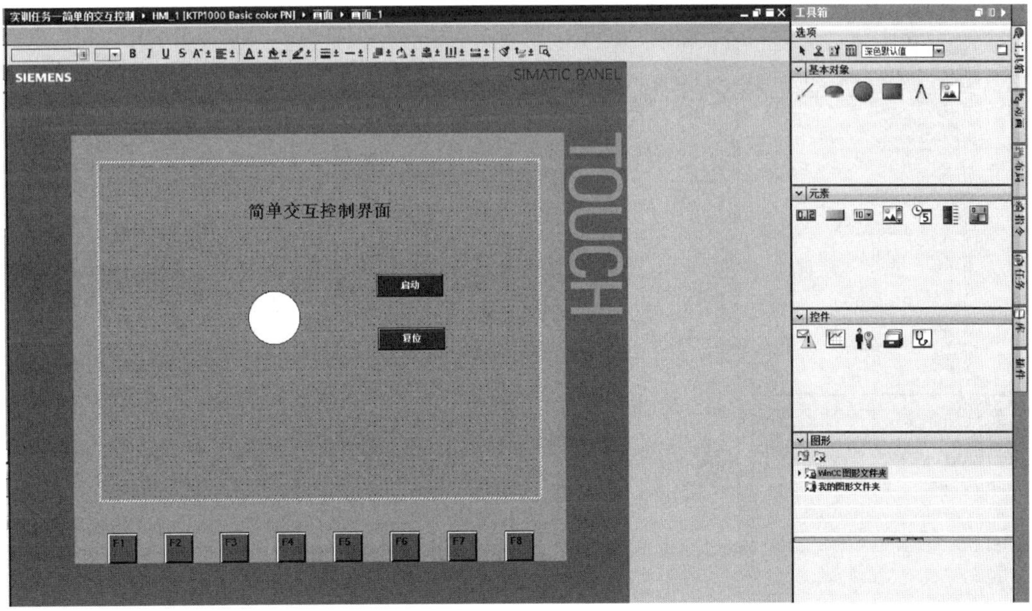

图 11-54　HMI 界面设计

（2）在 PLC 变量表中对程序中要用到的信号及变量进行定义（图 11-55）。

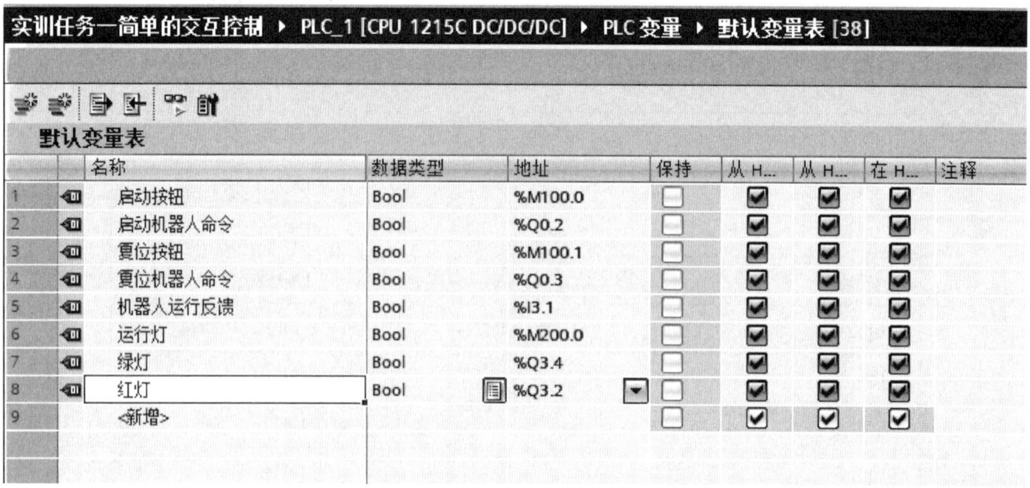

实训任务一简单的交互控制 ▸ PLC_1 [CPU 1215C DC/DC/DC] ▸ PLC 变量 ▸ 默认变量表 [38]

默认变量表

	名称	数据类型	地址	保持	从 H...	从 H...	在 H...	注释
1	启动按钮	Bool	%M100.0	☐	☑	☑	☑	
2	启动机器人命令	Bool	%Q0.2	☐	☑	☑	☑	
3	复位按钮	Bool	%M100.1	☐	☑	☑	☑	
4	复位机器人命令	Bool	%Q0.3	☐	☑	☑	☑	
5	机器人运行反馈	Bool	%I3.1	☐	☑	☑	☑	
6	运行灯	Bool	%M200.0	☐	☑	☑	☑	
7	绿灯	Bool	%Q3.4	☐	☑	☑	☑	
8	红灯	Bool	%Q3.2	☐	☑	☑	☑	
9	<新增>			☐	☑	☑	☑	

图 11-55　I/O 变量定义

（3）对于“启动”按钮、“复位”按钮，分别在其“事件”下的“按下”“释放”添加函数“置位位”和“复位位”，同时关联 PLC 程序中的变量“M100.0（启动按钮）”和“M100.1（复位按钮）”；在圆形控件“状态灯”的“动画”下添加外观动画，并关联 PLC 程序中的变量“M200.0（运行灯）”（图 11-56、图 11-57）。

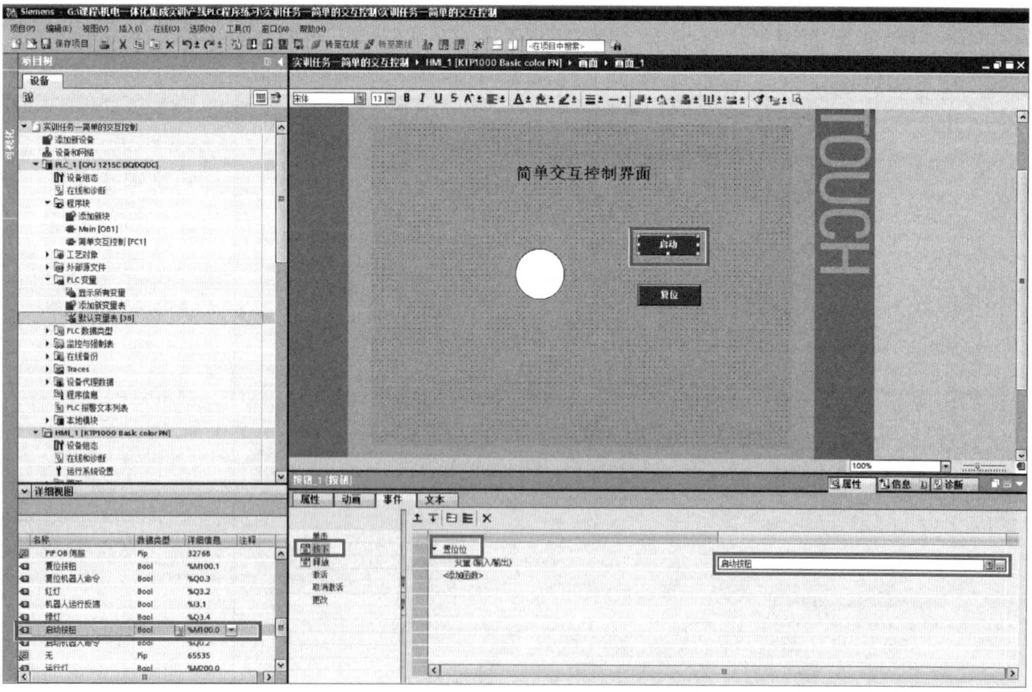

图 11-56　按钮控件的事件设置

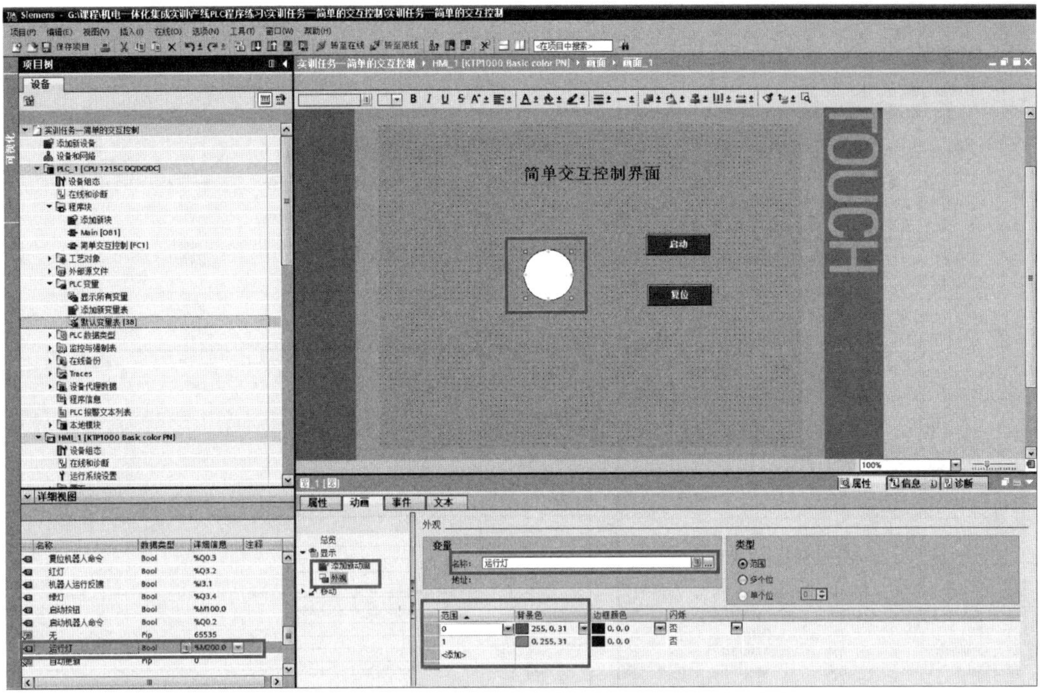

图 11-57　图形控件的动画设置

11.4.3　程序开发

1. PLC 程序

程序段 1 用于启动机器人，当在 HMI 触摸屏中按下“启动”按钮时，关联变量 M100.0 值为“1”，通过 PLC 数字量输出 Q0.2 向机器人对应的输入接口信号 DI9 发信号 1。程序段 2 用于复位机器人，当按下“复位”按钮时，关联变量 M100.1 值为“1”，通过 PLC 数字量输出 Q0.3 向机器人对应的输入接口信号 DI10 发信号 1。程序段 3 用于接收机器人反馈信号，并根据反馈信号状态控制状态灯的亮和灭。当机器人输出信号 DO9 为“1”时，代表机器人处于运行中。PLC 通过直连信号 I3.1 收到机器人反馈信号，当 I3.1 为“1”时，触摸屏中的运行灯和工作站三色灯中的绿灯亮，红灯灭；当 I3.1 为“1”时，运行灯和绿灯灭，红灯亮（图 11-58）。

2. ABB 机器人程序

1）工业机器人程序流程图

根据任务要求，绘制机器人程序流程图，如图 11-59 所示。

2）机器人程序开发

主程序中设置了两个工具取放的标志位变量，通过程序中的条件逻辑，避免流程中不合理的工具取放导致碰撞发生。当在 PLC 触摸屏端按下启动按钮，机器人输入信号 DI9 值为“1”，同时工具处于在工具架上的状态，机器人即进入流程取工具，搬运物

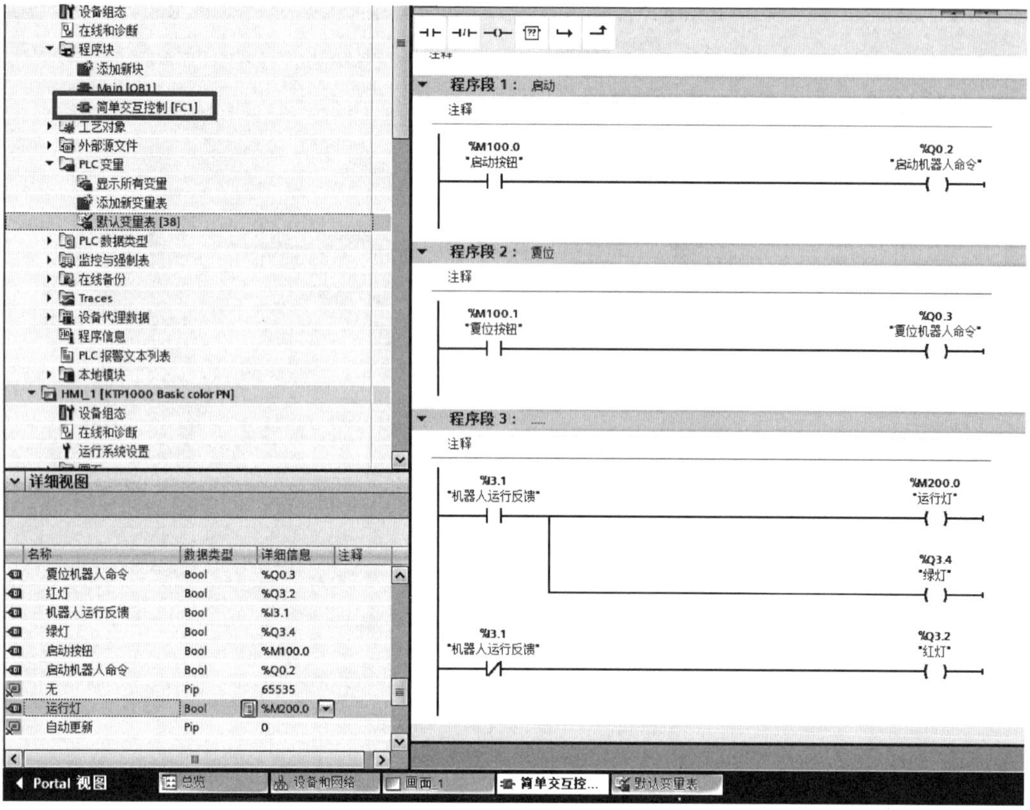

图 11-58　PLC 程序

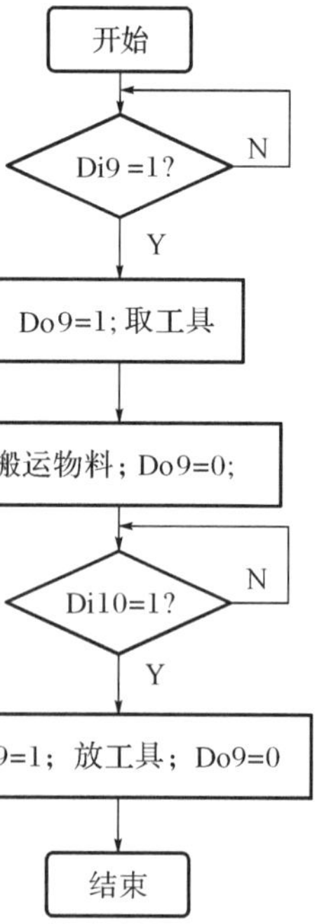

图 11-59　机器人程序流程图

料；调用取工具子程序 rpickTool 和搬运物料子程序 rQuliao，同时通过 Do9 将机器人运行状态反馈给 PLC。当完成了物料搬运以后，在 PLC 触摸屏端按下复位按钮，机器人输入信号 Di10 值为“1”，同时工具处于取出状态，机器人执行放回工具子程序。

```
PROC main ()
        fangFinish2 : = TRUE;    //工具放回工具架标志位
        quFinish1 : = FALSE;    //工具取出标志位
        WHILE TRUE DO
         IF di9 = 1 AND fangFinish2 = TRUE THEN
           Set do9;        //机器人运行开始反馈
           rpickTool;       //调用取工具子程序
           rQuliao;        //调用搬运物料子程序
           Reset do9;      //机器人运行结束反馈
         ENDIF
         IF di10 = 1 AND quFinish1 = TRUE THEN
           Set do9;         //机器人运行开始反馈
           rPutTool;         //调用放工具子程序
           Reset do9;      //机器人运行结束反馈
         ENDIF
         ENDWHILE
    ENDPROC
```

rpickTool () 为取工具子程序，rPutTool () 为放工具子程序，其中 p10 是工具放置点。rQuliao () 为机器人物料搬运子程序，其中 p20 为物料搬运点，p30 为物料放置点，其他为过渡点。

```
PROC rpickTool ()
   Reset do1;
   MoveJ Pgd10, v1000, z50, tool0;
   MoveJ Offs (p10, 0, 0, 200), v1000, fine, tool0;
   MoveL p10, v1000, fine, tool0;
   Set do1;
   WaitTime 0.5;
   MoveL Offs (p10, 0, 0, 200), v1000, fine, tool0;
   MoveJ Pgd10, v1000, z50, tool0;
   quFinish1 : = TRUE;
```

```
    fangFinish2 := FALSE;
ENDPROC
PROC rPutTool ()
    MoveJ Pgd10, v1000, z50, tool0;
    MoveJ Offs (p10, 0, 0, 200), v1000, fine, tool0;
    MoveL p10, v1000, fine, tool0;
    Reset do1;
    WaitTime 0.5;
    MoveL Offs (p10, 0, 0, 200), v1000, fine, tool0;
    MoveJ Pgd10, v1000, z50, tool0;
    fangFinish2 := TRUE;
    quFinish1 := FALSE;
ENDPROC
PROC rQuliao ()
    MoveJ Pgd20, v1000, z50, tool0;
    MoveJ Pgd30, v1000, z50, tool0;
    MoveJ Offs (p20, 0, 0, 200), v1000, fine, tool0;
    MoveL p20, v1000, fine, tool0;
    Set do2;
    WaitTime 0.5;
    MoveL Offs (p20, 0, 0, 200), v1000, fine, tool0;
    MoveJ Pgd40, v1000, fine, tool0;
    MoveL Offs (p30, 0, 0, 150), v1000, fine, tool0;
    MoveL P30, v1000, fine, tool0;
    Reset do2;
    WaitTime 1;
    MoveL Offs (p30, 0, 0, 150), v1000, fine, tool0;
    MoveJ Pgd40, v1000, fine, tool0;
    MoveJ Pgd20, v1000, z50, tool0;
ENDPROC
```

3）机器人点位示教

移动并操作机器人，结合物料位置和机器人工具姿态，将机器人以合适的姿态移动至各个定点位置和过渡点位置，示教保存程序中的所有位置变量，如 p10，p20，p30 以及过渡点 Pgd20，Pgd30 等。示教完所有的点位数据后，运行机器人程序，与 PLC 完成联调。

11.5 评价反馈

1. 小组自查（预验收）

开展小组自查并评分，填入表 11-9。

表 11-9 小组自查评分表

序号	项目内容	完成情况	小组评分	评分人签名
1	HMI 功能界面设计			
2	PLC 程序开发			
3	机器人点位示教			
4	机器人程序开发			

2. 项目提交（验收）

提交任务成果，教师进行评价，填入表 11-10。

表 11-10 教师检查评分表

序号	项目内容	完成情况	教师评分	教师签名
1	HMI 功能界面设计			
2	PLC 程序开发			
3	机器人点位示教			
4	机器人程序开发			

3. 收获与反馈

请总结本任务实施的思路、实施过程中遇到的问题、解决的方法以及收获与反思。

11.6 巩固提高

(1) 带有 PROFINET 接口选项的 ABB 工业机器人与西门子 1200PLC 之间采用网络通信的方式交互数据，请完成 PLC 与机器人的通信配置，并编写双方交互数据的基本程序。

(2) 电脑端通过 TCP/IP 协议，采用 SOCKET 通信与工业机器人连接，由 PC 端发送位置数据控制机器人移动到对应位置抓取物料。请完成工业机器人端的 SOCKET 通信设置，并开发程序完成上述任务。

模块 12

机器人定点搬运系统集成开发

12.1 任务描述

在 HMI 触摸屏中开发手动控制机器人定点取料搬运的用户功能界面，用户可在触摸屏中选择指定的仓位，由机器人抓取指定仓位的物料，搬运到固定位置。除了完成 HMI 界面的开发以外，还需要根据 PLC 与机器人的通信方式（I/O 直连通信），配置 I/O 组信号，定义信号功能，完成交互数据的处理，编写 PLC 程序。本任务要完成机器人点位示教和机器人程序开发。

任务要求：

（1）根据 PLC 与机器人的 I/O 连接数量，合理规划定义组信号，编制 I/O 信号交互表。

（2）开发机器人手动取料时的 HMI 界面。

（3）开发 PLC 程序，以及编写机器人运动控制程序。

学习目标：

（1）理解 PLC 与机器人通信中的 I/O 组信号定义。

（2）掌握 HMI 触摸屏变量设置的方法。

（3）掌握二进制码与十进制数的转换方法。

（4）掌握 PLC 与机器人的编程方法。

（5）培养专注认真、严谨细致的职业素养。

12.2 任务分析

智能生产线中的单元工作站设备配置如图 12-1 所示，工作站中的料架作为仓储单元，用于存放待加工的物料。料架共有三层，每层可放置三个物料，从上往下分别以 1～9 给料架位置编号。在 PLC 端触摸屏上设计一个“机器人定点取料”用户操作界面，通过 PLC 控制机器人到任意可选仓位抓取物料出库，完成定点取料搬运任务。

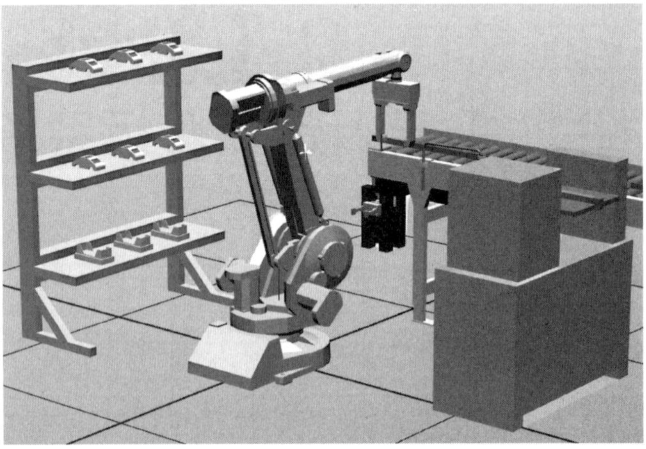

图 12-1　智能生产线单元工作站

在触摸屏上开发的 HMI 界面包含：位置 1～9 的选择按钮，执行、复位按钮，以及运行状态显示灯。允许用户取走指定料仓中任意一个位置的物料，并将物料搬运到收纳盒子的指定位置；用户可以通过位置按钮选择料仓中的物料，也可以通过输入框输入料仓位置号来选择，然后按执行按钮，机器人从参考零位到工具架安装合适的工具，到料仓抓取指定仓号的物料，搬运到指定收纳盒的位置；按复位按钮，机器人将工具还回工具架，并返回参考零位。机器人运行时，状态显示灯亮，停止时状态显示灯灭。

机器人取料控制与功能开发（上）

12.2.1　PLC 与机器人的交互需求分析

PLC 端需要发给机器人的信息主要包括：9 个不同位置的手动流程画面、启动执行指令和复位指令等信息。机器人需要发给 PLC 的反馈信息包括：收到位置反馈、执行取料反馈和执行复位反馈等信息，见表 12-1。

表 12-1　PLC 与机器人的交互任务

PLC→机器人	PLC←机器人
位置 1	收到位置反馈
位置 2	执行取料反馈
位置 3	执行复位反馈
……	—
位置 9	—
手动流程画面	—
执行	—
复位	—
（12 个不同的指令）	（3 个反馈指令）

12.2.2　I/O 资源分析

根据设备连接关系，本工作站 PLC 与机器人是通过 I/O 直连方式进行通信的，因此要根据 I/O 直连接口资源数量以及两者需要交互的信息数量来分配 I/O，通过组信号的方式来进行双方的信息交互，见表 12-2。

表 12-2　I/O 信号交互表

<table>
<tr><th colspan="8">硬件接线及信号关联</th></tr>
<tr><td rowspan="4">MB10</td><td>M10.0</td><td rowspan="8">PLC</td><td>Q0.2</td><td>→</td><td>Di9</td><td rowspan="8">机器人
Robot</td><td rowspan="4">gi1
（地址 8～11）</td></tr>
<tr><td>M10.1</td><td>Q0.3</td><td>→</td><td>Di10</td></tr>
<tr><td>M10.2</td><td>Q0.4</td><td>→</td><td>Di11</td></tr>
<tr><td>M10.3</td><td>Q0.5</td><td>→</td><td>Di12</td></tr>
<tr><td rowspan="2">—</td><td rowspan="2">—</td><td>Q0.6</td><td>------→</td><td>Di13</td><td rowspan="2">—</td></tr>
<tr><td>Q0.7</td><td>------→</td><td>Di14</td></tr>
<tr><td rowspan="2">MB11</td><td>M11.0</td><td>Q1.0</td><td>→</td><td>Di15</td><td rowspan="2">gi2
（地址 14～15）</td></tr>
<tr><td>M11.1</td><td>Q1.1</td><td>→</td><td>Di16</td></tr>
<tr><td rowspan="4">MB20</td><td>M20.0</td><td rowspan="4">PLC</td><td>I3.1</td><td>←</td><td>Do9</td><td rowspan="4">机器人
Robot</td><td rowspan="4">go1
（地址 8～11）</td></tr>
<tr><td>M20.1</td><td>I3.2</td><td>←</td><td>Do10</td></tr>
<tr><td>M20.2</td><td>I3.3</td><td>←</td><td>Do11</td></tr>
<tr><td>M20.3</td><td>I3.4</td><td>←</td><td>Do12</td></tr>
</table>

12.2.3　I/O 分配与功能定义

通过组的方法，将若干连续的 I/O 接口组成一个组，按二进制进行编码，就能利用有限的 I/O 接线拓展出更多的交互指令数量。按照二进制编码，N 条线组成 N 位的二进制数就能出来 2^N 种不同的编码，用于定义不同的指令功能。

如表 12-2 所示，将 PLC 输出端的 Q0.5 至 Q0.2 四根线组成一个组，分别关联到 M 变量的一个字节的低四位（如 M10.3 至 M10.0）。此时通过设置 MB10 的值（十进制），即可在 Q0.5 至 Q0.2 所组成的二进制位组中以二进制形式表达同样的值。因而 MB10 和 M10.3 至 M10.0 四位组成的二进制位组，与数字量输出接口 Q0.2 至 Q0.5 四位所组成的二进制位组的值是完全一致的，区别只是 MB10 用十进制表达，而 M10.3 至 M10.0 组、Q0.5 至 Q0.2 组用二进制表达。

同样地，与 PLC 输出接口 Q0.2 至 Q0.5 四根线直连的机器人端的输入接口 Di9 至 Di12 四根线所组成的组 gi1（工业机器人 I/O 定义一个组输入 gi1，其包含 Di9 至 Di12 四个输入端口的地址 8～11，详细编码规则查阅 ABB 机器人通信部分）就会相应地收到由 Q0.2 至 Q0.5 传过来的二进制码，并通过组信号 gi1 呈现出十进制值。

因此，PLC 中的 MB10，以及机器人中的 gi1，都代表“PLC 发给机器人的组信号”。组信号值的功能定义见表 12-3。

表 12-3　组输出信号功能定义表

PLC 端向机器人端发的信号命令						
M10.3	M10.2	M10.1	M10.0	MB10	————→	机器人 gi1 (包含 Di9～Di12)
Q0.2	Q0.3	Q0.4	Q0.5	十进制	功能定义	十进制
0	0	0	0	0	x	0
0	0	0	1	1	位置 1	1
0	0	1	0	2	位置 2	2
0	0	1	1	3	位置 3	3
0	1	0	0	4	位置 4	4
0	1	0	1	5	位置 5	5
0	1	1	0	6	位置 6	6
0	1	1	1	7	位置 7	7
1	0	0	0	8	位置 8	8
1	0	0	1	9	位置 9	9
1	0	1	0	10	手动启动执行	10
1	0	1	1	11	复位	11
1	1	0	0	12	手动流程	12
1	1	0	1	13	—	13
1	1	1	0	14	—	14
1	1	1	1	15	—	15

对于机器人给 PLC 的指令，由于设备上只有四根直连线，因此，采用同样的方法，将机器人输出接口 Do9 至 Do12 四根线组成一个组 go1（定义一个组输出 go1，其包含 Do9 至 Do12 四个输出端口的地址 8 至 11），通过机器人端设置组输出 go1 的值（十进制），并由与机器人四个输出端口 Do9 至 Do12 直连的四个 PLC 输入端口 I3.4 至 I3.1 以二进制形式传输给 PLC。如表 12-2 所示，PLC 程序中将 I3.4 至 I3.1 关联到另一个 M 变量的一个字节的低四位（如 M20.3 至 M20.0），则此时 MB20 所读到的值（十进制）即机器人端组输出 go1 的值，也是 I3.4 至 I3.1 所组成的二进制位组中以二进制形式表达的同样的值。因而 MB20 与 M20.3 至 M20.0 四位所组成的二进制位组、I3.4 至 I3.1 四位所组成的二进制位组，以及 go1 的值是完全一致的，区别只是 MB20 和 go1 用十进制表达，而 M20.3 至 M20.0 组、i3.4 至 i3.1 组用二进制表达。

因此，PLC 中的 MB20，以及机器人中的 go1，都代表“机器人发给 PLC 的组信号”。组信号值的功能定义见表 12-4。

表 12-4 组输入信号功能定义表

机器人端向 PLC 端发的反馈信号						
M20.3	M20.2	M20.1	M20.0	MB20	←————	机器人 go1 (包含 Do9—Do12)
I3.4	I3.3	I3.2	I3.1	十进制	功能定义	十进制
0	0	0	0	0	x	0
0	0	0	1	1	—	1
0	0	1	0	2	—	2
0	0	1	1	3	—	3
0	1	0	0	4	—	4
0	1	0	1	5	—	5
0	1	1	0	6	—	6
0	1	1	1	7	—	7
1	0	0	0	8	—	8
1	0	0	1	9	—	9
1	0	1	0	10	—	10
1	0	1	1	11	位置赋值反馈	11
1	1	0	0	12	手动取料启动反馈	12
1	1	0	1	13	手动复位启动反馈	13
1	1	1	0	14	手动机器人停止反馈	14
1	1	1	1	15	—	15

12.3 任务实施

12.3.1 HMI 界面开发

1. 手动控制界面设计

按照功能要求添加相应的功能按钮控件，料仓位置选择按钮控件，“执行”“复位”按钮控件和机器人运行状态图形显示控件（图 12-2）。

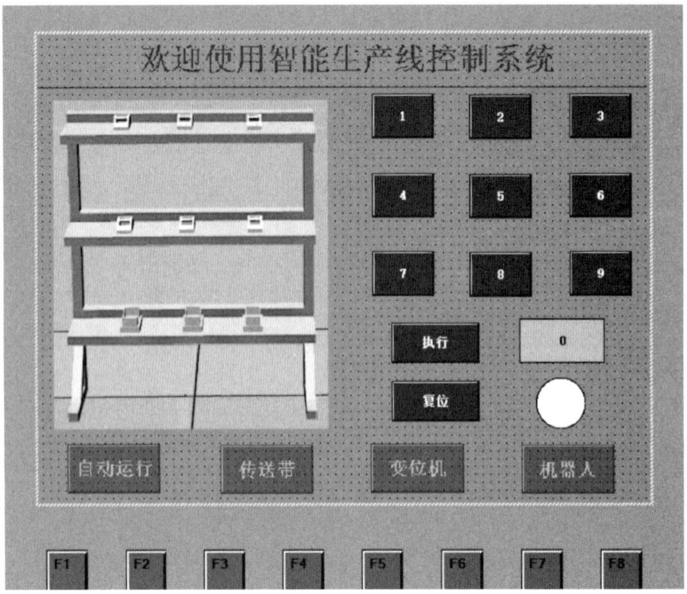

图 12-2　机器人手动控制界面设计

2. 控件变量关联

将面板中的 9 个“位置”按钮，“执行”按钮、“复位”按钮都关联给变量 MB10（PtoR 组信号），通过对按钮的事件设置，使 9 个“位置”按钮的“单击”动作，触发函数“设置变量”，将关联变量 MB10 的值对应的 9 个“位置”按钮分别设置为 1，2，…，9；将“执行”按钮、“复位”按钮分别设置为 10、11（图 12-3 至图 12-6）。

图 12-3　“位置”按钮控件的事件设置

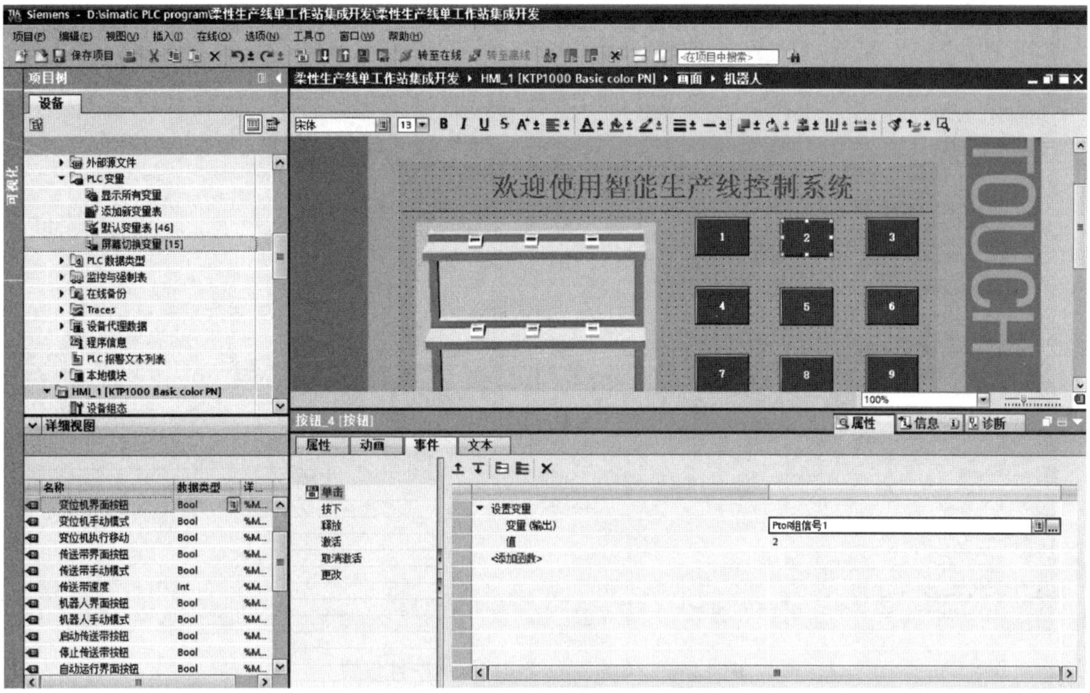

图 12-4　“位置”按钮控件的变量值设定

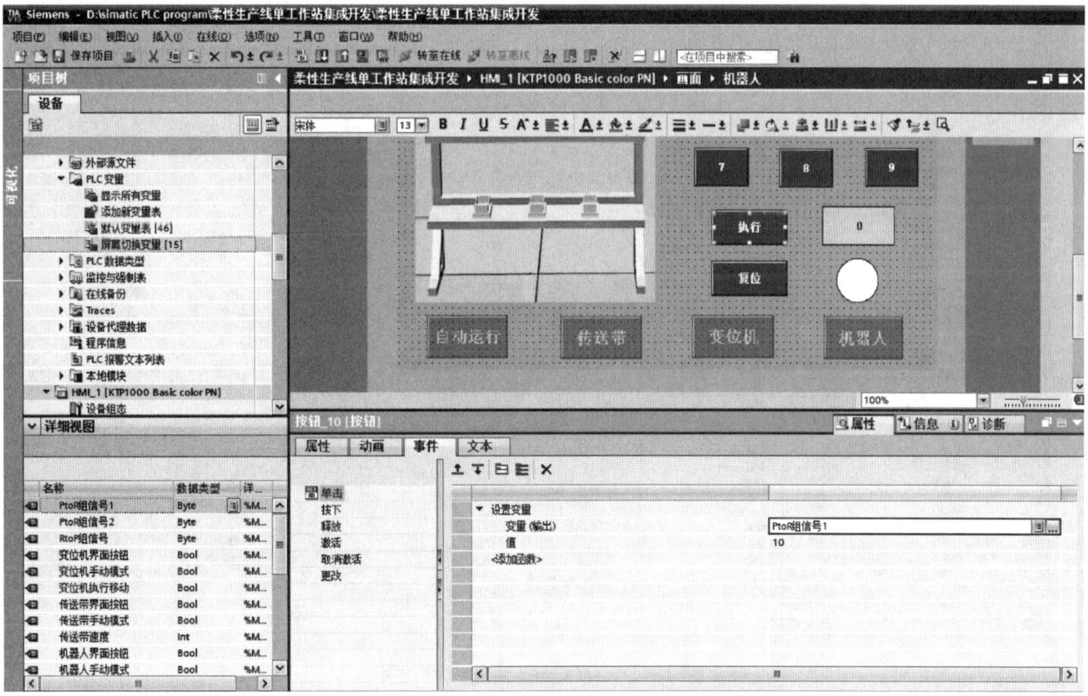

图 12-5　“执行”按钮控件的事件设置

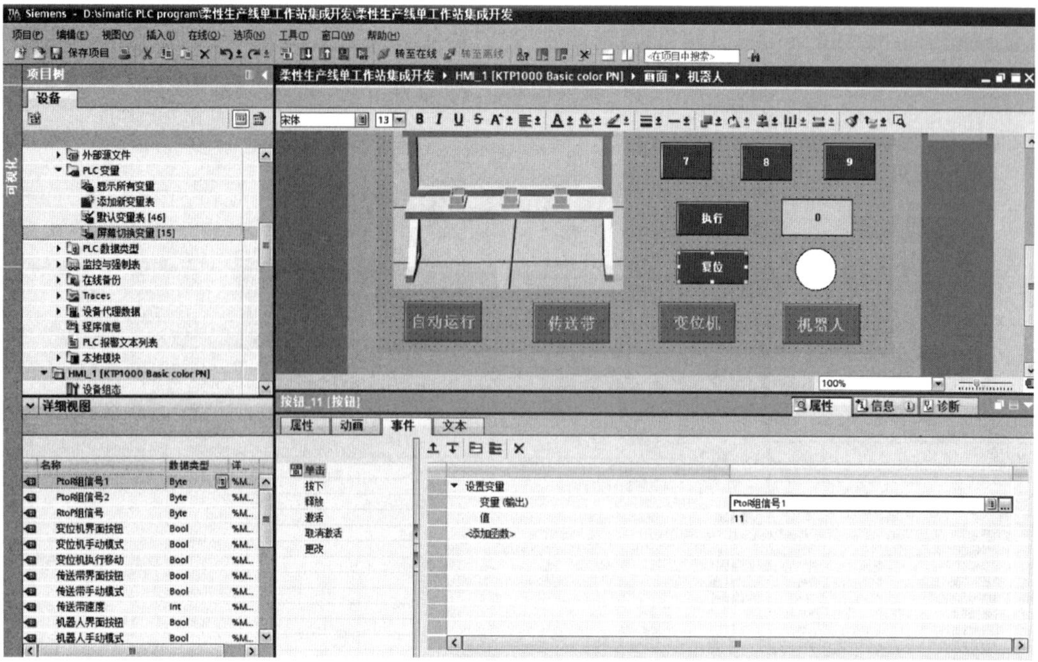

图 12-6 “复位”按钮控件的事件设置

将 I/O 域控件也同样关联给变量 MB10（PtoR 组信号），如图 12-7 所示。

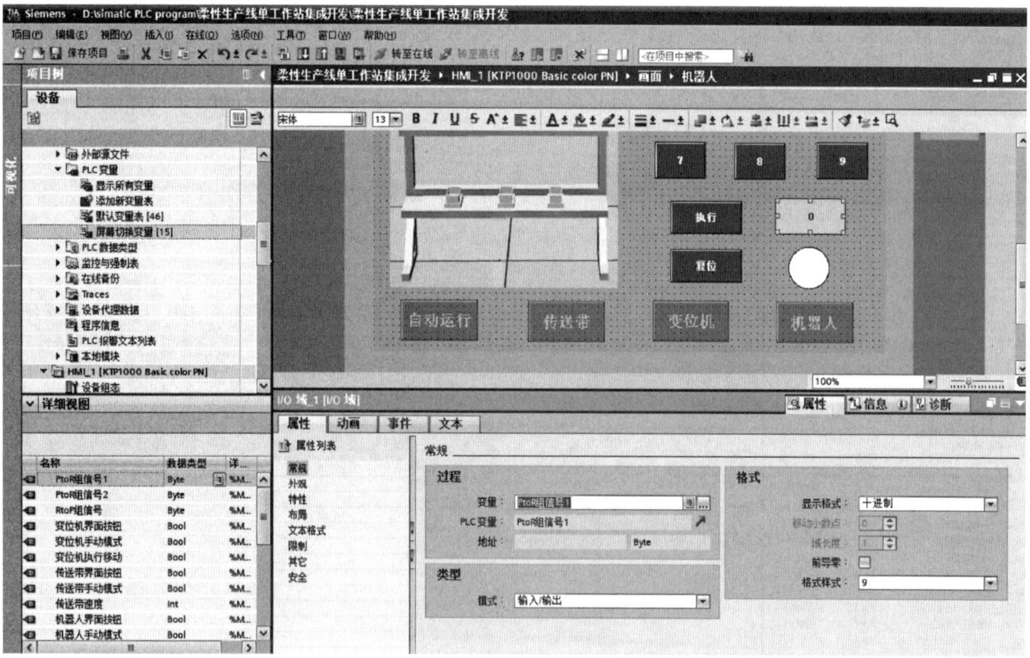

图 12-7 I/O 域控件的属性设置

机器人运行状态灯，可以关联给生产线中的三色灯绿灯信号 Q3.4，两者的显示状态保持一致，如图 12-8 所示。

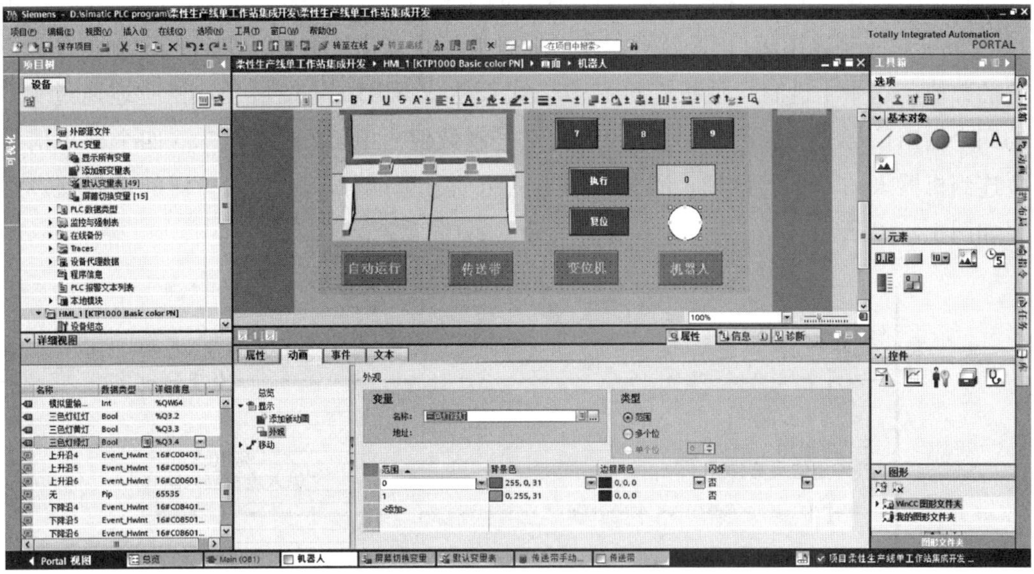

图 12-8　图形控件的动画设置

切换到手动取料界面时，将 MB10 设置为“12”，作为给机器人启动手动流程的指令，以区分自动流程界面的机器人自动流程启动命令，这个值的设置在 PLC 程序中完成。

机器人取料控制与功能开发（下）

12. 3. 2　PLC 程序开发

1. 创建 PLC 与机器人的 I/O 通信 FB

添加“机器人 I/O 通信”FB，如图 12-9 所示。

图 12-9　添加“机器人 I/O 通信”FB

在 FB 中编写 PLC 与机器人 I/O 通信的子程序。将 MB10 的低四位，M10.0 至 10.3 分别对应到输出端口 Q0.2 至 0.5。在触摸屏中点击不同的按钮，MB10 会等于不同的数值。这个十进制数值按二进制位格式表达成 MB10 的位信号，相应地通过 I/O 的四个输出信号 Q0.2 至 0.5 输出一致的二进制数值。由于 Q0.2 至 0.5 四个输出信号直连到机器人的 Di9 至 Di12，因此机器人的组信号就能相应地收到一样的信号值，程序如图 12-10 所示。

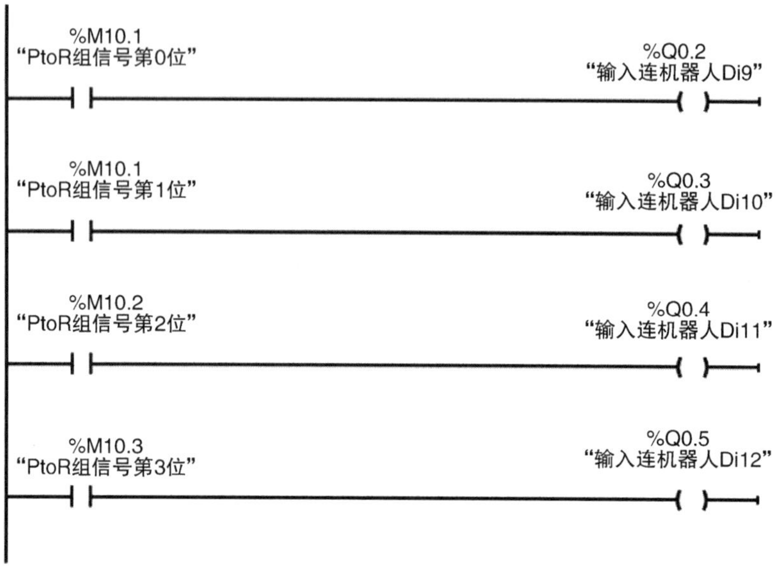

图 12-10　PLC 输出给机器人的组信号程序 1

根据表 12-2（I/O 信号交互表），MB11 是 PLC 发给机器人的另一个组信号，它用于自动流程运行时的信号交互，其功能定义将在下一模块中介绍。该组信号的 PLC 程序跟 MB10 的处理基本一致，如图 12-11 所示。

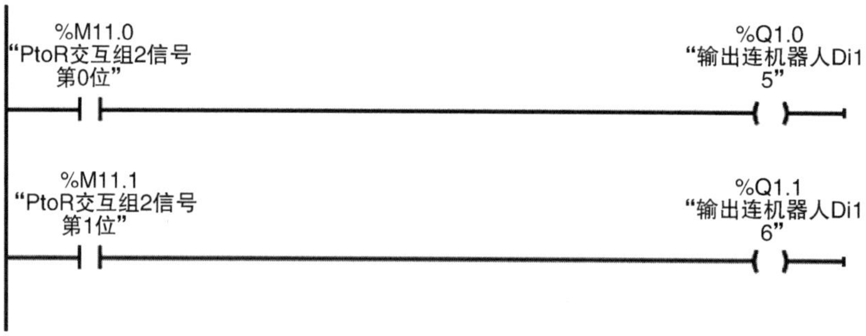

图 12-11　PLC 输出给机器人的组信号程序 2

在 PLC 的输入端，将机器人直连对应的四个输入信号 I3.1 至 I3.4 对应到 MB20 的低四位。当收到机器人发过来的组信号数值后，会通过 M20.0 至 20.3 这四位二进制编码信号把值存储到 MB20 中，如图 12-12 所示。

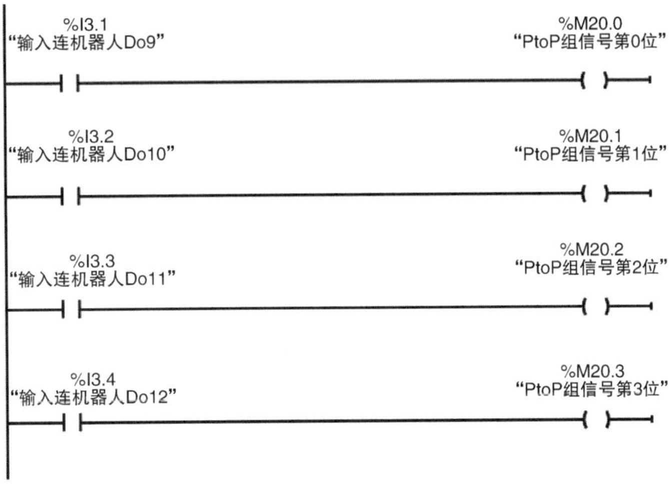

图 12-12　机器人输入给 PLC 的组信号程序 3

2. 创建机器人手动取料 FB

添加“机器人手动取料”FB，如图 12-13 所示。

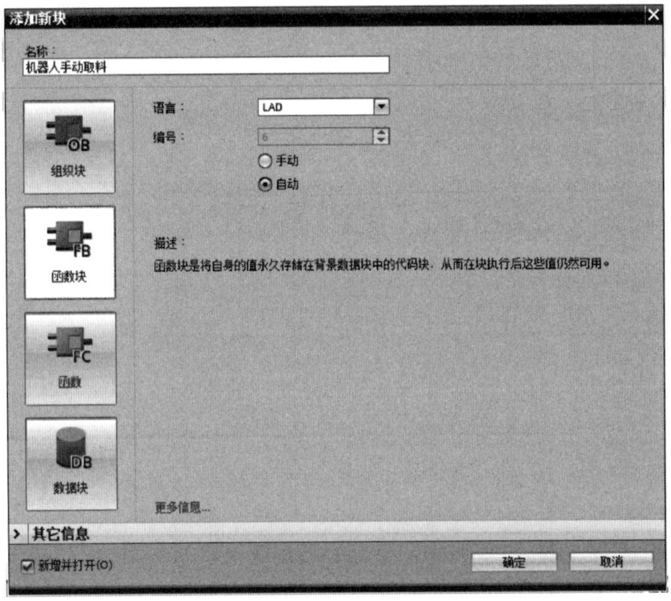

图 12-13　添加“机器人手动取料”FB

编写机器人手动取料 PLC 程序。因为由 PLC 发给机器人的指令主要是通过 HMI 触摸屏的按钮控件事件关联 MB10 变量来设置，所以程序中只需要对 MB10 及时清零即可。同时还要根据机器人反馈的状态来控制状态灯，具体程序如图 12-14 中的三个程序段所示。

程序段 1 的作用是使机器人进入手动流程。进入手动取料界面后，将 MB10 赋值为“12”。程序段 2 处理机器人反馈信号，当收到机器人取料位置反馈、启动反馈和复位反馈时，将指令信号 MB10 清零。程序段 3 用于处理工作站状态灯的显示，当机器人运行时，绿灯亮，红灯灭；当机器人停止运行时，绿灯灭，红灯亮。

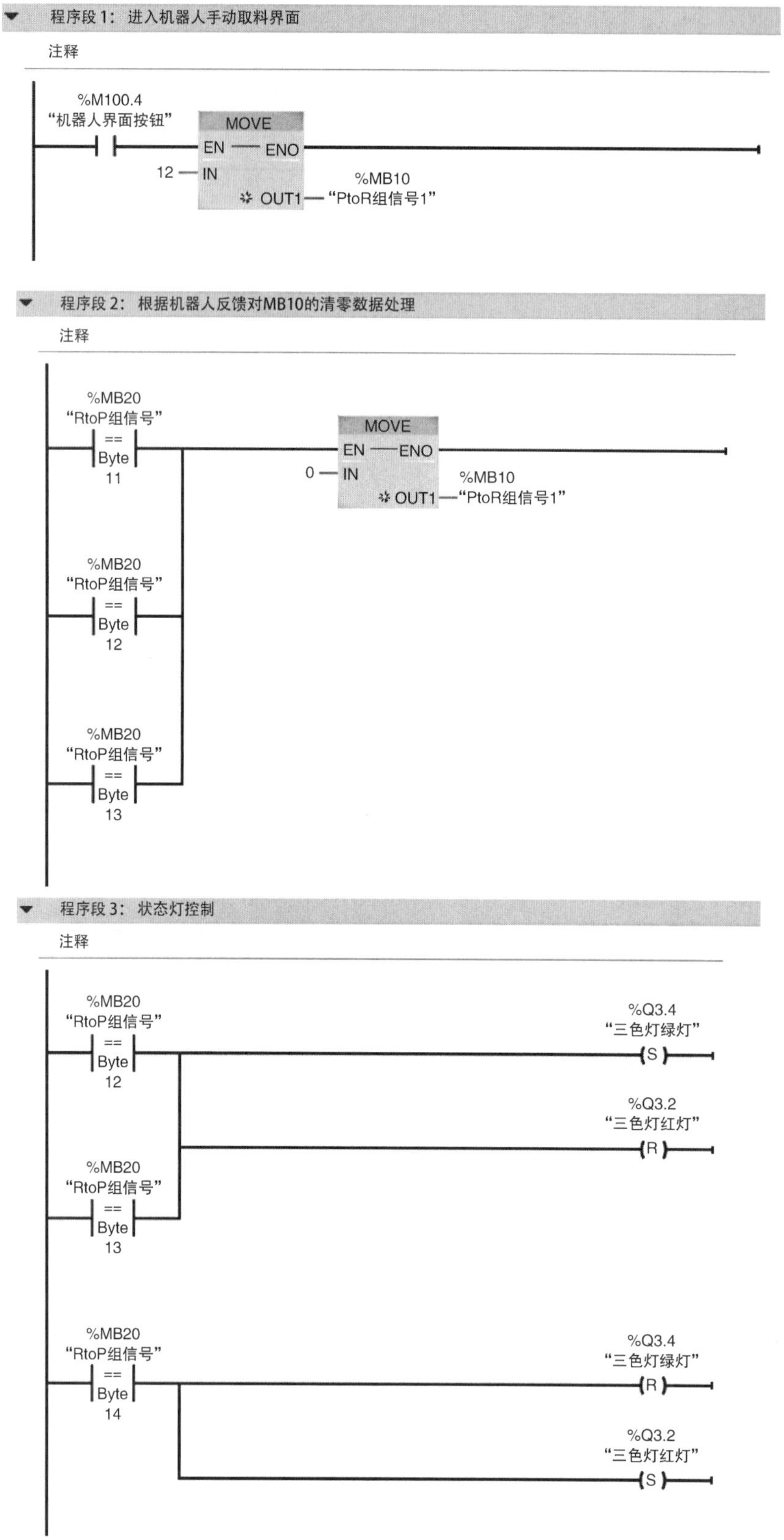

图 12-14 "机器人手动取料"子程序

3. 主程序调用两个 FB

在主程序中分别调用“机器人 I/O 通信”“机器人手动取料”FB，如图 12-15 所示。

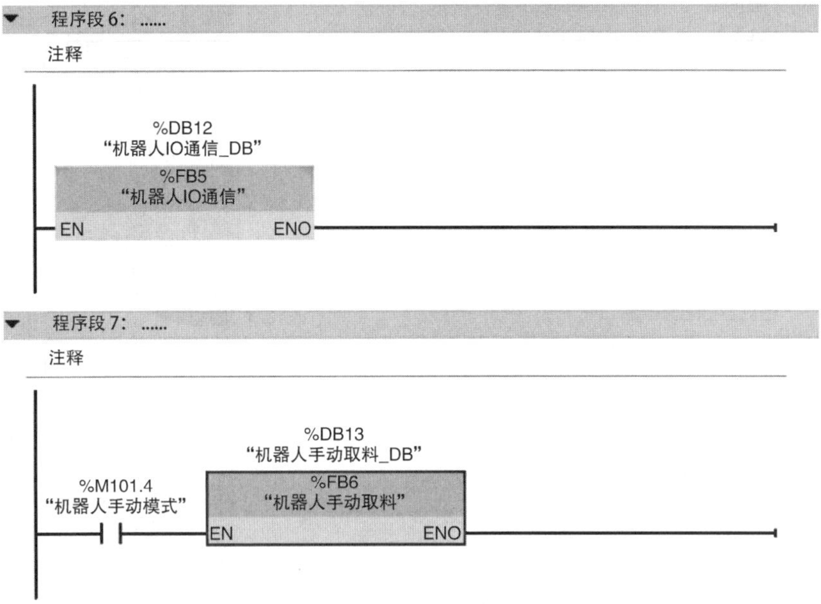

图 12-15　主程序调用 FB 的子程序

12.3.3　机器人程序开发

1. 机器人组信号配置

根据 I/O 信号交互表的定义，需要将 PLC 与机器人之间的 I/O 信号做成几个组信号来进行信息交互。其中把 Di9 至 Di12（输入地址：8 至 11）配置成一个四位组输入信号 gi1，把 Di15 至 Di16（地址：14 至 15）配置成一个两位组输入信号 gi2；把 Do9 至 Do12（输出地址：8 至 11）配置成一个四位组输出信号 go1。机器人的组信号配置在示教器的“控制面板”—“配置”—“Signal”中完成，如图 12-16 至图 12-20 所示。

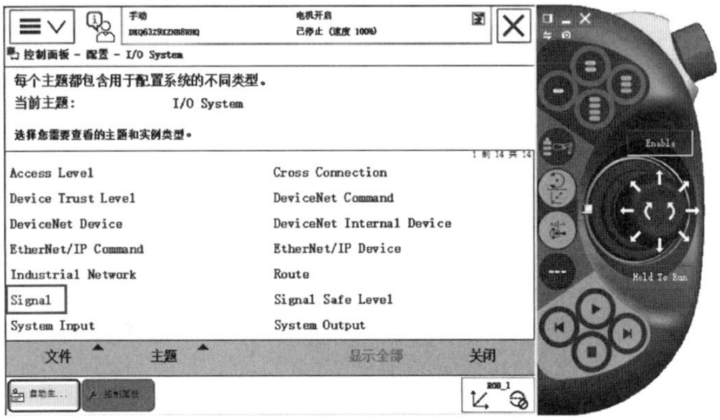

图 12-16　组信号配置

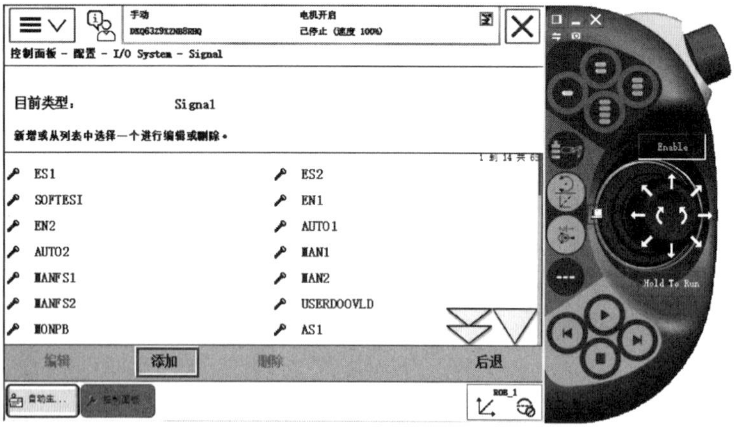

图 12-17　添加新的信号定义

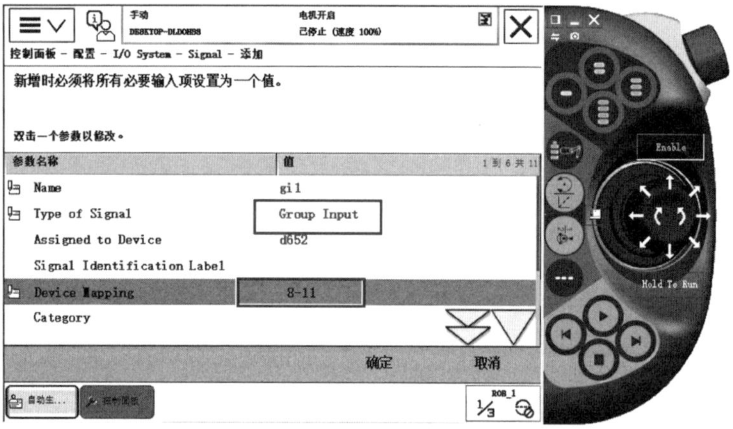

图 12-18　定义组输入信号 gi1

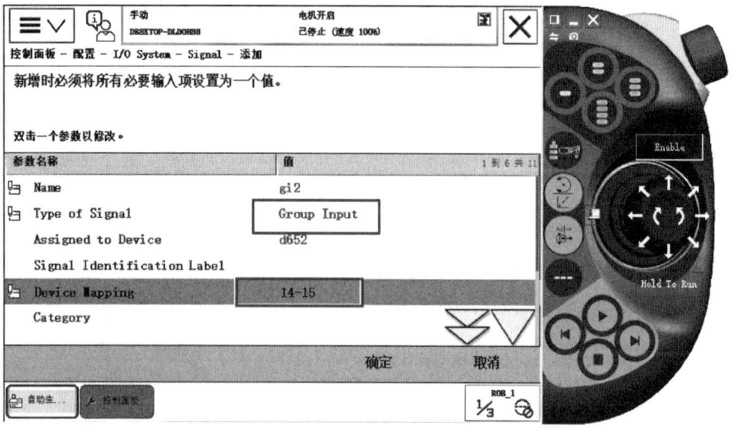

图 12-19　定义组输入信号 gi2

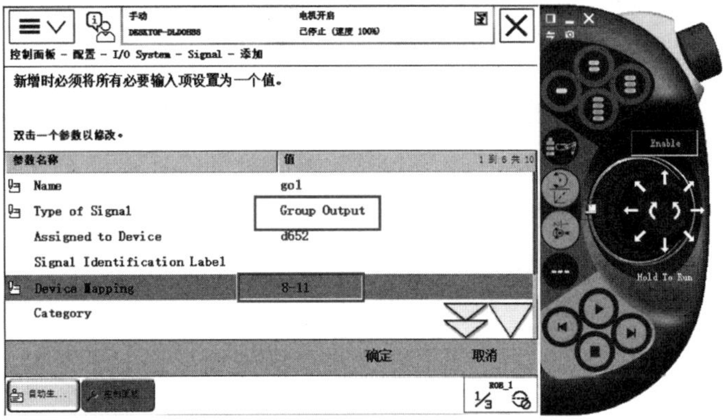

图 12-20　定义组输出信号 go1

2. 机器人程序开发

（1）主程序。

机器人主程序在 main（）中编写。将主程序放在一个循环中，当 PLC 界面切换至手动取料界面时，机器人会收到 PLC 发来的 gi1 信号（gi1=12），机器人调用手动流程子程序 rManual；当 PLC 界面切换至自动流程界面时，机器人会收到 PLC 发来的 gi1 信号（gi1=13），机器人调用自动流程子程序 rAuto。

```
PROC main ()
      WHILE TRUE DO
        IF gi1 = 12 THEN
            rManual;  //当 PLC 界面切换至手动取料界面时，进入手动流程子程序
        ELSEIF gi1 = 13 THEN
            rAuto;    //当 PLC 界面切换至自动流程界面时，进入自动流程子程序
        ENDIF
      ENDWHILE
ENDPROC
```

（2）手动流程子程序。

用户通过 PLC 手动取料界面取走指定料仓中任意一个位置的物料，并将物料搬运到收纳盒子的指定位置；用户可以通过位置按钮选择料仓中的物料，也可以通过在输入框输入料仓位置号来选择，然后按执行按钮，机器人从参考零位到工具架安装合适的工具，到料仓抓取指定仓号的物料，搬运到指定收纳盒的位置；按复位按钮，机器人将工具还回工具架，并返回参考零位。

```
PROC rManual ()
      wz := 0;                    //存储仓位号变量
```

```
SetGO go1, 0;                  // 组信号命令
MoveDone := FALSE;     //机器人抓取完成标志位
BackDone := TRUE;      //机器人复位完成标志位
WHILE TRUE DO
    IF gi1 >= 1 AND gi1 <= 9 THEN
        wz := gi1;
        SetGO go1, 11;   //位置赋值完成
        WaitTime 1;
        SetGO go1, 0;
    ENDIF
    IF wz >= 1 AND wz <= 9 AND gi1 = 10 AND BackDone := TRUE
    THEN
        SetGO go1, 12;   //手动取料启动反馈
        WaitTime 1;
        SetGO go1, 0;
        BackDone := FALSE;
        rRtoPick wz;       //机器人执行取料子程序，取仓位 wz 的物料
        SetGO go1, 14;   //机器人运行结束
        SetGO go1, 0;
        SetGO go1, 14;
                  //位置人运行结束；为防止 PLC 捕捉不到，多发一次脉冲
        SetGO go1, 0;
    ENDIF
    IF MoveDone = TRUE AND gi1 = 11 THEN
        SetGO go1, 13;   //手动复位启动反馈
        WaitTime 1;
        SetGO go1, 0;
        MoveDone := FALSE;
        rDetachTool GJ
                  //机器人复位子程序，将第 GJ 号工具放回工具架并回零
        SetGO go1, 14;   //机器人运行结束
        SetGO go1, 0;
        SetGO go1, 14;
                  //位置人运行结束；为防止 PLC 捕捉不到，多发一次脉冲
        SetGO go1, 0;
```

```
        ENDIF
        IF gi1 = 13 THEN
      Goto workdone1;
                //当 PLC 界面切换到自动流程界面，跳出循环并返回子程序结尾
      ENDIF
    ENDWHILE
  workdone1:
ENDPROC
```

（3）机器人取料子程序。

rRtoPick（num j）子程序用于控制机器人搬运物料，子程序中的参数变量 j 用于指定要搬运的物料在物料架上的位置号。1～3 为第一层物料，4～6 为第二层物料，7～9 为第三层物料。不同层的物料大小不一样，需要采用不同的工具进行搬运，因此需要根据物料来对变量 GJ 赋值，并根据 GJ 的值对控制工具开关的不同输出信号进行置位和复位处理。

```
PROC rRtoPick (num j)
    IF j>=1 and j <=3 THEN
        GJ: =1;                                 //第一层物料用工具 1
    ELSEIF j >=4 and j <=6 THEN
        GJ: =2;                                 //第二层物料用工具 2
    ELSEIF j >=7 and j <=9 THEN
        GJ: =3;                                 //第三层物料用工具 3
    ENDIF
    rAttachTool GJ                    //调用安装工具子程序，取第 GJ 号工具
    MoveJ p20, v1000, fine, tool0;              //中间过渡点 1
    MoveJ p30, v1000, fine, tool0;              //中间过渡点 2
    MoveJ Offs (gp10 {j}, 0, 50, 15), v1000, fine, tool0/wobj: =wobj1;
    MoveL Offs (gp10 {j}, 0, 0, 15), v1000, fine, tool0/wobj: =wobj1;
    MoveL gp10 {j}, v1000, fine, tool0/wobj: =wobj1;
                                                //取料点，取仓位 j 的料
    TEST GJ
    CASE 1
    Set d652_do2;                               //吸盘 1 工具
    CASE 2
    Set d652_do3;                               //卡爪 1
```

```
    Reset d652_do4;
    CASE 3
    Set d652_do5;                                  //吸盘 2
    ENDTEST
    Waitime 1;
    MoveL Offs (gp10 {j}, 0, 0, 15), v1000, fine, tool0/wobj: =wobj1;
    MoveL Offs (gp10 {j}, 0, 50, 15), v1000, fine, tool0/wobj: =wobj1;
    MoveJ p30, v1000, fine, tool0;
    MoveJ p40, v1000, fine, tool0;                 //过渡点
    MoveJ Offs (pf10 {j}, 0, 0, 200), v1000, fine, tool0;
    MoveL pf10 {j}, v1000, fine, tool0;            //放料点
    Reset d652_do2;                                //释放物料
    MoveL Offs (pf10 {j}, 0, 0, 200), v1000, fine, tool0;
    MoveJ p40, v1000, fine, tool0;                 //过渡点
ENDPROC
```

(4) 机器人安装工具子程序。

rAttachTool (num k) 子程序用于控制机器人从工具架上取工具，然后进行工具的安装。子程序中的参数变量 k 用于指定工具架位置。

```
PROC rAttachTool (num k)
    Reset d652_do1;                                //打开机器人工具母卡爪
    MoveJ p100, v1000, fine, tool0;                //中间过渡点
    MoveJ Offs (pt10 {k}, 0, 0, 200), v1000, fine, tool0;
    MoveL pt10 {k}, v1000, fine, tool0;            //第 k 号工具架位置点
    Set d652_do1;                                  //合上母卡爪，安装工具
    Waitime 1;
    MoveL Offs (pt10 {k}, 0, 0, 200), v1000, fine, tool0;
    MoveJ p100, v1000, fine, tool0;                //返回中间过渡点
ENDPROC
```

(5) 机器人拆还工具回参考点子程序。

rDetachTool (num k) 子程序用于控制机器人将工具放回工具架上，子程序中的参数变量 k 用于指定工具架位置。完成以后机器人回到安全点位置 jp0，将位置变量 jp0 定义为 jointtarget 类型数据，变量值设置为机器人的六个关节角度值，分别为 0，−30，30，0，90 和 0。

```
PROC rDetachTool (num k)
    MoveJ p100, v1000, fine, tool0;                      //中间过渡点
    MoveJ Offs (pt10 {k}, 0, 0, 200), v1000, fine, tool0;
        MoveL pt10 {k}, v1000, fine, tool0;              //第 k 号工具架位置点
    Reset d652_do1;                                      //释放工具，放回工具架
    Waitime 1;
    MoveL Offs (pt10 {k}, 0, 0, 200), v1000, fine, tool0;
    MoveJ p100, v1000, fine, tool0;                      //中间过渡点
    MoveAbsJ jp0, v1000, fine, tool0;
ENDPROC
```

12.4　评价反馈

1. 小组自查（预验收）

开展小组自查并评分，填入表 12-5。

表 12-5　小组自查评分表

序号	项目内容	完成情况	小组评分	评分人签名
1	机器人取料 HMI 功能界面设计			
2	实现 PLC 与机器人之间的数据传输			
3	实现机器人指定位置的物料搬运			

2. 项目提交（验收）

提交任务成果，教师进行评价，填入表 12-6。

表 12-6　教师检查评分表

序号	项目内容	完成情况	教师评分	教师签名
1	机器人取料 HMI 功能界面设计			
2	实现 PLC 与机器人之间的数据传输			
3	实现机器人指定位置的物料搬运			

3. 收获与反馈

请总结本任务实施的思路、实施过程中遇到的问题、解决的方法以及收获与反思。

____

____

____

12.5 巩固提高

（1）将 HMI 界面中的仓位选择方式由“按钮控件”改成“下拉菜单控件”，以实现仓位的选择。请完成 PLC 及触摸屏端的设置与编程。

（2）将机器人的出库搬运流程改为物料入库流程：机器人在传送带末端抓取物料，按照用户在 HMI 界面上选择的位置进行放置，完成所有物料的入库。请编写机器人程序，完成上述任务。

模块 13
智能生产线打磨工作站自动流程集成开发

13.1 任务描述

智能装配生产线由六个工作站单元组成，如图 13-1 所示。每个工作站的硬件结构大体相同，PLC 的集成方案与电气连接基本一致。六个工作站的具体工艺流程和任务略有不同，根据工艺的不同，每个站的机器人快换的工具也会有所区别。“模型汽车玻璃安装及包装入库”工作站的具体工艺流程要求如下。

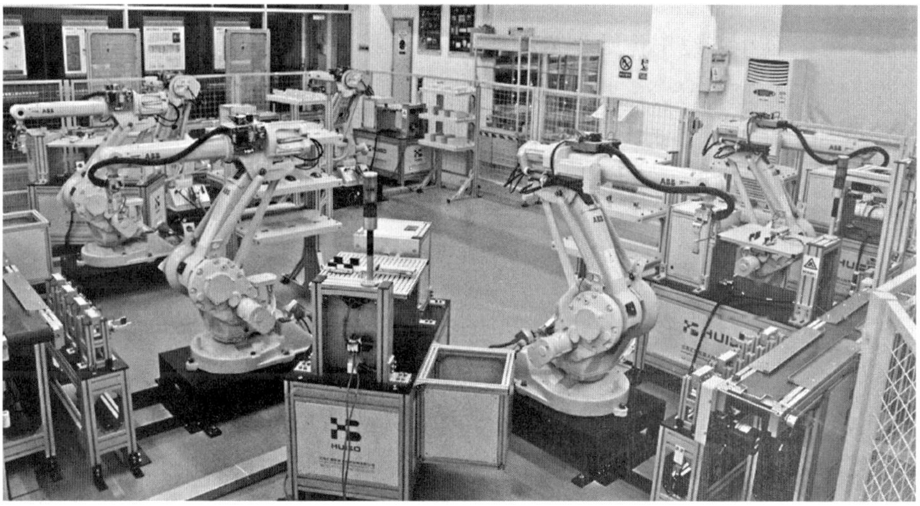

图 13-1 柔性装配智能生产线

工作站一：机器人到料仓取料出库→放入变位机一→打磨→放至传送带一→送至工作站二→完成。

工作站二：机器人到传送带二末端取料→放入变位机二→涂胶→取玻璃→安装前挡风玻璃→放至工作站三的变位机三→完成。

工作站三：机器人涂胶→取玻璃→安装天窗玻璃→到变位机三取料→放入传送带三→送至工作站四→完成。

工作站四：机器人到传送带四末端取料→放入变位机四→涂胶→取玻璃→安装后

挡风玻璃→完成。

工作站五：机器人到料仓取包装盒→放到变位机五→机器人到变位机四取料→放入变位机五包装盒→搬运至传送带五→送至工作站六→完成。

工作站六：机器人到传送带六末端取料→放到变位机六→机器人到料仓六取包装盖→放入变位机六包装盒→搬运至料仓入库→完成。

任务要求：

（1）设计智能生产线单个工作站自动流程 HMI 功能界面。HMI 触摸屏端自动运行操作界面设置有启动、暂停、继续（恢复）控制按钮，以及运行状态显示灯。

① 按下启动按钮，机器人等设备执行自动流程任务。

② 按下暂停按钮，机器人立即暂停工作。

③ 按下继续按钮，机器人恢复运行。

④ 控制工作站的运行状态显示灯。在自动流程的执行过程中，绿灯亮；非执行过程中，红灯亮。

（2）设计工业机器人工艺流程图，开发机器人程序。

（3）开发工作站自动流程控制 PLC 程序，实现智能生产线的集成控制。

学习目标：

（1）了解智能生产线工作站工艺流程。

（2）理解 I/O 组信号分配与定义方法。

（3）掌握 PLC 集成开发与工业机器人编程方法。

13.2　任务分析

完成自动流程控制功能界面的设计及功能开发，在 HMI 功能界面设计三个控制按钮，包括启动、暂停、继续按钮和一个运行状态指示灯。编写 PLC 程序，按照工艺流程步骤实现与机器人的交互，控制变位机、传送带等机构的运行。本任务要求完成机器人程序的开发，工业机器人端配置组信号及系统输入信号，实现工作站单元对模型汽车挡风玻璃的装配、搬运及相关工艺的自动化流程运行；工作站能够与相邻工作站协同，最终实现模型汽车玻璃安装及包装入库的生产线全流程自动化运行。

13.2.1　流程图分析

以工作站一的任务为例，完成工作站流程分析与设计。具体流程图如图 13-2 所示。

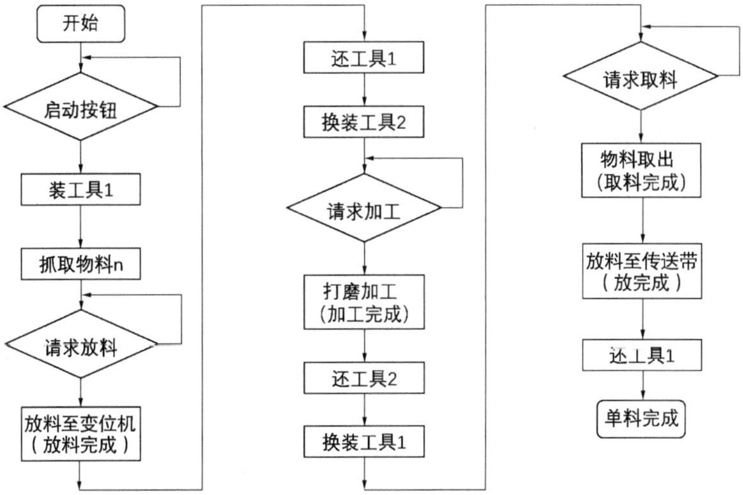

图 13-2　工作站一工艺流程图

13.2.2　PLC 与机器人的交互需求分析

根据工艺流程图，机器人需要发给 PLC 的交互信息包括：在变位机安装位中的放料请求、加工请求、取料请求，以及在传送带中的放料请求等信息。而 PLC 需要发给机器人的信息主要包括：启动流程、放料、加工、取料的允许反馈信息。具体内容见表 13-1。

表 13-1　PLC 与机器人的交互任务

PLC→机器人	PLC←机器人
自动流程启动按钮	请求放料
允许放料	放料完成
允许加工	请求加工
允许取料	加工完成
—	请求取料
—	取料完成
—	请求放料至传送带
—	放料至传送带完成
—	机器人运行状态
（4 个 PLC 反馈指令）	（9 个机器人指令）

13.2.3 I/O 资源分析

根据设备连接关系，本工作站 PLC 与机器人是通过 I/O 直连方式进行通信的，因此要根据 I/O 直连接口资源数量以及两者需要交互的信息数量来分配 I/O，通过组信号的方式来进行双方的信息交互。如表 13-2 所示，除了模块 12 中已经定义过的 MB10 所代表的输出信号组 1 外，还定义了两个输出位信号 Q1.1 和 Q1.0 所组成的组 2，由 MB11 的低两位与之对应。Q0.6、Q0.7 两个信号直接单独连接机器人的 System Input 信号函数 Motors Off 和 Motors On，作为机器人运行暂停和继续的控制信号。反馈信号则仍然采用 MB20 所代表的输入组信号来定义功能。

表 13-2 I/O 信号交互表

硬件接线及信号关联							
MB10	M10.0	PLC	Q0.2	→	Di9	机器人 Robot	gi1（地址 8～11）
	M10.1		Q0.3	→	Di10		
	M10.2		Q0.4	→	Di11		
	M10.3		Q0.5	→	Di12		
—	—		Q0.6	- - - - →	Di13		—
			Q0.7	- - - - →	Di14		
MB11	M11.0		Q1.0	→	Di15		gi2（地址 14～15）
	M11.1		Q1.1	→	Di16		
MB20	M20.0	PLC	I3.1	←	Do9	机器人 Robot	go1（地址 8～11）
	M20.1		I3.2	←	Do10		
	M20.2		I3.3	←	Do11		
	M20.3		I3.4	←	Do12		

13.2.4 I/O 分配与功能定义

PLC 中的 MB10 和 MB11，以及机器人中的 gi1 和 gi2，都代表"PLC 发给机器人的组信号"。组信号值的功能定义在模块 12 的基础上，将 MB10 剩余的几个值 13、14、15 分别定义为自动流程中的几个 PLC 命令，见表 13-3；将 MB11 代表的输出组信号定义为如表 13-4 所示的功能。

PLC 两个输出接口 Q0.6 和 Q0.7 直连的是机器人的 di13 和 di14 两个输入接口，可以用这两个信号单独直连机器人的 System Input 信号函数 Motors Off 和 Motors On，作为机器人运行暂停和继续的控制信号，见表 13-5。

表 13-3　组输出信号功能定义表 1

PLC 端向机器人端发的信号命令						
M10.3	M10.2	M10.1	M10.0	MB10	---→	机器人 gi1（包含 Di9 至 Di12）
Q0.2	Q0.3	Q0.4	Q0.5	十进制	功能定义	十进制
0	0	0	0	0	x	0
0	0	0	1	1	位置 1	1
0	0	1	0	2	位置 2	2
0	0	1	1	3	位置 3	3
0	1	0	0	4	位置 4	4
0	1	0	1	5	位置 5	5
0	1	1	0	6	位置 6	6
0	1	1	1	7	位置 7	7
1	0	0	0	8	位置 8	8
1	0	0	1	9	位置 9	9
1	0	1	0	10	手动启动执行	10
1	0	1	1	11	复位	11
1	1	0	0	12	手动流程	12
1	1	0	1	13	自动流程	13
1	1	1	0	14	自动流程启动执行	14
1	1	1	1	15	自动流程允许放传送带	15

表 13-4　组输出信号功能定义表 2

M11.1	**M11.0**	**MB11**	**---→**	**机器人 gi1（包含 Di9～Di12）**
Q1.1	Q1.0	十进制	功能定义	十进制
0	0	0	—	0
0	1	1	允许放料	1
1	0	2	允许加工	2
1	1	3	允许取料	3

表 13-5　输出信号功能定义表

PLC 输出信号	**功能定义 ---→**	**机器人输入信号**	**关联 System Input**
Q0.6	暂停	Di13	Motors OFF
Q0.7	继续	Di14	Motors On

PLC 中的 MB20，以及机器人中的 go1，都代表“机器人发给 PLC 的组信号”。其中，MB20 的值为 1～10，为自动流程下机器人发给 PLC 的命令功能，11～14 则是“机器人手动控制”的命令功能，见表 13-6。

表 13-6　输入组信号功能定义表

机器人端向 PLC 端发的反馈信号						
M20.3	M20.2	M20.1	M20.0	MB20	←————	机器人 go1（包含 Do9～Do12）
I3.4	I3.3	I3.2	I3.1	十进制	功能定义	十进制
0	0	0	0	0	x	0
0	0	0	1	1	请求放料	1
0	0	1	0	2	放料完成	2
0	0	1	1	3	请求加工	3
0	1	0	0	4	加工完成	4
0	1	0	1	5	请求取料	5
0	1	1	0	6	取料完成	6
0	1	1	1	7	请求放料至传送带	7
1	0	0	0	8	放料至传送带完成	8
1	0	0	1	9	自动流程开始	9
1	0	1	0	10	自动流程结束	10
1	0	1	1	11	位置赋值反馈	11
1	1	0	0	12	手动取料启动反馈	12
1	1	0	1	13	手动复位启动反馈	13
1	1	1	0	14	手动机器人停止反馈	14
1	1	1	1	15	—	15

13.3　任务实施

13.3.1　变量定义

在 PLC 变量表中完成 PLC 变量定义，如图 13-3 所示。在建立的全局 DB 中定义其他相关数据，如图 13-4 所示。

默认变量表

	名称	数据类型	地址	保持	可从...	从H...	在H...	注释
1	轴_1_脉冲	Bool	%Q0.0	☐	☑	☑	☑	
2	轴_1_方向	Bool	%Q0.1	☐	☑	☑	☑	
3	轴_1_启动驱动器	Bool	%Q3.6	☐	☑	☑	☑	
4	变位机夹爪	Bool	%Q3.1	☐	☑	☑	☑	
5	变位机推料	Bool	%Q3.7	☐	☑	☑	☑	
6	三色灯红灯	Bool	%Q3.2	☐	☑	☑	☑	
7	三色灯黄灯	Bool	%Q3.3	☐	☑	☑	☑	
8	三色灯绿灯	Bool	%Q3.4	☐	☑	☑	☑	
9	报警蜂鸣器	Bool	%Q3.5	☐	☑	☑	☑	
10	传送带启动	Bool	%Q2.0	☐	☑	☑	☑	
11	变位机正限位	Bool	%I0.4	☐	☑	☑	☑	
12	轴_1_归位开关	Bool	%I0.5	☐	☑	☑	☑	
13	变位机负限位	Bool	%I0.6	☐	☑	☑	☑	
14	传送带速度模拟量	Int	%QW64	☐	☑	☑	☑	
15	PtoR组信号	Byte	%MB10	☐	☑	☑	☑	
16	PtoR组信号第0位	Bool	%M10.0	☐	☑	☑	☑	
17	输出连机器人di12	Bool	%Q0.5	☐	☑	☑	☑	
18	PtoR组信号第1位	Bool	%M10.1	☐	☑	☑	☑	
19	输出连机器人di11	Bool	%Q0.4	☐	☑	☑	☑	
20	PtoR组信号第2位	Bool	%M10.2	☐	☑	☑	☑	
21	输出连机器人di10	Bool	%Q0.3	☐	☑	☑	☑	
22	PtoR组信号第3位	Bool	%M10.3	☐	☑	☑	☑	
23	输出连机器人di9	Bool	%Q0.2	☐	☑	☑	☑	
24	RtoP组信号	Byte	%MB20	☐	☑	☑	☑	
25	输入连机器人do9	Bool	%I3.1	☐	☑	☑	☑	
26	RtoP组信号第0位	Bool	%M20.0	☐	☑	☑	☑	
27	输入连机器人do10	Bool	%I3.2	☐	☑	☑	☑	
28	RtoP组信号第1位	Bool	%M20.1	☐	☑	☑	☑	
29	输入连机器人do11	Bool	%I3.3	☐	☑	☑	☑	
30	RtoP组信号第2位	Bool	%M20.2	☐	☑	☑	☑	
31	输入连机器人do12	Bool	%I3.4	☐	☑	☑	☑	
32	RtoP组信号第3位	Bool	%M20.3	☐	☑	☑	☑	
33	变位机夹紧到位	Bool	%I0.7	☐	☑	☑	☑	
34	变位机松开到位	Bool	%I1.0	☐	☑	☑	☑	
35	变位机推料到位	Bool	%I2.0	☐	☑	☑	☑	
36	变位机缩回到位	Bool	%I2.1	☐	☑	☑	☑	
37	PtoR交互组2信号	Byte	%MB11	☐	☑	☑	☑	
38	PtoR交互组2信号第0位	Bool	%M11.0	☐	☑	☑	☑	
39	输出连机器人di15	Bool	%Q1.0	☐	☑	☑	☑	
40	输出连机器人di16	Bool	%Q1.1	☐	☑	☑	☑	
41	PtoR交互组2信号第1位	Bool	%M11.1	☐	☑	☑	☑	

图 13-3　PLC 变量定义

DB_全局数据

	名称	数据类型	起始值	保持	可从 HMI/...	从 H...	在 HMI ...	设定值
1	▼ Static			☐	☐	☐	☐	☐
2	回零按钮	Bool	false	☐	☑	☑	☑	☐
3	复位按钮	Bool	false	☐	☑	☑	☑	☐
4	点动正向按钮	Bool	false	☐	☑	☑	☑	☐
5	点动负向按钮	Bool	false	☐	☑	☑	☑	☐
6	+30位置按钮	Bool	false	☐	☑	☑	☑	☐
7	-30位置按钮	Bool	false	☐	☑	☑	☑	☐
8	回零完成	Bool	false	☐	☑	☑	☑	☐
9	位置到位	Bool	false	☐	☑	☑	☑	☐
10	点动速度值	Real	20.0	☐	☑	☑	☑	☐
11	运动速度值	Real	20.0	☐	☑	☑	☑	☐
12	目标位置	Real	0.0	☐	☑	☑	☑	☐
13	当前位置	Real	0.0	☐	☑	☑	☑	☐
14	夹紧按钮	Bool	false	☐	☑	☑	☑	☐
15	松开按钮	Bool	false	☐	☑	☑	☑	☐
16	推料按钮	Bool	false	☐	☑	☑	☑	☐
17	缩回按钮	Bool	false	☐	☑	☑	☑	☐
18	传送带启动	Bool	false	☐	☑	☑	☑	☐
19	传送带停止	Bool	false	☐	☑	☑	☑	☐
20	传送带运行状态灯	Bool	false	☐	☑	☑	☑	☐
21	传送带速度	Real	0.0	☐	☑	☑	☑	☐
22	自动流程变位机转30度	Bool	false	☐	☑	☑	☑	☐
23	自动流程变位机0度	Bool	false	☐	☑	☑	☑	☐

图 13-4　在全局 DB 中定义其他变量数据

13.3.2 PLC 程序开发

自动流程控制与功能开发

1. 创建自动流程控制子程序

添加“自动流程控制”FB，并在“自动流程控制”FB 子程序中编写程序（图 13-5）。

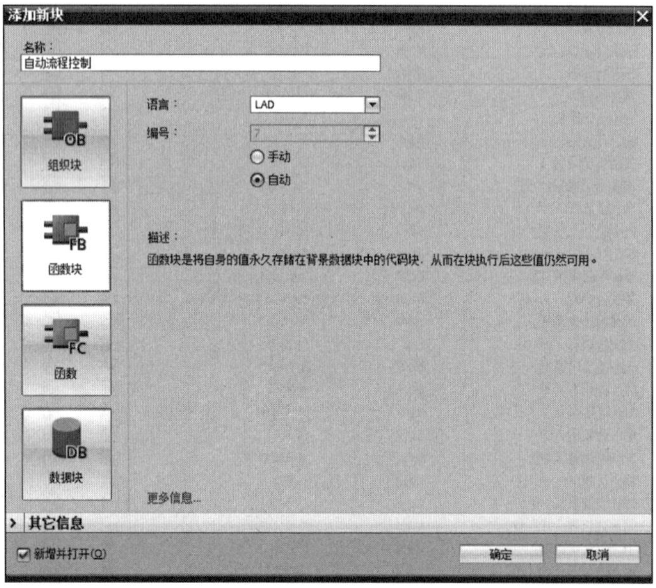

图 13-5　添加“自动流程控制”FB

程序段 1 中，当 PLC 收到机器人发送的“请求放料”指令时，PLC 控制变位机松开夹具，旋转至 0°的位置。当两个夹具松开、缩回到位，变位机在 0°位置后，发送“允许放料”指令给机器人（图 13-6）。

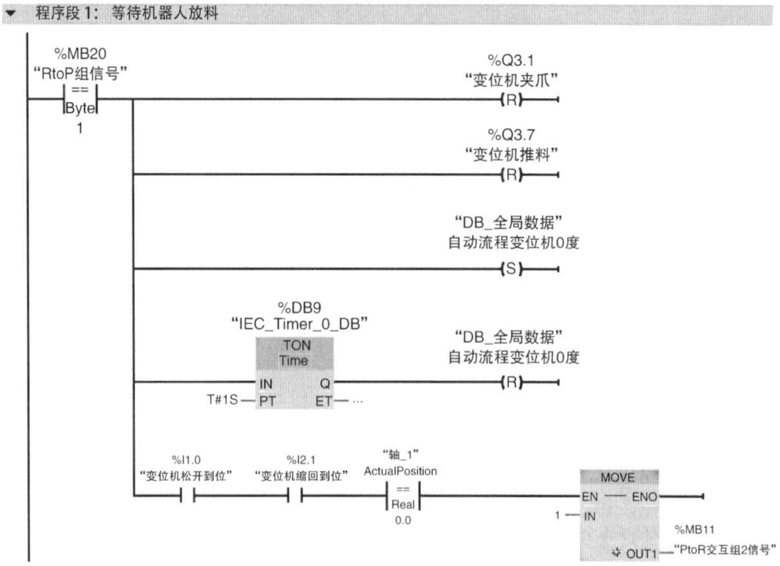

图 13-6　允许机器人放料程序段

程序段 2 中，当 PLC 收到机器人发送的“放料完成”指令时，PLC 控制变位机夹具夹紧，旋转至 30°的位置（图 13-7）。

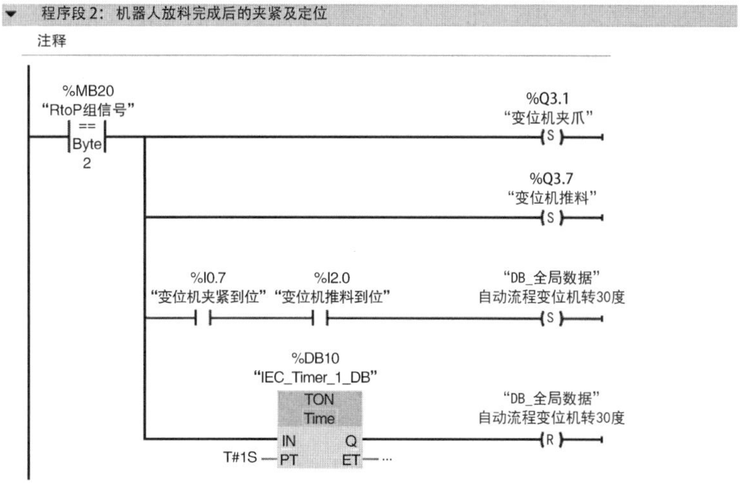

图 13-7　放料完成后变位机动作程序

程序段 3 中，当 PLC 收到机器人发送的“请求加工”指令时，PLC 检查变位机夹具是否夹紧到位，并处于 30°的位置后，发送“允许加工”指令给机器人（图 13-8）。

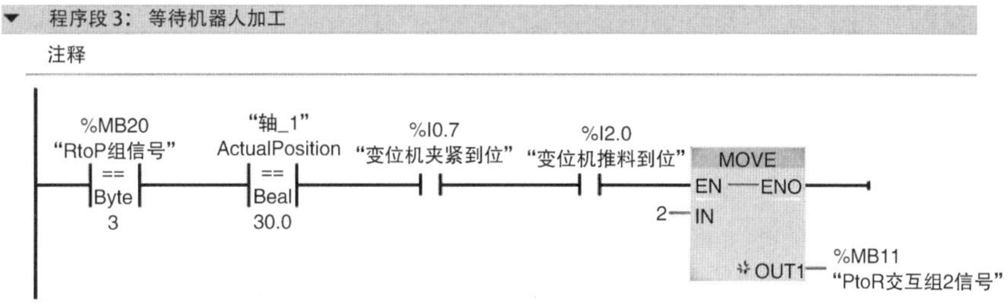

图 13-8　允许机器人加工程序段

程序段 4 中，当 PLC 收到机器人发送的“加工完成”指令时，PLC 控制变位机旋转至 0°位置，到达位置后，松开夹具（图 13-9）。

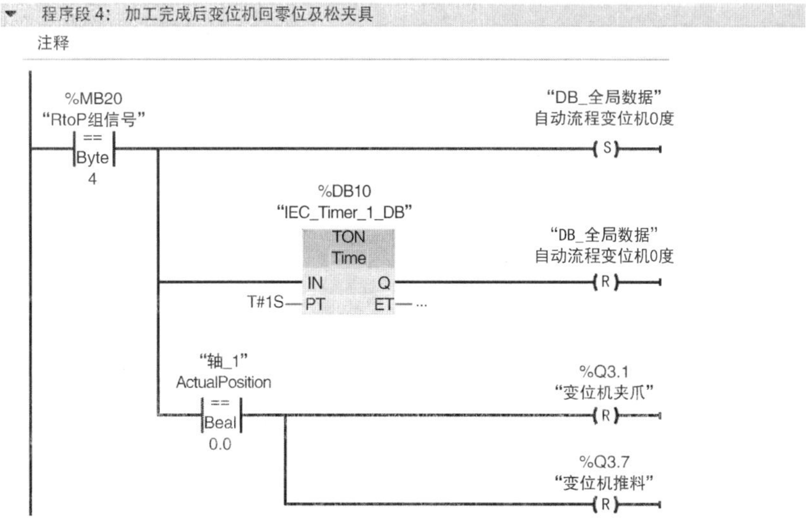

图 13-9　加工完成后变位机动作程序段

程序段 5 中，当 PLC 收到机器人发送的“请求取料”指令时，PLC 检查变位机夹具是否松开到位，并处于 0°的位置后，发送“允许取料”指令给机器人（图 13-10）。

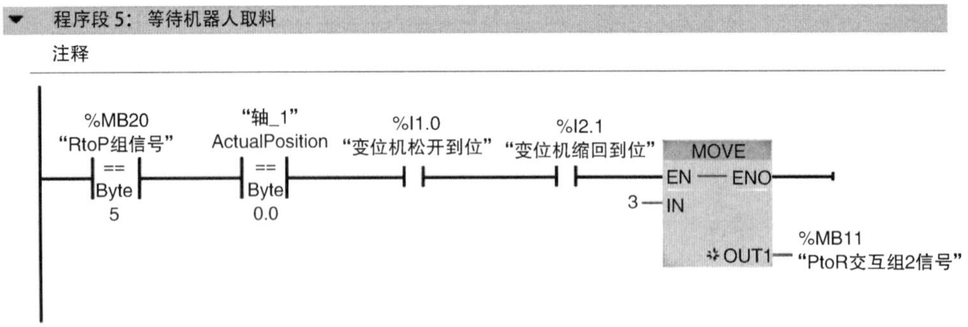

图 13-10　允许机器人取料程序段

程序段 6 中，当 PLC 收到机器人发送的“取料完成”指令，PLC 将组信号清零，恢复到初始状态（图 13-11）。

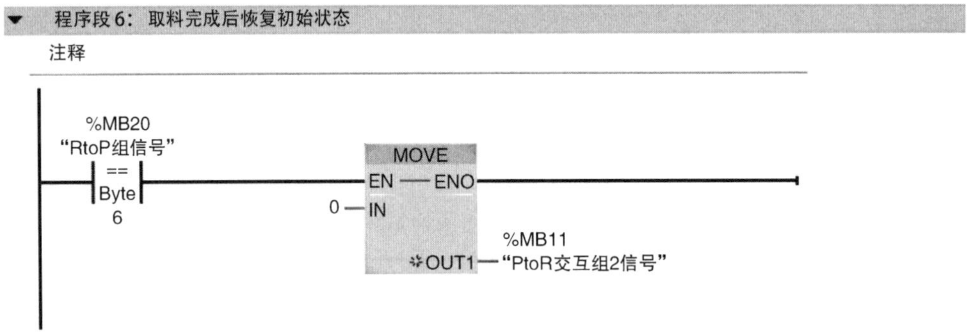

图 13-11　取料完成后清零程序段

程序段 7 中，当 PLC 收到机器人发送的“请求放料至传送带”指令时，PLC 检查传送带两端有无物料（传感器信号均为 0），发送“允许放料至传送带”指令给机器人（图 13-12）。

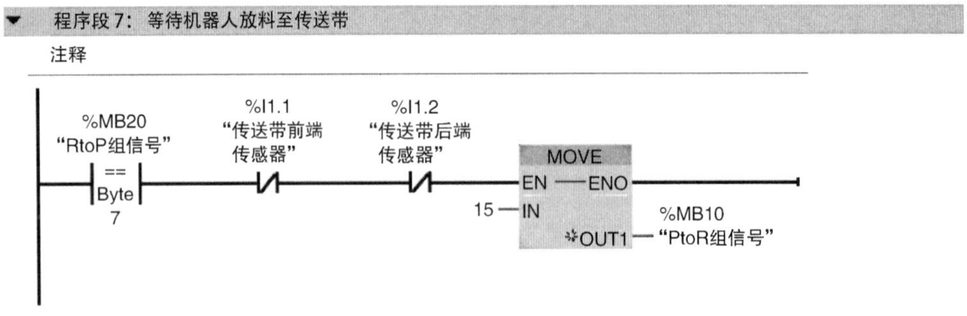

图 13-12　允许机器人放料至传送带程序段

程序段 8 中，当 PLC 收到机器人发送的“放料至传送带完成”指令时，PLC 启动传送带运行，并将组信号清零，待物料经过传送带末端传感器后，传送带停止运行（图 13-13）。

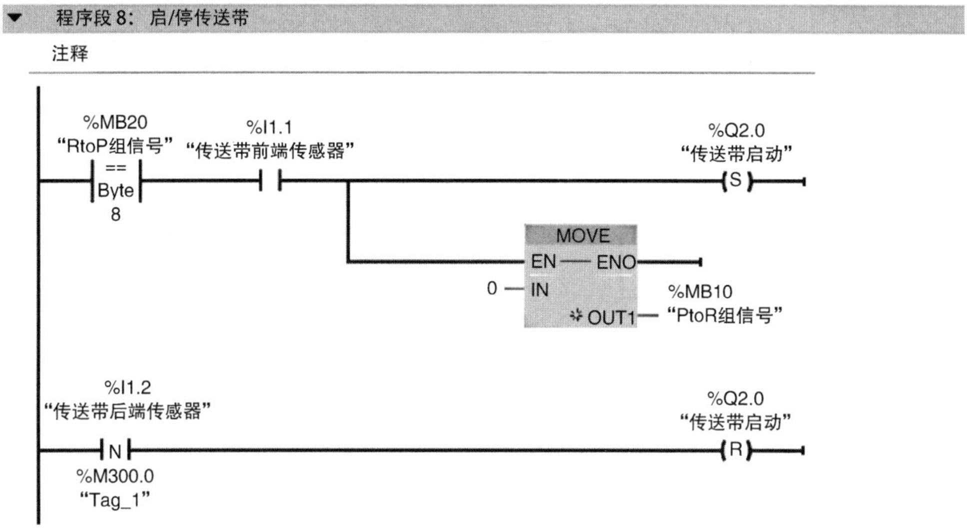

图 13-13　启/停传送带运行程序段

程序段 9 中，当 PLC 收到机器人发送的“自动流程开始”指令时，将三色灯中的绿灯置位，红灯复位；当 PLC 收到机器人发送的“自动流程结束”指令时，将三色灯中的绿灯复位，红灯置位（图 13-14）。

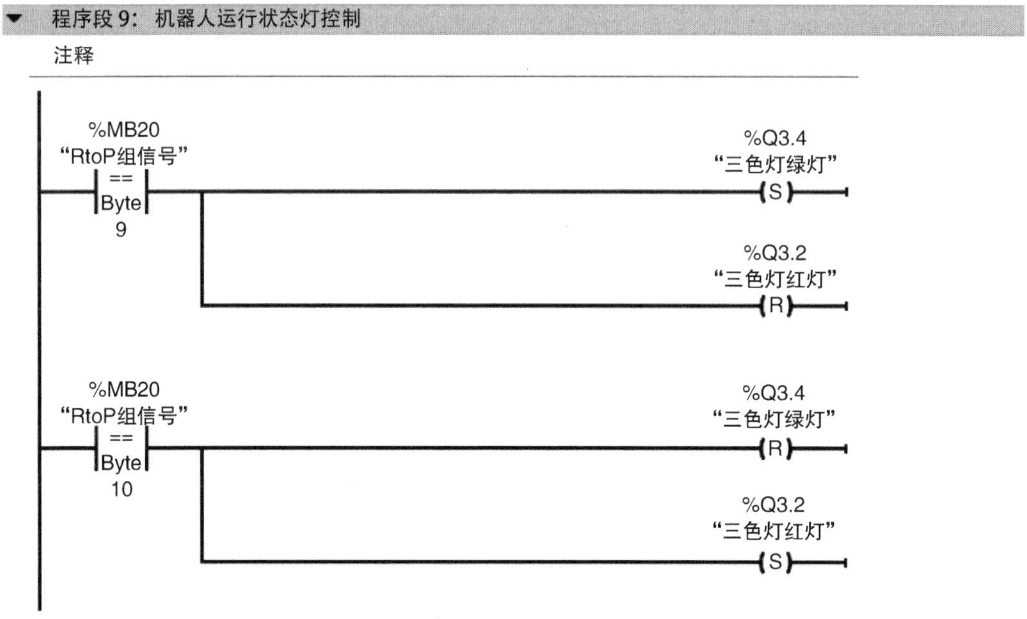

图 13-14　机器人运行状态灯控制程序段

2. 主程序调用子程序

在主程序的程序段 4 中需要补充自动流程下对变位机位置控制的程序。如图 13-15 所示，在变位机手动控制程序的基础上，增加了自动模式下变位机转动至 0°和 30°位置的程序。如图 13-16 所示，程序段 5 为变位机控制子程序的调用，详见程序。

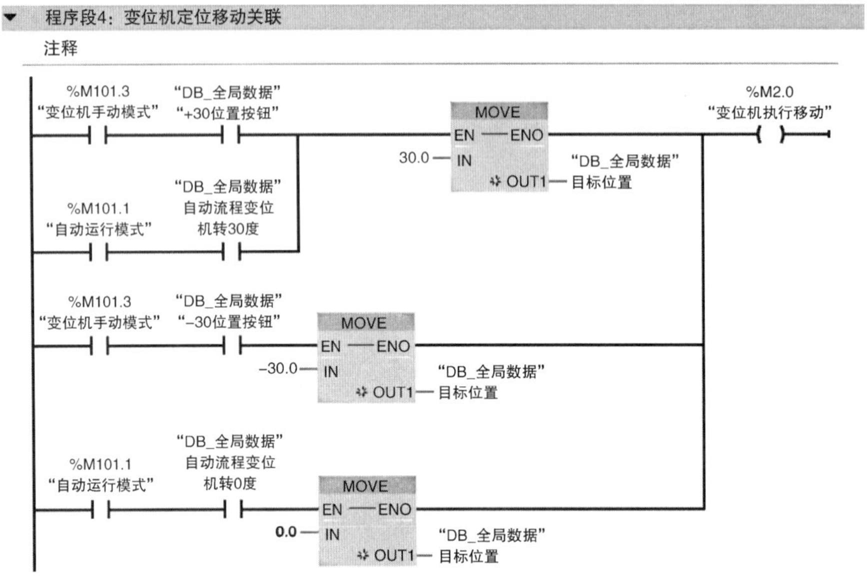

图 13-15　主程序程序段——变位机角度设置

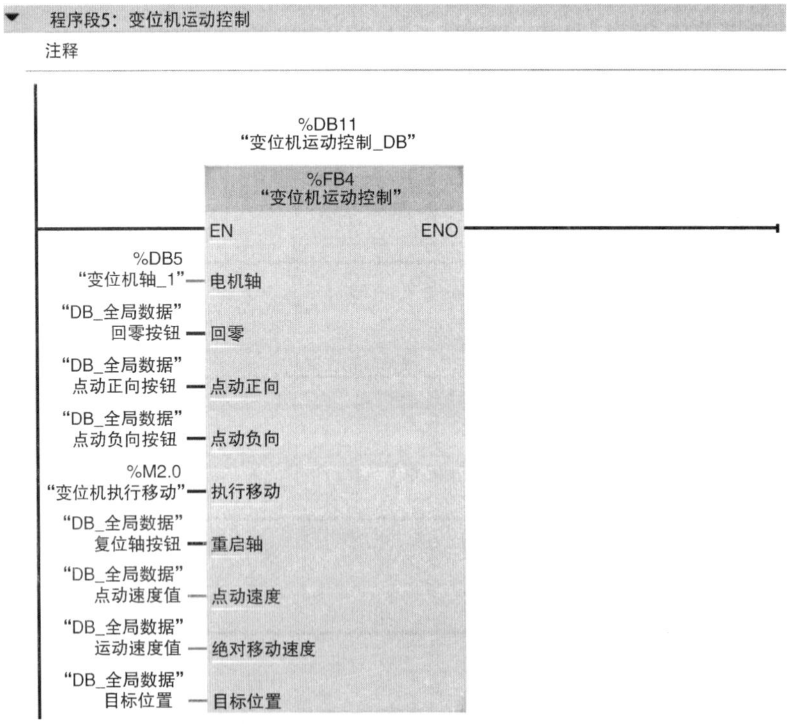

图 13-16　主程序调用“变位机运动控制”FB

PLC 与机器人的交互通信程序在“机器人 I/O 通信”FB 中执行，详细程序参见模块 12 中的相应程序。在主程序中调用执行“自动流程控制”FB，如图 13-17 所示。

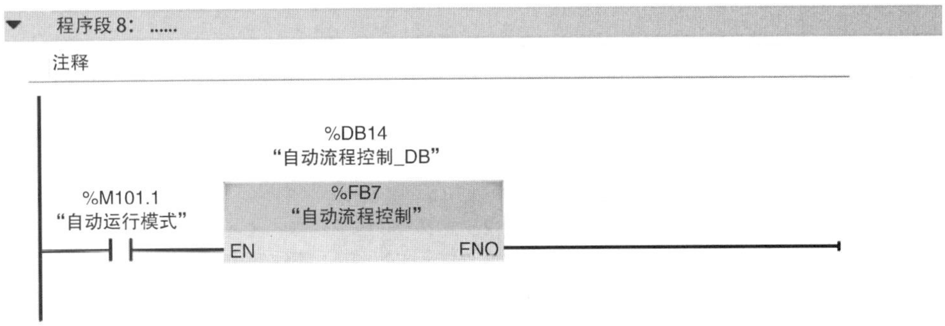

图 13-17　主程序调用“自动流程控制”FB

13.3.3　HMI 界面设计

按照功能要求添加相应的功能按钮控件，“启动”“暂停”“继续”按钮控件和机器人运行状态图形显示控件（图 13-18）。

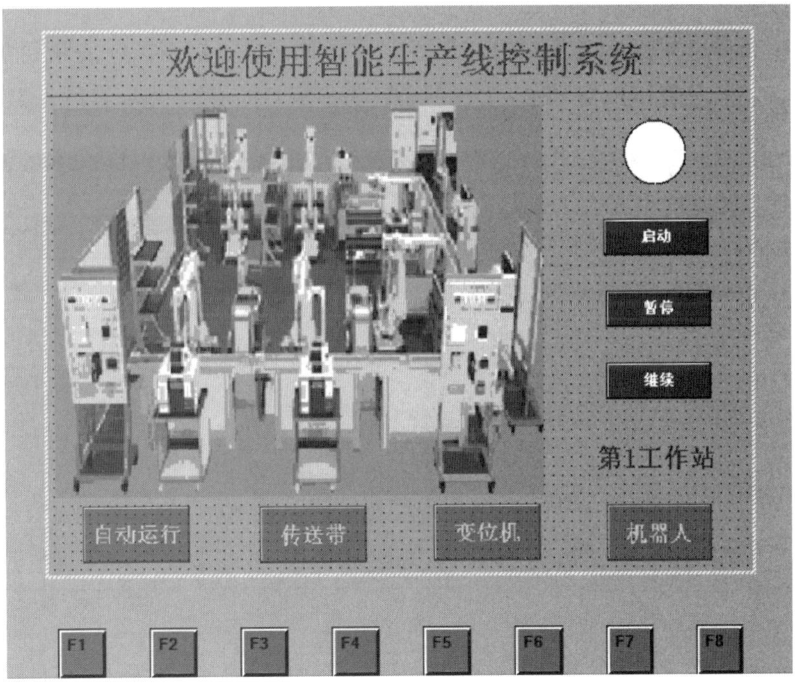

图 13-18　工作站自动运行界面设计

设置自动流程界面“启动”按钮属性，为其“单击”事件添加“设置变量”函数，并关联到变量“PToR 组信号 1”（MB10），根据 I/O 交互表的定义，将其值设置为“14”（图 13-19）。

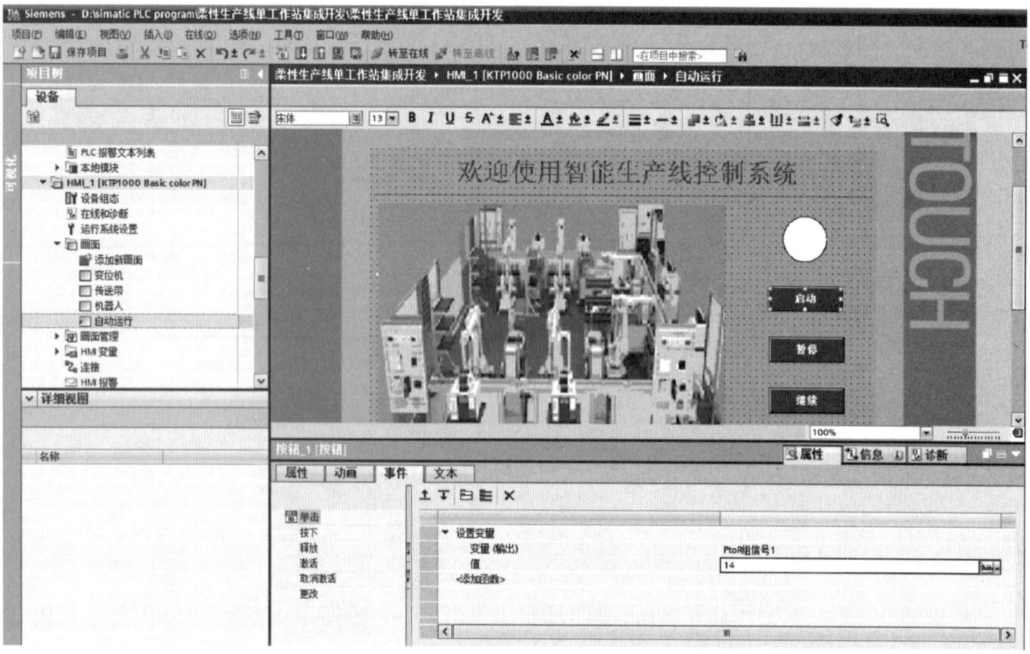

图 13-19 “启动”按钮控件的事件设置

设置自动流程界面运行状态灯控件属性，设置其动画，将该控件关联到变量“三色灯绿灯”（Q3.4）。当值为“1”时，显示绿色；当值为“0”时，显示红色（图 13-20）。

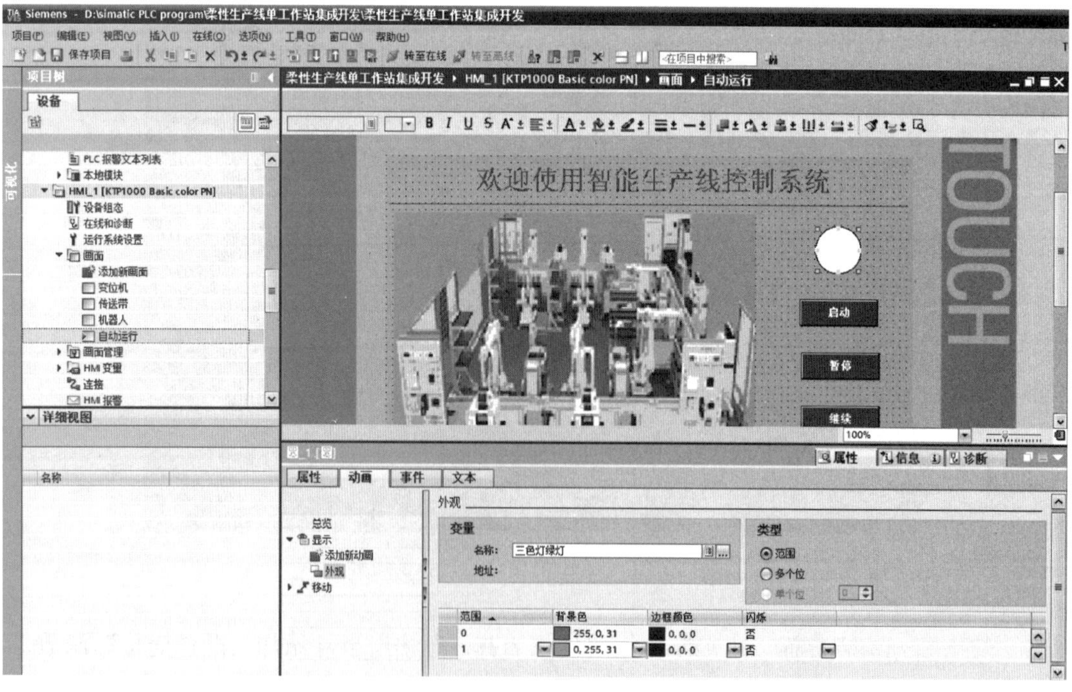

图 13-20 运行状态灯控件的动画设置

设置自动流程界面“暂停”“继续”按钮属性，为其“按下”“释放”事件添加“置位位”“复位位”函数，根据 I/O 交互表的定义，将其分别关联到变量“暂停机器人”（Q0.6）和“继续机器人”（Q0.7）（图 13-21、图 13-22）。

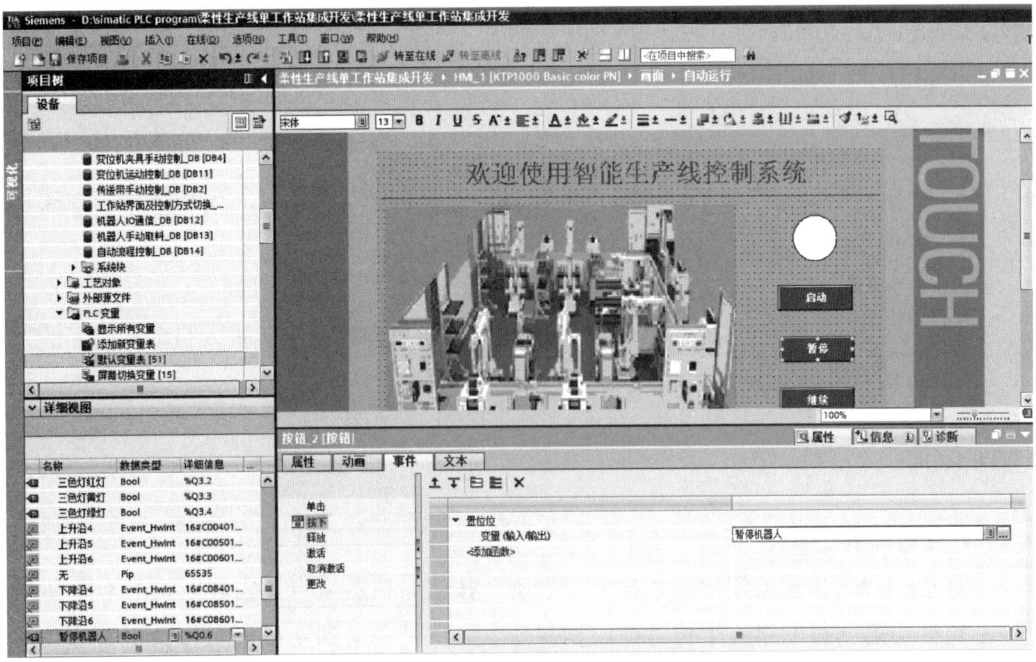

图 13-21　“暂停”按钮控件的事件设置

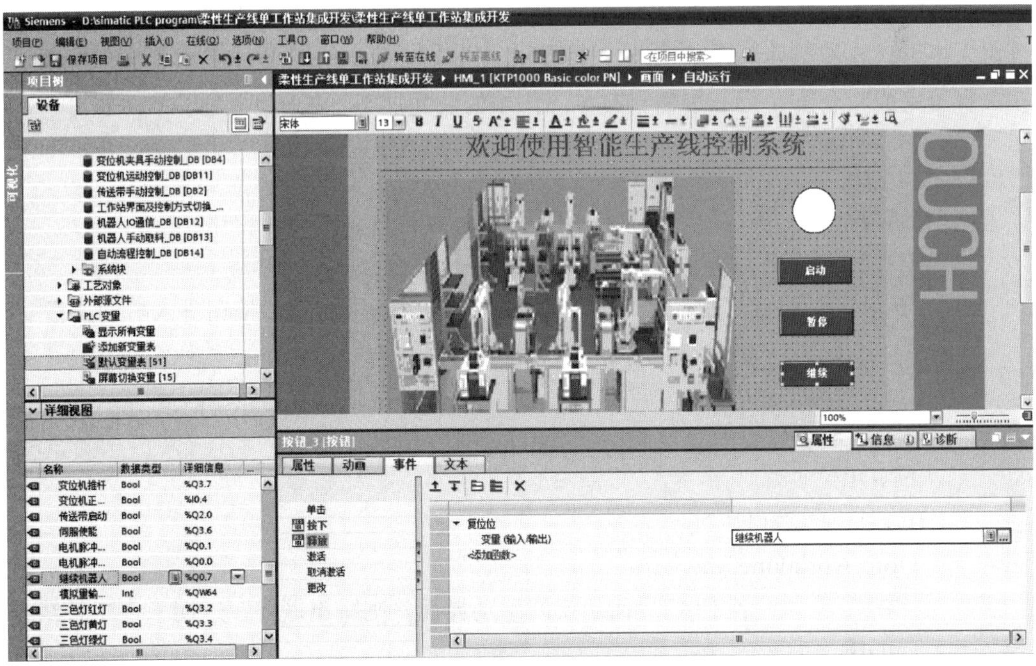

图 13-22　“继续”按钮控件的事件设置

13.3.4 机器人程序开发

1. 主程序

```
PROC main ()
        WHILE TRUE DO
            IF gi1 = 12 THEN
              rManual;
                                //PLC 界面切换至手动取料界面时，进入手动流程子程序
            ELSEIF gi1 = 13 THEN
             rAuto;
                                //PLC 界面切换至自动流程界面时，进入自动流程子程序
            ENDIF
        ENDWHILE
ENDPROC
```

2. 自动流程子程序

用户在 HMI 自动流程界面，按下“启动”按钮，机器人自动安装工具 1（卡爪/吸盘），到料仓第 n 行的第一个位置抓取物料 1，将物料搬运到变位机工作台上；变位机夹紧物料并移动到合适的角度位置，机器人换工具 2（打磨/涂胶工具），并移动到变位机物料位置，对物料局部进行打磨/涂胶加工；加工完成后，机器人换工具 1，将物料从变位机中取出，然后搬运至传送带起始位置，由传送带将物料传至下一个工作站，机器人将工具放回工具架。继续下一个循环，完成物料 2 的搬运加工流程。如此循环三次直至完成料仓第 n 行三个物料在本工作站的装配加工工艺。

```
PROC rAuto ()
        <SMT>                       //机器人执行自动流程子程序
        WHILE TRUE DO
          IF gi1 = 14 THEN          //按下自动流程“启动”按钮进入自动流程
                SetGO go1, 9;       //自动流程开始
                rRobAuto;           //执行机器人自动流程动作子程序
                SetGO go1, 10;      //自动流程结束
          ENDIF
         IF gi1 = 12 THEN
          Goto workdone2;
                        //若 PLC 界面切换回手动界面，则跳出循环，返回子程序并结束
         ENDIF
       ENDWHILE
```

```
    workdone2：                        // 跳转标签（Lable）
ENDPROC
```

（1）机器人执行自动流程。

```
//机器人执行任务子程序；以其中一类产品为例，循环完成料仓一行中的三个物料的装配加工：
PROC rRobAuto（）
  j：=7                                  //抓第 3 行的汽车模型产品，从位置 7 开始
  WHILE j <=9 THEN
    GJ：=1；
    rAttachTool GJ；                      //调用安装工具子程序，取第 1 号工具
//下面为去料仓取料的过程：
    MoveJ p20，v1000，fine，tool0；        //中间过渡点
    MoveJ p30，v1000，fine，tool0；
    MoveJ Offs（gp10 {j}，0，50，15），v1000，fine，tool0/wobj：=wobj1；
    MoveL Offs（gp10 {j}，0，0，15），v1000，fine，tool0/wobj：=wobj1；
    MoveL gp10 {j}，v1000，fine，tool0/wobj：=wobj1；
                                               //取料点，取仓位 j 的料
      Reset d652 _ do4；                        //小卡抓夹紧（双向电磁阀）
      Set d652 _ do3；
      Waitime 1；
    MoveL Offs（gp10 {j}，0，0，15），v1000，fine，tool0/wobj：=wobj1；
    MoveJ Offs（gp10 {j}，0，50，15），v1000，fine，tool0/wobj：=wobj1；
    MoveJ p30，v1000，fine，tool0；

//下面为去变位机放料的过程：
    MoveJ p40，v1000，fine，tool0；        // 变位机过渡点 2
    MoveJ p50，v1000，fine，tool0；        // 变位机过渡点 1
    SetGo go1，1；                         //请求放料
    waitGi gi2，1；                        //等待允许放料
    SetGo go1，0；                         //组信号命令清零
    MoveJ Offs（pbwj，0，0，150），v1000，fine，tool0；
    MoveL pbwj，v1000，fine，tool0；       // 变位机放置点
      Reset d652 _ do3；                   //小卡抓松开（双向电磁阀）
      Set d652 _ do4；                     //小卡抓松开
      Waitime 1；
    MoveL Offs（pbwj，0，0，150），v1000，fine，tool0；
    MoveJ p50，v1000，fine，tool0；        //过渡点
    SetGo go1，2；                         //放料完成
```

```
        Waitime 1;
        SetGo go1, 0;                           //组信号命令清零
//下面为换工具的过程:
        MoveJ pt20, v1000, fine, tool0;         // 换工具过渡点
        rDetachTool GJ;                         //调用拆还工具子程序,还工具 1
          GJ: =2;
          rAttachTool GJ;                       //调用安装工具子程序,取第 2 号工具
        MoveJ pt20, v1000, fine, tool0;         // 换工具过渡点

//下面为加工打磨的过程:
        MoveJ p60, v1000, fine, tool0;          // 过渡点
        SetGo go1, 3;                           //请求加工(打磨)
        waitGi gi2, 2;                          //等待允许加工
        SetGo go1, 0;                           //组信号命令清零
        rMachining;                             //调用加工子程序
        SetGo go1, 4;                           //加工完成
        Waitime 1;
        SetGo go1, 0;                           //组信号命令清零
        MoveJ p60, v1000, fine, tool0;          // 过渡点

//下面为换工具的过程:
        MoveJ pt20, v1000, fine, tool0;         //换工具过渡点
        rDetachTool GJ;                         //调用拆还工具子程序,还工具 2
          GJ: =1;
        rAttachTool GJ;                         //调用安装工具子程序,取第 1 号工具
        MoveJ pt20, v1000, fine, tool0;         //换工具过渡点

//下面为去变位机取料的过程:
        MoveJ p50, v1000, fine, tool0;          // 变位机过渡点 1
        SetGo go1, 5;                           //请求取料
        waitGi gi2, 3;                          //等待允许取料
        SetGo go1, 0;                           //组信号命令清零
        MoveJ Offs (pbwj, 0, 0, 150), v1000, fine, tool0;
        MoveL pbwj, v1000, fine, tool0;         //变位机放置点
          Reset d652_do4;                       //小卡抓夹紧(双向电磁阀)
          Set d652_do3;
          Waitime 1;
        MoveL Offs (pbwj, 0, 0, 150), v1000, fine, tool0;
        MoveJ p50, v1000, fine, tool0;          //过渡点
        SetGo go1, 6;                           //取料完成
```

```
        Waitime 1;
        SetGo go1, 0;                      //组信号命令清零

//下面为去传送带放料的过程:
        MoveJ p70, v1000, fine, tool0;     //过渡点
        SetGo go1, 7;                      //请求放料至传送带
        waitGi gi1, 15;                    //等待允许放料至传送带
        SetGo go1, 0;                      //组信号命令清零
        MoveJ Offs (pcsd, 0, 0, 200), v1000, fine, tool0;
        MoveL pcsd, v1000, fine, tool0;    // 传送带放置点
          Reset d652 _ do3;                //小卡抓松开(双向电磁阀)
          Set d652 _ do4;                  //小卡抓松开
          Waitime 1;
        MoveL Offs (pcsd, 0, 0, 200), v1000, fine, tool0;
        SetGo go1, 8;                      //放料至传送带完成
        Waitime 1;
        SetGo go1, 0;                      //组信号命令清零

//下面为拆还工具的过程:
        MoveJ pt20, v1000, fine, tool0;    // 换工具过渡点
        rDetachTool GJ;                    //调用拆还工具子程序,还工具 1

       j=j+1;                              //循环变量加 1,搬运下一个物料
  ENDWHILE
ENDPROC
```

(2) 机器人打磨加工子程序。

```
PROC rMachining                            //打磨加工子程序
        MoveJ pm10, v1000, fine, tool0;    //中间过渡点
        Set d652 _ do5;                    //启动打磨头电机
        Waitime 1;
        MoveL pm20, v1000, fine, tool0;
        MoveL pm30, v1000, fine, tool0;
        MoveL pm40, v1000, fine, tool0;
        MoveC pm50, pm60, v1000, fine, tool0;
        MoveL pm70, v1000, fine, tool0;
        MoveL pm20, v1000, fine, tool0;
        MoveL pm10, v1000, fine, tool0;
ENDPROC
```

安装工具子程序为 rAttachTool，拆装工具子程序 rDetachTool 请参照模块 12 中的程序。

13.3.5 机器人 System Input 信号设置

ABB 机器人在“System Input（系统输入）”中提供了一些可以通过 I/O 信号直接触发的功能函数，可以通过外部给机器人的 DI 直接调用这些功能函数。ABB 提供的系统输入功能函数有很多，如图 13-23 所示。

系统输入信号：

信号值	信号值含义
Backup	机器人执行备份操作
Disable Backup	禁止机器人备份
Enable Energy Saving	使控制器进入节能状态
Interrupt	机器人执行一次中断程序
Limit Speed	限制机器人运行速度
Load	载入程序文件
Load and Start	载入程序文件并且启动
Motors Off	电机下电
Motors On	电机上电
Motors On and Start	电机上电并且启动
PP to Main	程序指针移至主程序
Quick Stop	快速停止
Reset Emergency Stop	急停复位
Reset Execution Error Signal	执行错误信号复位
SimMode	机器人进入模拟状态
Soft Stop	缓停止
Start	机器人启动
Start at Main	从主程序启动
Stop	机器人停止
Stop at End of Cycle	在执行完当前循环后停止
Stop at End of Instruction	在执行完当前指令后停止
System Restart	复位系统运行状态
Write Access	请求写权限

系统输出信号:

Absolute Accuracy Active	绝对精度已启用
Auto On	机器人在自动模式
Backup Error	备份错误
Backup in progress	正在备份
CPU Fan not Running	风扇转动不正常
Emergency Stop	机器人处于急停状态
Energy Saving Blocked	机器人正处于节能状态
Execution Error	机器人执行发生错误
Limit Speed	机器人处于限速状态
Mechanical Unit Active	机械单元已激活
Mechanical Unit Not Moving	机械单元处于停止状态，未移动
Motion Supervision Triggered	动作监控触发
Motion Supervision On	动作监控启用
Motors Off	安全链未关闭机器人电机关闭脉
Motors On	机器人电机开启但处于保护停止状态
Motors Off State	机器人电机关闭
Motors On State	机器人电机开启
Path Return Region Error	机器人离编程路径太远
Power Fail Error	上电失败程序无法启动
Production Execution Error	程序执行、碰撞、系统错误
Robot Not On path	机器人停止后离编程路径太远
Run Chain OK	运行链正常
SimMode	机器人已进入模拟状态
Simulated I/O	I/O信号处于模拟状态
SMB Battery Charge Low	SMB电池即将耗尽
System Input Busy	系统输入繁忙
TaskExecuting	任务正在执行
TCP Speed	TCP当前的实际速度
TCP Speed Reference	TCP当前的编程速度
Temperature Warning	温度报警
Write Access	相关I/O客户端拥有写权限

图 13-23　System Input 功能函数

系统输入信号关联设置操作步骤如下：

首先在“控制面板”中选择“配置”，再选择“System Input”，如图 13-24 所示。

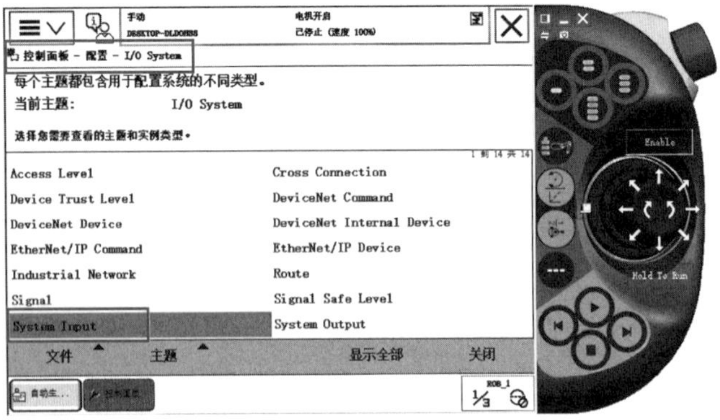

图 13-24　选择“System Input”

然后，在“系统输入”界面中添加信号函数，如图 13-25 所示，在“Signal Name”参数中选择触发函数的 I/O 输入信号，在“Action”参数中选择系统输入功能函数，如图 13-25 至图 13-27 所示。

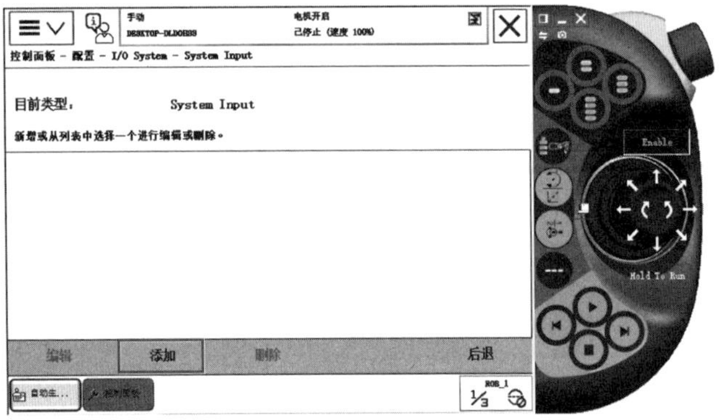

图 13-25　选择“添加”

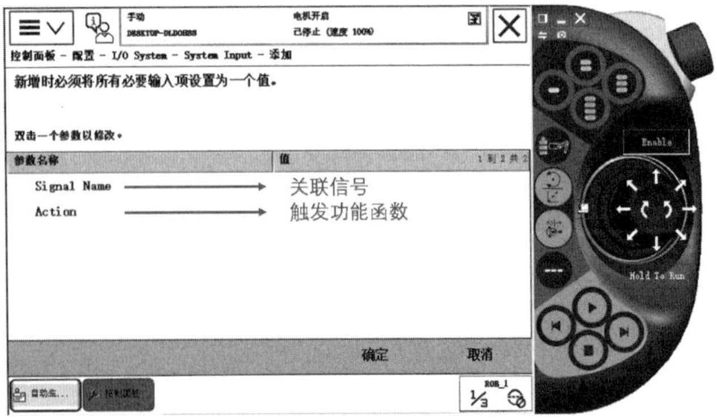

图 13-26　关联信号和函数

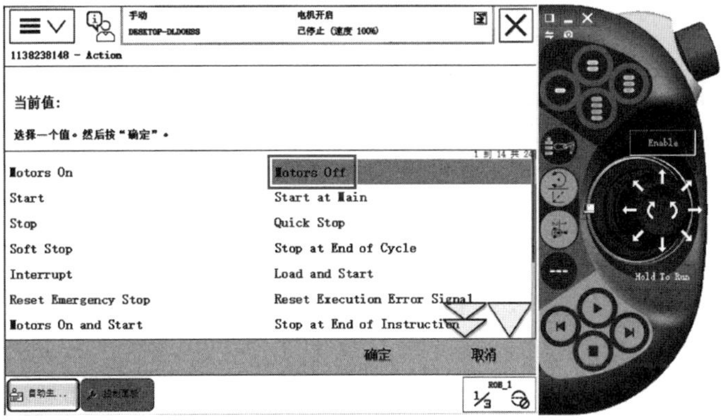

图 13-27　选择需要触发的功能函数

按照上述步骤，对照表 13-2，让工业机器人的数字量输入信号 Di13 触发“电机断电”功能函数，使机器人暂停。让 Di14 触发“电机上电”功能函数，使机器人继续运行。从而实现暂停与继续运行的功能，如图 13-28、图 13-29 所示。

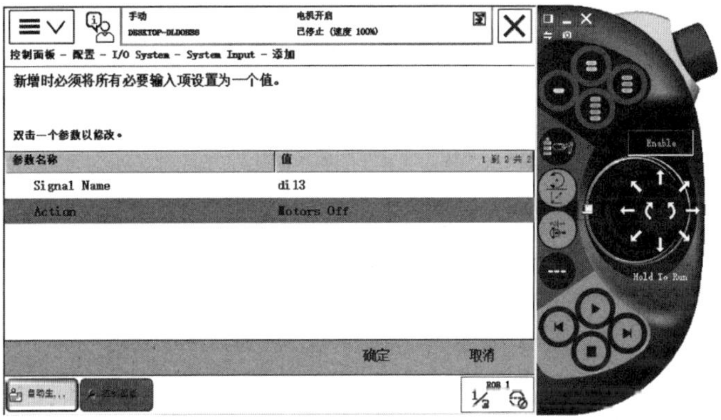

图 13-28　输入信号触发 Motors off 函数

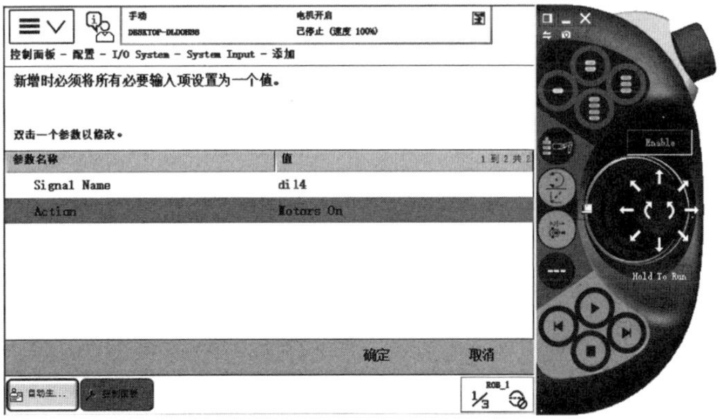

图 13-29　输入信号触发 Motors on 函数

13.4 评价反馈

1. 小组自查（预验收）

开展小组自查并评分，填入表 13-6。

表 13-6 小组自查评分表

序号	项目内容	完成情况	小组评分	评分人签名
1	自动流程 HMI 功能界面设计			
2	完成工艺流程图的绘制			
3	实现工作站自动流程开发			

2. 项目提交（验收）

提交任务成果，教师进行评价，填入表 13-7。

表 13-7 教师检查评分表

序号	项目内容	完成情况	教师评分	教师签名
1	自动流程 HMI 功能界面设计			
2	完成工艺流程图的绘制			
3	实现工作站自动流程开发			

3. 收获与反馈

请总结本任务实施的思路、实施过程中遇到的问题、解决的方法以及收获与反思。

13.5　巩固提高

(1) 请完成工作站二至六的自动流程控制程序开发，工艺流程如本模块的“任务描述”所述。

(2) 工作站二与工作站三之间的信息交互可以通过两个 PLC 之间的 PROFINET 通信来实现，请配置两个 PLC 之间的通信，实现数据传输。

参考文献

[1] 芮庆忠,黄诚. 西门子 S7-1200PLC 编程及应用[M]. 北京:电子工业出版社,2020.
[2] 吴志敏等. 西门子 S7-1200/1500PLC 编程与调试教程[M]. 北京:中国电力出版社,2020.
[3] 崔坚. SIMATIC S7-1500 与 TIA 博途软件使用指南[M]. 北京:机械工业出版社, 2016.
[4] 段礼才. 西门子 S7-1200 PIC 编程及使用指南[M]. 北京:机械工业出版社, 2018.
[5] 叶晖. 工业机器人实操与应用技巧[M]. 机械工业出版社,2010.
[6] 西门子(中国)有限公司. S7-1200 PLC 技术参考,2022.
[7] 西门子(中国)有限公司. S7-1200 可编程控制器系统手册,2022.
[8] 西门子(中国)有限公司. STEP7 和 WINCC Eingimeering V15.1 系统手册,2022.
[9] 西门子(中国)有限公司. S7-1200 系统手册, 2022.